广西节水灌溉理论与技术研究

李新建　主编

U0253330

黄河水利出版社
·郑州·

内 容 提 要

本书是作者对所承担的农业节水灌溉科研项目研究工作的总结,是我国第一部具有50多年系列不间断完整的灌溉试验观测成果的理论与技术专著。针对广西经济作物水稻、红薯、芒果、玉米、甘蔗、西瓜、花生的需水规律、需水量灌溉制度的理论与技术问题,本书作者收集整编了1956～2012年桂林灌溉试验站、南宁灌溉试验站、北海灌溉试验站、玉林灌溉试验站、梧州灌溉试验站、百色灌溉试验站等19个灌溉试验站资料,通过对资料进行整编和分析,提出了各种作物的灌溉理论及其应用的综合技术。

本书可供从事节水灌溉、灌溉水管理工作的科技人员、管理人员及大专院校相关专业师生参考。

图书在版编目(CIP)数据

广西节水灌溉理论与技术研究/李新建主编. —郑州:
黄河水利出版社,2015.8
ISBN 978 - 7 - 5509 - 1203 - 8

Ⅰ.①广…　Ⅱ.①李…　Ⅲ.①农田灌溉 - 节约用
水 - 研究 - 广西　Ⅳ.①S275

中国版本图书馆 CIP 数据核字(2015)第 205176 号

出 版 社:黄河水利出版社
　　　地址:河南省郑州市顺河路黄委会综合楼14层　　邮政编码:450003
发行单位:黄河水利出版社
　　　发行部电话:0371 - 66026940、66020550、66028024、66022620(传真)
　　　E-mail:hhslcbs@126.com
承印单位:河南省瑞光印务股份有限公司
开本:787 mm × 1 092 mm　1/16
印张:23
字数:531 千字　　　　　　　　　　　　印数:1—1 000
版次:2015 年 8 月第 1 版　　　　　　　印次:2015 年 8 月第 1 次印刷

定价:86.00 元

《广西节水灌溉理论与技术研究》
编委会

主　　编：李新建
参编人员：李新建　　阳青妹　　粟世华　　唐建军　　梁梅英　　李文斌
　　　　　廖　婷　　罗维钢　　赵海雄　　伍慧锋　　李继春　　廖庆英
　　　　　粟有科　　冯　广　　黄忠华　　张振爱　　吴昌智　　莫　凡
　　　　　郭　攀
审　　核：李新建

前　言

本书作者针对广西经济作物水稻、红薯、芒果、玉米、甘蔗、西瓜、花生的需水规律、需水量灌溉制度的理论与技术问题,收集整编了 1956～2012 年桂林灌溉试验站、南宁灌溉试验站、北海灌溉试验站、玉林灌溉试验站、梧州灌溉试验站、百色灌溉试验站等 19 个灌溉试验站资料并对资料进行了分析,提出了各种作物的灌溉理论及其应用的综合技术。

本书是作者对所承担的农业节水灌溉科研项目研究工作的总结,是我国第一部具有 50 多年系列不间断完整的灌溉试验观测成果的理论与技术专著。

本书的主要内容包括第 1 章绪论,第 2 章广西灌溉试验工作发展基本情况,第 3 章广西主要作物灌溉试验技术成果分析与集成,第 4 章社会、经济效益分析及推广前景,以及附表。

本书可供从事节水灌溉、灌溉水管理工作的科技人员、管理人员及大专院校相关专业师生阅读参考。

本书由李新建担任主编。由于作者的时间和水平有限,本书的内容可能存在错误和不妥之处,恳请广大读者提出宝贵的意见。

作　者
2015 年 5 月

目　录

第1章 绪 论

1.1 水与作物的灌溉问题

1.1.1 发展水稻灌溉的重要意义

"灌溉水稻"主要生长在亚洲季风区,包括印度、日本、韩国和中国南部,以及包括美国、澳大利亚和中国西北部建有灌溉系统的干旱地区。"雨养低洼地区的水稻"则利用降雨,生长在泰国、孟加拉等国的多雨地区。"洪水水稻"多生长在柬埔寨、缅甸、孟加拉等国的低洼地和入海口的三角洲。"旱稻"生长在巴西、非洲等地。

稻米是世界上的主要粮食,特别在亚洲起到重要作用。1999 年全世界的水稻收获面积为 1.57 亿 hm^2,总产量达到历史最高水平 6.07 亿 t。亚洲的印度、中国、印度尼西亚、孟加拉、泰国、越南、缅甸和韩国等是稻米的主要产区,在 1998~2000 年,其总产量占全世界产量的 90% 以上(见表 1-1)。在 2000 年,中国的稻米产量占世界总产量的 31.8%,印度则占 22.5%。

表 1-1　世界水稻收获面积、总产量和单产

国家	1998			1999			2000		
	面积 ($1\,000\ hm^2$)	总产量 ($1\,000\ t$)	单产 (kg/hm^2)	面积 ($1\,000\ hm^2$)	总产量 ($1\,000\ t$)	单产 (kg/hm^2)	面积 ($1\,000\ hm^2$)	总产量 ($1\,000\ t$)	单产 (kg/hm^2)
印度	44 598	129 928	2 891	44 607	132 300	2 966	44 600	134 150	3 008
中国	31 572	200 572	6 353	31 637	200 346	6 333	30 503	190 111	6 233
印度尼西亚	11 716	49 200	4 199	11 963	50 866	4 252	11 523	51 000	4 426
孟加拉	10 113	29 708	2 938	11 700	34 000	2 906	12 000	34 925	2 910
泰国	9 900	22 784	2 302	10 080	23 313	2 313	10 048	23 403	2 329
越南	7 362	29 145	3 959	7 648	31 394	4 105	7 650	32 000	4 183
缅甸	5 458	17 075	3 128	5 800	19 887	3 429	6 000	20 000	3 333
韩国	1 056	6 779	6 417	1 059	7 271	6 868	1 072	7 067	6 592
其他	14 829	47 076	——	16 061	51 898	——	15 387	51 081	——
亚洲	136 604	531 267	3 889	140 555	551 275	3 922	138 783	543 737	3 918
世界	151 998	578 768	3 808	157 176	606 656	3 860	154 996	597 155	3 853

然而,近几十年来水稻生产趋势急剧下降。1965~1975 年亚洲水稻生产年增长率估

计为 3.2% ,1975 ~ 1985 年为 2.8% ,1985 ~ 1995 年则为 1.6% 。中国和印度在 20 世纪 80 年代中期以后,水稻生产年增长率下降,而孟加拉、缅甸和越南则有较高的增长。日本在 1970 年以后,韩国在 1990 年以后,因水稻种植面积的减少也导致水稻生产年增长率下降。

世界和亚洲的平均水稻单产从 1961 年的 1.87 t/hm² 和 1.86 t/hm² 分别提高到 2000 年的 3.85 t/hm² 和 3.92 t/hm² ,增加了 1 倍多。而在 2000 年世界小麦的平均产量为 2.71 t/hm² ,大麦为 2.31 t/hm² 。这说明种植水稻的生产率是种植小麦、大麦的生产率的 1.4 ~ 1.7 倍。

亚洲人口占世界人口的 61% ,而其农业土地仅占世界的 36% ,这说明亚洲的农业土地有很高的生产率。种植水稻的产量高,水稻成为亚洲人民的主要粮食。

目前世界人口已达 60 亿,到 2025 年预计将达到 80 亿。在将来,粮食生产安全将成为每个国家的紧急任务。

水是保证农业生产的不可缺少的条件,全世界 70% 的淡水量用于农业。尤其是亚洲,水稻是主要农业,农业用水量则达 80% 以上,其中 90% 用于水稻灌溉。根据国际水资源管理研究所估计,1995 ~ 2025 年,生活和工业用水量将分别增加至 11% 和 22% ,而农业用水将下降到 67% 。

因此,未来水稻灌溉农业,特别是亚洲在粮食和水问题上将面临长期严峻的挑战。

亚洲季风区的国家多次召开国际水稻会议,其目的就是讨论发展水稻灌溉的重要性。水稻生产不仅是为了满足人们对粮食的需求,而且具有多种功能,有促进文化、保护生态环境等作用。会议呼吁对发展水稻灌溉要有更新的认识,特别是当前水稻生产面临严峻挑战,要采取相应政策,尤其是决策者应采取扶持政策,促进水稻灌溉的可持续发展。

1.1.2 水稻灌溉系统的多功能作用

1.1.2.1 社会发展与水、水稻生产的密切关系

日本 M. Mizutani 认为社会发展与水、水稻生产的关系,从历史上来分析,可分为三种类型:

(1)在农业社会,水是为了生存,水稻生产是供本地消费。

(2)在市场经济条件下的农村,水是为了维持生命、文化和环境,而过剩的稻米则进入市场。

(3)在西方工业社会,水是用于生产食品,而稻米是供市场需求。

在亚洲季风区国家,主要存在前两种类型的关系,而第三种类型的关系主要存在于美洲国家和澳大利亚,大规模的农业生产很普遍。亚洲季风区国家主要是劳动密集型的小型家庭农业,规模化的生产只是少数例外。第三种类型的关系近期在亚洲季风区国家是难以普及的,亚洲国家也可以走一条与西方国家不同的具有特色的道路。

因此,在亚洲季风区国家把灌溉水(水)视作"维命生存"或"维持生命、文化和环境"的需要。那种把灌溉水市场化的政策或按全部成本确定灌溉水价的政策可能不适合亚洲季风区国家的情况。

1.1.2.2 主张多功能作用的观点

如上所述,如果灌溉水不仅是为生产稻米和供市场需求,而且还为生存或生命、文化和环境的需要,则就很有必要正确理解和评价稻田灌溉系统的多功能作用。这种认识是基于以下三种观点:

(1)从社会和文化观点出发,水稻灌溉系统的功能是满足人们居住的基本条件,保持传统的文化(包括本地的宗教在内)。

日本农村社会的发展很能说明这个问题,据考证,在 2 500 年以前日本就引进种植水稻技术。至今,日本全国有 2 000 万块稻田遍布全国,用作灌溉排水的渠道总长 40 万 km,渠道的密度高达 1 200 m/km^2。此外,还有 21 万座池塘或小水库,为约 56 万 hm^2 稻田供水,包括居民饮用水、牲畜用水、水产养殖和消防用水等。日本农民长期在水稻灌区内定居,从事生产,发展文化,因环境优美其已成为旅游和休闲的胜地。日本把灌溉水稻农业作为文化之源,至今有许多节日都与水稻有关。

印度尼西亚的巴厘岛有悠久的水稻灌溉历史,被称为"Subak"的灌水者协会已存在 1 000 多年。它的特点是:①有共用的水源,供其会员灌溉水稻;②有共用的稻田寺庙,供有肥沃女神;③具有解决内部事务的自主权和对外联系权。Subak 的管理理念,认为人类社会的幸福只能是保持人和自然(环境)的和谐关系。因此,在印度尼西业 Subak 被定义为社会 - 宗教农业,它是最早的水稻灌溉管理单位。

(2)从水文循环过程所产生的功能来看,水稻灌溉系统的水循环也是大自然水循环的一个组成部分。

稻田从河中取水灌溉,或存蓄当地降雨径流,多余的水量从地表排泄,或从稻田土壤深层渗漏回灌地下水,最后返回河流。这一水文循环过程需要较长的时间,可以起到净化水质的作用。日本农村将集中处理后的生活污水灌溉水稻田,使稻田灌溉系统成为二次净化污水的设施,然后回灌地下水或排入河道,起到保护河流和地下水资源的作用。

从整个灌排系统的平面水文循环来看,如果地形允许,可利用渠道落差修建小型电站或水力加工站;在平原地区的渠道兼有通航、旅游之利。日本农村提倡在乡村集镇附近的渠道修建观水、戏水台阶或浅地,为民众娱乐提供场所;在丘陵山区的排水沟道沿等高线布置,保持其自然弯曲状态,并用块石干砌边坡,为水生生物营造生存空间。

(3)从生态学和生物学观点出发,灌溉水有改善环境、保持生物多样化和生态系统的作用。

①防洪和除涝作用。在湿润多雨地区,水稻田可以大面积蓄水,起到防洪和除涝作用。根据韩国的估算,韩国的稻田田埂高度一般为 26 cm,在水稻生长期蓄水灌溉的深度为 4.5 cm,稻田的平均渗透系数按 7.6 mm/d 计算,一次洪水的延续时间按 3 d 计算,则稻田的净蓄水深度可达 237.5 mm,即每公顷稻田可拦蓄水量 2 378 m^3。韩国的水稻种植面积为 116.3 万 hm^2,则在洪水季节可蓄滞洪水的总量为 27.7 亿 m^3,相当于几个大型水库的蓄水量。

②回灌地下水。亚洲多数国家采用淹灌水稻的方法,稻田的深层渗漏可以起到回灌地下水的作用。韩国专家认为,稻田的渗漏量中约有 55% 通过排水沟和地下水流返回河流中,其余 45% 回灌地下水。他们估算在饱和状态下的土壤水渗透率为 7.6 mm/d,水稻

的淹水生长期为 137 d,则稻田的深层渗漏量为 468 mm,即每公顷稻田的深层渗漏量为 4 685 m³。按韩国的水稻种植面积 116.3 万 km² 计,则韩国回灌地下水量达 54.5 亿 m³,相当于韩国最大水库松阳坝蓄水量的 2.9 倍。韩国有的地区由于大量抽取地下水而发生地面沉降,如 Paju-gun 县地面沉降达 30 cm。因此,可以认为通过发展水稻灌溉回灌地下水有重要意义。

③防止土壤侵蚀。亚洲山区的降雨多,地形陡,土壤冲蚀是一个严重的问题。修筑梯田和种植水稻有利于水土保持。稻田有水层保护,土壤不会发生风蚀。据韩国资料,种植旱地作物的土壤流失每年达 22.44 t/hm²,全国旱地面积 76.1 万 km²,年土壤流失量达 1 705 万 t,大部分都流入河流。土壤流失也引起氮的流失,污染河流水质。据估算,韩国通过水土流失,氮的流失量达 18 800 t。而种植水稻可防止土壤和氮肥的流失。

④净化水质。水稻田有净化作用,通过作物吸收氮和磷,表土层可以脱氮。根据试验,稻田去除标准氮的速度为 0.1~0.2 g/(m²·d)。这一作用可以减少过多氮流入河流和地下水中。

稻田中的氮是从肥料、降雨、灌溉和空气中固化而形成的。氮的消耗则是通过作物吸收、脱氮、渗漏和地表径流流失。根据日本测定,稻田的进出氮量是平衡的,至少稻田不会因施肥而引起氮的污染。因为稻田土壤处于厌氧条件下,大部分氮肥呈铵态保留在土壤中,土壤颗粒与铵之间有一种吸附力。而旱田土壤中呈氧化条件,大部分氮在土壤中呈硝酸盐状态,容易被水冲走而污染地下水。

⑤净化空气作用。植物光合作用($6CO_2 + 6H_2O \rightarrow C_6H_{12}O_6 + 6O_2$)具有双重净化空气的作用:吸收 CO_2 和释放 O_2。根据韩国专家计算,每公顷田释放的氧气为 8.84 t,则韩国水稻田的释放氧气量达 1 028 万 t,其经济价值是难以估算的。稻田吸收 CO_2 的数量与水稻的产量和稻谷中碳的含量有关。水稻产量和含碳量都比其他作物的高,所以稻田对净化空气、减少温室效应和吸收大气中的 CO_2 有十分重要的作用。

⑥夏季降温。稻田地区的小气候有明显改善,特别是在夏季,稻田水面蒸发和植株腾发从空气中吸取热量,使气温降低。韩国专家研究得出,稻田的平均蒸发量为 3.35 mm/d,在炎热夏季的总蒸发量为 450 mm,每公顷水稻田的蒸发量为 4 500 t,则韩国稻田的总蒸发量为 52.3 亿 t。如果用这些蒸发水量来计算其降温价值,估计达 11.54 美元。

⑦促进生物多样化。稻田也可以认为是一种"湿地",有许多动物生长在稻田里。稻田里的水层浅,水温比池塘中的高。水中富有浮游生物、水生植物以及鱼、泥螺、青蛙等,还有大量的水鸟栖居在稻田及其周围。根据日本农村环境咨询中心在南 Isawa 地区 700 hm² 稻田区的调查,其中生长着 306 种不同类型的植物和 1 106 种动物与昆虫。因此,由稻田、渠道和水库组成的水生态系统可以保护和稳定种类繁多的生物生态系统。

⑧其他效益。水稻对环境的损害比旱地少。稻田渗漏可以冲洗盐分,使土壤不发生盐碱化。水稻和旱作物交替种植可促进土壤中氧化和还原的循环,从而防止病原细菌伤害作物。

1.1.3 目的和意义

广西从 1956 年以后再没统一进行过整编工作,多年的试验资料散落在各个试验站,没能得到统一的管理,有些试验站由于人员调动及保存保护措施不到位等,一些年限较长的基础数据丢失;有的试验站虽然也进行资料的整理工作,但由于缺乏统一的规范格式,各项资料参差不齐,不能很好地应用于实际中。近年来广西各地的农业生产条件有了很大改变,投入水平持续提高,作物品种不断更新,种植结构经历了较大调整。随着农业节水灌溉模式的不断发展,对一些作物的灌溉参数,如需水量、灌溉定额以及灌溉水利用率等,需要更精准的数据以便更好地做出规划设计,以及使管道铺设满足作物的生长需要以达到丰产增收的目的。随着我国水资源供需矛盾日益加剧,要求全面实行灌溉定额管理,实现农业水资源的高效利用,新的形势和任务使灌溉试验数据受到广泛的重视,同时也提出了更新、更高的要求,使灌溉试验工作面临新的挑战与发展机遇。在这样的情势下,广西桂林灌溉试验中心站组织全区灌溉试验站,依据取得的灌溉试验资料,特别是以节水高效为目标的灌溉试验成果,通过系统的调查分析研究,对全区灌溉农业的生产效率、不同作物的水分利用效率及区域分布、灌溉用水定额、产量—用水量关系等得出较为可靠的结论,编制全区灌溉用水定额,建立全区主要作物灌溉试验资料数据库,为广西当前正在广泛开展的节水灌溉提供必要的基础数据和理论依据,服务于全区节水灌溉的发展和水资源的可持续利用,以满足农村产业结构调整及节水灌溉发展的需要,供全区从事节水灌溉管理和水资源规划利用工作的部门和科技工作者利用,无疑对全区节水灌溉的发展起到积极的作用。因而,开展灌溉试验资料分析整编工作对促进广西经济社会的发展具有重要的现实意义。

1.2 广西主要作物灌溉技术成果集成

(1)建立了广西主要作物水稻、玉米、花生、红薯、马蹄、糖料蔗等作物(其中水稻为1956~2012年长系列)的需水量与灌溉制度,农业栽培技能,各生育期的降雨量、蒸发量等对工程设计管理有参考利用价值的数据库。

(2)根据1956~2012年长系列的试验资料,整理分析后,编制了广西灌溉试验基础资料数据集。

(3)在两年试验资料的基础上分析提炼出广西主要作物灌溉技术与灌溉定额成果。

第2章 广西灌溉试验工作发展基本情况

2.1 自然地理气候

广西壮族自治区地处我国南疆,位于北纬 20°54′~26°23′,东经 104°28′~112°04′。南临北部湾,与海南省隔海相望,东连广东,东北接湖南,西北靠贵州,西与云南接壤,西南与越南毗邻。行政区域总面积23.6 万 km²,其中山地占 53%,丘陵占 22%,平原占 22%,水面占 3%。境内石灰层分布占全区总面积的 51%,属丘陵山区,地势由西北向东南倾斜,四周被山地围绕,呈盆地状,有广西盆地之称,是纬度较低的地区之一。广西南濒热带海洋,北接云贵高原和岭南山地,北回归线横贯中部,全年受海洋暖湿气流和北方干冷气团的交替影响,属南亚热带季风性气候区。多年平均年气温在 16.4~23 ℃,大部分地区在 19 ℃以上,月平均气温除桂北高寒山区为 8 ℃左右外,其余地区均在 10 ℃以上。年日照时数为 820~1 930 h。绝大部分地区无霜期在 300 d 以上,无霜期长,双季稻安全生产期为 170~240 d。全区降水主要集中在 4~9 月,多年平均降水量为 1 520.2 mm,年降水量较丰富,但由于降水时空分布不均,造成旱涝灾害频繁发生。

2.2 水源、土质情况

广西水利资源丰富,区内河川密布,河流集雨面积 50~100 km² 的有 888 条,100~1 000 km² 的有 470 条,1 000 km² 以上的有 60 条,多年平均总径流量 2 218 亿 m³。

全区现有水利工程:大型水库 20 座,中型水库 158 座,小(一)、小(二)型水库 4 402 座,山塘水柜 9.54 万处,合计总库容量 178.79 亿 m³,有效库容 105.25 亿 m³;引水工程 14.06 万处,设计引水流量 1 166 m³/s,正常引水流量 1 155 m³/s;柴油抽水机站 18 322 台、206 115 马力(1 马力≈735 W);电力抽水机站 14 724 台、376 805 kW;水轮泵站 9 385 台。以上各类工程合计设计灌溉面积 2 874.32 万亩(1 亩 = 1/15 hm²),有效灌溉面积 2 229.23 万亩,其中旱涝保收面积 1 812.77 万亩。

广西土壤以红壤为主,土质呈酸性和中性,全区从东到西,从南到北均宜种播水稻,产量高、面积大,其灌溉用水量占农田用水的大部分。

2.3 试验站站网建设情况

自 20 世纪 50 年代起,为满足水利建设发展的需要,在全区建立了 37 个灌溉试验站,80 年代,正式建立 19 个试验站,其中 6 个地区级站,其他为县级站。90 年代中后期,广西灌溉试验业务工作处于低谷,各试验站之间的交流和协作由于资金缺乏等几乎处于停止状态,年度灌溉试验工作会议未能正常进行,严重影响了广西桂林灌溉试验工作的正常开展。

2004年1月全国灌溉试验站工作会议在桂林举行,广西的灌溉试验工作重新启动。根据会议精神和布置的工作任务,自治区水利厅建立以广西桂林灌溉试验中心站为轴心的全区灌溉试验站网,全区建立了1个中心站、3个重点站。各试验站的基本情况如下。

2.3.1 桂林灌溉试验中心站

2.3.1.1 基本情况

试验站成立于1957年,2003年经水利部升格为灌溉试验中心站,试验站行政上隶属桂林市水利局领导,业务上由广西水利厅农水处直接管理,位于桂林市西城区。试验站是我国同行业在南方的主要对外交流窗口,是水利部树立的一面旗帜,是全国灌溉试验研究先进单位,是国内最大、科研实力最强的灌溉试验中心站。建有符合全国灌溉试验规范的试验区:粮油作物灌溉制度、灌溉定额试验区;广西旱地主要经济作物需水量、蒸发蒸腾量、地下渗透量观测试验区;广西主要粮油作物、经济作物生理、生态、地表水及地下水、不同灌溉系数、渗透系数试验区;温室大棚花卉、蔬菜灌溉排水技术应用试验区。建有目前全国经水利部认定的南方唯一的信息化、智能化大型蒸渗器,灌溉-排水-湿地综合系统研究试验区。建有阳朔金橘试验基地、恭城月柿试验基地、糖料蔗高效节水灌溉试验基地。仪器设备有:TDR时域反射仪1台、光合测定系统1套、叶面仪1台、土壤养分测定仪2台、高精度水位传感器5套;计算机及数据管理系统4套;在线水质物理、化学监测仪、水位监测系统1套;自动防雨大型测坑系统1套等。

试验站有科研人员26人,其中自治区优秀专家、教授1人,高级工程师和工程师15人,硕士2人,大专及大学本科学历者19人。有水利、农学、农水、气象、园艺等各类专业人员,具有2年到20余年的观测、试验、研究工作经验。工作人员勤于职守,热爱试验工作,这是取得高质量试验成果的有力保证。

2.3.1.2 地理位置及自然状况

试验站地理位置为东经110°33′,北纬25°30′。试验站地势平坦、周围空旷、四面环田、不受周围障碍影响,代表性好,邻近青狮潭灌区西干渠,水源可靠,是进行农田灌溉试验的良好场所。

试验站处于亚热带季风气候带,气候温和,雨量较充沛。年降水量为1 400~1 700 mm,多年平均蒸发量为1 261 mm,多年平均相对湿度为81%,无霜期约300 d。降水在年内分布极不均匀,春季多雨,4~6月的降水量占全年的70%左右,夏秋少雨,秋旱突出,晚稻及秋稻作物受旱严重。如1996年晚稻试验期间,整个生育期(约3个月)降水量仅有244.1 mm,而蒸发量达到341.3 mm,天然的水分消耗与获得严重不平衡。

试区土壤成土母质为石灰岩坡积物,土壤质地为黏壤土,孔隙率为43%~44%,土壤呈弱酸性,pH值为7.1~7.2,有机质含量为1.07%,全氮含量为0.14%~0.15%,速效氮、速效磷与速效钾含量分别为59~88 mg/kg、14~18 mg/kg与60~70 mg/kg。地下水埋深为2~4 m。

邻近地区的主要作物为双季水稻,早稻大田生育期为5月初至7月末,晚稻大田生育期为 8 月初至 10 月下旬。其他作物主要有甘蔗、黄豆、马蹄、花生、蔬菜,果林主要有柑橘、沙田柚、月柿、葡萄等。

该地带地表以下 4 m 左右可见岩层,岩石多为破碎的风化灰质页岩,并夹有石灰岩,透水性较强。

2.3.1.3　历年开展的试验研究项目

试验站从建站至 20 世纪 90 年代初,从事一些常规的水稻需水量及灌溉制度的试验研究。20 世纪 90 年代以后,积极开展与高校或科研院所的联合或协作研究。先后与武汉大学、华中农业大学、同济大学等院校开展科研项目合作,开展了《水稻水分生产函数及稻田非充分灌溉原理研究》《水稻水分生产函数时空变异性原理研究》《节水灌溉条件下水稻水肥运移规律研究》等国家自然科学基金项目,获得国家科技进步二等奖、教育部科技进步一等奖和水利部科技进步二等奖等国家、省部级奖项,取得了丰硕的成果。

桂林灌溉试验中心站代表桂北地区。该分区以丘陵山区为主,间以河谷平原。分区属亚热带季风气候区,气候温和,多年平均气温在 16～20 ℃,多年平均降水量 1 630 mm,降水较为充沛。主要作物为水稻、玉米、红薯等。

2.3.2　南宁市灌溉试验站

2.3.2.1　自然地理状况

南宁市灌溉试验站位于南宁市北郊安吉大道(原安吉镇政府)东面,毗邻南宁市安吉客运站、市公交公司安吉站。该站建于 1984 年,单位性质为全额拨款事业单位,是南宁市水利局直属单位。

该试验站所在地为广西壮族自治区首府南宁市,地处广西南部偏西,北回归线以南,位于东经 107°45′～108°51′,北纬 22°12′～23°32′,坐落在四面环山的小盆地。平均海拔 80～100 m,最高处 496 m。属珠江水系的邕江贯穿市区,水资源丰富。南宁市东接粤、港、澳,南临北部湾,北靠云、贵、川大西南,毗邻越南,是西南出海通道的重要咽喉,也是东南沿海和西部腹地经济区域的结合部,具有优越的地理环境。该地区属亚热带季风气候,阳光充足,降水充沛,年平均气温 21.7 ℃,年平均降水量 1 300 mm,全年无霜期为 365 d。该地区盛产水稻、玉米、甘蔗、木薯、豆类、八角等农副产品和香蕉、菠萝、芒果、荔枝、龙眼等 40 多种亚热带水果。

2.3.2.2　水资源状况

南宁市总土地面积 22 306.7 km²(合 3 346 万亩),现有耕地总面积 574.74 万亩,水资源总量 963.37 亿 m³,人均水资源占有量 1.53 万 m³。水资源比较丰富。市内有水库 776 座,总库容 33.09 亿 m³,塘坝 9 213 座,设计灌溉面积 498.58 万亩,其中万亩以上灌区 65 处,设计灌溉面积 270.89 万亩。

2.3.2.3　试验站人员结构

试验站现有干部职工 14 人,其中农艺师 1 人,工程师 1 人,政工师 1 人,会计师 1 人,助理农艺师 2 人,高级技工 1 人,中级工 3 人。

2.3.2.4　试验站基础设施

试验站总占地面积 50 亩,试验区分为水稻试验小区、综合试验测坑、旱作试区(甘蔗试区、蔬菜试区、日光大棚、蒸渗测筒等)、果树试区、花卉试区、旱作物综合试验区、气象园等。其中水稻试验小区 28 个 2 100 m²、综合试验测坑 24 个、蒸渗测筒 40 个、蔬菜试区 16 个 1 440 m²、甘蔗试区 8 个 1 200 m²、日光大棚 2 479 m²、果树试区 1 652 m²、花卉试区 9 个 1 350 m²、旱作物综合试验区 4 个 1 200 m²、气象园 320 m²。新建综合楼一幢 2 000 m²、职工宿舍一幢 3 864 m²,其他配套设施 1 000 m² 等。

2.3.2.5 试验站拟开展的试验研究项目

(1)作物需水规律及灌溉用水量。

(2)主要灌溉作物高效、节水的灌溉制度试验。

(3)作物丰产节水的灌溉模式及其与施肥制度的合理组合。

(4)最优田间水管理技术(作物水分生理、水分生产函数、水肥生产函数)试验研究。

(5)灌溉效益对比试验。

(6)灌水方法及灌水技术。

(7)灌排的环境影响(水、土环境,田间小环境)及农业可持续发展。

(8)其他全国及全市开展的协作试验,以及与有关高校、科研院所联合开展的科学研究试验。

南宁市灌溉试验站代表桂南—桂中地区。该分区以丘陵山区为主,气候温和,年平均气温在 21~23 ℃,雨量较充沛,多年平均降水量在 1 318 mm 左右,蒸发量为 1 589.7 mm。该分区水利化程度较好,作物以水稻为主,甘蔗、玉米、花生、油料次之。

2.3.3 玉林市灌溉试验站

玉林市的灌溉试验工作是 20 世纪 50 年代开始的,玉林市灌溉试验站始建于 1985 年,属于玉林市水利局,是专门从事水稻节水灌溉与旱作经济作物灌溉技术试验研究、开发、推广工作的事业单位。

试验站占地 15 亩,其中办公住宅楼 1 幢,水稻试验区 3 亩,大田作物区 2 亩,旱地经济作物试验区 4 亩,该站试验基础设施较完善,主要包括试验小区、需水量测坑、常规气象观测场、实验室,相应的观测仪器设备、与试验有关的常规化验器具和设备以及各种生产生活设备等,17 个试验小区和需水量测坑均按国家灌溉试验标准建成。现有干部职工 8 人,其中本科学历 1 人,大中专 4 人,高级技术工人 3 人。

多年来,试验站在国家水利部、自治区水利厅的大力支持和关心下,水稻节水灌溉试验工作和科研成果一直处于广西同行的领先地位,多次获得水利厅及玉林市科委等多项奖励,也为广西推广水稻"薄、浅、湿、晒"灌溉技术(获得国家科技进步一等奖),起到了示范指导作用,同时,自选课题开展水稻"水插旱管"灌溉技术试验研究并把试验成果推广示范,取得很好的成绩。

玉林市灌溉试验站代表桂东南地区,包括玉林市、贵港市,气候温和,年平均温度为 21 ℃;雨量充沛,年平均降水量为 1 650 mm;空气湿润,相对湿度为 80%;光热充足,年平均日照时数 1 795 h。作物以水稻为主,玉米次之。

2.3.4 北海市灌溉试验站

北海市灌溉试验站始建于 20 世纪 80 年代初,位于合浦县城东南角,占地 31 亩。建站后在上级部门的指导下开展了一些日常灌溉试验工作,曾参与广西"千万亩水稻节水灌溉技术开发"项目研究,并为该项目提供了水稻"薄、浅、湿、晒"节水灌溉技术研究试验成果,此项目成果曾荣获国家星火计划奖。进入 90 年代,由于受到管理体制和试验经费等方面的影响,试验站工作进入低谷,设备老化、人员流失等现象日益严重,影响了试验站工作的正常开展。2004 年,北海市灌溉试验站根据水利部《关于加强灌溉试验站工作的意见的通知》(水农〔2003〕252 号)的要求,对北海市灌溉试验站基础设施进行恢复完善,并进行了重建规划工作。根据规划,在位于北海市郊牛尾岭水库管理所旁,水库权属土地划出 52.8 亩重建北海市灌溉试验站基础设施。

灌溉试验工作是一项基础性较强的科学研究工作。北海市灌溉试验站代表了广西南部沿海地区特有的气候、作物和地理状况,其主要任务是:①承担需长期连续进行的观测项目,包括作物需水量、灌溉制度、灌水方法、常规气象观测,以及作物降雨利用率及提高降雨利用率的措施试验研究、作物灌溉指标试验研究等;②承担全国协作项目的试验研究任务和广西区设置的科研课题以及研究成果示范推广等课题;③结合北海市及邻近地区(包括钦州、防城、广东省的湛江等)的农业种植结构、气象条件、农村产业结构调整、农田水利状况、农业生产条件等因素进行相关的作物灌溉试验研究。

北海市灌溉试验站建设分为生活办公区和试验区两大部分,生活办公区占地 9.75亩,包括办公试验楼、培训中心、职工宿舍、晒场和运动场等;试验区是试验站的主体部分,占地 43.05 亩,包括花卉试区、西瓜试区、花生试区、蔬菜试区、水稻试区、气象园、径流场、需水量测坑及蒸渗测筒试区,以及水产试区、大棚试区、甘蔗试区和果木试区等。试验站建设按省级重点试验站标准要求进行,建成后可开展作物需水规律、作物灌溉制度和灌水方法、作物降雨利用率及提高降雨利用率措施研究,以及作物灌溉指标、作物水肥关系研究等试验科研工作,届时将与全国和广西科研院所及高等院校联合进行各种作物的节水灌溉试验及降雨量、回归水利用研究,其科研成果将为北海市农业的发展和产业结构调整提供基础数据和科学依据,对促进北海市的特色农业发展起到推进作用。

北海市灌溉试验站代表桂南地区,包括崇左市、北海市、钦州市、防城港市。该分区以丘陵山区为主,南临北部湾海岸,气候温和,年平均气温在 21 ~ 23 ℃,降水较充沛,多年平均降水量在 1 680.3 mm 左右,蒸发量为 1 405.6 mm。该分区水利化程度较好,种植作物以甘蔗、花生为主。

第 3 章　广西主要作物灌溉试验技术
成果分析与集成

依据广西灌溉试验站从 1956～2012 年所取得的主要作物灌溉试验资料,通过进行系统的调查分析研究,对广西灌溉农业的生产效率、不同作物的水分利用效率及区域分布、灌溉用水定额、产量—用水量关系等得出较为可靠的结论,编制全区灌溉用水定额。本资料汇编成果旨在为水利行业及相关行业提供最基本的数据,资料使用者可根据自己的需要进行选择采用。

3.1　水稻需水量、耗水量、灌溉定额、产量—用水量关系等试验成果集成

3.1.1　水稻需水量试验的基本概念

作物的叶面蒸腾量与棵间蒸发量之和称为作物的需水量,对于水稻,水分消耗(耗水量)除需水量外,还包括渗漏量。作物需水量是农田灌溉系统规划设计和灌区管理所需的基本资料,因此作物需水量是灌溉试验的主要研究内容之一。

3.1.1.1　田间有水层条件下

水稻需水量观测方法设有禾无底坑、有禾有底坑和埋在行距之间的棵间测筒,有禾有底坑测得当日需水量(叶面 + 棵间),测筒测得棵间蒸发量,按下式计算需水量:

$$地下渗漏量 = 有禾无底坑 - 有禾有底坑$$

$$需水量 = 有禾有底坑(叶面 + 棵间)$$

$$叶面蒸腾量 = 有禾有底坑 - 棵间(测筒)$$

作物需水量与气象条件、土壤水分状况和作物之间有着密切的关系。就某一作物而言,作物需水量主要取决于大气的蒸发力。因此,只根据气象因素,借助于参考作物需水量的计算,并考虑作物系数修正,便可求得作物的需水量 ET_c,即:

$$ET_c = K_c ET_0$$

式中　K_c——作物系数;

　　　ET_0——参考作物需水量。

3.1.1.2 田间无水层条件下

通过试验田中土壤含水率测定,计算出需水量。每隔 5 d 取土测定一次,取土深度为 0 cm、10 cm、20 cm、40 cm、60 cm、80 cm,而后用加权平均方法求得全土层平均的含水量。每次取土位置应在上一次取土位置的附近(相距 20 ~ 30 cm),按下式计算两次测定之间的时间段内的需水量:

$$E = 667\gamma H(w_1 - w_2)$$

式中　E——需水量,$m^3/$亩;

　　　γ——土壤密度,g/cm^3;

　　　H——耗水层深度,m;

　　　w_1、w_2——前一次和后一次测定的土壤含水率。

3.1.1.3 水稻需水量的试验方法及计算

1. 需水量试验方法

需水量测定主要采用坑测法、田测法和筒测法,坑测法是在专门修建的测坑中测定作物需水量,分有底和无底两种。

测坑需水量平衡公式为:

$$E_T = I + P + G - S + A_W$$

$$A_W = \gamma(e_0 - e_1)b$$

式中　E_T、I、P、G、S、A_W——需水量、灌水量、降雨量、地下水补给量、渗漏量和土壤水分消
　　　　　　　　　　　　　　　　　耗变化量,mm;

　　　e_0、e_1——计算时段初和时段末的土壤含水量(质量百分数);

　　　γ——土壤密度,g/cm^3;

　　　b——计算土层深度,mm。

如果是有底测坑,地下水补给量和渗漏量为 0,如果不是有底测坑,灌水强度(灌水量)可通过控制以产生渗漏量,如果地下水位较深,测坑需水量平衡公式简化为:

$$E_T = I + P + \gamma(e_0 - e_1)b$$

如果测坑上方有防雨设施,降雨量 P 为 0。

2. 试验站 ET_0 的计算

试验站 ET_0 的计算采用彭曼 – 蒙特斯(Penmen – Monteith)法,公式如下:

$$ET_0 = \frac{0.408\Delta(R_n - G) + \gamma\dfrac{900}{T + 273}U_2(e_a - e_d)}{\Delta + \gamma(1 + 0.34U_2)}$$

式中　ET_0——参考作物需水量;

Δ——平均气温时饱和水汽压随温度的变化率；

R_n——净辐射；

G——土壤热通量；

γ——湿度表常数；

U_2——2 m高处的平均风速；

e_a、e_d——平均气温时的饱和水汽压和实际水汽压。

3.试验站实测需水量与计算需水量的误差分析

通过公式计算需水量时，往往和实测需水量有出入，产生这种现象的原因可分为两类：系统误差和偶然误差。

（1）系统误差。系统误差的特点是：在相同条件下，对同一物理量进行多次测量时，误差的大小和正负总保持不变，或按一定的规律变化，或是有规律地重复。系统误差主要来自以下三个方面：①仪器误差；②方法误差；③人员误差。例如，对日照和风速的测量，都会产生误差。

（2）偶然误差。在同一条件下，对某一物理量进行多次测量时，每次测量的结果有差异，其差异的大小和符号以不可预定的方式变化着，这种误差称为偶然误差或随机误差。偶然误差是由于一些偶然的、不确定的因素引起的，这些因素的影响一般是微小的、混杂的，并且是随机出现的，因此难以确定某个因素产生的具体影响的大小。

在计算需水量时，若公式里的参数有误差，会对公式的计算结果产生影响，而且实测需水量有时也不是完全精确的。

3.1.2　桂林试验站水稻灌溉试验技术成果集成

3.1.2.1　水稻需水量试验分析及各因素的变化规律

1.水稻需水量试验成果分析

水稻需水量包括棵间蒸发、叶面蒸腾、田间渗漏量，其中棵间蒸发和叶面蒸腾之和为腾发量。

（1）早稻需水量试验成果见表3-1。

（2）晚稻需水量试验成果见表3-2。

（3）早、晚稻逐月需水强度统计表见表3-3。

（4）多年平均逐月需水强度统计表见表3-4。

表 3-1 早稻需水量试验成果表

桂林试验站

年份	作物品种	生育期降水与蒸发量				逐月需水强度（mm/d）（腾发量+渗漏量）								各生育期需水量（mm）（腾发量+渗漏量）																	产量水平（kg/亩）
		生育期降水量（mm）	频率（%）	生育期蒸发量（mm）	频率（%）	4月腾发	4月渗漏	5月腾发	5月渗漏	6月腾发	6月渗漏	7月腾发	7月渗漏	返青期	腾发	渗漏	分蘖期	腾发	渗漏	拔节期	腾发	渗漏	抽穗开花期	腾发	渗漏	灌浆期	腾发	渗漏	全生育期	腾发	渗漏	
1986	凤选四号早稻	651.4	85	365.7	65			4.5	2.1	5.7	3.4	3.6	0.6	5月6日~5月12日	19.9	14.3	5月13日~6月6日	137	52	6月7日~6月20日	70.5	61	6月21日~6月30日	60.3	29	7月1日~7月17日	60.8	10.5	5月6日~7月17日	348.5	166.8	337.5
1987	凤选四号早稻	792.4	77	338.5	89			3.7	1.9	5.1	2.7	5.3	0.9	5月7日~5月14日	18.6	14.6	5月15日~6月4日	94.2	33.4	6月5日~6月22日	94.5	35.1	6月23日~6月28日	25.4	25	6月29日~7月19日	112.3	44	5月7日~7月19日	345	146.1	303
1988	华选五七早稻	579.3	96	225.9	54			2.5	2	6.9	3.9	8.2	1.5	5月9日~5月15日	15.2	12	5月16日~6月10日	115.3	60.8	6月11日~6月30日	133.9	89	7月1日~7月8日	43.5	37	7月9日~7月25日	162.4	1.2	5月9日~7月25日	470.3	200	383.4
1989	威优35早稻	581.5	92	228.9	50			3.6	2.3	6.1	6.4	7.2	2.9	5月7日~5月13日	15.1	8	5月14日~6月10日	128.1	74.6	6月11日~6月30日	132.4	167.9	7月1日~7月10日	85.9	67.5	7月11日~7月24日	87.5	2.7	5月7日~7月24日	449	320.7	522.5
1990	威优64早稻	635.6	89	389.3	58			3.3	3.5	7.4	4.5	7.5	2.8	5月7日~5月14日	22.8	22.1	5月15日~6月10日	140.4	85	6月11日~6月30日	141.1	115.2	7月1日~7月10日	72.5	69.2	7月11日~7月30日	152.9	14.8	5月7日~7月30日	529.7	306.3	575.3
1991	威优64早稻	667.8	81	426	27			3.4	4	7.4	1.7	6.6	2.6	5月3日~5月10日	17.2	39.4	5月11日~6月6日	123	101.6	6月7日~6月22日	94.4	7	6月23日~7月4日	121.5	31.2	7月5日~7月31日	170.1	70.6	5月3日~7月31日	526.2	249.8	508.5

· 14 ·

年份	作物品种	生育期降水量(mm)	频率(%)	生育期蒸发量(mm)	频率(%)	4月腾发	4月渗漏	5月腾发	5月渗漏	6月腾发	6月渗漏	7月腾发	7月渗漏	返青期腾发	返青期渗漏	分蘖期腾发	分蘖期渗漏	拔节期腾发	拔节期渗漏	抽穗开花期腾发	抽穗开花期渗漏	灌浆期腾发	灌浆期渗漏	全生育期腾发	全生育期渗漏	产量水平(kg/亩)
1992	威优华二 早稻	949.7	42	360.7	73			2.7	2.7	4.5	3	6	0.6	5月4日~5月14日		5月15日~6月10日		6月11日~6月23日		6月24日~7月5日		7月6日~7月23日		5月4日~7月23日		508.6
														25.8	27.5	110.5	64.1	46.7	52.3	31.6	22.2	133.2	12.7	347.8	178.8	
1993	威优35 早稻	1 294	8	417.2	35			3.3	3	3.5	2.8	4	3.2	5月12日~5月23日		5月24日~6月22日		6月23日~7月2日		7月3日~7月12日		7月13日~7月31日		5月12日~7月31日		388.9
														28	30.7	117.8	78.4	28.4	47	39.3	60.3	82.1	26.9	295.6	243.3	
1994	威优77 早稻	1 195	19	430.7	23			2.9	3.9	4.7	4.1	4.6	2.8	5月6日~5月13日		5月14日~6月10日		6月11日~6月30日		7月1日~7月8日		7月9日~7月31日		5月6日~7月31日		500.3
														17	39.1	119.6	91.2	80.5	94	43	34.9	100.8	53.3	360.9	312.5	
1996	优200 早稻	975.4	39	361.7	69			2.2	3.8	4.5	3.6	5.5	2.1	5月8日~5月15日		5月16日~6月18日		6月19日~6月30日		7月1日~7月11日		7月12日~7月31日		5月8日~7月31日		433.4
														10.5	27.3	134.1	97.6	43.9	74.3	49.6	38	122.9	27.3	361	264.5	
1998	金优974 早稻	1 278	12	292.3	92			4.1	1.9	3.7	3	3.9	1.8	5月2日~5月10日		5月11日~5月31日		6月1日~6月10日		6月11日~6月17日		6月18日~7月18日		5月2日~7月18日		436.9
														20.7	40	101.2	22.9	54.1	5.4	24.9	15.6	101	93.5	301.9	177.4	
1999	优I 974 早稻	1 220	15	351.3	81			2.5	4.4	5.2	4.7	3.7	1.5	5月2日~5月9日		5月10日~6月9日		6月10日~6月21日		6月22日~7月1日		7月2日~7月23日		5月10日~7月23日		450.2
														21	38	88.3	96	83.8	57.7	39	84	85	34.2	296.1	271.9	

逐月需水强度(mm/d)(腾发量+渗漏量)；各生育期需水量(mm)(腾发量+渗漏量)

续表 3-1

年份	作物品种	生育期降水量(mm)	频率(%)	生育期蒸发量(mm)	频率(%)	4月腾发	4月渗漏	5月腾发	5月渗漏	6月腾发	6月渗漏	7月腾发	7月渗漏	返青期日期	返青腾发	返青渗漏	分蘖期日期	分蘖腾发	分蘖渗漏	拔节期日期	拔节腾发	拔节渗漏	抽穗开花期日期	抽穗腾发	抽穗渗漏	灌浆期日期	灌浆腾发	灌浆渗漏	全生育期日期	全腾发	全渗漏	产量水平(kg/亩)
2000	8两优353 早稻	937.5	46	467.5	3.8	4.2	3.5	3.6	4.6	5.7	3.2	3.2	1	4月28日~5月6日	23.7	45.7	5月7日~6月10日	177.3	130.6	6月11日~6月19日	35.4	33.7	6月20日~6月30日	59.4	36.7	7月1日~7月18日	57.6	18.7	4月28日~7月18日	353.4	265.4	480.8
2001	8两优353 早稻	881.6	54	415.7	39	2.3	3.2	4.1	2.6	4.3	3	5.1	1.4	4月21日~4月28日	15.8	22.3	4月29日~6月3日	136.8	88.5	6月4日~6月18日	65.9	46.4	6月19日~6月28日	49.6	41	6月29日~7月19日	107.8	30.5	4月21日~7月19日	375.9	228.7	486.1
2002	威优463 早稻	1 326	4	396.9	46	5.2	14	3.5	3.4	5.1	4.8	2.7	0	4月21日~4月29日	18	46.7	4月30日~6月2日	121.9	114.4	6月3日~6月15日	73.8	73.7	6月16日~6月25日	39.5	55.3	6月26日~7月17日	72.2	15.7	4月21日~7月17日	325.4	305.8	444.7
2003	金优463 早稻	877.3	62	227.9	96	2.1	4.2	3.2	1.4	4.6	2	5.6	0.2	4月17日~4月28日	23.8	53.7	4月29日~5月28日	98.1	46	5月29日~6月14日	81.3	30.3	6月15日~6月24日	35.6	26.7	6月25日~7月14日	107.9	8.8	4月17日~7月14日	346.7	165.5	452.8
2004	金优463 早稻	1 049	31	438.8	19	2.7	3.5	2.5	2.8	4.6	2.4	2.6	0.3	4月22日~4月27日	14.5	17.7	4月28日~5月31日	97.2	90.2	6月1日~6月14日	74.3	44.7	6月15日~6月25日	38.1	14.5	6月26日~7月21日	80.5	20.4	4月22日~7月21日	304.6	187.5	355.6
2005	T优433 早稻	880.6	58	425.2	31	2.3	2.8	2.5	4	4.2	1.5	5.9	0.3	4月20日~4月26日	15.5	16.2	4月27日~5月25日	98.8	80.8	5月26日~6月15日	100.2	43.1	6月16日~6月22日	21.8	9.3	6月23日~7月11日	103.2	5.2	4月20日~7月11日	339.5	154.6	425

续表 3-1

| 年份 | 作物品种 | 生育期降水量与蒸发量 | | | | 逐月需水强度（mm/d）（腾发量+渗漏量） | | | | | | | | 各生育期需水量（mm）（腾发量+渗漏量） | | | | | | | | | | | | | | | | | 产量水平（kg/亩） |
		生育期降水量（mm）	频率（%）	生育期蒸发量（mm）	频率（%）	4月腾发	4月渗漏	5月腾发	5月渗漏	6月腾发	6月渗漏	7月腾发	7月渗漏	返青期	腾发	渗漏	分蘖期	腾发	渗漏	拔节期	腾发	渗漏	抽穗开花期	腾发	渗漏	灌浆期	腾发	渗漏	全生育期	腾发	渗漏	
2006	T优463早稻	1 081	27	386.4	62	2.1	3.6	4	1.9	3.7	1.6	4	0.2	4月21日~4月27日	15.7	26.3	4月28日~5月31日	128.9	68.7	6月1日~6月15日	49.5	19	6月16日~6月24日	36.6	15	6月25日~7月18日	97.9	17.4	4月21日~7月18日	328.6	146.4	433.6
2007	金优463早稻	930.9	50	450.7	7.7	1.6	2.9	3.4	2.9	3.2	2.7	4.1	0	4月21日~4月28日	9.7	23.3	4月29日~5月22日	87.8	84.4	5月23日~5月31日	23.2	10.7	6月1日~6月17日	55.1	50.3	6月18日~7月16日	106.3	31	4月21日~7月16日	282.1	199.7	441.9
2008	金梅优167早稻	1 145	23	446.6	12	2.7	3.6	3.3	2.1	4.9	1.5	3.9	0.8	4月22日~4月28日	17.9	20	4月29日~6月4日	132.1	84	6月5日~6月25日	95.8	29	6月26日~7月8日	69.7	28.3	7月9日~7月27日	61.9	3.3	4月22日~7月27日	377.4	164.6	461.4
2009	湘优2号早稻	953.3	35	381.1	42	1.8	1.6	3.1	1.8	5.2	1.8	5.7	0.9	4月23日~4月30日	14.6	12.7	5月1日~6月6日	132.2	59.1	6月7日~6月17日	51.4	25	6月18日~6月29日	65.9	24	6月30日~7月21日	124.1	20.2	4月23日~7月21日	388.2	141	372.4
2010	金优463早稻	841.9	73	359.9	77	2.3	2.9	4.3	2.7	5.6	1.3			5月1日~5月7日	8.8	16.5	5月8日~6月1日	61.9	75.3	6月2日~6月15日	62.6	34.1	6月16日~6月27日	57.7	40.7	6月28日~7月21日	134.1	39.4	5月1日~7月21日	325.1	206	372.3
2011	EK优18早稻	850.3	69	438.9	15	2.8	2.9	1.8	4.2	1.6	5.3	0.7		4月29日~5月5日	19.8	15.7	5月6日~6月4日	90.2	48	6月5日~6月14日	37.2	11.7	6月15日~6月24日	53.5	17.3	6月25日~7月24日	150.7	34.2	4月29日~7月24日	351.4	126.9	567

续表 3-1

年份	作物品种	生育期降水与蒸发量				逐月需水强度（mm/d）（腾发量＋渗漏量）								各生育期需水量（mm）（腾发量＋渗漏量）												产量水平（kg/亩）
		生育期降水量（mm）	频率（%）	生育期蒸发量（mm）	频率（%）	4月		5月		6月		7月		返青期		分蘖期		拔节期		抽穗开花期		灌浆期		全生育期		
						腾发	渗漏	腾发	渗漏	腾发	渗漏	腾发	渗漏	腾发	渗漏	腾发	渗漏	腾发	渗漏	腾发	渗漏	腾发	渗漏	腾发	渗漏	
														4月22日～4月28日		4月29日～6月3日		6月4日～6月17日		6月18日～6月27日		6月28日～7月20日		4月22日～7月20日		
2012	两优68 早稻	866.1	65	351	85	4.7	1.1	3.4	2.6	3.4	2.3	2.5	0.7	31.7	7	123.5	88	46.4	27.7	40.6	27	59.1	24	301.3	173.7	391.9

表 3-2　晚稻需水量试验成果表

桂林试验站

年份	作物品种	生育期降水与蒸发量				逐月需水强度（mm/d）（腾发量＋渗漏量）										各生育期需水量（mm）（腾发量＋渗漏量）												产量水平（kg/亩）
		生育期降水量（mm）	频率（%）	生育期蒸发量（mm）	频率（%）	7月		8月		9月		10月		11月		返青期		分蘖期		拔节期		抽穗开花期		灌浆期		全生育期		
						腾发	渗漏	腾发	渗漏	腾发	渗漏	腾发	渗漏	腾发	渗漏	腾发	渗漏	腾发	渗漏	腾发	渗漏	腾发	渗漏	腾发	渗漏	腾发	渗漏	
																7月28日～8月5日		8月6日～8月31日		9月1日～9月14日		9月15日～9月26日		9月27日～10月30日		7月28日～10月30日		
1985	晚稻	310.2	38	534.8	24	3.8	2.7	6.8	8.7	7.2	7.1	2.4	0.2			49.9	52.5	181.2	136.5	101.6	57.4	95.4	48.5	54.5	54.6	534.6	349.4	413.8
																7月30日～8月7日		8月8日～9月4日		9月5日～9月18日		9月19日～9月30日		10月1日～11月9日		7月30日～11月9日		
1986	M112 晚稻	184	66	578.8	7	4	3.2	6.1	2.7	7.8	3.8	5.1	1.8	3.4		56	23	156.8	69	111.8	66.5	106	44.5	189.1	55	619.7	258	408.5

续表 3-2

年份	作物品种	生育期降水量(mm)	频率(%)	生育期蒸发量(mm)	频率(%)	7月腾发	7月渗漏	8月腾发	8月渗漏	9月腾发	9月渗漏	10月腾发	10月渗漏	11月腾发	11月渗漏	返青期日期	返青期腾发	返青期渗漏	分蘖期日期	分蘖期腾发	分蘖期渗漏	拔节期日期	拔节期腾发	拔节期渗漏	抽穗开花期日期	抽穗开花期腾发	抽穗开花期渗漏	灌浆期日期	灌浆期腾发	灌浆期渗漏	全生育期日期	全生育期腾发	全生育期渗漏	产量水平(kg/亩)
1987	威优64晚稻	260.5	45	382.9	90	3.9	2.7	6.3	2.5	7.4	2.5	4.2	0			7月26日~7月31日	23.2	16.4	8月1日~8月20日	120.4	41.2	8月21日~9月3日	100.8	46	9月4日~9月11日	75.6	33.6	9月12日~10月14日	177.5	30.1	7月26日~10月14日	497.5	167.3	477.7
1988	桂优汕十二号晚稻	467.4	7	218.2	97			3.4	2	5.2	1.7	4.2	1.5			8月6日~8月12日	34.1	16.7	8月13日~8月26日	50.7	29.7	8月27日~9月11日	28.2	13.3	9月12日~9月15日	23.7	13	9月16日~10月11日	154.5	47.8	8月6日~10月11日	291.2	120.5	169.5
1989	威优35晚稻	158.6	79	322.4	66			6.2	3.2	8.9	2.8	4.4	1.1			8月1日~8月7日	38.4	17.4	8月8日~9月5日	190	93.5	9月6日~9月20日	140	40.8	9月21日~10月2日	110.3	37.5	10月3日~10月22日	75.4	20	8月1日~10月22日	554.1	209.2	594.7
1990	威优35晚稻	186.8	62	514.7	38			7.1	2.7	8.1	7.1	4.7	2.1			8月6日~8月14日	55.9	25	8月15日~9月7日	177.5	77.6	9月8日~9月22日	124.3	121.7	9月23日~10月4日	58.6	129.3	10月5日~10月29日	118.5	21.7	8月6日~10月29日	534.8	375.3	397.3
1991	华02晚稻	124.2	93	458	72			6	3.8	7.6	2.6	4.6	0			8月6日~8月10日	19.4	32.4	8月11日~8月31日	136	65.5	8月31日~9月12日	87.3	37.5	9月13日~9月20日	75.4	26.3	9月21日~10月18日	143.9	15.3	8月6日~10月18日	462	177	438.9
1992	汕桂99晚稻	75.1	97	602	4			5.8	2.5	4.8	2.5	4.4	0.5			8月1日~8月7日	37.3	12.7	8月8日~8月30日	135.8	61.5	8月31日~9月15日	78.1	49.4	9月16日~9月30日	74.1	27.7	10月1日~10月30日	132.9	16.3	8月1日~10月30日	458.2	167.6	588.9

年份	作物品种	生育期降水与蒸发量				逐月需水强度(mm/d)(腾发量+渗漏量)									各生育期需水量(mm)(腾发量+渗漏量)																		产量水平(kg/亩)
		生育期降水量(mm)	频率(%)	生育期蒸发量(mm)	频率(%)	7月腾发	7月渗漏	8月腾发	8月渗漏	9月腾发	9月渗漏	10月腾发	10月渗漏	11月	返青期日期	返青期腾发	返青期渗漏	分蘖期日期	分蘖期腾发	分蘖期渗漏	拔节期日期	拔节期腾发	拔节期渗漏	抽穗开花期日期	抽穗开花期腾发	抽穗开花期渗漏	灌浆期日期	灌浆期腾发	灌浆期渗漏	全生育期日期	全生育期腾发	全生育期渗漏	
1993	汕桂99晚稻	395.6	21	423.2	86			5.4	3.9	4.9	2	3.7	2.4		8月7日~8月13日	27.1	56	8月14日~9月10日	146.7	46.7	9月11日~9月21日	60	19	9月22日~9月30日	49.3	36.9	10月1日~10月31日	115.6	75	8月7日~10月31日	398.7	233.6	327.8
1994	威优77晚稻	498.4	4	368.6	93			4.5	3.6	7.3	7	4.8	2.3		8月6日~8月12日	18.8	34.7	8月13日~9月5日	137.8	63.7	9月6日~9月20日	117.5	95.3	9月21日~10月10日	115	162.6	10月11日~10月27日	78.7	9.1	8月6日~10月27日	467.8	365.4	211.2(鼠害严重)
1995	晚稻	407.7	17	475.3	59	9.3	5	5.9	4	6.6	5.5	4.6	1.8		7月30日~8月5日	48.9	44.3	8月6日~8月31日	152.4	88.6	9月1日~9月20日	134.6	97	9月21日~10月2日	81.5	81.3	10月3日~10月27日	108.7	38	7月30日~10月27日	526.1	349.2	403
1996	桂九晚稻	244.1	48	488.4	52			6.2	3	7.2	3.4	3.9	1.7		8月4日~8月11日	36.2	40.7	8月12日~9月5日	205.1	42.6	9月6日~9月25日	122.1	64.7	9月26日~10月5日	49.7	47.3	10月6日~10月27日	83.8	28.7	8月4日~10月27日	496.9	224	350.2
1997	1优99晚稻	306.4	35	491.2	48	3.6	4	4.9	3.2	5.4	4.3	4.5	4.3	5.2	7月26日~7月31日	21.9	36	8月1日~9月6日	192.8	111	9月7日~10月3日	135.1	143.9	10月4日~10月17日	63.3	58.8	10月18日~11月7日	101.6	49.7	7月26日~11月7日	514.7	399.4	496.3
1998	优I:4480晚稻	133.2	86	498.4	45	5	4	6.1	2.6	5.9	2.7	2.7	0.6	0	7月27日~7月31日	25	20	8月1日~8月23日	145.6	41.6	8月24日~9月6日	80	50.5	9月7日~9月15日	47.3	41.8	9月16日~10月12日	126	60.2	7月27日~10月12日	423.9	214.1	567

续表 3-2

年份	作物品种	生育期降水量(mm)	频率(%)	生育期蒸发量(mm)	频率(%)	7月腾发	7月渗漏	8月腾发	8月渗漏	9月腾发	9月渗漏	10月腾发	10月渗漏	11月腾发	11月渗漏	返青期起止	返青期腾发	返青期渗漏	分蘖期起止	分蘖期腾发	分蘖期渗漏	拔节期起止	拔节期腾发	拔节期渗漏	抽穗开花期起止	抽穗开花期腾发	抽穗开花期渗漏	灌浆期起止	灌浆期腾发	灌浆期渗漏	全生育期起止	全生育期腾发	全生育期渗漏	产量水平(kg/亩)
1999	1488晚稻	422.8	14	451.7	76	4.7	6	3.9	3.4	5.4	3.4	4.9	0.2			7月28日~8月3日	28.8	34.7	8月4日~8月27日	104.2	82.1	8月28日~9月10日	59.6	59.4	9月11日~9月23日	81	38.7	9月24日~10月18日	116.9	20.9	7月28日~10月18日	390.5	235.8	464.1
2000	培杂67晚稻	381.8	24	521.6	35	5.6	3.5	4.2	3.2	5	3	3.4	0			7月25日~7月31日	39	24.7	8月1日~8月30日	121.8	95.8	8月31日~9月15日	102.8	47.7	9月16日~9月25日	25.5	31	9月26日~10月17日	87.7	12.3	7月25日~10月17日	376.3	211.5	380.6
2001	优I:4480晚稻	204.6	52	479	55	2.8	6	4.6	3.4	4.7	3	4.7	0			7月26日~8月1日	19.7	43.4	8月2日~8月26日	110	79.8	8月27日~9月8日	68.9	52.2	9月9日~9月19日	61.6	33.7	9月20日~10月16日	116.1	23	7月26日~10月16日	376.3	232.1	469.6
2002	新香优80晚稻	442.8	10	467.7	69	5.8	6.2	3.8	5.3	3.6	3.3	2.5	0.5			7月25日~8月2日	47.6	57.1	8月3日~8月29日	105.5	145	8月30日~9月15日	64.4	57	9月16日~9月27日	41	40.9	9月28日~10月30日	83.4	20.7	7月25日~10月30日	341.9	320.9	403
2003	优I:4480晚稻	204.4	55	526.3	31	5	3.4	4.7	2.7	4.3	3.1	1.7				7月22日~7月28日	31.2	23	7月29日~8月21日	102.9	68.2	8月22日~9月10日	110.6	50	9月11日~9月22日	53.1	42.6	9月23日~10月15日	55.4	24.7	7月22日~10月15日	353.2	208.5	514.2
2004	湘优207晚稻	132.3	89	562.8	10	0.3	3.4	4.4	2.3	5	2.9	3.6	1.9			7月31日~8月6日	22.8	19.3	8月7日~8月31日	115.4	56.7	9月1日~9月20日	103.8	74.7	9月21日~9月30日	47.2	42	10月1日~10月27日	98.3	51.2	7月31日~10月27日	387.2	243.9	347.3

续表 3-2

年份	作物品种	生育期降水量(mm)	频率(%)	生育期蒸发量(mm)	频率(%)	7月腾发	7月渗漏	8月腾发	8月渗漏	9月腾发	9月渗漏	10月腾发	10月渗漏	11月腾发	11月渗漏	返青期(日期)	返青期腾发	返青期渗漏	分蘖期(日期)	分蘖期腾发	分蘖期渗漏	拔节期(日期)	拔节期腾发	拔节期渗漏	抽穗开花期(日期)	抽穗开花期腾发	抽穗开花期渗漏	灌浆期(日期)	灌浆期腾发	灌浆期渗漏	全生育期(日期)	全生育期腾发	全生育期渗漏	产量水平(kg/亩)
2005	中优463晚稻	137.2	90	544.4	17	4.9	2	5.5	2.6	4.8	2.4	4.5	0.3			7月23日~7月27日	27	8.4	7月28日~8月25日	157.9	58.3	8月26日~9月2日	43.7	41.5	9月3日~9月13日	64.5	29.1	9月14日~10月8日	103.4	35.3	7月23日~10月8日	396.5	172.6	430.6
2006	岳优136晚稻	160.4	76	472.5	62	2.7	5.3	2.8	4.4	4	5.2	3.1	3.1			7月23日~7月31日	24.7	22.7	8月1日~8月24日	71.1	43	8月25日~9月2日	37.8	13	9月3日~9月14日	48.3	12.3	9月15日~10月10日	82.2	17	7月23日~10月10日	264.1	108	355.7
2007	湘优207晚稻	172.2	69	556.2	14	4.3	4.9	4.6	3.4	4.1	2.5	3.5	0			7月20日~7月25日	23.1	30	7月26日~8月31日	172.4	133	9月1日~9月14日	42.5	43	9月15日~9月28日	65.2	28.3	9月29日~10月17日	75.3	2.6	7月20日~10月17日	378.5	236.9	400.2
2008	荆楚优201晚稻	347.4	28	440.3	83			3.8	2.7	4.6	1.3	2.4	0.5			8月2日~8月8日	25.8	22.3	8月9日~8月31日	88.6	58	9月1日~9月19日	82.7	20.7	9月20日~9月30日	53.9	18.3	10月1日~10月26日	62.4	12.2	8月2日~10月26日	313.4	131.5	378
2009	荆优201晚稻	333.4	31	534.8	28	4.2	2.2	5	1.9	5.1	2.3	2.5	0			7月24日~8月3日	51.1	29.3	8月4日~8月24日	93.2	27	8月25日~9月13日	123.8	62.8	9月14日~9月24日	59.7	19.7	9月25日~10月15日	51.5	7	7月24日~10月15日	379.3	145.8	378
2010	T98优207晚稻	165.8	72	450.6	79			4.8	2.3	4.9	3.5	4.1	1.6			8月1日~8月8日	47.8	26.8	8月9日~8月31日	103.7	45.8	9月1日~9月15日	75.1	56	9月16日~9月25日	52.9	27.1	9月26日~10月25日	120.6	59	8月1日~10月25日	400.1	214.7	353

续表 3-2

年份	作物品种	生育期降水与蒸发量				逐月需水强度（mm/d）（腾发量+渗漏量）										各生育期需水量（mm）（腾发量+渗漏量）														产量水平（kg/亩）
		生育期降水量（mm）	频率（%）	生育期蒸发量（mm）	频率（%）	7月		8月		9月		10月		11月		返青期		分蘖期		拔节期		抽穗开花期		灌浆期		全生育期				
						腾发	渗漏	腾发	渗漏	腾发	渗漏	腾发	渗漏	腾发	渗漏	腾发	渗漏	腾发	渗漏	腾发	渗漏	腾发	渗漏	腾发	渗漏	腾发	渗漏			
2011	关美优1号晚稻	196.4	59	543.5	21	2.6	1	5.6	2.2	5.1	2.9	2.8	0.8			7月28日~8月3日		8月4日~8月31日		9月1日~9月13日		9月14日~9月23日		9月24日~10月31日		7月28日~10月31日		594.7		
																29	10.7	155.1	60.5	65	39.7	63.9	63.5	112.2	37	425.2	183.5			
2012	两优608晚稻	298.4	41	513.5	41	3.2	0.8	4.2	2.1	4	3.4	2.7	1.2			7月28日~8月3日		8月4日~9月2日		9月3日~9月18日		9月19日~9月25日		9月26日~11月2日		7月28日~11月2日		403		
																27.4	9	123.8	42.3	65.8	58	24.5	23.8	112.7	56	354.2	209.1			

表 3-3　早、晚稻逐月需水强度统计表

年份	逐月需水强度(mm/d)(腾发量+渗漏量)															
	4 月		5 月		6 月		7 月		8 月		9 月		10 月		11 月	
	腾发	渗漏	腾发	渗漏	腾发	渗漏	腾发	渗漏	腾发	渗漏	腾发	渗漏	腾发	渗漏	腾发	渗漏
1985							3.8	2.7	6.8	8.7	7.2	7.1	2.4	0.2		
1986			4.5	2.1	5.7	3.4	3.7	5.2	6.1	2.7	7.8	3.8	5.1	1.8	3.4	0
1987			3.7	1.9	5.1	2.7	4.7	2.1	6.3	2.5	7.4	2.5	4.2	0		
1988			2.5	2	6.9	3.9	6.1	2.1	3.4	2	5.2	1.7	4.2	1.5		
1989			3.6	2.3	6.1	6.4	7.2	2.9	6.2	3.2	8.9	2.8	4.4	1.1		
1990			3.3	3.5	7.4	4.5	7.5	2.8	7.1	2.7	7.1	8.1	4.7	2.1		
1991			3.4	4	7.4	1.7	6.6	2.6	6	3.8	7.6	2.6	4.6	0		
1992			2.7	2.7	4.5	3	6	0.6	5.8	2.5	4.8	2.5	4.4	0.5		
1993			3.3	3	3.5	2.8	4	3.2	5.4	3.9	4.9	2	3.7	2.4		
1994			2.9	3.9	4.7	4.1	4.6	2.8	4.5	3.6	7.3	7	4.8	2.3		
1995							4.7	2.5	5.9	4	6.6	5.5	4.6	1.8		
1996			2.2	3.8	4.5	3.6	5.5	2.1	6.2	3	7.2	3.4	3.9	1.7		
1997							3.6	6	4.9	3.2	5.4	4.3	4.5	4.3	5.2	0
1998			4.1	1.9	3.7	3	4.5	2.9	6.1	2.6	5.9	2.7	2.7	0.6		
1999			2.5	4.4	5.2	4.7	4.2	3.8	3.9	3.4	5.4	3.4	4.9	0.2		
2000	4.2	3.5	3.6	4.6	5.7	3.2	4.4	2.3	4.2	3.2	5	3	3.4	0		
2001	2.3	3.2	4.1	2.6	4.3	3	4	3.7	4.6	3.4	4.7	3	4.7	0		
2002	5.2	14	3.5	3.4	5.1	4.8	4.3	3.1	3.8	5.3	3.6	3.3	2.5	0.5		
2003	2.1	4.2	3.2	1.4	4.6	2	5.3	1.8	4.7	2.7	4.3	3.1	1.7			
2004	2.7	3.5	2.8	2.5	4.6	2.4	1.5	1.9	4.4	2.3	5	2.9	3.6	1.9		
2005	2.3	2.8	4	2.5	4.2	1.5	5.4	1.2	5.5	2.6	4.8	2.4	4.5	0.3		
2006	2.1	3.6	4	1.9	3.7	1.6	3.4	2.8	2.8	4.4	4	5.2	3.1	3.1		
2007	1.6	2.9	3.4	2.9	3.2	2.7	4.2	2.5	4.6	3.4	4.1	2.5	3.5	0		
2008	2.7	3.6	3.3	2.1	4.9	1.5	3.9	0.8	3.8	2.7	4.6	1.3	2.4	0.5		
2009	1.8	1.6	3.1	1.8	5.2	1.8	5	1.6	5	1.9	5.1	2.3	2.5	0		
2010			2.3	2.9	4.3	2.7	5.6	1.3	4.8	2.3	4.9	3.5	4.1	1.6		
2011	2.8	2.8	2.9	1.8	4.2	1.6	4	0.9	5.6	2.2	5.1	2.9	2.8	0.8		
2012	4.7	1.1	3.4	2.6	3.4	2.3	2.9	0.8	4.2	2.1	4	3.4	2.7	1.2		
合计	34.5	46.8	82.3	68.5	122.1	74.9	130.6	69	142.6	90.3	157.9	98.2	104.6	30.4	8.6	0
平均	2.9	3.9	3.3	2.7	4.9	3.0	4.7	2.5	5.1	3.2	5.6	3.5	3.7	1.1	4.3	0

表 3-4　多年平均逐月需水强度统计表

月份	需水强度(mm/d)(腾发量＋渗漏量)			每月需水量 (m³/亩)
	腾发量	渗漏量	需水强度	
4	2.9	3.9	6.8	136.1
5	3.3	2.7	6	124.1
6	4.9	3	7.9	158.1
7	4.7	2.5	7.2	148.9
8	5.1	3.2	8.3	171.6
9	5.6	3.5	9.1	182.1
10	3.7	1.1	4.8	99.3
11	4.3	0	4.3	86
合计	34.5	19.9	54.4	1 106.2
平均	4.3	2.5	6.8	138.3

2. 各因素的变化规律

1)水稻全年的需水强度时间变化规律

根据表 3-4 分析出水稻全年的需水强度时间变化规律:4 月需水强度 6.8 mm/d,5 月需水强度 6 mm/d,6 月需水强度 7.9 mm/d,7 月需水强度 7.2 mm/d,8 月需水强度 8.3 mm/d,9 月需水强度 9.1 mm/d,10 月需水强度 4.8 mm/d,11 月需水强度 4.3 mm/d。全年的需水高峰主要在 7~9 月。早稻需水强度逐月增加,晚稻需水强度逐月减少(见表 3-1)。

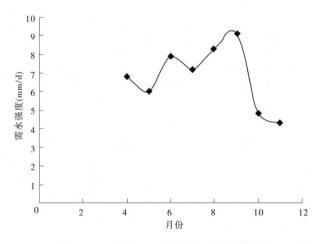

图 3-1　多年平均逐月需水强度等值线

2)各生育期需水量变化规律

由于作物各生长发育阶段有其本身的生理特点,同一地区同一种作物各生长发育阶段所处的季节也比较固定,故各种作物需水量在各生育期内的变化过程大体有一定规律。

根据桂林试验站的试验成果,得出以下规律:①生育前、后期作物需水强度较小,生育中期需水强度较大。②夏季温度高,日照长,需水强度大;冬季温度低,日照短,需水强度小;春秋居中。具体见表3-5~表3-7。

表3-5 早稻各生育期需水量资料统计表

年份	各生育期需水量(mm)							全期需水量	
	返青期	分蘖前期	分蘖后期	拔节孕穗期	抽穗开花期	乳熟期	黄熟期	mm	m³/亩
1986	19.9	76	61	70.5	60.3	23.2	37.6	348.5	232.4
1987	18.6	49.4	44.8	94.5	25.4	42.1	70.2	345	230.1
1988	15.2	42.7	72.6	133.9	43.5	60.3	102.1	470.3	313.7
1989	15.1	36.9	91.2	132.4	85.9	43.6	43.9	449	299.5
1990	22.8	40.8	99.6	141.1	72.5	79.1	73.8	529.7	353.4
1991	17.2	37.7	85.3	94.4	121.5	68.6	100.8	525.5	350.5
1992	25.8	50.7	59.8	46.7	31.6	59	74.2	347.8	231.9
1993	28	79.9	37.9	28.4	39.3	46.1	36	295.6	197.1
1994	17	57.9	61.7	80.5	43	56.8	44	360.9	240.8
1996	10.5	43.5	90.6	43.9	49.6	57.5	65.4	361	240.8
1998	20.7	43.3	57.9	54.1	24.9	31.5	69.5	301.9	201.4
1999	0	47.5	40.8	83.8	39	44.6	40.4	296.1	197.5
2000	23.7	66	111.3	35.4	59.4	26.3	31.3	353.4	235.7
2001	15.8	56.4	80.4	65.9	49.6	49.5	58.3	375.9	250.7
2002	18	49.6	72.3	73.8	39.5	35.9	36.3	325.4	217
2003	23.8	44.4	53.7	81.3	35.6	39.8	68.1	346.7	231.2
2004	14.5	59.4	37.8	74.3	38.1	34.7	45.8	304.6	203.1
2005	15.5	56.2	42.6	100.2	21.8	34.6	68.6	339.5	226.4
2006	15.7	63.4	65.5	49.5	36.6	25.9	72	328.6	219.2
2007	9.7	62.6	18.6	23.2	55.1	40.5	65.8	275.5	183.8
2008	18.2	44.9	79.9	86.4	61.7	13.6	46	350.7	233.9
2009	14.6	48.6	67.8	51.4	69.7	69.2	36.8	358.1	238.9
2010	8.8	23.1	38.8	62.6	57.8	71.6	53.9	316.6	211.1
2011	19.8	49	41.2	37.2	53.5	58.8	91.9	351.4	234.4
2012	31.7	84.2	39.3	46.4	40.6	21	38.1	301.3	201
平　均	17.6	52.6	62.1	71.7	50.2	45.4	58.8	358.4	239

表 3-6　晚稻各生育期需水量统计表

年份	各生育期需水量（mm）							全期需水量	
	返青期	分蘖前期	分蘖后期	拔节孕穗期	抽穗开花期	乳熟期	黄熟期	mm	m³/亩
1985	49.9	76.5	104.7	101.6	106.5	52.3	43.1	534.6	357.4
1986	56	71.9	84.9	111.8	106	111.1	78	619.7	413.3
1987	23.2	57.6	62.8	100.8	75.6	55.2	122.3	497.5	331.7
1988	34.1	31.1	19.6	28.2	23.7	64.4	90.1	291.2	194.2
1989	38.4	73.4	116.6	140	110.3	51.5	23.9	554.1	369.6
1990	55.9	99.4	78.1	124.3	58.6	68.2	50.3	534.8	356.7
1991	19.4	55.9	80.1	87.3	75.4	66.2	77.7	462	308.1
1992	37.3	100.6	35.2	78.1	74.1	63.5	69.4	458.2	305.7
1993	27.1	109	37.7	60	49.3	67.3	48.3	398.7	265.8
1994	18.8	31	106.8	117.5	115	46.3	32.4	467.8	312.1
1995	48.9	85.1	67.3	134.6	81.5	57.5	51.2	526.1	350.9
1996	36.2	43.6	161.5	122.1	49.7	39.3	44.5	496.9	331.4
1997	21.9	122.6	70.2	135.1	63.3	38.7	62.9	514.7	343.3
1998	25	100.5	45.1	80	47.3	86.3	39.7	423.9	282.8
1999	28.8	61.5	42.7	59.6	81	35.2	81.7	390.5	260.4
2000	39	73.1	48.7	102.8	25.5	47.1	40.1	376.3	251
2001	19.7	89.1	20.9	68.9	61.6	40.2	75.9	376.3	251
2002	47.6	49.3	56.2	64.4	41	47.3	36.1	341.9	228
2003	31.2	95.8	7.1	110.6	53.1	34.4	21	353.2	235.6
2004	22.8	40.9	74.2	103.8	47.2	49.4	48.9	387.2	258.2
2005	27	115.2	42.7	43.7	64.5	42	61.4	396.5	264.5
2006	24.7	42.9	28.2	37.8	48.3	34.3	47.9	264.1	176.2
2007	23.1	90	82.4	42.5	65.2	36	39.3	378.5	252.4
2008	25.8	45.4	43.2	82.7	53.9	52.2	10.2	313.4	209
2009	51.1	56.2	37	123.8	59.7	13.5	38	379.3	253
2010	47.8	58.3	45.4	75.1	52.9	73	47.6	400.1	266.9
2011	29	104.1	51	65	63.9	42.4	69.8	425.2	283.5
2012	27.4	89.5	34.3	65.8	24.5	24.4	88.3	354.2	236.2
平　均	33.5	73.9	60.2	88.1	63.5	51.4	55	425.6	283.9

表 3-7　多年平均水稻各生育期需水量资料统计表

| 稻别 | 各生育期需水量（mm） | | | | | | | 全期需水量 | |
	返青期	分蘖前期	分蘖后期	拔节孕穗期	抽穗开花期	乳熟期	黄熟期	mm	m³/亩
早稻	17.6	52.6	62.1	71.7	50.2	45.4	58.8	358.4	239
晚稻	33.5	73.9	60.2	88.1	63.5	51.4	55	425.6	283.9

水稻生育期划分为返青期、分蘖前期、分蘖后期、拔节孕穗期、抽穗开花期、乳熟期、黄熟期共 7 个生长阶段。根据表 3-7 的数据分析总结得出：

(1)早稻多年平均全期需水量 358.4 mm(239 m³/亩)；返青期需水量 17.6 mm(11.7 m³/亩)；分蘖前期需水量 52.6 mm(35.1 m³/亩)；分蘖后期需水量 62.1 mm (41.4 m³/亩)；拔节孕穗期需水量 71.7 mm(47.8 m³/亩)；抽穗开花期需水量 50.2 mm (33.5 m³/亩)；乳熟期需水量 45.4 mm(30.3 m³/亩)；黄熟期需水量 58.8 mm(39.2 m³/亩)。

(2)晚稻多年平均全期需水量 425.6 mm(283.9 m³/亩)；返青期需水量 33.5 mm (22.3 m³/亩)；分蘖前期需水量 73.9 mm(49.3 m³/亩)；分蘖后期需水量 60.2 mm(40.2 m³/亩)；拔节孕穗期需水量 88.1 mm(58.8 m³/亩)；抽穗开花期需水量 63.5 mm(42.4 m³/亩)；乳熟期需水量 51.4 mm(34.2 m³/亩)；黄熟期需水量 55 mm(36.7 m³/亩)。

早晚稻各生育期需水量前后期比较小，中期的值比较大，需水高峰主要是拔节孕穗期和抽穗开花期。具体见图 3-2。

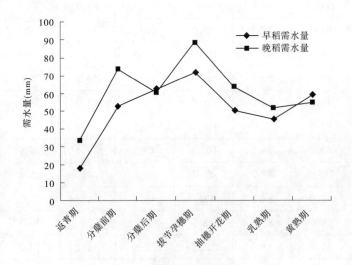

图 3-2　早晚稻各生育期需水量曲线

3)水稻不同水文年型需水量成果分析

根据多年试验资料统计分析，早稻多年平均腾发量为 245 m³/亩，按降雨量排频分析，得出不同水文年型的腾发量平均值：丰水年 215 m³/亩，平水年 224 m³/亩，干旱年 297 m³/亩，详见表 3-8。

表3-8 早稻需水量成果分析表

年份	降雨量（mm）	频率（%）	腾发量（mm）	产量（kg/亩）	腾发量建议参考值		水文年型
					mm	m³/亩	
2002	1 326.3	3.8	325.4	444.7			
1993	1 293.6	7.7	295.6	388.9			
1998	1 278.3	11.5	301.9	436.9	322	215	丰水年
1999	1 220	15.4	296.1	225.1			
1994	1 195.4	19.2	360.9	500.3			
2008	1 144.7	23.1	350.7	461.4			
2006	1 081.2	26.9	328.6	433.6			
2004	1 049.2	30.8	304.6	355.6			
2009	1 004	34.6	358.1	372.4			
1996	975.4	38.5	361	433.3			
1992	949.7	42.3	347.8	508.6			
2000	937.5	46.2	353.4	480.8			
2007	930.9	50.0	275.5	441.9	335	224	平水年
2001	881.6	53.8	375.9	486.1			
2005	880.6	57.7	339.5	425			
2003	877.3	61.5	346.7	452.8			
2012	866.1	65.4	301.3	392			
2011	850.3	69.2	351.4	567			
2010	841.9	73.1	316.6	372.2			
1987	792.4	76.9	345	303			
1991	677.2	80.8	525.5	508.5			
1986	651.4	84.6	348.5	337.5	445	297	干旱年
1990	635.6	88.5	529.7	575.3			
1989	581.5	92.3	449	522.5			
1988	579.3	96.2	470.3	383.4			
平均			358.36	432.352	367.3	245.0	

晚稻多年平均腾发量为 284 m³/亩,按降雨量排频分析,得出不同水文年型的腾发量平均值:丰水年 240 m³/亩,平水年 280 m³/亩,干旱年 310 m³/亩,详见表3-9。

根据水稻多年腾发量的成果,分析其规律为:早稻丰水年需水量偏小,平水年偏中,干旱年偏大;晚稻丰水年需水量偏小,平水年偏中,干旱年偏大。

表 3-9　晚稻需水量成果分析表

年份	降雨量（mm）	频率（%）	腾发量（mm）	产量（kg/亩）	腾发量建议参考值		水文年型
					mm	m³/亩	
2002	442.8	4.2	341.9	403	360	240	丰水年
1999	422.8	8.3	390.5	232.1			
1995	407.7	12.5	526.1	403			
1993	395.6	16.7	398.7	327.8			
2000	388	20.8	376.3	380.6			
2008	347.4	25.0	313.4	378			
2009	333.4	29.2	379.3	378	420	280	平水年
2012	298.4	33.3	354.2	404			
1987	260.5	37.5	497.5	477.7			
1996	244.1	41.7	496.9	350.2			
2001	204.6	45.8	376.3	469.6			
2003	204.4	50.0	353.2	514.2			
2011	196.4	54.2	425.2	594.7			
1990	186.8	58.3	534.8	397.3			
2007	172.2	62.5	378.5	400.2			
2010	165.8	66.7	400.1	353			
2006	160.4	70.8	264.1	355.7			
1989	158.6	75.0	554.1	594.7			
2005	137.2	79.2	396.5	430.6	460	310	干旱年
1998	133.2	83.3	423.9	566.9			
2004	132.3	87.5	387.2	347.3			
1991	124.2	91.7	462	438.9			
1992	75.1	95.8	458.2	588.9			
平均			412.6	401.3	413.3	283.9	

4）水稻需水量与产量成果分析

通过桂林试验站多年试验资料统计分析，得出早稻需水量为 230～350 m³/亩时产量是最高的，晚稻需水量为 282～356 m³/亩时产量是最高的。具体见表 3-10、图 3-3、图 3-4。

表 3-10　早、晚稻产量与需水量的关系表

年份	早稻需水量（m³/亩）	早稻产量（kg/亩）	年份	晚稻需水量（m³/亩）	晚稻产量（kg/亩）
1986	232.4	337.5	1985	356.6	413.8
1987	230.1	303	1986	405.4	408.5
1988	313.7	383.4	1987	331.8	477.7
1989	299.5	522.5	1988	194.2	169.5
1990	353.3	575.3	1989	369.6	594.7
1991	350.5	508.5	1990	356.7	397.3
1992	231.9	508.6	1991	308.2	438.9
1993	197.2	388.9	1992	305.6	588.9
1994	240.7	500.3	1993	265.9	327.8
1996	240.8	433.3	1994	312	211.2
1998	201.4	436.9	1995	349.2	403
1999	197.5	225.1	1996	331.4	350.2
2000	235.7	480.8	1997	343.3	248.2
2001	250.7	486.1	1998	282.7	566.9
2002	217	444.7	1999	260.5	232.1
2003	231.2	452.8	2000	251	380.6
2004	203.2	355.6	2001	251	469.6
2005	226.4	425	2002	228.1	403
2006	219.2	433.6	2003	235.6	514.2
2007	183.7	441.9	2004	258.3	347.3
2008	233.9	461.4	2005	264.5	430.6
2009	238.8	372.4	2006	176.2	355.7
2010	211.2	372.2	2007	252.5	400.2
2011	234.4	567	2008	209	378
2012	201	392	2009	253	378
平均	239.0	432.4	2010	266.9	353
			2011	183.5	594.7
			2012	236.3	404
			平均	280.0	401.3

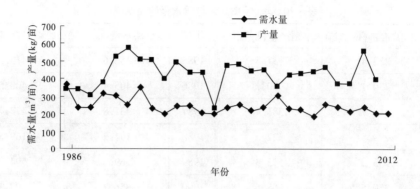

图 3-3　早稻产量与需水量变化图

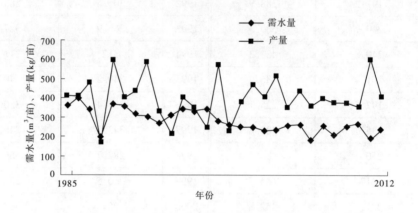

图 3-4　晚稻产量与需水量变化图

3.1.2.2　水稻薄浅湿晒、间歇灌溉、常规灌溉试验耗水量成果集成

1. 薄浅湿晒

通过桂林试验站多年试验资料统计分析得出：早稻薄浅湿晒灌溉方式多年平均耗水量为 367 m³/亩。按降雨量排频分析,得出不同水文年型的耗水量平均值：丰水年 330 m³/亩,平水年 350 m³/亩,干旱年 420 m³/亩,详见表 3-11。

通过桂林试验站多年试验资料统计分析得出：晚稻薄浅湿晒灌溉方式多年平均耗水量为 404 m³/亩。按降雨量排频分析,得出不同水文年型的耗水量平均值：丰水年 390 m³/亩,平水年 410 m³/亩,干旱年 420 m³/亩,详见表 3-12。

2. 间歇灌溉

通过桂林试验站多年试验资料统计分析得出：早稻间歇灌溉方式多年平均耗水量为 340 m³/亩。按降雨量排频分析,得出不同水文年型的耗水量平均值：丰水年 312 m³/亩,平水年 367 m³/亩,详见表 3-13。

表 3-11　早稻耗水量成果分析表

薄浅湿晒

年份	降雨量（mm）	频率（%）	耗水量（mm）	产量（kg/亩）	耗水量建议参考值		水文年型
					mm	m³/亩	
2002	1 326.3	3.8	631.2	470.6	490	330	丰水年
1993	1 293.6	7.7	634.8	408.9			
1998	1 278.3	11.5	479.3	384.8			
1999	1 220	15.4	568	440.2			
1994	1 195.4	19.2	673.4	449.2			
2008	1 144.7	23.1	545.8	428.6			
2006	1 081.2	26.9	475	406.7	530	350	平水年
2004	1 049.2	30.8	492.1	358.2			
2009	1 004	34.6	495.4	357.9			
1996	975.4	38.5	625.5	384.6			
1992	949.7	42.3	492.3	441.6			
2000	937.5	46.2	660.1	480.8			
2007	930.9	50.0	475.2	401.4			
2001	881.6	53.8	604.6	461.6			
2005	880.6	57.7	494.1	403.6			
2003	877.3	61.5	512.2	425.2			
2012	866.1	65.4	475	382.8			
2011	850.3	69.2	478.3	501.8			
2010	841.9	73.1	516.1	353.6			
1987	792.4	76.9	564.2	316.5	630	420	干旱年
1997	780.5	80.8	587.3	417.5			
1991	677.2	84.6	777.1	476.6			
1990	635.6	88.5	520.2	443.2			
1989	581.5	92.3	764.4	479.9			
1988	579.3	96.2	671	235.5			
平均			534.6	412		367	

表 3-12 晚稻耗水量成果分析表

薄浅湿晒

年份	降雨量（mm）	频率（%）	耗水量（mm）	产量（kg/亩）	耗水量建议参考值		水文年型
					mm	m³/亩	
2002	442.8	4.2	662.8	424.7	580	390	丰水年
1999	422.8	8.3	626.4	491.9			
1995	407.7	12.5	875.3	376.1			
1993	395.6	16.7	715.5	357.1			
2000	388	20.8	587.8	380.6			
2008	347.4	25.0	444.9	370.4			
2009	333.4	29.2	525.1	359.7	610	410	平水年
2012	298.4	33.3	563.3	421.8			
1987	260.5	37.5	666.7	416.7			
1996	244.1	41.7	720.9	328.9			
2001	204.6	45.8	608.4	510.3			
2003	204.4	50.0	561.7	477.1			
2011	196.4	54.2	608.7	513.1			
1990	186.8	58.3	936.2	393.2			
2007	172.2	62.5	615.4	438.4			
2010	165.8	66.7	614.8	338.3			
2006	160.4	70.8	372.1	363.1			
1989	158.6	75.0	788.4	507.2			
2005	137.2	79.2	569.4	440.2	630	420	干旱年
1998	133.2	83.3	614.6	531.3			
2004	132.3	87.5	631.1	431.6			
1991	124.2	91.7	617.4	534.1			
1992	75.1	95.8	631.7	461.9			
平均			633.0	403.5		404	

表 3-13 早稻耗水量成果分析表

间歇灌溉

年份	降雨量（mm）	频率（%）	耗水量（mm）	产量（kg/亩）	耗水量建议参考值		水文年型
					mm	m³/亩	
2002	1 326.3	3.8	672	346.1	468	312	丰水年
1998	1 278.3	11.5	421.7	360.4			
1999	1 220	15.4	454	350.7			
2008	1 144.7	23.1	529	329.4			
2004	1 049.2	30.8	548.8	325.6	550	367	平水年
2009	1 004	34.6	489.8	339.3			
1996	975.4	38.5	647.7	375.4			
2000	937.5	46.2	549.7	384.8			
2007	930.9	50	541.6	349.7			
2001	881.6	53.8	517.2	369.7			
2003	877.3	61.5	570.9	339.6			
平均			540	352		340	

通过桂林试验站多年试验资料统计分析得出：晚稻间歇灌溉方式多年平均耗水量为347 m³/亩。按降雨量排频分析，得出不同水文年型的耗水量平均值：丰水年320 m³/亩，平水年347 m³/亩，干旱年374 m³/亩，详见表3-14。

表 3-14 晚稻耗水量成果分析表

间歇灌溉

年份	降雨量（mm）	频率（%）	耗水量（mm）	产量（kg/亩）	耗水量建议参考值		水文年型
					mm	m³/亩	
2002	442.8	4.2	576.2	376.7	480	320	丰水年
1999	422.8	8.3	609	350.2			
2000	388	20.8	549.7	384.8			
2008	347.4	25	461.2	357.9			
2009	333.4	29.2	607.9	354.5	520	347	平水年
1996	244.1	41.7	685.6	312.8			
2001	204.6	45.8	475.8	367.3			
2004	204.4	87.5	641.3	424.6			
2007	172.2	62.5	448.6	407.6			
2010	165.8	66.7	582.6	306.6			
2006	160.4	70.8	319.3	361.6			
2005	137.2	79.2	440.7	353.9	560	374	干旱年
2004	132.3	87.5	641.3	357.6			
平均			546.6	363		347	

3. 常规灌溉

通过桂林试验站多年试验资料统计分析得出：早稻常规灌溉（正常灌溉）方式多年平

均耗水量为 387 m³/亩。按降雨量排频分析,得出不同水文年型的耗水量平均值:丰水年 374 m³/亩,平水年 400 m³/亩,详见表 3-15。

表 3-15　早稻耗水量分析表

常规灌溉

年份	降雨量 (mm)	频率 (%)	耗水量 (mm)	产量 (kg/亩)	耗水量建议参考值		水文年型
					mm	m³/亩	
2002	1 326.3	3.8	470.9	460.7	560	374	丰水年
2008	1 144.7	23.1	636	426.4			
2006	1 081.2	26.9	600.6	379.9	600	400	平水年
2004	1 049.2	30.8	632	351.6			
2009	1 004	34.6	548.1	350.3			
1996	975.4	38.5	629.2	391.9			
2007	930.9	50	590.1	385.4			
2001	881.6	53.8	618.7	444.2			
2005	880.6	57.7	491.3	405.4			
2003	877.3	61.5	548	416.8			
平均			576	401		387	

通过桂林试验站多年试验资料统计分析得出:晚稻常规灌溉方式多年平均耗水量为 456 m³/亩。按降雨量排频分析,得出不同水文年型的耗水量平均值:丰水年 414 m³/亩,平水年 454 m³/亩,干旱年 500 m³/亩,详见表 3-16。

表 3-16　晚稻耗水量分析表

常规灌溉

年份	降雨量 (mm)	频率 (%)	耗水量 (mm)	产量 (kg/亩)	耗水量建议参考值		水文年型
					mm	m³/亩	
2002	442.8	4.2	835.5	390.6	620	414	丰水年
1995	407.7	12.5	875.3	376.1			
2008	347.4	15	475.3	361.9			
2009	333.4	29.2	631.4	357.3	680	454	平水年
2001	204.6	45.8	583.5	526.8			
2003	204.4	50	677.4	475.5			
2007	172.2	62.5	684.6	413.7			
2006	160.4	70.8	468.9	358.7			
2005	137.2	79.2	588.9	432.8	750	500	干旱年
2004	132.3	87.5	918.4	426.3			
平均			674	412		456	

3.1.2.3 水稻灌水量及有效雨量试验成果集成

灌水量及有效雨量成果是灌溉制度在大田当中的试验成果之一,它是制定灌溉用水定额的依据。根据试验资料统计,并按降雨量排频分析,得出不同水文年型的平均值如下。

1.薄浅湿晒

1)早稻灌水量及有效雨量成果(详见表3-17)

多年平均:灌水量为200 m³/亩,有效雨量为177 m³/亩。

丰水年:灌水量为175 m³/亩,有效雨量为155 m³/亩。

平水年:灌水量为191 m³/亩,有效雨量为182 m³/亩。

干旱年:灌水量为232 m³/亩,有效雨量为193 m³/亩。

表 3-17　早稻灌水量及有效雨量成果分析表

薄浅湿晒

年份	降雨量（mm）	频率（%）	灌水量（mm）	灌水量建议参考值		有效雨量（mm）	有效雨量建议参考值		水文年型
				mm	m³/亩		mm	m³/亩	
2002	1 326.3	3.8	255.9			375.3			
1993	1 293.6	7.7	249			379.8			
1998	1 278.3	11.5	243.7	263	175	281.6	272	155	丰水年
1999	1 220	15.4	375.3			202.7			
1994	1 195.4	19.2	426.3			256.8			
2008	1 144.7	23.1	192.6			349.8			
2006	1 081.2	26.9	233.3			245.7			
2004	1 049.2	30.8	302			297.8			
2009	1 004	34.6	297.4			207.8			
1996	975.4	38.5	263.1			433.7			
1992	949.7	42.3	349.3			158.6			
2000	937.5	46.2	290.3			353.8			
2007	930.9	50.0	238.9	287	191	244.8	301	182	平水年
2001	881.6	53.8	346.4			266.7			
2005	880.6	57.7	303.3			298.1			
2003	877.3	61.5	200.4			311.8			
2012	866.1	65.4	175.3			310.8			
2011	850.3	69.2	249			229.2			
2010	841.9	73.1	201			325			

年份	降雨量（mm）	频率（%）	灌水量（mm）	灌水量建议参考值		有效雨量（mm）	有效雨量建议参考值		水文年型
				mm	m³/亩		mm	m³/亩	
1987	792.4	76.9	305.6			347.7			
1997	780.5	80.8	218.6			418.4			
1991	677.2	84.6	452.4	348	232	403.6	335	193	干旱年
1990	635.6	88.5	219.4			301.8			
1989	581.5	92.3	541.6			262.1			
1988	579.3	96.2	353.1			278.9			
平均			291		200	287.8		177	

2）晚稻灌水量及有效雨量成果（详见表 3-18）

多年平均：灌水量为 336 m³/亩,有效雨量为 104 m³/亩。

丰水年：灌水量为 259 m³/亩,有效雨量为 142 m³/亩。

平水年：灌水量为 330 m³/亩,有效雨量为 101 m³/亩。

干旱年：灌水量为 420 m³/亩,有效雨量为 69 m³/亩。

表 3-18　晚稻灌水量及有效雨量成果分析表

薄浅湿晒

年份	降雨量（mm）	频率（%）	灌水量（mm）	灌水量建议参考值		有效雨量（mm）	有效雨量建议参考值		水文年型
				mm	m³/亩		mm	m³/亩	
2002	442.8	4.2	390.6			277.8			
1999	422.8	8.3	474.4			183.1			
1995	407.7	12.5	776.6	388	259	120.8	213	142	丰水年
1993	395.6	16.7	448.1			277.4			
2000	388	20.8	389.8			210.9			
2008	347.4	25.0	234.6			210.2			

年份	降雨量（mm）	频率（%）	灌水量（mm）	灌水量建议参考值		有效雨量（mm）	有效雨量建议参考值		水文年型
				mm	m³/亩		mm	m³/亩	
2009	333.4	29.2	414.4			134.8			
2012	298.4	33.3	175.3			192.9			
1987	260.5	37.5	552.2			176.2			
1996	244.1	41.7	503.3			241.8			
2001	204.6	45.8	487.6			135.2			
2003	204.4	50.0	439.3	495	330	131.3	152	101	平水年
2011	196.4	54.2	439.9			196.4			
1990	186.8	58.3	851.4			84.3			
2007	172.2	62.5	511.8			114.5			
2010	165.8	66.7	579.3			50.5			
2006	160.4	70.8	301.4			93.7			
1989	158.6	75.0	681.6			106.8			
2005	137.2	79.2	482.9			80.7			
1998	133.2	83.3	586.4			106.6			
2004	132.3	87.5	785.8	629	420	125	104	69	干旱年
1991	124.2	91.7	659.4			46.3			
1992	75.1	95.8	673			45			
平均			514.7		336			104	

2. 间歇灌溉

1）早稻灌水量及有效雨量成果（详见表 3-19）

多年平均：灌水量为 170 m³/亩，有效雨量为 205 m³/亩。

丰水年：灌水量为 150 m³/亩，有效雨量为 216 m³/亩。

平水年：灌水量为 191 m³/亩，有效雨量为 195 m³/亩。

表 3-19　早稻灌水量及有效雨量成果分析表

间歇灌溉

年份	降雨量（mm）	频率（%）	灌水量（mm）	灌水量建议参考值		有效雨量（mm）	有效雨量建议参考值		水文年型
				mm	m³/亩		mm	m³/亩	
2002	1 326.3	3.8	198.2			473.8			
1998	1 278.3	11.5	241.4			275.9			
1999	1 220	15.4	282.8	225	150	193.1	324	216	丰水年
2008	1 144.7	23.1	179.8			354.7			
2004	1 049.2	30.8	276.2			323.4			
2009	1 004	34.6	333.7			225.8			
1996	975.4	38.5	312.3			419			
2000	937.5	46.2	271.1	286	191	312.9	292	195	平水年
2007	930.9	50	208.2			233.4			
2001	881.6	53.8	319.8			206			
2003	877.3	61.5	141.5			329.4			
平均			241.8		170	311.9		205	

2)晚稻灌水量及有效雨量成果(详见表 3-20)

多年平均:灌水量为 275 m³/亩,有效雨量为 106 m³/亩。

丰水年:灌水量为 214 m³/亩,有效雨量为 158 m³/亩。

平水年:灌水量为 271 m³/亩,有效雨量为 84 m³/亩。

干旱年:灌水量为 340 m³/亩,有效雨量为 77 m³/亩。

表 3-20　晚稻灌水量及有效雨量成果分析表

间歇灌溉

年份	降雨量（mm）	频率（%）	灌水量（mm）	灌水量建议参考值		有效雨量（mm）	有效雨量建议参考值		水文年型
				mm	m³/亩		mm	m³/亩	
2002	442.8	4.2	326.2			249.9			
1999	422.8	8.3	429.9	321	214	221	237	158	丰水年
2000	388	20.8	299.6			243.3			
2008	347.4	25	229.2			231.9			

年份	降雨量（mm）	频率（%）	灌水量（mm）	灌水量建议参考值		有效雨量（mm）	有效雨量建议参考值		水文年型
				mm	m³/亩		mm	m³/亩	
2009	333.4	29.2	489.4	406	271	139.4	126	84	平水年
1996	244.1	41.7	479.2			231.8			
2001	204.6	45.8	357.9			125.9			
2004	204.4	87.5	761.5			124.3			
2007	172.2	62.5	340.2			108.4			
2010	165.8	66.7	523.4			60.4			
2006	160.4	70.8	245.6			92.4			
2005	137.2	79.2	332.2	510	340	108.2	116	77	干旱年
2004	132.3	87.5	761.5			124.3			
平均			429		275	158.6		106	

3. 常规灌溉

1）早稻灌水量及有效雨量成果（详见表 3-21）

多年平均：灌水量为 210 m³/亩，有效雨量为 248 m³/亩；

丰水年：灌水量为 194 m³/亩，有效雨量为 267 m³/亩；

平水年：灌水量为 226 m³/亩，有效雨量为 230 m³/亩。

表 3-21 早稻灌水量及有效雨量成果分析表

常规灌溉

年份	降雨量（mm）	频率（%）	灌水量（mm）	灌水量建议参考值		有效雨量（mm）	有效雨量建议参考值		水文年型
				mm	m³/亩		mm	m³/亩	
2002	1 326.3	3.8	349.9	291	194	420.8	400	267	丰水年
2008	1 144.7	23.1	232.2			405.5			
2006	1 081.2	26.9	342.9	339	226	257.7	345	230	平水年
2004	1 049.2	30.8	417.1			345.1			
2009	1 004	34.6	316.2			219.9			
1996	975.4	38.5	260.9			447.4			
2007	930.9	50	232.5			372.9			
2001	881.6	53.8	331.6			286.9			
2005	880.6	57.7	288.8			321.7			
2003	877.3	61.5	205.4			345			
平均			297.75		210	342.3		248	

2）晚稻灌水量及有效雨量成果（详见表 3-22）

多年平均：灌水量为 380 m³/亩，有效雨量为 105 m³/亩。

丰水年：灌水量为 342 m³/亩，有效雨量为 147 m³/亩。

平水年:灌水量为366 m³/亩,有效雨量为93 m³/亩。

干旱年:灌水量为434 m³/亩,有效雨量为75 m³/亩。

表3-22 晚稻灌水量及有效雨量成果分析表

常规灌溉

年份	降雨量 (mm)	频率 (%)	灌水量 (mm)	灌水量建议 参考值		有效雨量 (mm)	有效雨量建议 参考值		水文年型
				mm	m³/亩		mm	m³/亩	
2002	442.8	4.2	556.1	513	342	293.7	220	147	丰水年
1995	407.7	12.5	739.4			147.7			
2008	347.4	15	246.3			228.9			
2009	333.4	29.2	503.6	548	366	155.8	140	93	平水年
2001	204.6	45.8	439.6			143.9			
2003	204.4	50	558			124.6			
2007	172.2	62.5	877.7			148.6			
2006	160.4	70.8	364.5			104.4			
2005	137.2	79.2	515	650	434	94.2	112	75	干旱年
2004	132.3	87.5	901.3			131			
平均			570		380	157		105	

3.1.2.4 水稻灌溉制度试验成果集成

1. 灌溉制度相关概念

1)灌溉水层划分标准

薄浅湿晒标准:①"薄"又称泥皮水、泥面水、禾苍水等,通称为薄水,其水层为1市分至1市分以下。②"浅"水层为5市分至1市寸(1市寸 = 10市分,1市分 = 1/3cm)。③"湿"润灌或称润灌,为田间没有水层至田间土壤水分下降到持水量的95%,在这个范围内的田间土壤水分状况统称为湿润灌溉。④"晒"分为轻晒、中晒、重晒三种。轻晒以田间土壤含水量下降到土壤持水量的85%为标准。中晒以田间土壤含水量下降到土壤持水量的75%为标准。重晒以田间土壤含水量下降到土壤持水量的65%为标准。

2)灌溉方法分类

灌溉方法:畦灌灌水技术、沟灌灌水技术、格田灌水技术、喷灌灌水技术、微灌灌水技术、滴灌灌水技术等。

3)三种灌溉方式的试验水层处理

三种灌溉方式的试验水层处理见表3-23。

表 3-23　试验水层处理表

生育期	常规灌溉	薄浅湿晒	间歇灌溉
返青期	5～30	5～30	5～30
分蘖前期	10～30	10～25	0～20
分蘖后期	10～30	70%～15	70%～0
拔节孕穗期	15～35	0～30	80%～20
抽穗开花期	10～30	0～30	80%～20
乳熟期	10～30	90%～10	70%～0
黄熟期	70%～0	70%～0	70%～0

2. 水稻灌溉制度试验资料整理分析内容和方法

1）水稻灌溉制度试验资料分析

灌溉制度成果分析方法:对于田间对比试验的结果,应进行显著性检验,针对不同条件,可分别采用以下检验方法:

只有两个处理:t 检验法或方差分析法(F 检验法)。

三个及三个以上处理:方差分析法,并用最小显著差数法或最小显著极差法进行多重比较。

对于其他类型的试验,在试验设计许可的情况下,也应首先对试验结果进行差异显著性检验。

以方差分析法或其他方法为基础,使用 F 分布表进行处理之间差异显著性检验时,应采用下列判别标准:

(1) $F_u < F_{0.10}$,差异不显著;

(2) $F_{0.05} > F_u \geq F_{0.10}$,差异较显著;

(3) $F_{0.01} > F_u \geq F_{0.05}$,差异显著(＊);

(4) $F_u \geq F_{0.01}$,差异极显著(＊＊)。

F_u 为因素均方差与误差均方差的比值;$F_{0.10}$、$F_{0.05}$ 与 $F_{0.01}$ 分别为 F 分布表中相应于 $\alpha = 0.10$、$\alpha = 0.05$ 和 $\alpha = 0.01$ 的临界值,均根据试验设计的因素自由度 f_1 与误差自由度 f_2 查出。

采用相关分析法或回归分析法分析两组数据之间的定量关系时,应对求得的回归方程式进行显著性检验,并确定其适用范围和置信区间。

1987～2012 年统计分析早稻、晚稻薄浅湿晒、间歇灌溉和常规灌溉三种灌溉方式的灌溉制度各生育期水量见表 3-24～表 3-29。

2）水稻灌溉制度成果分析

(1)早稻。通过桂林试验站多年灌溉制度成果分析得出:耗水量,薄浅湿晒比常规灌溉少 21 m³/亩,比间歇灌溉多 26 m³/亩;灌水量,薄浅湿晒比常规灌溉少 11 m³/亩,比间歇灌溉多 29 m³/亩;水分生产率,薄浅湿晒比常规灌溉高 0.08 kg/m³,比间歇灌溉高 0.08 kg/m³。

稻别：早稻　　　　　　　　　　　　　　　　　　　　　　　　　　　　　　处理名称：薄浅湿晒

表3-24　1987～2012年灌溉制度各生育期水量统计表

年份		各生育期水量（mm）							全期水量	
		返青期	分蘖前期	分蘖后期	拔节孕穗期	抽穗开花期	乳熟期	黄熟期	mm	m³/亩
1987	灌水量	34.7	44.7	32.3	64	21.7	13.6	56.1	267.1	178.1
	耗水量	52.9	107.2	57.5	182	43	44.2	77.4	564.2	376.1
1988	灌水量	17.6	12.3	109.2	111.4	35.6	36.4	69.6	392.1	261.4
	耗水量	27.4	75.5	97.8	233.8	86.4	58.2	91.9	671	447.3
1989	灌水量	48.2	22.2	25.2	260.2	92.5	37.7	36.6	522.6	348.6
	耗水量	31	60.2	151.4	294.5	146.4	40.3	40.6	764.4	509.9
1990	灌水量	54	29.6	53	227.2	60	30.1	68	521.9	348.1
	耗水量	45.1	72.1	142.1	254.2	136.5	99.1	72.4	821.5	547.9
1991	灌水量	32.3	53	83.4	14.7	132.3	34.4	93.7	443.8	296
	耗水量	56.9	88.9	133.6	99.9	157.9	109.1	130.8	777.1	518.3
1992	灌水量	43	19.1	82.8	72.4	35.8	39.8	46.3	339.2	226.3
	耗水量	49.2	90.5	69	99.9	47.6	66.9	69.2	492.3	328.4
1993	灌水量	43.5	79.6	8	40	22.7	44.6	59.2	297.6	198.5
	耗水量	58.4	158.9	51.9	75.3	99.7	88.4	102.2	634.8	423.4
1994	灌水量	95.4	76.3	46.2	136.6	71.9	0	0	426.4	284.4
	耗水量	56.1	119.9	90.9	174.5	78	91.5	62.5	673.4	449.2
1996	灌水量	46.7	60.7	47.4	29.6	35.3	43.4	0	263.1	175.5
	耗水量	37.8	108.8	122.9	118.2	87.6	84.8	65.4	625.5	417.2

续表 3-24

年份		各生育期水量（mm）							全期水量	
		返青期	分蘖前期	分蘖后期	拔节孕穗期	抽穗开花期	乳熟期	黄熟期	mm	m³/亩
1997	灌水量	65		27	40.7	32.7	53.3	0	218.7	145.8
	耗水量	123.4		67.4	155.7	78.6	54.7	107.5	587.3	391.5
1998	灌水量	104	36.7	0	89.7	13.3	0	0	243.7	162.6
	耗水量	60.7	66.2	47.7	69.7	40.5	92.9	101.6	479.3	319.7
1999	灌水量	87	0	119	94	75.3	0	0	375.3	250.3
	耗水量	0	143.4	40.8	141.5	123	78.9	40.4	568	378.9
2000	灌水量	55	59.7	71.4	31	28.7	48.6	37.2	331.6	221.2
	耗水量	67.8	156.2	153.3	69.1	96.1	59.6	58	660.1	440.3
2001	灌水量	46.7	52.7	26.7	90.3	73.3	56.7	0	346.4	231.1
	耗水量	38.2	119.7	105.7	112.2	90.6	80	58.2	604.6	403.3
2002	灌水量	52.3	35.7	0	97.1	19.3	19	32.5	255.9	170.7
	耗水量	64.7	148.8	87.5	147.5	98.4	48	36.3	631.2	421
2003	灌水量	57	1.7	6.7	50.7	40.6	18	25.7	200.4	133.6
	耗水量	77.5	77.7	66.4	111.6	62.3	47.3	69.4	512.2	341.6
2004	灌水量	33	50.5	40.1	108	51.7	18.7		302	201.4
	耗水量	32.2	123.9	63.5	118.9	52.7	53.7	47.2	492.1	328.2
2005	灌水量	38.9	55	72	88.6	22.8	26		303.3	202.3
	耗水量	31.7	106.8	73.1	143.3	31.1	36.5	71.6	494.1	329.5

续表 3-24

年份		各生育期水量（mm）							全期水量	
		返青期	分蘖前期	分蘖后期	拔节孕穗期	抽穗开花期	乳熟期	黄熟期	mm	m³/亩
2006	灌水量	31	73.9	42.1	4.3	25	20.3	36.7	233.3	155.6
	耗水量	42	122.4	75.2	68.5	51.6	38.9	76.4	475	316.8
2007	灌水量	33.7	56.7	18.3	17	69	26	18.2	238.9	159.3
	耗水量	33	124.2	41.3	33.9	105.4	71.6	65.8	475.2	316.9
2008	灌水量	33	24	33.3	33	72.7	0	0	196	130.7
	耗水量	36.5	96.9	124.3	124.8	98.1	20.7	44.5	545.8	364
2009	灌水量	34.3	29.3	41	70.5	66.6	17.9	37.8	297.4	210.8
	耗水量	27.3	79.4	93.2	76.4	89.9	72	57.2	495.4	330.4
2010	灌水量	29.6	20.8	19.7	6.4	24.3	85.4	14.8	201	134.1
	耗水量	25.3	75	62.3	96.7	98.5	104.4	53.9	516.1	344.2
2011	灌水量	12.3	4.3	42.9	0	57.7	57.9	73.9	249	166.1
	耗水量	35.5	87.3	50.9	48.9	70.8	88.3	96.6	478.3	319
2012	灌水量	13.0	36.7	24.0	33.7	35.0	14.0	18.9	175.3	116.9
	耗水量	38.7	115.2	96.3	74.1	67.6	32.3	50.8	475.0	316.8

稻别:晚稻

处理名称:薄浅湿晒

表3-25 1989~2012年灌溉制度各生育期水量统计表

年份		各生育期水量(mm)							全期水量	
		返青期	分蘖前期	分蘖后期	拔节孕穗期	抽穗开花期	乳熟期	黄熟期	mm	m³/亩
1989	灌水量	95.2	44.1	138.4	194.2	116	68.4	25.3	681.6	454.6
	耗水量	57.4	102.8	190.5	189.9	147.3	73.2	27.3	788.4	525.9
1990	灌水量	82.3	133	155.5	240.3	143.4	77.1	20.2	851.8	567.9
	耗水量	81	137	150.5	246	187.9	87.4	46.4	936.2	624.1
1991	灌水量	64.6	46.6	124.2	137.4	132.6	88.1	65.8	659.3	439.8
	耗水量	48.9	93.8	101.6	120	99	80.7	73.4	617.4	411.8
1992	灌水量	80.6	144.2	50.2	123	120.9	79.3	74.8	673	448.9
	耗水量	50	147.1	50.2	127.5	101.8	80.3	74.8	631.7	421.3
1993	灌水量	23	142.8	0	15.2	74.5	114.5	78.1	448.1	298.9
	耗水量	83.1	150.7	71.5	79	86.2	136	109	715.5	477.2
1994	灌水量	64	22.7	106.8	239.8	207.5	0	36.2	677	451.6
	耗水量	53.5	66.3	135.1	212.6	277.7	51.7	36.2	833.1	555.7
1995	灌水量	97.7	79	93.3	241.7	153.7	64.9	46.3	776.6	518
	耗水量	93.3	154.4	86.9	231.2	162.8	90.4	56.3	875.3	583.8
1996	灌水量	103.3	2.6	22.6	201.7	75	53.7	44.5	503.4	335.7
	耗水量	76.9	85	162.8	186.8	97	67.9	44.5	720.9	480.8
1997	灌水量	81	112.3	110	277.7	81.3	76.4	50.9	789.6	526.4
	耗水量	59.6	214	92.9	310.1	146.6	97.2	62.9	983.3	655.5

续表 3-25

年份		返青期	分蘖前期	分蘖后期	拔节孕穗期	抽穗开花期	乳熟期	黄熟期	全期水量	
					各生育期水量（mm）				mm	m³/亩
1998	灌水量	83	111.1	0	139.9	110.7	141.7	0	586.4	391.1
	耗水量	45	116.6	70.6	130.5	89.1	104.7	58.1	614.6	409.9
1999	灌水量	98	44.7	52.4	50.7	98	57	73.6	474.4	316.4
	耗水量	63.5	127	59.3	119	119.7	54.2	83.7	626.4	417.8
2000	灌水量	87.3	45	54.9	109	72.7	15.7	5.2	389.8	260
	耗水量	63.7	149.7	67.9	150.5	56.5	59.4	40.1	587.8	392
2001	灌水量	68.7	103.5	25.6	111.7	102	58	18	487.5	325.2
	耗水量	63.1	164.2	25.6	121.1	95.3	63.2	75.9	608.4	405.8
2002	灌水量	94	55.3	38.6	100.7	90	12	0	390.6	260.5
	耗水量	104.9	154.2	96.3	121.4	81.9	68	36.1	662.8	442.1
2003	灌水量	82	85.3	32.8	128.7	61.3	44.7	4.5	439.3	293
	耗水量	54.2	158.6	12.5	160.6	95.7	59.1	21	561.7	374.6
2004	灌水量	45.3	16.3	100.3	137.8	83.5	81.7	65.6	530.5	353.8
	耗水量	42.1	65.4	106.4	178.5	89.2	74	75.5	631.1	420.9
2005	灌水量	29.3	115	54.9	89	105.7	37.3	51.7	482.9	322.1
	耗水量	35.4	161.6	54.6	85.2	93.6	67.1	71.6	569.1	379.6
2006	灌水量	35.7	30.7	72	24.7	51	44	43.3	301.4	20.1
	耗水量	47.4	73.2	40.9	50.8	60.6	53	46.2	372.1	248.2

续表 3-25

年份		返青期	分蘖前期	分蘖后期	各生育期水量（mm）拔节孕穗期	抽穗开花期	乳熟期	黄熟期	全期水量 mm	全期水量 m³/亩
2007	灌水量	65.7	150	72.7	57	94.9	24.7	46.9	511.9	341.4
	耗水量	53.1	170	135.3	85.5	94.5	30.1	46.9	615.4	410.4
2008	灌水量	34	52.6	0	48	79	21	0	234.6	156.5
	耗水量	44	85.2	65.5	103.4	72.2	62	12.6	444.9	296.7
2009	灌水量	50.3	81.3	46.5	171.3	29.7	20.5	14.8	414.4	276.4
	耗水量	80.4	78.2	42	186.6	79.4	20.5	38	525.1	350.3
2010	灌水量	61.3	93.9	41.7	128.5	77.7	130	46.2	579.3	386.4
	耗水量	74.6	99.1	50.4	131.1	80	132	47.6	614.8	410.1
2011	灌水量	43	128	29.3	109.7	40.3	54.3	35.3	439.9	293.4
	耗水量	39.7	147.8	67.8	104.7	99.5	72.5	76.7	608.7	405.9
2012	灌水量	41.3	50.0	33.0	119.7	17.0	29.0	80.4	370.4	247.1
	耗水量	36.4	135.8	50.3	123.8	48.3	41.4	127.3	563.3	375.7

表 3-26　1996～2009 年灌溉制度各生育期水量统计表

稻别：早稻　　　　处理名称：间歇灌溉

年份		返青期	分蘖前期	分蘖后期	拔节孕穗期	抽穗开花期	乳熟期	黄熟期	全期水量 mm	全期水量 m³/亩
		各生育期水量（mm）							全期水量	
1996	灌水量	53.7	62.3	28.3	171	68.7	139.6	32.7	556.3	371.1
	耗水量	50.4	124.1	118.4	119.3	88	82.1	65.4	647.7	432
1997	灌水量	57		18	39.3	31.3	33.7	0	179.3	119.5
	耗水量	104.7		50.4	137.2	52.6	59.9	115.9	520.7	347.1
1999	灌水量	0	104.7	0	57.2	63.2	57.7	0	282.8	188.6
	耗水量	0	143.8	40.8	87.1	72.5	69.4	40.4	454	302.8
2000	灌水量	25.3	61	36.3	38	23.3	52	35.1	271	180.8
	耗水量	53.8	113.9	116.8	60.2	86.1	63	55.9	549.7	366.7
2001	灌水量	51.6	42.7	29.7	102	44.6	49.3	0	319.9	213.3
	耗水量	34.2	99.4	97.3	90.8	83.6	65.1	46.8	517.2	344.9
2002	灌水量	63.3	25.8	4.1	46	13	0	46	198.2	132.2
	耗水量	80.7	157.5	123.2	136.5	94.5	32.5	47.1	672	448.2
2003	灌水量	56.3	2		17	21.7	14.7	29.8	141.5	94.4
	耗水量	79.8	98.1	60.6	62.6	53.3	46.7	69.8	470.9	314.1
2004	灌水量	31	37	77.1	78.1	40.2	12.7	0	276.1	184.2
	耗水量	33.8	131.1	88.2	109.4	60.9	73.4	52	548.8	366
2005	灌水量	33.7	49.5	48.8	28.9	14.3	29.9	0	205.1	136.8
	耗水量	23.6	100.5	62.2	112.9	24.7	34.5	67.8	426.2	284.3

续表 3-26

年份		各生育期水量（mm）							全期水量	
		返青期	分蘖前期	分蘖后期	拔节孕穗期	抽穗开花期	乳熟期	黄熟期	mm	m³/亩
2006	灌水量	34.6	84.2	39.2	0	0	24	17.1	199.1	132.7
	耗水量	58.7	111.7	109.4	66.8	37.3	28.9	80.9	493.7	329.3
2007	灌水量	36	57.7	28.7	21	17.6	25	22.2	208.2	138.9
	耗水量	32.5	132.6	49.3	37.5	61.4	58.6	69.7	441.6	294.6
2008	灌水量	47.7	39	33	8.7	51.3	0	0	179.7	119.9
	耗水量	46.9	79.2	131.9	94.8	96.6	31.5	48.2	529.1	352.9
2009	灌水量	41.3	47.3	41.7	56.3	49.3	49.5	10.7	296.1	197.5
	耗水量	28.9	88.8	104.5	73.9	94.9	52.7	46	489.7	326.7

稻别：晚稻

表3-27　1996～2010年灌溉制度各生育期水量统计表

处理名称：间歇灌溉

年份		各生育期水量（mm）							全期水量	
		返青期	分蘖前期	分蘖后期	拔节孕穗期	抽穗开花期	乳熟期	黄熟期	mm	m³/亩
1996	灌水量	118.3	0	20.7	171.7	69.3	41.5	57.6	479.1	319.6
	耗水量	89.6	87	144.5	170.8	80	56.1	57.6	685.6	457.3
1997	灌水量	80	124.5	88.4	229.9	105.6	62	46.6	737	491.3
	耗水量	58.9	203.8	87	245.4	131.3	87.2	53.3	866.9	577.9
1999	灌水量	84	57.1	41.7	29.9	89.6	54.1	73.6	430	286.8
	耗水量	69.8	145.3	57	103.3	100.3	48.3	85	609	406.2
2000	灌水量	88.7	45	39.1	73.7	30.6	16.6	5.8	299.5	199.8
	耗水量	66.7	148.3	52.3	136.2	36.3	58.3	41.1	539.2	359.6
2001	灌水量	74.7	75.7	16.3	75.7	70	35.3	10.1	357.8	238.7
	耗水量	73.1	125.7	18.9	84.8	73.7	37.2	62.4	475.8	317.4
2002	灌水量	95	77	28.3	53.3	53.3	13.7	5.7	326.3	217.6
	耗水量	108.8	164.5	71.2	76.2	52.8	63.3	39.4	576.2	384.3
2003	灌水量	82	83	23.6	77	22.3	24.3	0.6	312.8	208.6
	耗水量	57.2	153.5	14	130.9	53.5	31.1	15.5	455.7	303.9
2004	灌水量	30.8	43.2	82.2	109.6	84.4	85	81.8	517	344.8
	耗水量	57.4	84.8	91.8	156.2	84.4	87.6	79.1	641.3	427.7
2005	灌水量	23.7	100	24.8	57.5	44.5	31.7	50	332.2	221.6
	耗水量	36	149.9	29.1	41.3	74.1	44.6	65.7	440.7	293.9

续表 3-27

年份		各生育期水量（mm）							全期水量	
		返青期	分蘖前期	分蘖后期	拔节孕穗期	抽穗开花期	乳熟期	黄熟期	mm	m³/亩
2006	灌水量	31.7	20.3	80	21.7	32	32.3	27.6	245.6	163.8
	耗水量	40.7	72.2	63.9	40.8	37.6	33.7	30.4	319.3	212.9
2007	灌水量	50.7	126.7	35.3	25.4	36.3	24.9	40.8	340.1	226.9
	耗水量	41.5	123.4	112	64.8	41.2	24.9	40.8	448.6	299.2
2008	灌水量	29	54	0	29	82.7	34.6	0	229.3	152.9
	耗水量	46.6	76.6	56.2	111.1	77.2	77.9	15.6	461.2	307.6
2009	灌水量	42.1	99.7	57.3	230.7	29.7	20.3	9.5	489.3	326.4
	耗水量	81.5	100.9	59.5	231.7	77.8	20.1	36.4	607.9	405.5
2010	灌水量	61	109.2	47.6	111	67.7	89.7	37.2	523.4	349.1
	耗水量	70.6	118.1	56.6	114.6	81.6	102.1	38.6	582.2	388.3

表 3-28　1996～2009 年灌溉制度各生育期水量统计表

稻别:早稻　　　　　　　　　　　　　　　　　　　　　　　　　　　处理名称:常规灌溉

年份		各生育期水量（mm）							全期水量	
		返青期	分蘖前期	分蘖后期	拔节孕穗期	抽穗开花期	乳熟期	黄熟期	mm	m³/亩
1996	灌水量	61.3	55.7	47.6	36.3	20.7	39.3	0	260.9	174
	耗水量	34.1	108.8	125.2	107.9	103	89.5	60.7	629.2	419.7
2001	灌水量	57	46	44.7	76.3	51.7	56	0	331.7	221.2
	耗水量	46.4	106	115.9	134.6	86.6	74.2	55	618.7	412.6
2002	灌水量	74.7	38.3	54.3	108	21.3	25.4	28	350	233.4
	耗水量	108.3	151.9	133	185.9	110.5	46.5	34.8	770.9	514.1
2003	灌水量	53.6	20	11.7	33.3	48	31	7.8	205.4	137
	耗水量	81.3	87.4	73.2	114.9	75.7	58.7	56.8	548	365.5
2004	灌水量	25	30.4	62.3	158.7	79	61.7		417.1	278.2
	耗水量	27.8	126.9	110.7	174.6	47.6	90.4	54	632	421.5
2005	灌水量	30	38.5	60.9	118	13.3	28		288.7	192.6
	耗水量	29.4	107.2	55	153.7	31	39.2	75.8	491.3	327.7
2006	灌水量	34.3	25.7	111.7	34.7	68	54.6	35.5	364.5	243.1
	耗水量	37.1	81.9	91.9	81.2	66.9	71.6	38.3	468.9	312.7
2007	灌水量	31.7	54	12.7	26.7	38.6	49.6	19.2	232.5	155.1
	耗水量	35.4	138.9	45.3	85.5	101.1	117.2	66.7	590.1	393.6
2008	灌水量	40.7	23.6	58	41.7	68.3	53	48.9	232.3	154.9
	耗水量	43.2	79.6	138.9	172.4	100		80.4	636	424.2
2009	灌水量	47.5	63.7	29	52.4	56	4.7		333.7	222.6
	耗水量	43.1	103.7	98.6	79.7	112	41.5	69.5	548.1	365.6

稻别:晚稻

表3-29 1995~2009年灌溉制度各生育期水量统计表

年份		各生育期水量(mm)							全期水量	
		返青期	分蘖前期	分蘖后期	拔节孕穗期	抽穗开花期	乳熟期	黄熟期	mm	m³/亩
1995	灌水量	116	81.7	55.3	266.7	119	59.6	41.1	739.4	493.2
	耗水量	107.3	157.8	59.6	255	167.1	87.1	53.2	887.1	591.7
2001	灌水量	56.3	76	62.3	80.7	95.7	53	15.6	439.6	293.2
	耗水量	61.7	156.7	66.2	93.5	95.7	54.9	54.9	583.6	389.2
2002	灌水量	85.7	85	50.2	144.7	145	40.6	4.9	556.1	370.9
	耗水量	101.6	183.7	119.4	170.1	112.9	104.1	43.7	835.5	557.2
2003	灌水量	91	115	55.3	150.7	81.7	64.3	0	558	372.2
	耗水量	68.2	167.9	66	194.6	86.5	82.3	11.9	677.4	451.8
2004	灌水量	68.3	53.7	204.3	240.3	99.4	142.2	93.2	901.4	601.2
	耗水量	61.4	81.6	179.5	250.2	120.7	131.8	93.2	918.4	612.6
2005	灌水量	35.7	123	72.9	87.3	98	52	46.1	515	343.5
	耗水量	34.4	166.3	55.9	78.6	101.3	86.4	66	588.9	392.8
2006	灌水量	34.3	25.7	111.7	34.7	68	54.6	35.5	364.5	243.1
	耗水量	37.1	81.9	91.9	81.2	66.9	71.6	38.3	468.9	312.7
2007	灌水量	56.7	148.3	147.7	58.4	113.3	21.3	39.7	585.4	390.5
	耗水量	46.5	144.5	195.9	118.4	108.9	30.7	39.7	684.6	456.6
2008	灌水量	32	60.3		43.3	79.3	31.4	12.8	246.3	164.3
	耗水量	60	86.2	65.2	113.1	71.5	66.5		475.3	317
2009	灌水量	54.3	80.7	61.3	210.6	36.7	41.2	18.8	503.6	335.9
	耗水量	108.1	88.2	47.5	229.3	93.4	22.9	42	631.4	421.1

（2）晚稻。通过多年灌溉制度成果分析得出：耗水量，薄浅湿晒比常规灌溉少51 m^3/亩，比间歇灌溉多58 m^3/亩；灌水量，薄浅湿晒比常规灌溉少50 m^3/亩，比间歇灌溉多55 m^3/亩；水分生产率，薄浅湿晒比常规灌溉高0.16 kg/m^3，比间歇灌溉高0.01 kg/m^3。具体成果见表3-30、表3-31。

表3-30　水稻灌溉制度试验多年平均水量与产量统计表

处理	稻别	丰水年		平水年		干旱年		耗水量（m^3/亩）	灌水量（m^3/亩）	产量（kg/亩）	水分生产率（kg/m^3）
		耗水量（m^3/亩）	灌水量（m^3/亩）	耗水量（m^3/亩）	灌水量（m^3/亩）	耗水量（m^3/亩）	灌水量（m^3/亩）				
常规灌溉	早稻	374	194	400	226			387	210	401	1.04
	晚稻	414	342	454	366	500	434	456	380	412	0.90
薄浅湿晒	早稻	326	175	353	191	420	232	366	199	412	1.12
	晚稻	387	259	407	330	420	400	405	330	429	1.06
间歇灌溉	早稻	312	150	367	191			340	170	352	1.04
	晚稻	320	214	347	271	374	340	347	275	363	1.05

表3-31　广西桂林试验站水稻灌溉制度成果表

稻别	地区	处理	返青期		分蘖期		拔节期		抽穗期		灌浆期		全生育期			水文年型
			灌水次数	灌水量（mm）	灌水次数	灌水量（mm）	灌水次数	灌水量（mm）	灌水次数	灌水量（mm）	灌水次数	灌水量（mm）	灌水次数	灌溉定额（mm）	灌溉定额（m^3/亩）	
早稻	桂北桂中	薄浅湿晒	3	53.8	2	36.7	4	100	1	19.8	1	52.9	11	263.2	176	丰水年
		间歇灌溉	3	84	1	47.7	2	93.3	0	0	0	0	6	225	150	
		常规灌溉	3	51	4	102	2	52	3	86	0	0	12	291	194	
		薄浅湿晒	3	55	2	36	4	81	1	28.7	2	85.8	12	286.5	191	平水年
		间歇灌溉	1	31	3	114.1	2	78.1	1	40.2	1	22.7	8	286.1	191	
		常规灌溉	3	58	4	93	4	79	3	52	3	57	17	339	226	
		薄浅湿晒	3	60	2	40	5	100	2	50	3	98	15	348	232	干旱年
		间歇灌溉														
		常规灌溉														

稻别	地区	处理	返青期 灌水次数	返青期 灌水量（mm）	分蘖期 灌水次数	分蘖期 灌水量（mm）	拔节期 灌水次数	拔节期 灌水量（mm）	抽穗期 灌水次数	抽穗期 灌水量（mm）	灌浆期 灌水次数	灌浆期 灌水量（mm）	全生育期 灌水次数	全生育期 灌溉定额（mm）	全生育期 灌溉定额（m³/亩）	水文年型
晚稻	桂北桂中	薄浅湿晒	4	87.3	3	99.9	4	109	3	72.7	1	18.7	15	387.6	259	丰水年
		间歇灌溉	4	95	4	101	2	53	3	53	1	19.4	14	321.4	214	
		常规灌溉	4	80	5	124	4	130	5	134	2	42	20	510	340	
		薄浅湿晒	4	87	5	118	4	112	4	102	2	76	19	495	330	平水年
		间歇灌溉	4	100	4	118	3	72.7	3	70	1	45.4	15	406.1	271	
		常规灌溉	4	90	7	167	5	148	3	80	3	63	22	548	366	
		薄浅湿晒	4	87	7	152	5	137	5	139	2	114	23	629	420	干旱年
		间歇灌溉	4	100	5	125	3	130	3	73	2	82	17	510	340	
		常规灌溉	2	47	9	257	5	115	5	102	4	129	25	650	434	

3.1.2.5 水稻产量与耗水量、灌水量的关系

1. 水稻产量与耗水量的关系

通过桂林试验站水稻灌溉制度试验多年平均水量与产量统计分析，得出薄浅湿晒水分生产率最高，选用最好的灌溉方式（薄浅湿晒）分析产量与耗水量相关关系，通过作散点图，再沿各点作趋势线，用二次多项式曲线进行拟合，分别得出早稻、晚稻的产量与耗水量关系曲线及二次方程。

1）早稻

（1）丰水年：

$$y = -0.001x^2 + 1.484\,7x - 95.922$$

式中　x——耗水量，mm；

　　　y——产量，kg/亩。

相关系数 $R = 0.64$，二者存在一定的相关关系（见表 3-32、图 3-5）。

表 3-32 丰水年早稻产量与耗水量的关系表

耗水量(mm)	产量(kg/亩)	水文年型
631.2	470.6	
634.8	408.9	
479.3	384.8	
568	440.2	
673.4	449.2	丰水年
545.8	428.6	
475	406.7	
492.1	358.2	

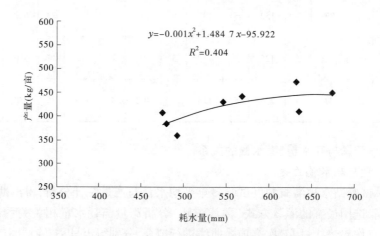

图 3-5 丰水年早稻产量与耗水量相关关系

（2）平水年：

$$y = -0.000\,2x^2 + 0.580\,4x + 178.69$$

式中 x——耗水量，mm；

y——产量，kg/亩。

相关系数 $R = 0.75$，二者关系较为密切（见表 3-33、图 3-6）。

表 3-33　平水年早稻产量与耗水量的关系表

耗水量（mm）	产量（kg/亩）	水文年型
495.4	357.9	
625.5	384.6	
492.3	441.6	
660.1	480.8	
475.2	401.4	
604.6	461.6	
494.1	403.6	平水年
512.2	425.2	
475	382.8	
478.3	501.8	
516.1	353.6	
564.2	316.5	
587.3	417.5	

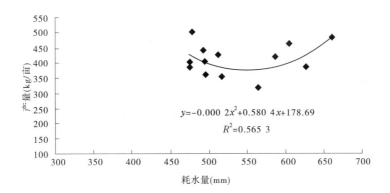

图 3-6　平水年早稻产量与耗水量相关关系

（3）干旱年：

$$y = 0.000\ 1x^2 + 0.112\ 3x + 310.96$$

式中　x——耗水量，mm；

　　　y——产量，kg/亩。

相关系数 $R = 0.76$，二者关系较为密切（见表 3-34、图 3-7）。

表3-34　干旱年早稻产量与耗水量的关系表

耗水量(mm)	产量(kg/亩)	水文年型
777.1	476.6	
520.2	443.2	
764.4	479.9	干旱年
671	235.5	
375.5	355.7	

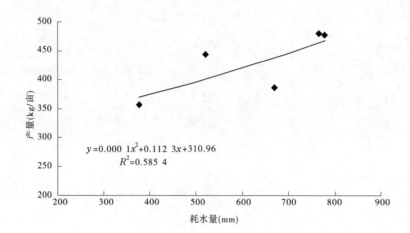

$$y = 0.000\ 1x^2 + 0.112\ 3x + 310.96$$
$$R^2 = 0.585\ 4$$

图3-7　干旱年早稻产量与耗水量相关关系

2)晚稻

(1)丰水年:

$$y = -0.000\ 9x^2 + 1.161\ 5x + 30.315$$

式中　x——耗水量,mm;

　　　y——产量,kg/亩。

相关系数 $R = 0.51$,二者存在一定的相关关系(见表3-35、图3-8)。

表3-35　丰水年晚稻产量与耗水量的关系表

耗水量(mm)	产量(kg/亩)	水文年型
662.8	424.7	
626.4	491.9	
875.3	376.1	
715.5	357.1	丰水年
479.2	362.7	
587.8	380.6	
444.9	370.4	

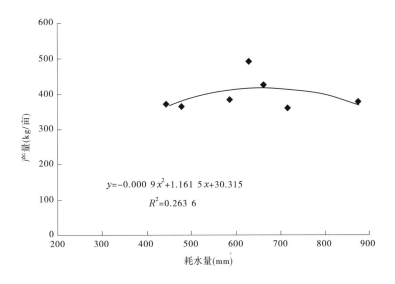

图 3-8　丰水年晚稻产量与耗水量相关关系

（2）平水年：

$$y = -0.001\,2x^2 + 1.635\,5x - 105.61$$

式中　x——耗水量,mm;

　　　y——产量,kg/亩。

相关系数 $R = 0.69$,二者存在一定的相关性（见表 3-36、图 3-9）。

表 3-36　平水年晚稻产量与耗水量的关系表

耗水量(mm)	产量(kg/亩)	水文年型
525.1	359.7	
563.3	421.8	
666.7	416.7	
720.9	328.9	
608.4	510.3	
561.7	477.1	
608.7	513.1	平水年
936.2	393.2	
615.4	438.4	
614.8	338.3	
372.1	363.1	
788.4	507.2	

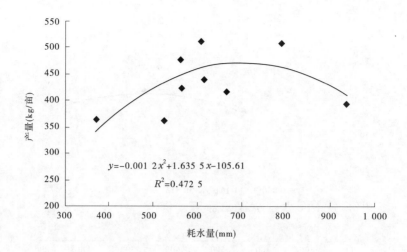

$$y = -0.001\,2x^2 + 1.635\,5x - 105.61$$
$$R^2 = 0.472\,5$$

图 3-9　平水年晚稻产量与耗水量相关关系

（3）干旱年：

$$y = -0.119\,5x^2 + 143.57x - 42\,565$$

式中　x——耗水量，mm；

　　　　y——产量，kg/亩。

相关系数 $R = 0.76$，二者关系较密切（见表 3-37、图 3-10）。

表 3-37　干旱年晚稻产量与耗水量的关系表

耗水量（mm）	产量（kg/亩）	水文年型
569.1	440.2	
614.6	531.3	
631.1	431.6	干旱年
617.4	534.1	
631.7	461.9	

2. 水稻产量与灌水量的关系

通过桂林试验站水稻灌溉制度试验多年平均灌水量与产量统计分析，得出薄浅湿晒水分生产率最高，选用最好的灌溉方式（薄浅湿晒）分析产量与灌水量相关关系，通过作散点图，再沿各点作趋势线，用二次多项式曲线进行拟合，分别得出早稻、晚稻的产量与灌水量关系曲线及二次方程。

1）早稻

（1）丰水年：

$$y = 0.004\,3x^2 - 2.584\,5x + 777.05$$

式中　x——灌水量，mm；

　　　　y——产量，kg/亩。

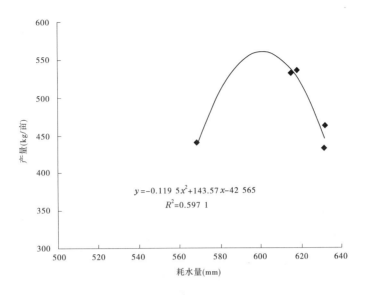

$y = -0.119\ 5x^2 + 143.57\ x - 42\ 565$

$R^2 = 0.597\ 1$

图 3-10　干旱年晚稻产量与耗水量相关关系

相关系数 $R = 0.58$，二者存在一定的相关关系（见表 3-38、图 3-11）。

表 3-38　丰水年早稻产量与灌水量的关系表

灌水量（mm）	产量（kg/亩）	水文年型
255.9	470.6	
249	408.9	
243.7	384.8	丰水年
375.3	440.2	
426.3	449.2	
192.6	428.6	

（2）平水年：

$$y = -0.001\ 5x^2 + 1.135\ 1x + 240.2$$

式中　x——灌水量，mm；

　　　y——产量，kg/亩。

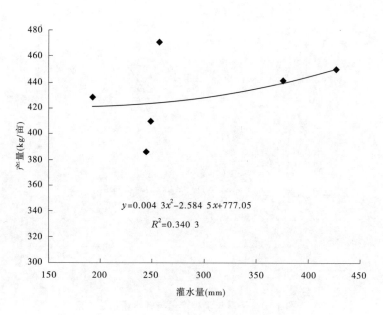

$$y=0.004\ 3x^2-2.584\ 5x+777.05$$
$$R^2=0.340\ 3$$

图 3-11 丰水年早稻产量与灌水量相关关系

相关系数 $R=0.80$，二者的关系很密切（见表3-39、图3-12）。

表 3-39 平水年早稻产量与灌水量的关系表

灌水量（mm）	产量（kg/亩）	水文年型
233.3	406.7	
302	358.2	
297.4	357.9	
263.1	384.6	
349.3	441.6	
290.3	480.8	
238.9	401.4	平水年
346.4	461.6	
303.3	403.6	
200.4	425.2	
175.3	382.8	
249	501.8	
201	353.6	

（3）干旱年：

$$y = 0.005\ 6x^2 - 4.052\ 4x + 1\ 047$$

式中　x——灌水量，mm；

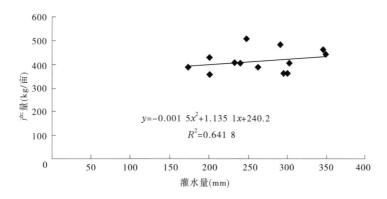

图 3-12　平水年早稻产量与灌水量相关关系

y——产量，kg/亩。

相关系数 $R=0.80$，二者的关系很密切（见表 3-40、图 3-13）。

表 3-40　干旱年早稻产量与灌水量的关系表

灌水量（mm）	产量（kg/亩）	水文年型
305.6	316.5	
218.6	417.5	
452.4	476.6	
219.4	443.2	干旱年
181.7	504.1	
541.6	479.9	
353.1	235.5	

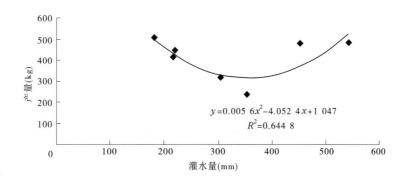

图 3-13　干旱年早稻产量与灌水量相关关系

2)晚稻

(1)丰水年:

$$y = -0.000\,7x^2 + 0.786\,2x + 208.3$$

式中　x——灌水量,mm;

　　　y——产量,kg/亩。

相关系数 $R = 0.48$,二者的关系不是很密切(见表3-41、图3-14)。

表3-41　丰水年晚稻产量与灌水量的关系表

灌水量(mm)	产量(kg/亩)	水文年型
390.6	424.7	
474.4	491.9	
776.6	376.1	
448.1	357.1	丰水年
331.2	362.7	
389.8	380.6	
234.6	370.4	

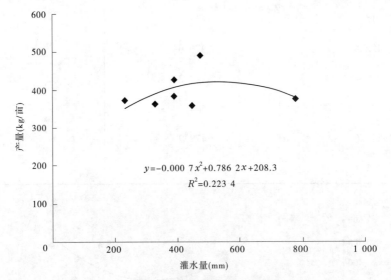

图3-14　丰水年晚稻产量与灌水量相关关系

(2)平水年:

$$y = -0.000\,4x^2 + 0.374\,4x + 349.68$$

式中　x——灌水量,mm;

　　　y——产量,kg/亩。

相关系数 $R = 0.71$,二者的关系较为密切(见表3-42、图3-15)。

表 3-42　平水年晚稻产量与灌水量的关系表

灌水量（mm）	产量（kg/亩）	水文年型
414.4	359.7	
175.3	421.8	
552.2	416.7	
503.3	368.9	
487.6	510.3	
439.3	477.1	
439.9	513.1	平水年
851.4	393.2	
511.8	438.4	
579.3	338.3	
301.4	363.1	
681.6	507.2	

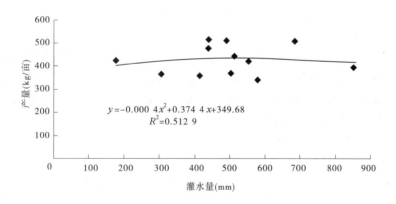

图 3-15　平水年晚稻产量与灌水量相关关系

（3）干旱年：

$$y = -0.000\,4x^2 + 0.645\,5x + 204.16$$

式中　x——灌水量，mm；

　　　y——产量，kg/亩。

相关系数 $R = 0.75$，二者的关系较为密切（见表 3-43、图 3-16）。

表 3-43　晚稻产量与灌水量的关系表

灌水量(mm)	产量(kg/亩)	水文年型
482.9	440.2	
586.4	531.3	
785.8	431.6	干旱年
659.4	534.1	
673	461.9	

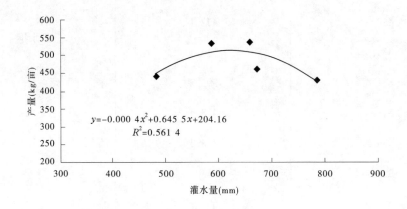

$$y=-0.000\ 4x^2+0.645\ 5x+204.16$$
$$R^2=0.561\ 4$$

图 3-16　干旱年晚稻产量与灌水量相关关系

从以上水稻产量与耗水量、灌水量相关关系分析成果可知,水稻产量与耗水量、灌水量存在一定的相关关系。由于耗水量、灌水量在一定程度上表征了不同年份的气象条件,因此水稻产量表现为随不同耗水量、灌水量、气象条件而呈现出来的一定的变化规律是必然的,但由于影响水稻产量的因素很多,其他主要因素还有品种、肥料、农业措施等,无法在 20 年内保证这些因素一成不变,因此要使水稻产量与耗水量、灌水量具有很好的相关关系是不可能的。只有在试验研究中保证其他影响因素相同的情况下,才能使水稻产量与耗水量、灌水量保持良好的相关关系。虽然每年可以进行多因子试验,但工作量太大,不现实。桂林试验站虽然在水稻水分生产函数(实际上就是建立水稻产量与水量的关系)试验研究方面取得了突破,但年限毕竟有限,不超过 6 年,其成果仍然是初步的。

3.1.3　南宁试验站水稻需水量及灌溉制度试验成果

3.1.3.1　需水量成果分析

根据试验资料统计(这里计入了渗漏量),早稻多年平均需水量为 357 m^3/亩,丰水年为 316 m^3/亩,平水年为 352 m^3/亩,干旱年为 401 m^3/亩,详见表 3-44(1)。

晚稻多年平均需水量为 367 m^3/亩,丰水年为 327 m^3/亩,平水年为 353 m^3/亩,干旱年为 386 m^3/亩,详见表 3-44(2)。

表 3-44（1）　早稻需水量成果分析表

年份	降雨量 （mm）	频率 （%）	需水量 （mm）	产量 （kg/亩）	需水量建议参考值		水文年型
					mm	m³/亩	
2001	1 135	5.6	476.2	580.6	474	316	丰水年
1998	827	11.1	412	494.5			
1993	816.2	16.7	533.9	523.6			
2003	701.9	22.2	400.5	641.7			
1994	683.3	27.8	538	491.5	528	352	平水年
1999	660.3	33.3	532.6	527.5			
1997	653.3	38.9	368.9	518.5			
1992	646.6	44.4	581.9	577.8			
1987	636	50	566.6	433.4			
1990	593.3	55.6	550.7	513.9			
2002	565.6	61.1	450.5	516.7			
1996	483.6	66.7	418.9	525			
2000	393.5	72.2	416.1	638.9			
1991	381.9	77.8	656.1	541.7	601	401	干旱年
1995	364.6	83.3	543.1	516.5			
1989	310.5	88.9	611.1	447.2			
1988	300.6	94.4	592.4	516.7			
平均	597.2		508.8	529.7	535	357	

表 3-44（2）　晚稻需水量成果分析表

年份	降雨量 （mm）	频率 （%）	需水量 （mm）	产量 （kg/亩）	需水量建议参考值		水文年型
					mm	m³/亩	
1994	510.1	5.6	487	516.7	491	327	丰水年
1999	504.4	11.1	545.4	475			
1987	478.8	16.7	454.3	359.2			
1995	425.4	22.2	531.2	450			

年份	降雨量（mm）	频率（%）	需水量（mm）	产量（kg/亩）	需水量建议参考值 mm	m³/亩	水文年型
1997	372.2	27.8	406.6	508.3			
2001	349.5	33.3	545.8	577.8			
2002	345.4	38.9	437.2	491.7			
1993	334	44.4	576.9	555.5			
1988	324.4	50	483	320	529	353	平水年
1989	266.6	55.6	612.4	308.4			
1990	261.8	61.1	521.6	408.3			
1996	248.8	66.7	425.3	472			
1998	233.8	72.2	615.9	541.7			
2000	230.2	77.8	642	572.2			
1991	229.8	83.3	569.2	447.3	579	386	干旱年
2003	181.7	88.9	512.7	566.7			
1992	124.3	94.4	678.9	591.7			
平均	318.9		532.1	480.1	550	367	

水稻需水量与产量成果分析,具体见表 3-45、图 3-17、图 3-18。

表 3-45　早、晚稻产量与需水量的关系表

早稻			晚稻		
年份	需水量(m³/亩)	产量(kg/亩)	年份	需水量(m³/亩)	产量(kg/亩)
1987	566.6	433.4	1987	454.3	359.2
1988	592.4	516.7	1988	483	320
1989	611.1	447.2	1989	612.4	308.4
1990	550.7	513.9	1990	521.6	408.3
1991	656.1	541.7	1991	569.2	447.3
1992	581.9	577.8	1992	678.9	591.7

早稻			晚稻		
年份	需水量(m³/亩)	产量(kg/亩)	年份	需水量(m³/亩)	产量(kg/亩)
1993	533.9	523.6	1993	576.9	555.5
1994	538	491.5	1994	487	516.7
1995	543.1	516.5	1995	531.2	450
1996	418.9	525	1996	425.3	472
1997	368.9	518.5	1997	406.6	508.3
1998	412	494.5	1998	615.9	541.7
1999	532.6	527.5	1999	545.4	475
2000	416.1	638.9	2000	642	572.2
2001	476.2	580.6	2001	545.8	577.8
2002	450.5	516.7	2002	437.2	491.7
2003	400.5	641.7	2003	512.7	566.7
平均	508.8	529.7	平均	532.1	480.1

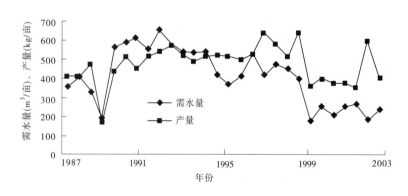

图 3-17　早稻产量与需水量的变化图

3.1.3.2　水稻薄浅湿晒、节水控制灌溉试验耗水量成果分析

1. 薄浅湿晒

根据试验资料统计,早稻多年平均耗水量为 308 m³/亩,丰水年为 274 m³/亩,平水年为 295 m³/亩,干旱年为 334 m³/亩,详见表 3-46。

晚稻多年平均耗水量为 340 m³/亩,丰水年为 308 m³/亩,平水年为 325 m³/亩,干旱

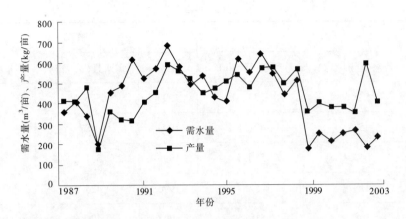

图 3-18　晚稻产量与需水量的变化图

年为 341 m³/亩,详见表 3-47。

从总体上看,耗水量的水文变化规律为:早晚稻丰水年耗水少些,平水年耗水偏中,干旱年耗水偏大。

表 3-46　早稻耗水量成果分析表

处理名称:薄浅湿晒

年份	降雨量 (mm)	频率 (%)	耗水量 (mm)	产量 (kg/亩)	耗水量建议参考值		水文年型
					mm	m³/亩	
2001	1 135	5	454.4	515.4			
1998	827	10	379.1	449			
1993	816.2	15	499.8	480.9	411.2	274.1	丰水年
2010	800.1	20	531.7	378.5			
2003	701.9	25	400	532			
1994	683.3	30	457.2	508.9			
1999	660.3	35	518	508.9			
1997	653.3	40	435	526.7			
1992	646.6	45	398	506.9			
2008	628	50	418.2	452.1			
1990	593.3	55	502.5	573.9	442.2	294.8	平水年
2002	565.6	60	469.1	520.3			
2011	488.4	65	436.8	371.2			
1996	483.6	70	420.7	383.9			
2007	481.6	75	558.7	372.7			
2000	393.5	80	387.7	650			
1991	381.9	85	505.7	524.7	501.1	334.1	干旱年
1995	364.6	90	482.4	506.3			
2012	354.5	95	515.3	337.8			
平均	613.6		461.6	479	451.5	307.8	

表 3-47　晚稻耗水量成果分析表

处理名称:薄浅湿晒

年份	降雨量（mm）	频率（%）	耗水量（mm）	产量（kg/亩）	耗水量建议参考值		水文年型
					mm	m³/亩	
2011	683.6	5	503.9	577.3	462.7	308.5	丰水年
1994	510.1	10	493.8	560.0			
1999	504.4	15	488.7	463.9			
2008	438.4	20	463.7	428.8			
1995	425.4	25	461.7	463.2			
1997	372.2	30	394.0	526.7	488.1	325.4	平水年
2001	349.5	35	516.8	515.4			
2012	347.6	40	529.8	487.9			
2002	345.4	45	449.3	448.7			
2010	341.0	50	507.4	400.3			
1993	334.0	55	540.9	643.8			
1990	261.8	60	536.8	449.1			
1996	248.8	65	483.7	450.0			
1998	233.8	70	602.4	537.5			
2000	230.2	75	577.4	541.4			
1991	229.8	80	450.8	496.7	511.2	340.8	干旱年
2007	215.4	85	416.0	598.2			
2003	181.7	90	555.1	540.0			
1992	124.3	95	467.2	592.3			
平均	335.7		496.8	511.6	487.3	340.1	

2. 节水控制

根据试验资料统计,早稻多年平均耗水量为 261 m³/亩,丰水年为 240 m³/亩,平水年为 262 m³/亩,干旱年为 283 m³/亩,详见表 3-48。

晚稻多年平均耗水量为 301 m³/亩,丰水年为 272 m³/亩,平水年为 301 m³/亩,干旱年为 331 m³/亩,详见表 3-49。

从总体上看,耗水量的水文变化规律为:早晚稻丰水年耗水少些,平水年耗水偏中,干旱年耗水偏大。

表 3-48　早稻耗水量成果分析表

处理名称:节水控制

年份	降雨量（mm）	频率（%）	耗水量（mm）	产量（kg/亩）	耗水量建议参考值		水文年型
					mm	m³/亩	
2001	1 135	7.1	407.1	380.0			
1998	827	14.2	368.7	504.5	360	240	丰水年
2010	800	21.3	350.4	438.9			
2003	701.9	28.4	491.9	513.4			
1999	660.3	35.5	369.0	661.1			
1997	653.3	42.6	428.9	527.7			
2008	628		435.3	525.8	393	262	平水年
2002	565.6	56.8	408.2	528.9			
2011	488.4	63.9	559.9	470.9			
1996	483.6	71.0	366.0	486.8			
2007	481.6	78.1	400.7	302.7			
2000	393.5	85.2	410.6	367.0	424	283	干旱年
2012	354.5	92.3	436.8	378.3			
平均	628.7		418.0	468.2	392	261	

表 3-49　晚稻耗水量成果分析表

处理名称:节水控制

年份	降雨量（mm）	频率（%）	耗水量（mm）	产量（kg/亩）	耗水量建议参考值		水文年型
					mm	m³/亩	
2001	1 135	7.1	440.6	444.0			
1998	827	14.2	375.4	504.5	408	272	丰水年
2010	800	21.3	559.7	531.1			
2003	701.9	28.4	477.3	476.9			
1999	660.3	35.5	559.9	543.6			
1997	653.3	42.6	518.5	514.2			
2008	628	49.7	445.2	476.7	451	301	平水年
2002	565.6	56.8	513.6	542.2			
2011	488.4	63.9	406.9	326.9			
1996	483.6	71.0	410.6	367.0			
2007	481.6	78.1	406.9	326.9			
2000	393.5	85.2	502.1	484.4	496	331	干旱年
2012	354.5	92.3	490.4	554.5			
平均	628.7		469.8	468.7	452	301	

3.1.3.3 灌水量及有效雨量成果分析

1. 薄浅湿晒

根据试验资料统计,并按降雨量排频分析,得出不同水文年型的平均值如下。

1)早稻(详见表3-50)

多年平均:灌水量为174 m³/亩,有效雨量为168 m³/亩。

丰水年:灌水量为142 m³/亩,有效雨量为209 m³/亩。

平水年:灌水量为171 m³/亩,有效雨量为172 m³/亩。

干旱年:灌水量为207 m³/亩,有效雨量为143 m³/亩。

2)晚稻(详见表3-51)

多年平均:灌水量为274 m³/亩,有效雨量为90 m³/亩。

丰水年:灌水量为229 m³/亩,有效雨量为121 m³/亩。

平水年:灌水量为264 m³/亩,有效雨量为99 m³/亩。

干旱年:灌水量为293 m³/亩,有效雨量为66 m³/亩。

从总体上看,灌水量的水文变化规律为:早晚稻丰水年灌水少些,平水年灌水偏中,干旱年灌水偏大。

表3-50 早稻灌水量及有效雨量成果分析表

处理名称:薄浅湿晒

年份	降雨量 (mm)	频率 (%)	灌水量 (mm)	灌水量建议参考值		有效雨量 (mm)	有效雨量建议参考值		水文年型
				mm	m³/亩		mm	m³/亩	
2001	1 135	5	157.2			352.4			
1998	827	10	201.5			327.5			
1993	816.2	15	265.5	213.6	142.4	347.8	314.2	209.4	丰水年
2010	800.1	20	276.5			255.2			
2003	701.9	25	167.2			287.9			
1994	683.3	30	213.6			287.5			
1999	660.3	35	251.5			351			
1997	653.3	40	224.2			240.6			
1992	646.6	45	150			261.8			
2008	628	50	212			206.2			
1990	593.3	55	409	256.3	170.8	160	258.1	172.1	平水年
2002	565.6	60	225.1			261.7			
2011	488.4	65	324			298.2			
1996	483.6	70	291.6			217.1			
2007	481.6	75	261.6			297.1			
2000	393.5	80	259.5			200.5			
1991	381.9	85	419.5	310.8	207.2	179.1	214.9	143.3	干旱年
1995	364.6	90	240.3			288.7			
2012	354.5	95	323.9			191.4			
平均	613.6		256.5	260.2	173.5	263.8	262.4	168.1	

表 3-51　晚稻灌水量及有效雨量成果分析表

处理名称:薄浅湿晒

年份	降雨量（mm）	频率（%）	灌水量（mm）	灌水量建议参考值		有效雨量（mm）	有效雨量建议参考值		水文年型
				mm	m³/亩		mm	m³/亩	
2001	1 135	5	415.4			88.5			
1998	827	10	377.3			178.7			
1993	816.2	15	387.2	342.9	228.6	286.0	180.9	120.6	丰水年
2010	800.1	20	274.2			189.5			
2003	701.9	25	332.9			161.8			
1994	683.3	30	230			234.9			
1999	660.3	35	380.8			182.0			
1997	653.3	40	352.8			177.0			
1992	646.6	45	325.2			123.9			
2008	628	50	405.9			101.6			
1990	593.3	55	443.5	395.6	263.7	130.3	148.1	98.8	平水年
2002	565.6	60	539.5			94.4			
2011	488.4	65	422.4			114.1			
1996	483.6	70	438.9			168.8			
2007	481.6	75	469.8			154.3			
2000	393.5	80	440.3			98.5			
1991	381.9	85	300.4			115.6			
1995	364.6	90	502.2	438.9	292.6	64.1	99.2	66.1	干旱年
2012	354.5	95	374.2			118.4			
平均	613.6		390.2	392.5	274.0	146.4	135.4	90.3	

2. 节水控制

根据试验资料统计,并按降雨排频分析,得出不同水文年型的平均值如下。

1) 早稻(详见表 3-52)

多年平均:灌水量为 185 m³/亩,有效雨量为 164 m³/亩。

丰水年:灌水量为 162 m³/亩,有效雨量为 208 m³/亩。

平水年:灌水量为 192 m³/亩,有效雨量为 177 m³/亩。

干旱年:灌水量为 200 m³/亩,有效雨量为 153 m³/亩。

2)晚稻(详见表 3-53)

多年平均:灌水量为 240 m³/亩,有效雨量为 107 m³/亩。

丰水年:灌水量为 209 m³/亩,有效雨量为 117 m³/亩。

平水年:灌水量为 235 m³/亩,有效雨量为 107 m³/亩。

干旱年:灌水量为 258 m³/亩,有效雨量为 104 m³/亩。

从总体上看,灌水量的水文变化规律为:早晚稻丰水年灌水少些,平水年灌水偏中,干旱年灌水偏大。

表 3-52　早稻灌水量及有效雨量成果分析表

处理名称:节水控制

年份	降雨量 (mm)	频率 (%)	灌水量 (mm)	灌水量建议 参考值		有效雨量 (mm)	有效雨量建议 参考值		水文年型
				mm	m³/亩		mm	m³/亩	
2001	1 135	7.1	222.3	243.3	162.2	119.6	311.7	207.8	丰水年
1998	827	14.2	240.3			282.3			
2010	800	21.3	267.3			228.4			
2003	701.9	28.4	241.7	287.4	191.6	167.4	266.1	177.4	平水年
1999	660.3	35.5	301.6			206.3			
1997	653.3	42.6	246.6			284.8			
2008	628	49.7	327.8			229.4			
2002	565.6	56.8	278.8			327.3			
2011	488.4	63.9	328			180.5			
1996	483.6	71	346.4			207.5			
2007	481.6	78.1	320.2	300.3	200.2	183.1	229.7	153.1	干旱年
2000	393.5	85.2	304.3			212			
2012	354.5	92.3	276.5			260.3			
平均	628.7		284.8	277.0	184.7	222.2	250.9	164.1	

表 3-53 晚稻灌水量及有效雨量成果分析表

处理名称：节水控制

年份	降雨量（mm）	频率（%）	灌水量（mm）	灌水量建议参考值		有效雨量（mm）	有效雨量建议参考值		水文年型
				mm	m³/亩		mm	m³/亩	
2001	1 135	7.1	377.8			91.8			
1998	827	14.2	402.9	313.4	208.9	369.5	175.8	117.2	丰水年
2010	800	21.3	313.4			45.7			
2003	701.9	28.4	457.3			260.1			
1999	660.3	35.5	373			121.0			
1997	653.3	42.6	222.2			136.0			
2008	628	49.7	258	351.9	234.6	260.6	160.6	107.1	平水年
2002	565.6	56.8	326.2			93.2			
2011	488.4	63.9	410.1			166.7			
1996	483.6	71	392			260.4			
2007	481.6	78.1	313.4			319.5			
2000	393.5	85.2	454.3	386.8	257.9	70.0	155.3	103.5	干旱年
2012	354.5	92.3	319.2			244.4			
平均	628.7		355.4	350.7	239.8	187.6	163.9	107.3	

3.1.3.4 水稻灌溉制度成果分析

1. 早稻

通过南宁试验站多年灌溉制度成果分析得出：耗水量，薄浅湿晒比节水控制灌溉少 22.1 m³/亩；灌水量，薄浅湿晒比节水控制灌溉少 11.2 m³/亩；水分生产率，薄浅湿晒比节水控制灌溉高 0.25 kg/m³。

2. 晚稻

通过南宁试验站多年灌溉制度成果分析得出：耗水量，薄浅湿晒比节水控制灌溉少 12.3 m³/亩；灌水量，薄浅湿晒比节水控制灌溉多 34.2 m³/亩；水分生产率，薄浅湿晒比节水控制灌溉高 0.17 kg/m³。

具体成果见表 3-54、表 3-55。

表 3-54 水稻灌溉制度试验多年平均水量与产量统计表

处理	稻别	丰水年		平水年		干旱年		耗水量（m³/亩）	灌水量（m³/亩）	产量（kg/亩）	水分生产率（kg/m³）
		耗水量（m³/亩）	灌水量（m³/亩）	耗水量（m³/亩）	灌水量（m³/亩）	耗水量（m³/亩）	灌水量（m³/亩）				
薄浅湿晒	早稻	274.1	142.4	294.8	170.8	334.1	207.2	307.8	173.5	479	1.56
	晚稻	308.5	228.6	325.4	263.7	340.8	292.6	340.1	274.0	511.6	1.50
节水控制	早稻	316.9	162.2	328.7	191.6	344.0	200.2	329.9	184.7	432.2	1.31
	晚稻	320.8	208.9	356.8	234.6	379.7	257.9	352.4	239.8	468.7	1.33

表 3-55　南宁试验站水稻灌溉制度成果表

稻别	地区	处理	返青期		分蘖期		拔节期		抽穗期		灌浆期		全生育期		水文年型
			灌水次数	灌水量（mm）	灌水次数	灌水量（mm）	灌水次数	灌水量（mm）	灌水次数	灌水量（mm）	灌水次数	灌水量（mm）	灌水次数	灌溉定额（mm）	
早稻	桂南	薄浅湿晒	1	38.6	2.3	64.9	1	44.3	2	62.7	1	3	7.3	213.5	丰水年
		节水控制	1	51.1	2	65.5	1	50.2	2	61.5	1	15.0	7	243.3	
		薄浅湿晒	3	54.4	3.3	75.0	1	42.0	1	28.1	1	56.6	9.3	256.1	平水年
		节水控制	3	61.5	4	81.4	1	42.6	1	38.0	1	63.8	10	287.3	
		薄浅湿晒	1	58.5	3	64.6	1	60.1	2	96.7	1	30.9	8	310.8	干旱年
		节水控制	3	60.0	1	35.0	3	85.8	2	50.4	3	69.1	12	300.3	
晚稻	桂南	薄浅湿晒	2	62.4	0	2.0	6	135.8	3	81.3	3	61.4	14	342.9	丰水年
		节水控制	1.3	25.6	3.3	64.9	1	60.8	3	63.7	5	98.4	13.7	313.4	
		薄浅湿晒	1	19.1	5.3	90.7	1	61.3	4	87.6	6	136.8	17.3	395.5	平水年
		节水控制	1	17.4	3	95.5	4.7	159.5	2	48.9	1.7	30.4	12.4	351.7	
		薄浅湿晒	1.3	42.2	4	78.0	5	125.0	5.3	98.1	4	95.5	19.6	438.8	干旱年
		节水控制	3	39.5	3	105.8	8	172.9	1	22.7	1	45.9	16	386.8	

3.1.3.5 水稻产量与耗水量的关系

通过分析南宁试验站水稻产量与耗水量相关关系,得出早稻、晚稻的产量与耗水量关系曲线及二次方程。

1. 早稻

$$y = -0.001\ 3x^2 + 1.333x + 217.04$$

式中　x——耗水量,m^3/亩;

　　　y——产量,kg/亩。

相关系数 $R = 0.39$,二者关系不是很密切(见表3-56、图3-19)。

表3-56　早稻产量与耗水量的关系表

耗水量 （m^3/亩）	253	265	267	281	290	303	305	313	322	326	328	333	334	335	337	346
产量 （kg/亩）	449	507	532	384	527	515	509	520	506	502	492	481	529	574	525	509

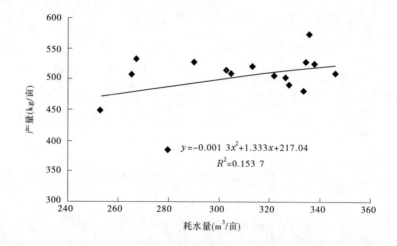

图3-19　南宁试验站早稻产量与耗水量相关关系

2. 晚稻

$$y = -0.002\ 2x^2 + 2.485\ 6x - 84.282$$

式中　x——耗水量,m^3/亩;

　　　y——产量,kg/亩。

相关系数 $R = 0.71$,二者存在一定的相关关系(见表3-57、图3-20)。

表 3-57 晚稻产量与耗水量的关系表

耗水量 （m³/亩）	229	255	263	300	301	307	308	323	326	329	345	358	361	370	385	402	468
产量 （kg/亩）	361	349	527	449	497	376	463	450	464	560	515	449	644	540	541	538	594

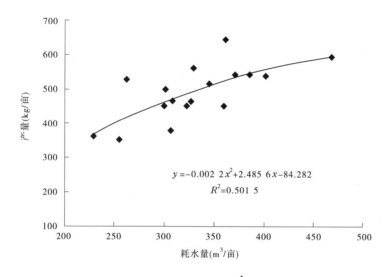

图 3-20 南宁试验站晚稻产量与耗水量相关关系

从以上水稻产量与耗水量相关关系分析成果可知，水稻产量与耗水量存在一定的相关关系。由于耗水量在一定程度上表征了不同年份的气象条件，因此水稻产量表现为随不同耗水量、气象条件而呈现出来的一定的变化规律是必然的。但由于影响水稻产量的因素很多，其他主要因素还有品种、肥料、农业措施等，无法在 20 年内保证这些因素一成不变，因此要使水稻产量与耗水量具有很好的相关关系是不可能的。只有在试验研究中保证其他影响因素相同的情况下，才能使水稻产量与耗水量保持良好的相关关系。

3.1.4 玉林试验站水稻需水量及灌溉制度试验成果

3.1.4.1 需水量成果分析

根据试验资料统计（这里计入了渗漏量），早稻多年平均需水量为 393 m³/亩，丰水年为 354 m³/亩，平水年为 371 m³/亩，干旱年为 456 m³/亩，详见表 3-58。

晚稻多年平均需水量为 397 m³/亩，丰水年为 357 m³/亩，平水年为 400 m³/亩，干旱年为 434 m³/亩，详见表 3-59。

表 3-58　早稻需水量成果分析表

年份	降雨量（mm）	频率（%）	需水量（mm）	产量（kg/亩）	需水量建议参考值		水文年型
					mm	m³/亩	
2008	1 269.1	5	606	360.7	530	354	丰水年
1994	1 015	10	506.8	378.9			
2009	948.6	15	717.9	416.3			
2010	914.2	20	673.6	429.1			
2001	836.3	25	478.2	423			
1998	828.3	30	391.9	373.6	556	371	平水年
1997	774.1	35	449.7	483.2			
2006	772	40	773.4	389.1			
2000	722.9	45	606.1	436.5			
2004	718.1	50	680.2	345			
1996	681.5	55	506.3	395.3			
1993	680	60	474.2	375			
2003	629.7	65	561.1	406			
2002	623.7	70	484.6	431			
2005	611.3	75	469.3	437.4			
2007	582.8	80	704.2	425.9	683	456	干旱年
1999	485.9	90	626.9	391			
1989	304.6	95	717.6	520.3			
平均			579.3	412.1		393	

表 3-59　晚稻需水量成果分析表

年份	降雨量 （mm）	频率 （%）	需水量 （mm）	产量 （kg/亩）	需水量建议参考值		水文年型
					mm	m³/亩	
2002	514.4	5.3	617.2	500	535	357	丰水年
2007	490.6	10.5	618.6	429.5			
1997	488.7	15.8	479.9	432.6			
1995	481	21.1	425.5	437.8			
2010	427.5	26.3	627.7	421.3	600	400	平水年
2008	391	31.6	692.5	382.5			
2001	312.1	36.8	571.8	396			
1999	311.1	42.1	489	423			
1996	276.7	47.4	559.9	412.5			
2009	254.9	52.6	529.6	542.5			
2004	233.8	57.9	705.5	341			
1998	214.7	63.2	643.9	516.7			
1994	196.7	68.4	500.7	431.5			
1991	196.5	73.7	684	392.6			
2006	191	84.2	721.1	480.8	650	434	干旱年
2005	179.6	89.5	787.2	440.8			
2003	157.9	94.7	441.5	431			
平均			593.9	436.0		397	

3.1.4.2　耗水量成果分析

根据试验资料统计，早稻多年平均耗水量为 377 m³/亩，丰水年为 354 m³/亩，平水年为 366 m³/亩，干旱年为 413 m³/亩，详见表 3-60。

晚稻多年平均耗水量为 419 m³/亩，丰水年为 364 m³/亩，平水年为 412 m³/亩，干旱年为 482 m³/亩，详见表 3-61。

表 3-60 早稻耗水量成果分析表

年份	降雨量（mm）	频率（%）	耗水量（mm）	产量（kg/亩）	耗水量建议参考值		水文年型
					mm	m³/亩	
2008	1 269.1	5	606	360.7	530	354	丰水年
1994	1 015	10	507.1	373.4			
2009	948.6	15	717.9	416.3			
2010	914.2	20	673.6	429.1			
2001	836.3	25	478.1	412.7			
1998	828.3	30	391.9	373.8	548	366	平水年
1997	774.1	35	449.6	468			
2006	772	40	773.7	389.2			
2000	722.9	45	582.9	370			
2004	718.1	50	680.2	345			
1996	681.5	55	472.4	382.9			
1993	680	60	473.7	355.8			
2003	629.7	65	399.7	415.3			
2002	623.7	70	484.7	423.3			
2005	611.3	75	469.2	437.4			
2007	582.8	80	650.4	410	619	413	干旱年
1995	489.4	85	481.5	411.9			
1999	485.9	90	626.5	388			
1989	304.6	95	719	498.1			
平均			559.9	403.2		377	

表 3-61　晚稻耗水量成果分析表

年份	降雨量（mm）	频率（%）	耗水量（mm）	产量（kg/亩）	耗水量建议参考值		水文年型
					mm	m³/亩	
2002	514.4	5.3	617	390	546	364	丰水年
2007	490.6	10.5	606.8	429.5			
1997	488.7	15.8	479.6	439			
1995	481	21.1	481.7	426.8			
2010	427.5	26.3	673.6	429.1	618	412	平水年
2008	391	31.6	692.6	382.5			
2001	312.1	36.8	571.8	387.3			
1999	311.1	42.1	484.4	417			
1996	276.7	47.4	526.5	396.9			
2009	254.9	52.6	735.8	542.5			
2004	233.8	57.9	680.2	345			
1998	214.7	63.2	635.2	356.9			
1994	196.7	68.4	478.1	396.6			
1991	196.5	73.7	700.8	367.3			
1989	193.5	78.9	814.2	439.1	722	482	干旱年
2006	191	84.2	721.2	481.3			
2005	179.6	89.5	787.2	440.8			
2003	157.9	94.7	567.1	476.7			
平均			625.2	419.1		419	

3.1.4.3　灌水量及有效雨量成果分析

根据试验资料统计,并按降雨量排频分析,得出不同水文年型的平均值如下。

1. 早稻(详见表 3-62)

多年平均:灌水量为 184 m³/亩,有效雨量为 265 m³/亩。

丰水年:灌水量为 145 m³/亩,有效雨量为 299 m³/亩。

平水年:灌水量为 164 m³/亩,有效雨量为 254 m³/亩。

干旱年:灌水量为 243 m³/亩,有效雨量为 243 m³/亩。

2.晚稻(详见表 3-63)

多年平均:灌水量为 323 m³/亩,有效雨量为 135 m³/亩。

丰水年:灌水量为 209 m³/亩,有效雨量为 200 m³/亩。

平水年:灌水量为 345 m³/亩,有效雨量为 115 m³/亩。

干旱年:灌水量为 417 m³/亩,有效雨量为 91 m³/亩。

表 3-62　早稻灌水量及有效雨量成果分析表

年份	降雨量 (mm)	频率 (%)	灌水量 (mm)	灌水量建议 参考值		有效雨量 (mm)	有效雨量建议 参考值		水文年型
				mm	m³/亩		mm	m³/亩	
2008	1 269.1	5	264.7			545.7			丰水年
1994	1 015	10	127			389.9			
2009	948.6	15	274.2	218	145	540	449	299	
2010	914.2	20	254.1			419.5			
2001	836.3	25	171.6			350.6			
1998	828.3	30	157.6			292.5			平水年
1997	774.1	35	187.5			455.5			
2006	772	40	313.5			496.4			
2000	722.9	45	303.9			453.5			
2004	718.1	50	386	246	164	638.2	381	254	
1996	681.5	55	199.4			280.1			
1993	680	60	87.3			339.2			
2003	629.7	65	210.3			216.3			
2002	623.7	70	193			291.3			
2005	611.3	75	267			347.6			
2007	582.8	80	381.9			405.5			干旱年
1995	489.4	85	149.7	365	243	342.8	364	243	
1999	485.9	90	349.4			344.8			
平均			237.7		184	397.2		265	

86

表 3-63　晚稻灌水量及有效雨量成果分析表

年份	降雨量（mm）	频率（%）	灌水量（mm）	灌水量建议参考值		有效雨量（mm）	有效雨量建议参考值		水文年型
				mm	m³/亩		mm	m³/亩	
2002	514.4	5.3	364.8			262.9			
2007	490.6	10.5	431.8	313	209	320.5	300	200	丰水年
1997	488.7	15.8	153.9			390			
1995	481	21.1	303.2			225.5			
2010	427.5	26.3	473.4			230.5			
2008	391	31.6	556.4			246.9			
2001	312.1	36.8	402.5			196.4			
1999	311.1	42.1	416			194.7			
1996	276.7	47.4	393.7			139.6			
2009	254.9	52.6	626.4	517	345	119.6	172	115	平水年
2004	233.8	57.9	604.7			213.4			
1998	214.7	63.2	553.7			118.3			
1994	196.7	68.4	333.1			145.4			
1991	196.5	73.7	812.9			115.2			
1989	193.5	78.9	828.2			116			
2006	191	84.2	586.8	625	417	143.2	136	91	干旱年
2005	179.6	89.5	687.7			125.7			
2003	157.9	94.7	400.7			158			
平均			496.1		323	192.3		135	

从总体上看,灌水量的水文变化规律为:早晚稻丰水年灌水最小,平水年灌水偏中,干旱年灌水最大。

3.1.4.4　水稻灌溉制度成果分析

1. 早稻

通过玉林试验站多年灌溉制度成果分析得出:丰水年耗水量为 354 m³/亩,灌水量为 145 m³/亩;平水年耗水量为 366 m³/亩,灌水量为 164 m³/亩;干旱年耗水量为 413 m³/亩,灌水量为 243 m³/亩;平均耗水量为 377 m³/亩,平均灌水量为 265 m³/亩,平均产量为 403 kg/亩,水分生产率为 1.07 kg/m³。

2.晚稻

通过玉林试验站多年灌溉制度成果分析得出:丰水年耗水量为 364 m³/亩,灌水量为 209 m³/亩;平水年耗水量为 412 m³/亩,灌水量为 345 m³/亩;干旱年耗水量为 482 m³/亩,灌水量为 417 m³/亩;平均耗水量为 419 m³/亩,平均灌水量为 323 m³/亩,平均产量为 419 kg/亩,水分生产率为1.00 kg/m³。具体成果见表3-64、表3-65。

表3-64 水稻灌溉制度试验多年平均水量与产量统计表

处理	稻别	丰水年		平水年		干旱年		耗水量(m³/亩)	灌水量(m³/亩)	产量(kg/亩)	水分生产率(kg/m³)
		耗水量(m³/亩)	灌水量(m³/亩)	耗水量(m³/亩)	灌水量(m³/亩)	耗水量(m³/亩)	灌水量(m³/亩)				
薄浅湿晒	早稻	354	145	366	164	413	243	377	265	403	1.07
	晚稻	364	209	412	345	482	417	419	323	419	1.00

表3-65 玉林试验站水稻灌溉制度成果表

稻别	地区	处理	返青期 灌水次数	返青期 灌水量(mm)	分蘖期 灌水次数	分蘖期 灌水量(mm)	拔节期 灌水次数	拔节期 灌水量(mm)	抽穗期 灌水次数	抽穗期 灌水量(mm)	灌浆期 灌水次数	灌浆期 灌水量(mm)	全生育期 灌水次数	全生育期 灌溉定额(mm)	全生育期 灌溉定额(m³/亩)	水文年型
早稻	桂东	薄浅湿晒	1	35	1	22		50		3	3	107	5	217	145	丰水年
		水插旱管	1	38	2	31	0	42	0	2	3	103	6	216	144	
		普灌	1	40	1	29	0	62	0	4	3	142	5	277	184	
		薄浅湿晒	1	34	2	17	3	70	2	44	3	81	11	246	164	平水年
		水插旱管	1	32	2	36	3	89	2	65	3	106	11	328	219	
		普灌	3	45	2	50	3	115	2	64	5	142	15	416	278	
		薄浅湿晒	2	55	3	61	2	53	2	56	4	141	13	366	243	干旱年
		水插旱管	2	70	7	41	2	49	2	21	15	105	28	286	190	
		普灌	2	57	12	116	3	73	3	87	15	163	35	496	331	

稻别	地区	处理	返青期 灌水 次数	返青期 灌水量 （mm）	分蘖期 灌水 次数	分蘖期 灌水量 （mm）	拔节期 灌水 次数	拔节期 灌水量 （mm）	抽穗期 灌水 次数	抽穗期 灌水量 （mm）	灌浆期 灌水 次数	灌浆期 灌水量 （mm）	全生育期 灌水 次数	全生育期 灌溉 定额 （mm）	全生育期 灌溉 定额 （m³/亩）	水文 年型
晚稻	桂东	薄浅湿晒	1	37	5	135	3	79	1	38	1	23	10	312	209	丰水年
		水插旱管	1	32	4	86	3	0	1	15	3	20	20	153	102	
		普灌	1	28	6	138	3	76	3	84	3	36	16	362	241	
		薄浅湿晒	1	34	5	103	7	203	4	103	3	73	20	516	345	平水年
		水插旱管	1	30	5	92	7	148	3	61	3	54	19	385	257	
		普灌	1	48	5	121	10	370	3	117	4	107	23	763	509	
		薄浅湿晒	1	37	2	86	3	254	133		2	115	12	625	417	干旱年
		水插旱管	1	31	1	29	5	193	4	95	2	110	13	458	304	
		普灌	1	26	2	88	6	266	3	142	3	132	15	654	436	

3.1.4.5 水稻产量与耗水量的关系

通过分析玉林试验站水稻产量与耗水量相关关系，得到早稻、晚稻的产量与耗水量关系曲线及二次方程。

1. 早稻

$$y = 0.004\,6x^2 - 3.1x + 901.71$$

式中 x——耗水量，m³/亩；

y——产量，kg/亩。

相关系数 $R = 0.73$，二者存在一定的相关关系（见表 3-66、图 3-21）。

表 3-66 早稻产量与耗水量的关系表

耗水量（m³/亩）	261	267	315	316	319	321	323	338	389	418	480
产量（kg/亩）	374	415	383	356	413	412	423	373	370	388	498

2. 晚稻

$$y = 0.005x^2 - 4.320\,7x + 1\,295.6$$

式中 x——耗水量，m³/亩；

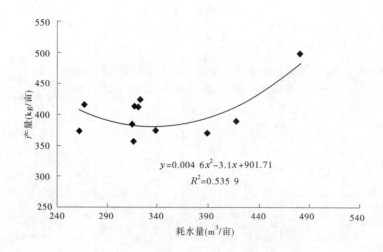

图 3-21　玉试验林站早稻产量与耗水量相关关系

y——产量，kg/亩。

相关系数 $R = 0.94$，二者具有较好的相关关系（见表 3-67、图 3-22）。

表 3-67　晚稻产量与耗水量的关系表

耗水量（m³/亩）	319	320	321	323	351	381	412	424	467	543
产量（kg/亩）	427	439	427	417	397	387	390	357	367	439

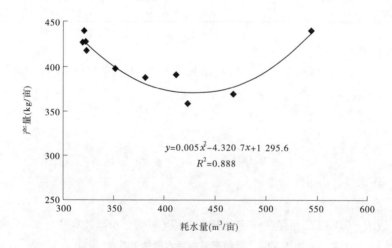

图 3-22　玉林试验站晚稻产量与耗水量相关关系

　　从以上水稻产量与耗水量相关关系分析成果可知，水稻产量与耗水量存在一定的相关关系。由于耗水量在一定程度上表征了不同年份的气象条件，因此水稻产量表现为随不同耗水量、气象条件而呈现出来的一定的变化规律是必然的。但由于影响水稻产量的因素很多，其他主要因素还有品种、肥料、农业措施等，无法在 20 年内保证这些因素一成不变，因此要使水稻产量与耗水量具有很好的相关关系是不可能的。只有在试验研究中保证其他影响因素相同的情况下，才能使水稻产量与耗水量保持良好的相关关系。

3.1.5 广西水稻灌溉试验成果结论

通过对各站历年的灌溉试验资料的汇总、分析,基本得出了广西水稻的需水量及灌溉制度指标建议值。

3.1.5.1 桂林灌溉试验中心站

1.腾发量

早稻多年平均腾发量为 245 m^3/亩,丰水年为 215 m^3/亩,平水年为 224 m^3/亩,干旱年为 297 m^3/亩。

晚稻多年平均腾发量为 284 m^3/亩,丰水年为 240 m^3/亩,平水年为 280 m^3/亩,干旱年为 310 m^3/亩。

2.耗水量(薄浅湿洒)

早稻多年平均耗水量为 367 m^3/亩,丰水年为 330 m^3/亩,平水年为 350 m^3/亩,干旱年为 420 m^3/亩,水分生产率为 1.12 kg/m^3。

晚稻多年平均耗水量为 404 m^3/亩,丰水年为 390 m^3/亩,平水年为 410 m^3/亩,干旱年为 420 m^3/亩,水分生产率为 1.06 kg/m^3。

3.灌水量、有效雨量(薄浅湿洒)

1)早稻

多年平均:灌水量为 200 m^3/亩,有效雨量为 177 m^3/亩。

丰水年:灌水量为 175 m^3/亩,有效雨量为 155 m^3/亩。

平水年:灌水量为 191 m^3/亩,有效雨量为 182 m^3/亩。

干旱年:灌水量为 232 m^3/亩,有效雨量为 193 m^3/亩。

2)晚稻

多年平均:灌水量为 336 m^3/亩,有效雨量为 104 m^3/亩。

丰水年:灌水量为 259 m^3/亩,有效雨量为 142 m^3/亩。

平水年:灌水量为 330 m^3/亩,有效雨量为 101 m^3/亩。

干旱年:灌水量为 420 m^3/亩,有效雨量为 69 m^3/亩。

3.1.5.2 南宁市灌溉试验站

1.需水量

早稻多年平均需水量为 357 m^3/亩,丰水年为 316 m^3/亩,平水年为 352 m^3/亩,干旱年为 401 m^3/亩。

晚稻多年平均需水量为 367 m^3/亩,丰水年为 327 m^3/亩,平水年为 353 m^3/亩,干旱年为 386 m^3/亩。

2.耗水量(薄浅湿晒)

早稻多年平均耗水量为 308 m^3/亩,丰水年为 274 m^3/亩,平水年为 295 m^3/亩,干旱年为 334 m^3/亩,水分生产率为 1.56 kg/m^3。

晚稻多年平均耗水量为 340 m^3/亩,丰水年为 308 m^3/亩,平水年为 325 m^3/亩,干旱年为 341 m^3/亩,水分生产率为 1.5 kg/m^3。

3.灌水量、有效雨量(节水控制)

1)早稻

多年平均:灌水量为 185 m^3/亩,有效雨量为 164 m^3/亩。

丰水年:灌水量为 162 m^3/亩,有效雨量为 208 m^3/亩。

平水年:灌水量为 192 m^3/亩,有效雨量为 177 m^3/亩。

干旱年:灌水量为 200 m^3/亩,有效雨量为 153 m^3/亩。

2)晚稻

多年平均:灌水量为 240 m^3/亩,有效雨量为 107 m^3/亩。

丰水年:灌水量为 209 m^3/亩,有效雨量为 117 m^3/亩。

平水年:灌水量为 235 m^3/亩,有效雨量为 107 m^3/亩。

干旱年:灌水量为 258 m^3/亩,有效雨量为 104 m^3/亩。

3.1.5.3 玉林市灌溉试验站

1.需水量

早稻多年平均需水量为 393 m^3/亩,丰水年为 354 m^3/亩,平水年为 371 m^3/亩,干旱年为 456 m^3/亩。

晚稻多年平均需水量为 397 m^3/亩,丰水年为 357 m^3/亩,平水年为 400 m^3/亩,干旱年为 434 m^3/亩。

2.耗水量

早稻多年平均耗水量为 377 m^3/亩,丰水年为 354 m^3/亩,平水年为 366 m^3/亩,干旱年为 413 m^3/亩,水分生产率为 1.07 kg/m^3。

晚稻多年平均耗水量为 419 m^3/亩,丰水年为 364 m^3/亩,平水年为 412 m^3/亩,干旱年为 482 m^3/亩,水分生产率为 1.0 kg/m^3。

3.灌水量、有效雨量

1)早稻

多年平均:灌水量为 184 m^3/亩,有效雨量为 265 m^3/亩。

丰水年:灌水量为 145 m^3/亩,有效雨量为 299 m^3/亩。

平水年:灌水量为 164 m^3/亩,有效雨量为 254 m^3/亩。

干旱年:灌水量为 243 m^3/亩,有效雨量为 243 m^3/亩。

2)晚稻

多年平均:灌水量为 323 m^3/亩,有效雨量为 135 m^3/亩。

丰水年:灌水量为 209 m^3/亩,有效雨量为 200 m^3/亩。

平水年:灌水量为 345 m^3/亩,有效雨量为 115 m^3/亩。

干旱年:灌水量为 417 m^3/亩,有效雨量为 91 m^3/亩。

本次编制所得的建议值是建立在对田间试验实测资料分析的基础上,并结合各地的多年推广实际情况经比较综合得出的,因此具有较大的合理性和可操作性,比较符合开展农业节水增产的需要。广西水稻灌溉制度成果具体见表3-68。

表 3-68　广西水稻灌溉制度成果表

稻别	地区	处理	返青期		分蘖期		拔节期		抽穗期		灌浆期		全生育期			水文年型
			灌水次数	灌水量（mm）	灌水次数	灌水量（mm）	灌水次数	灌水量（mm）	灌水次数	灌水量（mm）	灌水次数	灌水量（mm）	灌水次数	灌溉定额（mm）	灌溉定额（m³/亩）	
早稻	桂北桂中	薄浅湿晒	3	54	2	37	4	100	1	20	1	53	11	264	176	丰水年
		间歇灌溉	3	84	1	48	2	93					6	225	150	
		常规灌溉	3	51	4	102	2	52	3	86			12	291	194	
	桂南	薄浅湿晒	1	39	2	65	1	44	2	63	1	3	7	214	142	
		节水控制	1	51	2	65	1	50	2	61	1	15	7	242	162	
	桂东	薄浅湿晒	1	35	1	22		50		3	3	107	5	217	145	
		水插旱管	1	38	2	31	0	42	0	2	3	103	6	216	144	
		普灌	1	40	1	29	0	62	0	4	3	142	5	277	184	
	桂北桂中	薄浅湿晒	3	55	2	36	4	81	1	29	2	86	12	288	191	平水年
		间歇灌溉	1	31	3	114	2	78	1	40	1	23	8	286	191	
		常规灌溉	3	58	4	93	4	79	3	52	3	57	17	339	226	
	桂南	薄浅湿晒	3	54	3	75	1	42	1	28	1	57	9	256	171	
		节水控制	3	62	4	81	1	43	1	38	1	64	10	288	192	
	桂东	薄浅湿晒	1	34	2	17	3	70	2	44	3	81	11	246	164	
		水插旱管	1	32	2	36	3	89	2	65	3	106	11	328	219	
		普灌	3	45	2	50	3	115	2	64	5	142	15	416	278	
	桂北桂中	薄浅湿晒	3	60	2	40	5	100	2	50	3	98	15	348	232	干旱年
		间歇灌溉													0	
		常规灌溉													0	
	桂南	薄浅湿晒	1	58	3	65	1	60	2	97	1	31	8	311	207	
		节水控制	3	60	1	35	3	86	2	50	3	69	12	300	200	
	桂东	薄浅湿晒	2	55	3	61	2	53	2	56	4	141	13	366	243	
		水插旱管	2	70	7	41	2	49	2	21	15	105	28	286	190	
		普灌	2	57	12	116	3	73	3	87	15	163	35	496	331	

续表 3-68

稻别	地区	处理	返青期 灌水次数	返青期 灌水量（mm）	分蘖期 灌水次数	分蘖期 灌水量（mm）	拔节期 灌水次数	拔节期 灌水量（mm）	抽穗期 灌水次数	抽穗期 灌水量（mm）	灌浆期 灌水次数	灌浆期 灌水量（mm）	全生育期 灌水次数	全生育期 灌溉定额（mm）	全生育期 灌溉定额（m³/亩）	水文年型
晚稻	桂北桂中	薄浅湿晒	4	87	3	100	4	109	3	73	1	19	15	388	259	丰水年
		间歇灌溉	4	95	4	101	2	53	3	53	1	19	14	321	214	
		常规灌溉	4	80	5	124	4	130	5	134	2	42	20	510	340	
	桂南	薄浅湿晒	2	62	0	2	6	136	3	81	3	61	14	342	229	
		节水控制	1	26	3	65	1	61	3	64	5	98	14	314	209	
	桂东	薄浅湿晒	1	37	5	135	3	79	1	38	1	23	10	312	209	
		水插旱管	1	32	4	86	3	0	1	15	3	20	20	153	102	
		普灌	1	28	6	138	3	76	3	84	3	36	16	362	241	
	桂北桂中	薄浅湿晒	4	87	5	118	4	112	4	102	2	76	19	495	330	平水年
		间歇灌溉	4	100	4	118	3	73	3	70	1	45	15	406	271	
		常规灌溉	4	90	7	167	5	148	3	80	3	63	22	548	366	
	桂南	薄浅湿晒	1	19	5	91	1	61	4	88	6	137	17	396	264	
		节水控制	1	17	3	96	5	160	2	49	2	30	12	352	235	
	桂东	薄浅湿晒	1	34	5	103	7	203	4	103	3	73	20	516	345	
		水插旱管	1	30	5	92	7	148	3	61	3	54	19	385	257	
		普灌	1	48	5	121	10	370	3	117	4	107	23	763	509	
	桂北桂中	薄浅湿晒	4	87	7	152	5	137	5	139	2	114	23	629	420	干旱年
		间歇灌溉	4	100	5	125	3	130	3	73	2	82	17	510	340	
		常规灌溉	2	47	9	257	5	115	5	102	4	129	25	650	434	
	桂南	薄浅湿晒	1	42	4	78	5	125	5	98	4	96	20	439	293	
		节水控制	3	40	3	106	8	173	1	23	1	46	16	388	258	
	桂东	薄浅湿晒	1	37	2	86	3	254	3	133	2	115	12	625	417	
		水插旱管	1	31	1	29	5	193	4	95	2	110	13	458	304	
		普灌	1	26	2	88	6	266	3	142	3	132	15	654	436	

3.2 水稻水分生产函数及时空变异性研究成果

通过对历年水稻产量与耗水量关系进行分析，初步建立了二者之间的回归方程，对灌区规划及管理、制定优化灌溉制度等具有一定的指导作用，但要更精确、更科学地建立作物产量与水量的关系，必须借助于作物水分生产函数的理论。自 1992 年始，武汉大学水利学院与试验站合作对水稻水分生产函数及其时空变异性进行了全面系统的试验研究，取得了较好的成果。

3.2.1 水稻水分生产函数的建立

3.2.1.1 分阶段设计受旱处理

以含水量下限值作为田间水分控制指标，针对不同阶段的不同受旱水平来安排处理，并以不受旱（正常灌溉）作为对照处理。具体处理安排是：由于返青期有泡田余水，且时间较短，生产实践中不会受旱，黄熟期排水落干，愈旱愈有利，此首末两个阶段均按丰产要求进行正常的水分管理。其余 4 个阶段，分别安排成正常灌溉、轻旱、中旱和重旱 4 个水平。为了更符合一般可能发生的旱情，还安排了 3 个 2 阶段连续受中旱的处理，总共 12 个处理。

3.2.1.2 试验统计成果

试验得出双季早晚稻不同处理腾发量及产量的典型（1992 年及 1993 年）试验成果分别见表 3-69、表 3-70。

表 3-69　1992 年、1993 年早稻各处理腾发量及产量

| 年份 | 处理号 | 处理特征 | 各阶段腾发量（mm） | | | | | | 全生育期腾发量（mm） | 产量（kg/亩） | 减产率（%） |
			返青	分蘖	拔节孕穗	抽穗开花	乳熟	黄熟			
1992	1	正常灌溉	21.8	120.0	103.1	110.8	101.3	81.1	538.1	675.3	0
	2	分蘖轻旱	20.8	105.5	77.5	75.3	82.5	64.1	425.7	469.6	30.5
	3	分蘖重旱	23.7	100.6	74.5	70.6	70.5	57.4	397.3	365.5	45.9
	4	拔节孕穗轻旱	22.1	130.3	90.1	92.7	106.4	68.7	510.3	601.3	11.0
	5	拔节孕穗重旱	22.2	129.9	83.5	88.7	91.7	60.7	476.7	558.9	17.2
	6	抽穗开花轻旱	22.8	136.4	107.6	90.1	105.5	73.1	535.5	631.0	6.6
	7	乳熟轻旱	22.4	133.9	104.0	100.9	96.4	79.4	537.0	610.8	9.6
	8	乳熟重旱	21.6	130.9	102.0	100.3	86.0	73.0	513.8	557.6	17.4
	9	分蘖、拔节孕穗轻旱	23.5	105.0	74.7	76.0	70.9	63.1	413.2	490.4	27.4
	10	拔节孕穗、抽穗开花轻旱	22.0	120.6	87.7	74.9	85.1	70.7	461.0	510.3	24.4
	11	抽穗开花、乳熟轻旱	20.1	132.3	106.7	88.6	70.8	65.7	484.2	575.7	14.7

年份	处理号	处理特征	各阶段腾发量(mm)						全生育期腾发量(mm)	产量(kg/亩)	减产率(%)
			返青	分蘖	拔节孕穗	抽穗开花	乳熟	黄熟			
1993	1	正常灌溉	6.4	126.5	74.0	117.8	92.2	80.5	497.4	586.3	0
	2	分蘖轻旱	6.3	100.4	57.4	87.9	52.3	55.9	360.2	358.5	38.9
	3	分蘖重旱	7.4	81.1	54.6	81.7	47.1	35.7	307.6	326.8	44.3
	4	拔节孕穗轻旱	6.3	133.9	70.5	119.2	59.2	62.4	451.5	461.9	21.2
	5	拔节孕穗重旱	6.7	115.4	72.1	110.6	59.9	57.7	422.4	527.5	10.0
	6	抽穗开花轻旱	4.6	123.1	70.8	111.8	71.9	70.7	452.9	573.3	2.2
	7	抽穗开花重旱	4.9	107.2	68.2	93.3	58.2	62.0	393.8	534.0	8.9
	8	乳熟轻旱	6.6	122.2	75.7	110.0	84.1	73.9	472.5	580.3	1.0
	9	乳熟重旱	8.6	121.3	75.5	115.0	83.9	53.9	458.2	590.3	1.0
	10	分蘖、拔节孕穗轻旱	5.5	103.4	73.1	84.2	50.3	53.1	369.6	313.6	46.5
	11	拔节孕穗、抽穗开花轻旱	4.8	127.8	75.7	96.7	70.0	72.3	447.3	493.3	15.9
	12	抽穗开花、乳熟轻旱	6.7	132.0	78.9	107.7	79.3	65.6	470.2	572.4	2.4

表 3-70　1992 年、1993 年晚稻各处理腾发量及产量

年份	处理号	处理特征	各阶段腾发量(mm)						全生育期腾发量(mm)	产量(kg/亩)	减产率(%)
			返青	分蘖	拔节孕穗	抽穗开花	乳熟	黄熟			
1992	1	正常灌溉	24.3	148.1	111.8	124.7	89.4	75.6	573.9	475.9	0
	2	分蘖轻旱	25.1	113.2	96.6	92.1	67.2	53.6	451.3	383.8	19.4
	3	分蘖重旱	26.0	107.6	88.3	84.9	64.2	54.5	427.9	305.1	35.9
	4	拔节孕穗轻旱	25.1	133.9	91.0	106.9	70.3	67.3	498.0	407.4	14.4
	5	拔节孕穗重旱	27.2	132.1	77.9	93.9	65.0	66.3	461.3	303.7	36.2
	6	抽穗开花轻旱	25.0	128.2	99.4	85.3	78.7	71.2	487.8	368.0	22.7
	7	抽穗开花重旱	24.6	129.7	92.5	71.9	69.4	62.3	450.4	355.3	25.3
	8	乳熟轻旱	28.1	140.5	112.9	108.6	68.6	60.5	519.1	423.0	11.1
	9	乳熟重旱	29.8	135.3	108.0	101.7	65.0	49.9	487.5	402.7	15.4
	10	分蘖、拔节孕穗中旱	27.3	110.6	83.3	95.2	72.3	72.0	460.7	338.4	28.9
	11	拔节孕穗、抽穗开花中旱	24.1	128.4	90.4	83.4	73.6	68.3	468.2	362.8	23.8
	12	抽穗开花、乳熟中旱	24.7	130.1	102.6	94.7	61.4	60.7	474.2	408.7	14.1

年份	处理号	处理特征	各阶段腾发量（mm）						全生育期腾发量（mm）	产量（kg/亩）	减产率（%）
			返青	分蘖	拔节孕穗	抽穗开花	乳熟	黄熟			
1993	1	正常灌溉	24.2	216.8	76.7	124.5	89.8	54.6	586.6	524.3	0
	2	分蘖轻旱	19.2	165.0	62.7	97.7	74.4	47.7	466.7	393.9	24.9
	3	分蘖重旱	25.4	162.9	62.5	105.0	83.5	55.7	485.5	386.7	26.2
	4	拔节孕穗轻旱	22.4	203.9	65.0	123.5	85.9	50.7	551.2	466.7	11.0
	5	拔节孕穗重旱	23.7	202.2	63.6	117.6	88.3	50.9	546.3	439.5	16.2
	6	抽穗开花轻旱	25.5	218.5	76.4	117.5	87.1	57.2	582.2	533.4	1.7
	7	抽穗开花重旱	26.8	211.3	75.0	113.1	77.9	51.0	555.1	430.5	17.9
	8	乳熟轻旱	26.0	214.2	70.1	117.2	85.4	50.7	563.6	493.6	5.9
	9	乳熟重旱	24.2	200.1	68.4	117.4	68.2	44.0	522.3	452.5	13.7
	10	拔节孕穗、抽穗开花中旱	24.1	216.3	68.5	99.7	83.6	53.0	545.2	463.0	11.7
	11	抽穗开花、乳熟中旱	27.5	220.8	80.9	115.5	67.2	45.0	556.9	527.0	0.5

3.2.1.3 建立水稻水分生产函数

本研究主要选用目前国内外公认比较合理的相乘模型（Jensen，1968；Minhas，1974）和相加模型（Stewart，1977），两种模型较适合我国不同稻类的水分生产函数模型。

通过研究分析，对于我国南方稻区的双季早稻，Jensen 模型与 Stewart 模型均是适宜的水分生产函数模型，且以 Jensen 模型更适用；对于南方稻区的双季晚稻，也以应用 Jensen模型最为合理。因此，可以初步确定，对于我国的水稻，无论哪类稻种，其水分生产函数均宜采用 Jensen 模型。以多年平均值代入 Jensen 模型，得到不同稻类水分生产函数具体表达式分别为：

南方双季早稻：

$$\frac{Y}{Y_m} = \left(\frac{ET_{(1)}}{ET_{m(1)}}\right)^{0.1130} \cdot \left(\frac{ET_{(2)}}{ET_{m(2)}}\right)^{0.3999} \cdot \left(\frac{ET_{(3)}}{ET_{m(3)}}\right)^{0.6968} \cdot \left(\frac{ET_{(4)}}{ET_{m(4)}}\right)^{0.2393}$$

南方双季晚稻：

$$\frac{Y}{Y_m} = \left(\frac{ET_{(1)}}{ET_{m(1)}}\right)^{0.2219} \cdot \left(\frac{ET_{(2)}}{ET_{m(2)}}\right)^{0.4919} \cdot \left(\frac{ET_{(3)}}{ET_{m(3)}}\right)^{0.2339} \cdot \left(\frac{ET_{(4)}}{ET_{m(4)}}\right)^{0.0842}$$

其中，(1)、(2)、(3)及(4)分别代表分蘖、拔节孕穗、抽穗开花及乳熟阶段。

3.2.2 水稻水分生产函数的时间变异性研究

时间变异性研究实际上是研究作物水分生产函数的敏感指数随不同水文年型的变化规律。各类模型中的敏感性指标在不同年份变化较大，须研究其随水文年型的定量变化规律。

表征水文年型变化规律的两个参数（或指标）就是 ET_0（参照作物需水量，mm）及 P（频率，%）。

3.2.2.1 Stewart 模型中 K_y 随水文年型的变化

建立 Stewart 模型中 K_y 与 P 及 $\overline{ET_0}$ 关系，可用指数函数表达它们之间的关系，即

$$K_y = a \cdot b^P$$

或

$$K_y = c \cdot d^{\overline{ET_0}}$$

通过试验研究及分析，得出桂林双季晚稻考虑 $\overline{ET_0}$ 或 P 影响的修正 Stewart 模型分别为

$$1 - \frac{Y}{Y_m} = 0.224 \times 9.185\,6^P \left(1 - \frac{ET}{ET_m}\right)$$

$$1 - \frac{Y}{Y_m} = 7.963\,5 \times 10^{-5} \times 10.704\,8^{\overline{ET_0}} \left(1 - \frac{ET}{ET_m}\right)$$

已知某年的 $\overline{ET_0}$ 或 P，运用以上两式，即可计算出 K_y 值及对产量 Y 进行预估。

3.2.2.2 Jensen 模型 λ 值随水文年度的变化

研究表明，Jensen 模型中不同阶段 λ_i 与 P 以及 λ_i 与 ET_0 的关系可用指数函数拟合，即

$$\lambda_i = a_i \cdot b_i^P$$

或

$$\lambda_i = c_i \cdot d_i^{ET_0}$$

其中，a_i、b_i、c_i、d_i 为第 i 阶段的回归系数。

代入有关数值，拟合得到的各阶段 a_i、b_i、c_i、d_i 及相应复相关系数见表 3-71。将以上公式及表 3-71 中相应参数代入 Jensen 模型，即得以 ET_0 或 P 为参数的桂林双季晚稻考虑水文年型影响的修正 Jensen 模型：

$$\frac{Y}{Y_m} = \prod_{i=1}^{n} \left(\frac{ET}{ET_m}\right)^{a_i \cdot b_i^P}$$

或

$$\frac{Y}{Y_m} = \prod_{i=1}^{n} \left(\frac{ET}{ET_m}\right)^{c_i \cdot d_i^{ET_0}}$$

表 3-71　拟合参数 a_i、b_i、c_i、d_i 及复相关系数

参数	生育阶段			
	分蘖	拔节孕穗	抽穗开花	乳熟
a_i	0.099 3	0.205 4	0.121 9	0.018 1
b_i	3.344 5	3.834 9	2.721 9	13.968 9
复相关系数 R	0.704 3	0.948 5	0.789 7	0.936 7
c_i	0.001 479	0.001 558	0.003 647	$1.344\,7 \times 10^{-5}$
d_i	3.528 6	4.281 6	2.860 5	17.007 9
复相关系数 R	0.674 6	0.958 7	0.764 5	0.940 3

3.2.2.3 利用敏感指数累积函数确定水稻水分生产函数敏感指数

针对实际应用可能出现对作物的生育阶段数量及时间划分不一致等情况，提出了敏

感指数累积函数这一概念,即利用敏感指数累积函数确定水稻水分生产函数敏感指数。

将阶段水分敏感指数累加值与相应阶段末时间 t 建立关系,称敏感指数累积函数,即

$$Z(t) = \sum_{t=0}^{t} \lambda(t)$$

其中,$Z(t)$ 为第 t 时刻以前作物各阶段水分敏感指数累加值;$\lambda(t)$ 为阶段 t 的水分敏感指数。

建立关系式后,任意时段划分情况下的 $\lambda(t)$ 可用 $\lambda(t_i) = Z(t_i) - Z(t_{i-1})$ 求得。

这里用生长曲线来拟合 $Z(t)$,即

$$Z(t) = \frac{C}{1 + e^{A-Bt}}$$

其中,A、B、C 为拟合系数。

若以多年平均 A、B、C 值代入上式,得到的水稻 Jensen 模型的水分敏感指数累积函数分别为

双季早稻 $$Z(t) = \frac{1.504\ 7}{1 + e^{14.184\ 1 - 0.208\ 3t}}$$

双季晚稻 $$Z(t) = \frac{1.042\ 4}{1 + e^{5.866\ 8 - 0.127\ 8t}}$$

研究表明,同一地点同类水稻,生长曲线型的水分敏感指数累积函数中,参数 A 及 B 随水文年型变化不大,完全可以用其多年平均值代替。而参数 C 则随水文年型变化而变化,随 ET_0 或 P 的增加而增加。

晚稻各年 C 值与 P 及 ET_0 关系,仍可用指数函数拟合,得出相应拟合式分别为

$$C = 0.439\ 4 \times 3.771\ 3^P, R = 0.924\ 5$$

及 $$C = 3.786\ 7 \times 10^{-3} \times 4.133\ 3^{ET_0}, R = 0.915\ 9$$

A、B 采用多年平均值,故以 ET_0 或 P 为参数,桂林双季晚稻考虑水文年型影响的 Jensen 模型水分敏感指数修正累积函数式为

$$Z(t) = \frac{0.439\ 4 \times 3.771\ 3^P}{He^{5.866\ 8 - 0.127\ 8t}}$$

$$Z(t) = \frac{3.786\ 7 \times 10^{-3} \times 4.133\ 3^{ET_0}}{He^{5.866\ 8 - 0.127\ 8t}}$$

3.2.3 水稻水分生产函数的空间变异性研究

水分生产函数中的敏感指标,不仅随着水文年度(时间)而变化,也随不同的地域(空间)而变化,因而还必须研究敏感指标随不同地域的变化规律,使已有成果可移植到不同地区。用土壤的有效含水量 AW(田间持水量与凋萎系数之差)来表征空间变化规律。

由于要获得相对稳定的 Jensen 模型中的 λ_i 值,必须有一定规模试验处理数($n \geqslant 4$),而收集到的广西各试验站开展的水稻受旱试验资料,其处理数一般只有 4～5 个,即使可算出 λ_i 值,稳定性也很差,因此本研究仅对全生育期的 Stewart 模型进行。

可用土壤的有效含水量 AW 来反映土壤的滞水特性,而且在一定地区特定土类和土质的土壤,其有效含水量相对稳定。因此,以土壤有效含水量来研究广西双季晚稻 K_y 值

随地域的变化规律。

同一地点不同年份 K_y 的变化可由以 ET_0 为自变量的指数函数进行描述。不同地点同一品种的作物,在管理水平相同时,K_y 主要受不同地点气象因子及土壤质地的影响。不同地点气象因子的影响仍可用 ET_0 的指数函数来描述,土质影响则通过 AW 来反映,即

$$K_y = \frac{1}{AW^a} \cdot b \cdot c^{ET_0}$$

通过研究得

$$K_y = \frac{1}{AW^{0.5}} \times 0.482\ 3 \times 1.768\ 4^{ET_0}$$

按上述方法,以参考作物需水量 ET_0 及土壤有效含水量 AW 为媒介,解决了水稻水分生产函数中敏感性参数在地区间与年份间的移用问题,从而有效地拓宽了水分生产函数试验研究成果的应用地域,延伸了应用年限。

最后,可应用已有的"广西自治区参照作物需水量等值线图"及"土壤质地分布图",计算多点的 K_y 值,从而绘制 K_y 等值线图,以便查用。这里不再列出。

3.3 稻田水肥运移试验研究成果

稻田水肥运移规律是指稻田在不同水分状况下养分被水稻吸收、利用及流失等变化规律,本研究项目主要限于对氮肥的试验研究。

氮是自然生态环境中的一个重要组成成分,与人类关系十分密切。这几年来,人们越来越关注施用氮肥对水质和大气的污染。一些发达国家已立法减少肥料的施用,但对大多数人口急剧增加而土地资源有限的发展中国家而言,不得不增加肥料用量以满足对粮食需求的增长。在亚洲,水稻在粮食结构中有非常大的比重,而我国是世界上氮肥消费量最大的水稻生产国。据统计资料,我国氮肥消费量占世界氮肥总消费量的20%,对提高粮食产量、满足日益增长的人口需求,起到了关键的作用,但氮肥的利用率较低。氮化学性质活泼,在土壤中的反应部分进入大气和水体,降低了氮肥的经济效益,同时也增加了地下水和大气的氮污染,对人类的健康造成了危害,对农业的可持续发展十分不利。

本研究针对我国水稻节水灌溉的实际需要,初步搞清楚节水灌溉条件下,稻田氮素的变化机制,以及水稻植株吸氮的规律,摸清氮素损失的主要途径,使氮肥的施用达到既经济、高效,又减轻环境污染等。本研究在采用国内先进的水稻节水灌溉技术和控制设备的基础上,总结了国内外有关资料,以淹灌条件下有关氮素转化理论为基础,在近似大田条件下进行了五个方面的研究:①通过田间大型蒸渗器种稻试验,研究节水灌溉条件下水稻植株对氮素的吸收、运移和利用方面的变化,包括不同生育期水稻不同器官中氮的含量变化及总量变化;②节水灌溉条件下稻田种稻期间田面氮挥发量的变化,采用半密闭法结合数理统计法直接在田间测定氨的挥发,其中利用 ^{15}N 示踪法区分化肥氮和土壤氮;③节水灌溉条件下稻田氮素淋失量的变化,包括 $NH_4^+ - N$ 和 $NO_3^- - N$,其中 $NH_4^+ - N$ 区分化肥氮和土壤氮;④节水灌溉条件下稻田的氮量平衡;⑤节水灌溉条件下水稻氮素利用率及其水稻产量的变化。

通过 3 年来的试验研究,完成了全部试验内容,取得初步成果,达到了预期目标。

3.3.1 不同灌溉方式下水稻对氮的吸收利用

植物对养分的吸收与多种因素有关,其中水分不仅影响到植物养分的多少,还影响养分在植株体内的运移、分配和积累。

3.3.1.1 根系含氮量的变化

表 3-72 是水稻各生育期根系含氮量的测定成果,由表可知,水稻整个生育期根系含氮量不断降低,氮肥施用量越高降低越明显。N_2 处理的根系含氮量在后两个生育期甚至低于 N_1 处理根系的含氮量。这可能是由于前期氮量充足,根系和地上部分生长旺盛,后期氮肥供应很少时,根系中的氮就会向地上部分转移,以满足地上部分生长发育的需要。

表 3-72　水稻根系含氮量表　　　　　　（单位:g/kg）

处理		返青期	分蘖期	拔节孕穗期	抽穗开花期	乳熟期	黄熟期
N_0	淹灌	8.27	6.42	6.31	6.23	6.30	5.75
	薄浅湿晒	8.30	7.86	5.91	5.80	5.84	5.62
	间歇灌	8.30	6.58	5.61	5.23	5.25	5.09
N_1	淹灌	10.32	7.40	6.83	6.66	6.37	6.48
	薄浅湿晒	10.35	8.31	7.22	6.89	6.42	6.24
	间歇灌	10.39	7.87	7.00	6.73	6.50	6.40
N_2	淹灌	10.69	7.59	6.91	6.75	6.07	5.85
	薄浅湿晒	10.70	8.51	7.28	6.75	6.11	5.94
	间歇灌	10.66	7.91	7.25	6.88	6.32	6.44

3.3.1.2 水稻茎秆含氮量的变化

不同生育期水稻茎秆含氮量的变化见表 3-73。茎秆含氮量以返青期最高,并随茎的生长发育不断降低,收获时为全生育期最低值。茎秆含氮量在不同施氮量下的差异,主要表现在前四个生育期。茎秆含氮量随施氮量的增加而增加,但水稻收割时,其差异逐渐减小。

不同灌溉方式的水稻茎秆含氮量差异明显。分蘖末期,节水灌溉处理的水稻茎秆含氮量明显比淹灌的高,而在后几个生育期,则略低于淹灌。这表明,在水稻营养生长阶段,对水稻进行节水灌溉,有利于氮素的吸收和储存,而在水稻生殖生长阶段有利于茎秆中的氮素向水稻叶片和穗部转移。

表 3-73　水稻茎秆含氮量表　　　　　　（单位：g/kg）

处理		返青期	分蘖期	拔节孕穗期	抽穗开花期	乳熟期	黄熟期
N_0	淹灌	10.05	6.98	6.15	5.58	4.99	4.54
	薄浅湿晒	10.30	8.14	6.19	5.35	4.84	4.16
	间歇灌	10.26	6.71	6.17	4.95	4.78	4.37
N_1	淹灌	13.45	7.80	6.66	5.88	5.31	4.76
	薄浅湿晒	13.50	8.32	6.37	5.46	5.09	4.63
	间歇灌	13.62	8.09	5.91	4.78	4.68	4.33
N_2	淹灌	14.56	10.55	7.04	6.42	5.78	4.78
	薄浅湿晒	14.47	11.41	6.85	6.09	5.21	4.56
	间歇灌	14.32	11.21	6.44	5.71	5.01	4.43

3.3.1.3　水稻叶片含氮量变化

本研究测定了各生育期整个稻株叶片的含氮量，包括老叶和新叶。其中抽穗开花期和乳熟期还测定了剑叶叶片的含氮量。测定结果见表 3-74 和表 3-75。

表 3-74　不同生育期水稻叶片含氮量　　　　　　（单位：g/kg）

处理		返青期	分蘖期	拔节孕穗期	抽穗开花期	乳熟期	黄熟期
N_0	淹灌	24.63	19.07	16.15	13.52	8.86	6.12
	薄浅湿晒	25.01	22.21	16.55	12.56	8.19	6.17
	间歇灌	25.09	21.94	16.32	11.19	8.59	6.13
N_1	淹灌	35.13	22.50	19.76	13.70	10.75	6.68
	薄浅湿晒	34.64	24.37	20.62	12.83	10.30	6.40
	间歇灌	34.72	23.08	17.42	12.96	9.95	6.45
N_2	淹灌	36.32	26.50	22.90	15.08	13.13	8.89
	薄浅湿晒	36.53	27.86	23.64	14.06	12.25	8.66
	间歇灌	36.49	27.46	21.11	13.86	11.98	8.22

表 3-75　水稻剑叶叶片含氮量表　　　　　　（单位：g/kg）

处理		抽穗开花期			乳熟期	
		倒一剑叶	倒二剑叶	倒三剑叶	倒一剑叶	倒二剑叶
N_0	淹灌	24.23	18.65	15.97	16.69	10.60
	薄浅湿晒	26.36	19.64	16.69	16.85	10.95
	间歇灌	26.47	19.37	16.50	17.78	12.13
N_1	淹灌	24.60	22.36	16.32	17.86	13.80
	薄浅湿晒	27.51	23.48	17.29	18.76	14.10
	间歇灌	27.51	23.50	17.25	18.82	14.00
N_2	淹灌	25.47	23.16	17.32	20.51	15.36
	薄浅湿晒	28.13	24.26	18.83	22.57	16.15
	间歇灌	27.92	24.05	18.27	21.73	15.55

水稻整个叶片含氮量随水稻生长发育过程的发展而不断降低，返青期最高，黄熟期最

低,并因施氮水平和灌溉方式不同而异。水稻叶片含氮量随氮肥用量的差异呈现出两种趋势,在分蘖期和拔节孕穗期,节水灌溉处理的水稻叶片含氮量明显高于淹灌的,如在 N_1 水平下,薄浅湿晒处理的水稻叶片含氮量在这两个生育期分别比淹灌的高 8.3% 和 4.4%。在后三个生育期,节水灌溉下水稻叶片含氮量略低于淹灌的。而节水灌溉水稻剑叶含氮量明显比淹灌的高,且水稻剑叶位置越靠上,差异越大。这表明在不同的生长发育阶段,水稻节水灌溉所起的作用不同。在水稻的营养生长阶段,节水灌溉有利于水稻叶片对氮的吸收、积累,在生殖生长阶段,有利于氮素向上位叶片中转移,最大限度地满足上位叶片对氮的要求,不仅能防止叶片早衰,增加碳水化合物合成源的作用时间,而且增强叶片净光合率的气孔导度,增强光合作用源强度,这种增强源强度和作用时间的效应对同化产物的合成、积累和分配均起着重要的作用。

3.3.1.4 稻穗含氮量的变化

从抽穗开花期开始,各生育期末,都对水稻穗中氮量的变化进行了测定。结果见表 3-76。

表 3-76　水稻穗部含氮量　　　　　　　　　　　　（单位:g/kg）

处理		抽穗开花期	乳熟期	黄熟期
N_0	淹灌	12.62	10.80	10.60
	薄浅湿晒	12.76	11.03	10.85
	间歇灌	12.57	10.85	10.42
N_1	淹灌	13.73	11.25	10.87
	薄浅湿晒	13.82	11.30	10.90
	间歇灌	13.44	11.10	10.79
N_2	淹灌	14.70	12.67	11.29
	薄浅湿晒	14.59	12.83	11.53
	间歇灌	14.39	12.62	11.48

结果表明,水稻穗部含氮量与氮肥施用量相关,氮肥用量增加,穗部含氮量略有增加。但在相同氮水平下,不同灌溉方式间的差异不明显,说明穗部成为生长中心。由于氮是易移动的营养元素,为保证穗部对氮的需要,植株中的氮在各器官中重新分配,以充分满足穗部对氮的需求。若氮不足,稻穗的整体生长则受到限制。

3.3.2　不同灌溉方式下稻田氨的挥发

3.3.2.1 稻田氨挥发过程及总量

根据水稻生育期及施肥状况,连续分阶段采集稻田 NH_3 样品,测定每时段各小区氨吸收量,通过对应时段氨挥发量与氨吸收量之间的相关方程,计算出各小区的实际氨挥发量。结果见表 3-77。

表 3-77　氨挥发过程及总量　　　　　　　　　　　　　　　　　　（单位:mg/小区）

采样次数	生育期	N₀ 处理			N₁ 处理			N₂ 处理		
		淹灌	薄浅湿晒	间歇灌	淹灌	薄浅湿晒	间歇灌	淹灌	薄浅湿晒	间歇灌
1	返青期	40.1	39.5	39.0	50.2	51.0	49.5	126.1	123.5	130.3
2		33.6	31.5	35.0	74.9	74.2	75.6	178.2	176.0	184.8
3		28.0	20.3	26.6	67.9	67.9	66.5	154.0	156.7	158.4
4		22.4	23.8	24.5	87.5	85.4	86.8	201.3	195.2	196.9
5		35.0	34.3	35.7	83.3	81.2	84.7	205.7	207.9	191.4
6	分蘖期	28.0	23.8	24.5	128.8	121.1	97.3	215.5	211.2	204.6
7		3.5	2.8	2.8	59.5	50.4	47.6	133.1	112.2	97.9
8		3.5	2.8	2.8	37.1	28.0	29.4	83.5	74.8	66.0
9		12.6	9.8	9.1	66.5	51.1	58.1	115.8	75.5	111.1
10		210	17.5	19.6	143.1	70.7	88.2	186.0	92.5	126.3
11	拔节孕穗期	17.5	16.8	14.7	107.8	67.5	66.5	158.8	149.5	145.8
12		2.8	2.8	2.1	83.3	45.5	59.5	145.3	134.5	130.0
13		10.5	9.1	9.1	71.4	52.8	66.5	125.2	122.0	114.0
14	抽穗开花期	7.1	6.2	7.3	37.1	29.4	32.0	58.2	56.7	57.4
15	乳熟期	12.2	11.3	11.9	12.3	11.4	10.1	14.9	17.0	20.0
16	黄熟期	4.5	4.9	5.3	9.4	8.2	8.3	10.3	12.0	12.0
总量		283.3	257.2	270.0	1 120.1	895.5	926.6	2 111.9	1 917.2	1 946.9

3.3.2.2　化肥氮氨挥发量

施氮肥后土壤中氨的挥发损失不全是来自施用的氮肥。氨的挥发量包括土壤氮和化肥氮,而土壤氮由两部分构成:一是土壤本身氨的挥发,二是由于施肥后氮肥中的氮形成 NH_4^+ 后,通过代换作用,使土壤氮形成 NH_3 挥发。

为了精确地评价化肥氮氨的挥发状况,有必要将土壤氮和化肥氮加以区分。本试验在用半密闭法测定稻田氨挥发总量的同时,用 [15]N 示踪法测定化肥氮,将氨挥发总量区分为化肥氮和土壤氮。

通过试验,得出每小区每时段化肥氮的氨挥发量。出于经济上的考虑,本试验只在 N_1 处理中加入 [15]N 尿素。计算得到氨挥发样品中化肥氮所占的百分数(N_f),结果见表 3-78。

表 3-78　氨挥发样品中 N_f　　　　　　　　　　　　　　　（%）

采样次数	淹灌	薄浅湿晒	间歇灌
1	71.05	71.40	70.68
2	83.45	83.27	84.71
3	80.58	80.95	81.47
4	63.85	65.47	64.03
5	35.07	32.91	34.35
6	12.05	8.63	9.17
7	62.59	49.10	46.59
8	78.78	55.40	50.18
9	51.80	29.32	45.14
10	40.47	19.96	32.01
11	24.10	14.21	21.40
12	75.18	60.25	61.69
13	36.33	32.37	34.71
14	8.63	8.09	8.81
15	6.12	5.94	5.94
16	1.26	0.90	0.91

通过计算得到氨挥发样品中化肥氮氨挥发量,结果见图 3-23、图 3-24。

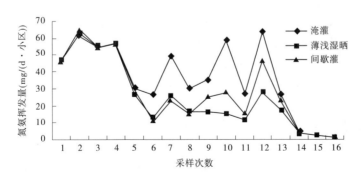

图 3-23　N_1 处理化肥氮氨挥发量变化曲线(1)

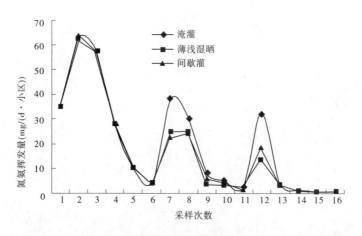

图 3-24 N₁ 处理化肥氮氨挥发量变化曲线（2）

从图 3-23 可以看出，不同灌溉方式下化肥氨氮挥发量的差异主要表现在分蘖期和拔节孕穗期（第 6～13 次），以淹灌的最高，薄浅湿晒的最低。返青期、乳熟期和黄熟期无明显差异，主要是由于返青期水分处理相同，而乳熟期和黄熟期可供挥发的氮量很少。节水灌溉化肥氮的氨挥发显著低于淹灌的，这主要是稻田水分状况及由此造成的水稻对氮的吸收差异引起的。淹灌稻田田面水层较深，或土壤湿度较大，有利于氮肥的水解和土壤溶液中 NH_4^+ 的扩散移动，有利于氨的挥发；同时，节水灌溉的水稻根系发达，植株吸肥能力强，且有利于氨向水稻的生长中心转移，因而减少了氨的挥发。由此可见，节水灌溉能显著地降低化肥氮的氨挥发损失，减少化肥对环境的污染。

从图 3-24 可以看出，化肥氮的氨挥发表现出三个明显的峰，与施肥的次数完全一致，氮肥作基肥施用，氨挥发的高峰出现在施肥后的第二天和第三天，追肥的高峰出现在第一天。这是因为基肥是以固态施入土壤中的，尿素水解需要一定的时间，而追肥是以液态施入稻田田面的，尿素水解的时间较短。氨挥发的三个峰值不断减小，与施肥量减少、温度的不断降低和稻株吸氮能力不断增强有关。

3.3.3 不同灌溉方式下稻田氮素的淋失

氮的淋溶损失是土壤氮素损失的基本途径之一。氮素的淋失既使土壤氮素损失，又污染环境。农田水动力学条件和溶液中氮素浓度，都影响农田土壤氮等的淋失。制约土壤水动力学条件的因素很多，其中田面水层深浅和土壤含水量高低颇为重要。土壤溶液中氮素的浓度取决于土壤性质、施肥量、氮肥品种和作物生长状况。节水灌溉条件下的稻田水分条件和作物生长状况与一般灌溉相比都发生了明显的改变，影响稻田土壤氮素的淋失。

3.3.3.1 NH_4^+ 的淋失

1. 渗漏水中 NH_4^+-N 浓度的变化

对不同处理水稻各个生育期稻田渗漏水中的 NH_4^+-N 浓度进行分析测定，结果见表 3-79。

表 3-79　渗漏水中 $NH_4^+ - N$ 浓度　　　　　　　　　　（单位：mg/L）

采样次数	生育期	N_0 处理			N_1 处理			N_2 处理		
		淹灌	薄浅湿晒	间歇灌	淹灌	薄浅湿晒	间歇灌	淹灌	薄浅湿晒	间歇灌
1	返青期	2.10	2.10	2.10	2.80	2.80	2.80	4.20	4.20	4.20
2		1.68	1.68	1.68	2.40	2.40	2.40	3.50	3.50	3.50
3	分蘖期	1.68	1.68	1.68	2.40	2.40	2.40	3.50	3.50	3.50
4		1.40	1.40	1.40	2.80	2.80	2.80	4.20	4.20	4.20
5		1.40	1.40	1.40	2.40	2.10	2.10	3.50	3.50	3.50
6		1.40	1.10	1.10	1.68	1.40	1.40	3.50	3.20	3.50
7		1.10	0.70	1.10	1.40	1.40	1.40	3.20	2.80	2.80
8		1.10	0.70	1.10	1.40	1.12	1.12	3.20	2.80	2.80
9	拔节孕穗期	0.70	0.56	0.70	1.40	1.12	1.12	2.10	1.68	2.10
10		0.70	0.56	0.70	2.10	1.68	1.68	2.40	2.10	2.40
11		0.70	0.35	0.56	1.68	1.40	1.40	1.68	1.68	2.10
12		0.70	0.35	0.56	1.40	1.12	1.40	1.68	1.40	2.10
13	抽穗开花期	0.56	0.35	0.56	1.40	1.12	1.12	1.40	1.40	1.68
14	乳熟期	0.42	0.35	0.42	1.12	0.70	0.70	1.40	1.12	1.40
15		0.42	0.35	0.35	1.12	0.70	0.70	1.12	1.12	1.40
16	黄熟期	0.35	0.35	0.35	0.70	0.35	0.35	0.70	0.70	1.12
17		0.35	0.35	0.35	0.35	0.35	0.35	1.12	1.12	1.12

结果表明，随着施肥量的增加，渗漏水中 $NH_4^+ - N$ 的浓度也增加。如 N_2 处理初期渗漏水中 $NH_4^+ - N$ 的浓度可达 4.2 mg/L，而 N_0 处理的仅为 2.1 mg/L。水稻整个生育期中渗漏水的 $NH_4^+ - N$ 浓度不断降低，N_1 和 N_2 处理第 4 次和第 10 次采样出现了两个峰，由于采样前两天田面追施氮肥，其浓度有所升高，随后缓慢下降。

从不同灌溉方式渗漏水中 $NH_4^+ - N$ 浓度的测定结果发现，在 N_1 处理中，进入分蘖后期（第 5 次以后）节水灌溉渗漏水中的 $NH_4^+ - N$ 浓度低于淹灌的。节水灌溉处理的水稻根系发达，吸肥能力强，致使稻田渗漏水中 $NH_4^+ - N$ 含量下降。在 N_2 处理中，薄浅湿晒小区渗漏水中 $NH_4^+ - N$ 浓度在水稻分蘖后期和拔节孕穗期比淹灌的低，但间歇灌在拔节孕穗期以后，其浓度比淹灌的高。尽管间歇灌有利于水稻根系的生长和养分的吸收，但在一定程度上抑制了水稻地上部分的生长，使地上部分需氮的速率和数量相对下降，稻株吸收少，相对增加了氮的下渗损失。在较高的 N 水平下，薄浅湿晒与淹灌相比继续保持一定的优势。

2. 化肥氮 NH_4^+ 的淋失

为了分析渗漏水中化肥氮 NH_4^+ 的淋失状况,对 N_1 处理的小区进行了 ^{15}N 丰度的测定,结果见表 3-80 和表 3-81。

表 3-80　渗漏水中 ^{15}N 丰度　　　　　　　　　　　　　　　　　　　　(%)

采样次数	淹灌	薄浅湿晒	间歇灌	采样次数	淹灌	薄浅湿晒	间歇灌
1	1.585	1.587	1.579	10	0.551	0.537	0.534
2	1.493	1.489	1.500	11	0.748	0.734	0.734
3	0.678	0.665	0.645	12	0.435	0.425	0.425
4	0.983	0.958	0.965	13	0.421	0.415	0.416
5	0.452	0.450	0.449	14	0.412	0.108	0.410
6	0.421	0.419	0.419	15	0.395	0.392	0.393
7	0.410	0.407	0.407	16	0.386	0.384	0.384
8	0.396	0.392	0.403	17	0.376	0.374	0.374
9	0.381	0.376	0.375				

表 3-81　肥料氮 $NH_4^+ - N$ 淋失量　　　　　　　　　　　　　　　(单位:mg/小区)

采样次数	淹灌	薄浅湿晒	间歇灌	采样次数	淹灌	薄浅湿晒	间歇灌
1	3.671 2	3.677 3	3.653 1	10	0.618 5	0.417 5	0.389 4
2	2.908 5	2.898 1	2.926 6	11	0.339 5	0.262 1	0.248 5
3	0.991 6	0.939 1	0.796 3	12	0.244 3	0.158 6	0.148 3
4	2.315 7	2.051 7	1.981 4	13	0.132 7	0.089 0	0.092 5
5	0.265 5	0.143 0	0.193 4	14	0.063 5	0.033 3	0.033 1
6	0.114 7	0.024 7	0.081 1	15	0.075 2	0.038 0	0.035 7
7	0.052 6	0.012 1	0.036 6	16	0.009 1	0.003 4	0.003 3
8	0.022 9	0.001 2	0.022 0	17	0.001 2	0.000 6	0.000 3
9	0.017 0	0.007 7	0.005 1	总量	11.843 7	10.757 5	10.682 4

整个生育期 ^{15}N 的丰度呈波浪式降低,随着两次追施氮肥,出现两个峰值,且峰值逐渐减小。

化肥氮 $NH_4^+ - N$ 的淋失主要发生在返青期和分蘖初期(第 1~4 次),这一阶段化肥氮 $NH_4^+ - N$ 的淋失量占 80% 以上。不同灌溉方式的水分处理在这一阶段基本相同,在其后的生育期水分处理不同,化肥氮 $NH_4^+ - N$ 淋失量相互间差异明显,但其绝对量很小,在化肥氮 $NH_4^+ - N$ 的淋失量中所占的比例很小。因此,总的来看,不同灌溉方式间化肥氮 $NH_4^+ - N$ 的淋失差异不明显。

3.3.3.2 $NO_3^- - N$ 的淋失

NO_3^- 容易随水分下渗而淋失,造成肥料的浪费和对环境的污染。旱地土壤研究表明,NO_3^- 的淋失与灌水量呈明显的正相关。由于淹水种稻的特殊性,土壤表层以下的土壤氧化还原电位下降,出现还原层,在表层以下的土壤中不易形成 NO_3^-。但节水灌溉使稻田部分时段土壤含水量低于土壤饱和含水量,土壤出现氧化环境,为 NO_3^- 的形成和淋失提供了有利条件。

1. 渗漏水中 $NO_3^- - N$ 的浓度变化

在采样测定 $NH_4^+ - N$ 浓度的同时测定了 $NO_3^- - N$ 浓度,结果见表3-82。

表3-82　渗漏水中 $NO_3^- - N$ 浓度变化表　　　　　　（单位:mg/L）

采样次数	N_0 处理			N_1 处理			N_2 处理		
	淹灌	薄浅湿晒	间歇灌	淹灌	薄浅湿晒	间歇灌	淹灌	薄浅湿晒	间歇灌
1	0.03	0.03	0.03	0.03	0.03	0.03	0.05	0.05	0.06
2	0.03	0.03	0.03	0.03	0.03	0.03	0.05	0.05	0.06
3	0.00	0.00	0.00	0.00	0.00	0.00	0.00	0.00	0.00
4	0.00	0.00	0.00	0.00	0.00	0.00	0.00	0.00	0.00
5	0.00	0.00	0.05	0.00	0.00	0.03	0.00	0.00	0.03
6	0.00	0.00	0.05	0.03	0.03	0.06	0.09	0.09	0.09
7	0.00	0.00	0.06	0.06	0.06	0.09	0.13	0.13	0.13
8	0.00	0.00	0.09	0.09	0.13	0.13	0.17	0.17	0.13
9	0.00	0.00	0.05	0.13	0.19	0.17	0.13	0.23	0.21
10	0.00	0.00	0.00	0.09	0.09	0.09	0.23	0.13	0.13
11	0.00	0.00	0.00	0.05	0.03	0.06	0.09	0.03	0.13
12	0.00	0.00	0.00	0.03	0.03	0.05	0.03	0.03	0.09
13	0.00	0.00	0.00	0.00	0.00	0.05	0.00	0.00	0.09
14	0.00	0.00	0.00	0.00	0.00	0.03	0.00	0.00	0.06
15	0.00	0.00	0.00	0.00	0.00	0.03	0.00	0.00	0.06
16	0.00	0.00	0.00	0.00	0.00	0.03	0.00	0.00	0.05
17	0.00	0.00	0.00	0.00	0.00	0.03	0.00	0.00	0.03

结果表明,渗漏水中的 $NO_3^- - N$ 浓度变化很大,不同灌溉方式间的差异十分明显。在淹水期间,$NO_3^- - N$ 的浓度小,甚至为零,而在晒田结束后第1次复水渗漏水中(第9次)$NO_3^- - N$ 的浓度最高。在晒田期间及复水后的一段时间(第7~10次),薄浅湿晒处理的渗漏水中 $NO_3^- - N$ 的浓度最高,尽管在分蘖后期所有的处理都经过了晒田,但薄浅湿晒处理的晒田强度最大,晒田末期的土壤含水量的下限为饱和含水量的70%。

2. $NO_3^- - N$ 的淋失量

稻田 $NO_3^- - N$ 的淋失量与其浓度有关,也取决于渗漏水量。根据每次采样时渗漏水量和 N 的浓度可以计算出 N 的淋失量。结果见表3-83。

表 3-83　渗漏水中 $NO_3^- - N$ 淋失总量　　　　　　　（单位:mg/小区）

采样次数	N_0 处理			N_1 处理			N_2 处理		
	淹灌	薄浅湿晒	间歇灌	淹灌	薄浅湿晒	间歇灌	淹灌	薄浅湿晒	间歇灌
1	0.15	0.15	0.15	0.20	0.20	0.20	0.30	0.30	0.33
2	0.16	0.16	0.15	0.20	0.20	0.20	0.30	0.30	0.33
3	0.00	0.00	0.00	0.00	0.00	0.00	0.00	0.00	0.00
4	0.00	0.00	0.00	0.00	0.00	0.00	0.00	0.00	0.00
5	0.00	0.00	0.17	0.00	0.00	0.19	0.00	0.00	0.20
6	0.00	0.10	0.32	0.19	0.06	0.41	0.23	0.18	0.59
7	0.23	0.07	0.19	0.27	0.08	0.35	0.39	0.15	0.52
8	0.52	0.02	0.21	0.32	0.04	0.44	0.42	0.02	0.44
9	0.45	0.58	0.45	0.82	1.19	0.84	0.98	1.43	1.03
10	0.00	0.41	0.39	0.81	0.75	0.71	0.91	1.11	1.05
11	0.00	0.00	0.00	0.15	0.18	0.17	0.15	0.26	0.36
12	0.00	0.00	0.00	0.38	0.37	0.65	0.49	0.47	1.17
13	0.00	0.00	0.00	0.00	0.00	0.49	0.00	0.00	0.89
14	0.00	0.00	0.00	0.00	0.00	0.22	0.00	0.00	0.41
15	0.00	0.00	0.00	0.00	0.00	0.41	0.00	0.00	0.78
16	0.00	0.00	0.00	0.00	0.00	0.10	0.00	0.00	0.18
17	0.00	0.00	0.00	0.00	0.00	0.03	0.00	0.00	0.04
总量	1.51	1.48	2.04	3.36	3.36	5.41	4.07	4.21	8.31

尽管在这些时段,薄浅湿晒处理小区渗漏水中 $NO_3^- - N$ 浓度高于淹灌,但最终整个生育期 $NO_3^- - N$ 的淋失量与淹灌比较,差异并不显著。表3-83 结果表明,稻田 $NO_3^- - N$ 的淋失量与施氮量有关,同时与灌溉方式有关。氮肥用量越高,$NO_3^- - N$ 的淋失量越大;薄浅湿晒处理 $NO_3^- - N$ 淋失量显著高于淹灌和间歇灌。

综上所述,水稻节水灌溉使稻田的水分状况发生了改变。与淹灌相比,它的水层较浅,土壤湿度较低,减小了稻田水分下渗的动力,降低了稻田水分渗漏量,减小了氮淋失的载体。节水灌溉能促进根系生长,提高水稻养分吸收能力,减少土壤溶液中动态氮的数量,减少氮淋失源。但同时节水灌溉改变了土壤氧化还原状况,使氮的化学形态发生变化。因此,节水灌溉在稻田氮素淋失中的作用因氮素形态不同而异。

3.3.4 不同灌溉方式下氮肥利用率

本试验采用间接法测定,测得的氮肥利用率又称氮肥表现回收率,计算公式如下:

$$FNU = \frac{NP - NP_0}{NF} \times 100\%$$

式中 FNU——氮肥利用率;

        NP——施肥小区中作物的总氮量;

        NP_0——对照小区(不施肥)作物吸收的总氮量;

        NF——施肥小区中施肥总量。

收割时测定不同处理稻株根、茎、叶、穗的氮含量和各器官的质量,计算出稻株吸收的总氮量,进而计算出水稻氮肥利用率。结果见表3-84。

表3-84 水稻氮肥利用率   (单位:g/小区)

处理		根	茎	叶	穗	总氮	FNU(%)
N_0	淹灌	0.065	0.359	0.139	1.330	1.893	
	薄浅湿晒	0.081	0.266	0.143	1.429	1.919	
	间歇灌	0.080	0.311	0.117	1.315	1.823	
N_1	淹灌	0.157	0.821	0.228	2.200	3.406	43.22
	薄浅湿晒	0.187	0.755	0.192	2.512	3.646	50.09
	间歇灌	0.177	0.681	0.202	2.447	3.507	46.11
N_2	淹灌	0.239	1.029	0.500	3.067	4.835	42.03
	薄浅湿晒	0.286	0.905	0.474	3.133	4.798	41.05
	间歇灌	0.254	0.820	0.405	2.950	4.429	36.22

从表3-84可知,不同灌溉方式间的差异随氮肥处理不同而异。在 N_1 处理水平下,节水灌溉的 FNU 高于淹灌的,薄浅湿晒的最高,达50.09%,比淹灌的43.22%高6.87%。在 N_2 处理水平下,间歇灌的 FNU 比淹灌的低5.81%,薄浅湿晒与淹灌间的差异不明显。这说明稻田氮素水平不同,节水灌溉水稻的 FNU 不同。在氮素水平较低的条件下,有利于 FNU 提高;在较高的氮素水平下,FNU 不但得不到提高,相反,间歇灌因节水强度过大,影响了地上部分的生长,地上部分吸氮降低,使 FNU 降低。

水稻不同器官吸收氮量差别很大,其顺序从多到少依次为穗、茎、叶、根。穗部吸收的氮量占整个植株吸氮量的比例为63%~75%,且以对照的比例最高,随氮肥施用量的增加而降低。在 N_1 水平下薄浅湿晒的 FNU 高是由于根和穗部的氮量比淹灌的高,更主要是由穗部的氮量所决定的。这说明在薄浅湿晒条件下,不仅有利于水稻根的生长,而且有利于氮向水稻穗部运移和积累,为提高产量打下坚实的基础。在 N_2 水平下,薄浅湿晒趋势相同,但个体发育受到了一定的限制。间歇灌处理在 N_1 水平下与薄浅湿晒的相似,但在 N_2 水平下除根的氮量高于淹灌的外,其他部分的氮量均低于淹灌。这说明干湿交替限制了地上部分的生长,使植株吸收的总氮量低于淹灌的。

水稻节水灌溉在一定的水肥配合下,有利于水稻根的生长和对氮素的吸收,并能适当控制水稻地上部分茎叶的生长和有利于氮素向水稻穗部运移,不仅提高了氮肥利用率,而且提高了穗部氮的比例,使氮素的利用更经济。但若水肥配合不当,过度地限制水稻地上部分茎叶的生长,则导致 FNU 下降。

3.4 糖料蔗灌溉试验成果

3.4.1 糖料蔗生长期间气象数据分析

降雨量、蒸发量、温度是影响糖料蔗耗水的主要气象因素。结合表 3-85、图 3-25 的数据资料统计可知,从 2006 年至 2014 年,糖料蔗生育期间蒸发量、降雨量、温度均呈上升的趋势。可见,近年来气候逐渐变暖,降雨量也有所增加。

表 3-85 近年南宁市灌溉试验站糖料蔗生育期间主要气象数据

年份	2006	2007	2008	2009	2010	2011	2012	2013	2014	平均
降雨量(mm)	1 189.2	982.8	1 300.5	1 009.7	1 400.5	1 332.6	889.2	1 425.5	1 237.7	1 196.4
蒸发量(mm)	976.8	886.8	1 053.3	1 392.0	1 278.3	1 153.9	992.3	1 323.4	1 126.2	1 131.4
温度(℃)	23.4	24.7	24.7	23.2	26.6	27.0	25.1	25.1	26.2	25.1

3.4.2 糖料蔗耗水量和气象因素关系分析

由图 3-26 可知,从 2006 年到 2014 年,糖料蔗耗水量呈波动上升的趋势。糖料蔗耗水量受降雨量、蒸发量、温度等气象因素影响。从图 3-27 可发现,在一定范围内,耗水量随蒸发量的增加而增高,两者呈抛物线关系,拟合方程为:$y = -0.000\ 9x^2 + 2.780\ 3x - 1\ 110.1$,$R^2 = 0.517\ 7$,说明两者之间有较密切的关系。耗水量与降雨量的拟合方程为:$y = 0.002\ 4x^2 - 5.329\ 6x + 3\ 685.1$,$R^2 = 0.251\ 8$,可见糖料蔗耗水量和降雨量之间没有很明显的相关性(见图 3-28)。糖料蔗耗水量与温度的关系见图 3-29,随着温度的升高,耗水量先增加后保持稳定,两者的拟合方程为:$y = -20.661x^2 + 1\ 092.3x - 13\ 553$,$R^2 = 0.495\ 9$,可见糖料蔗耗水量与温度有较大的相关性。综合上述分析可知,蒸发量、温度对糖料蔗耗水量有较大的影响。近年来,南宁地区气候变暖,温度升高,蒸发量增加,耗水量也随之逐渐增高。

3.4.3 糖料蔗产量和耗水量关系分析

将近年来糖料蔗的平均产量进行汇总和纵向对比,结果发现,从 2006 年至 2014 年,糖料蔗产量呈波动上升的趋势,在 2013 年产量接近 8 t/亩(见图 3-30)。糖料蔗产量和耗水量的关系见图 3-31,可以看出,随着耗水量的增加,产量也逐渐增高,两者的抛物线方程为:$y = 0.002x^2 - 2.518x + 1\ 407.517\ 7$,$R^2 = 0.512\ 9$,表明糖料蔗产量和耗水量存在较密切的相关性。

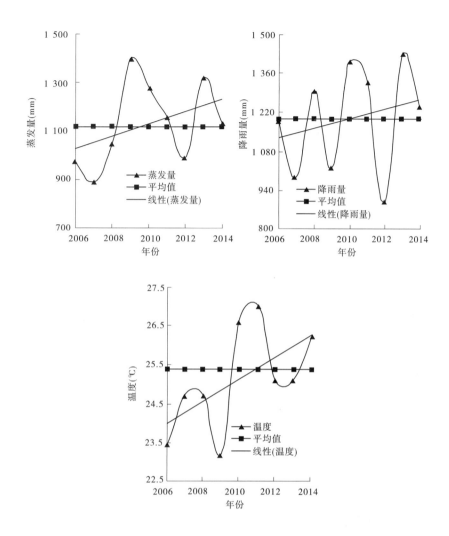

图 3-25　近年南宁市灌溉试验站糖料蔗生育期间蒸发量、降雨量、温度变化趋势

3.4.4　糖料蔗各旬耗水量变化分析

图 3-32 显示出 2006 年以来糖料蔗各旬耗水量的动态变化。在生长初期,糖料蔗耗水量处于较低水平。随着时间的推移,糖料蔗的耗水量逐渐增高,在 6 月上旬至 9 月上旬之间,耗水量处在较高水平。在成熟期,耗水量逐渐下降至低水平。历年试验结果显示,糖料蔗耗水量呈两头低、中间高的趋势。糖料蔗某个时段的耗水量与降雨量和灌水量有关,当降雨或灌水较多时,耗水量也处于较高水平。原因可能是降雨或灌溉使糖料蔗得以吸收更多的水分用于叶面蒸腾,同时土壤含水量过高,棵间蒸发也会增大。另外,较多的降雨和灌溉也会加剧水分渗漏。

3.4.5　糖料蔗主要生育期耗水量变化分析

结合图 3-33、表 3-86 分析 2006～2014 年糖料蔗主要生育期耗水量变化,可以发现,

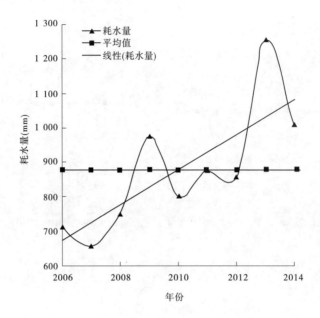

图 3-26　糖料蔗耗水量变化趋势

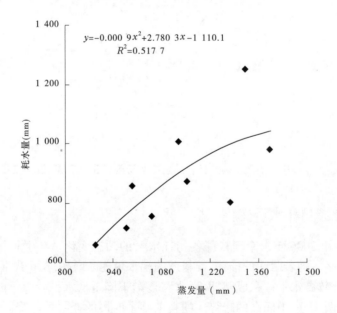

图 3-27　糖料蔗耗水量与蒸发量的关系

在糖料蔗各个主要生育期中,伸长期耗水量最高,占全生育期的 50% 左右,分蘖期次之,占全生育期的 20% 左右,幼苗期和成熟期耗水量较少。

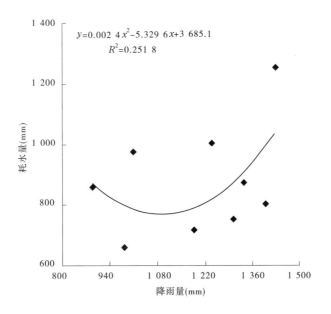

图 3-28　糖料蔗耗水量与降雨量的关系

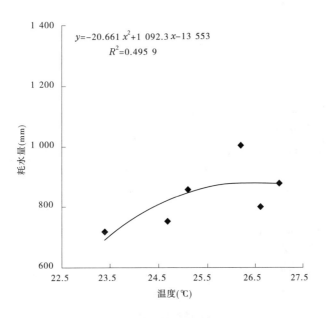

图 3-29　糖料蔗耗水量与温度的关系

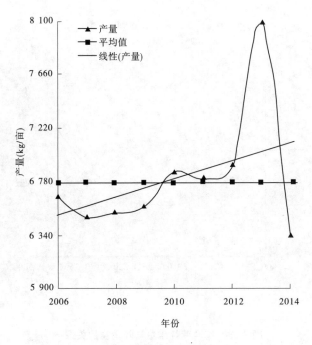

图 3-30　糖料蔗产量变化趋势

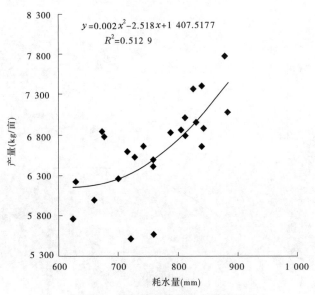

$$y=0.002x^2-2.518x+1\ 407.517\ 7$$
$$R^2=0.512\ 9$$

图 3-31　糖料蔗产量和耗水量的关系

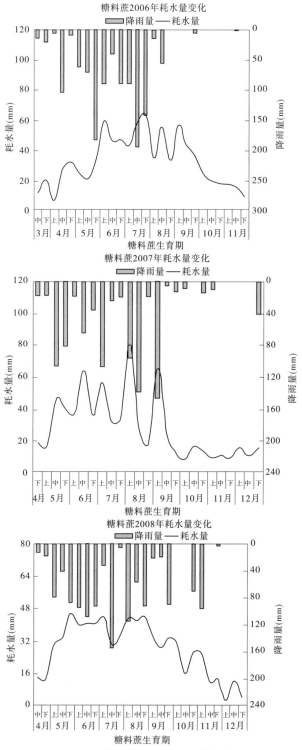

图 3-32　糖料蔗各旬耗水量动态变化

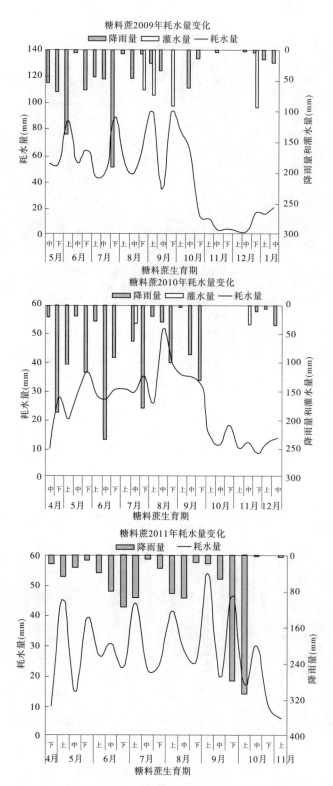

续图 3-32

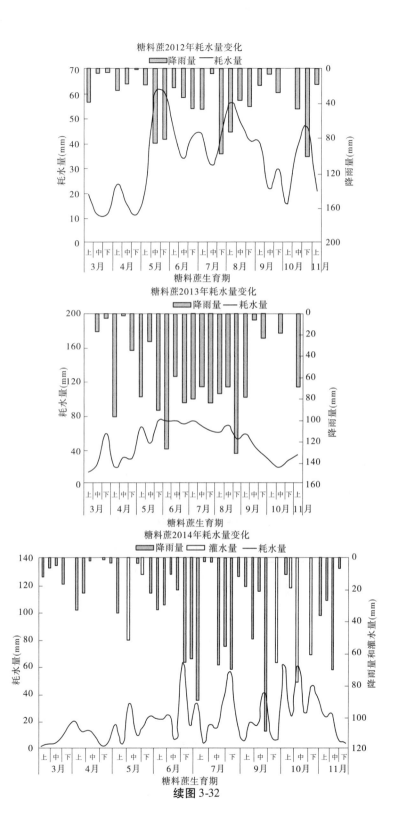

续图 3-32

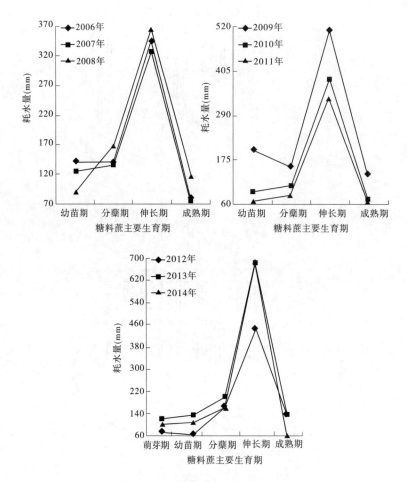

图 3-33　糖料蔗主要生育期耗水量

表 3-86　糖料蔗主要生育期耗水量　　　　　　　　（单位：mm）

年份	各生育期耗水量			
	幼苗期	分蘖期	伸长期	成熟期
2006	139.5	138.7	344.9	76.4
2007	125.5	135.2	327.3	73.0
2008	91.9	167.3	366.0	118.7
2009	198.4	155.3	513.3	137.8
2010	93.2	107.2	385.5	73.7
2011	68.5	84.1	339.1	66.5
2012	64.9	164.3	445.3	136.6
2013	132.3	197.4	677.7	136.5
2014	108.7	158.4	687.5	63.5

3.4.6 糖料蔗灌溉制度分析

3.4.6.1 糖料蔗不同灌溉方式产量分析

从表3-87可以看出,经过灌溉后,糖料蔗产量均有所提高。各年份沟灌的产量比不灌高1.6%~41.9%。与沟灌相比,地表式滴灌增产效果也相当明显,2010年滴灌产量比不灌高33.5%,2014年滴灌产量比不灌高24.1%,且用水量更少。

表3-87　近年糖料蔗不同灌溉方式产量对比　　　　　　　（单位:kg/亩）

灌溉方式	2006年	2007年	2009年	2010年	2012年	2014年
地表式滴灌	—	—	—	7 344.9	—	7 280.8
喷灌	—	—	6 923.6	—	—	—
沟灌	6 888.4	6 198.1	6 899.3	7 805.9	6 021.7	–
不灌	6 375.4	5 976.7	5 562.2	5 500.0	5 929.5	5 868.5

3.4.6.2 糖料蔗不同灌溉次数和灌水量分析

从表3-88可发现,在沟灌条件下,不同灌溉次数和灌水量对糖料蔗产量的影响不同。幼苗期灌1次、分蘖期灌1次、伸长期灌3次、成熟期灌1次,全生育期灌6次的产量最高。幼苗期灌2次、伸长期灌4次、成熟期灌1次,全生育期灌7次的产量次之。在全生育期只灌1次的产量最低。灌水量方面,2010年糖料蔗产量最高,全生育期灌水量达到252.3 m³/亩。随着灌水量的下降,产量也逐渐降低。

表3-88　沟灌条件下糖料蔗不同灌溉次数和灌水量对比

年份	项目	生育期				
		幼苗期	分蘖期	伸长期	成熟期	全期
2006	灌溉次数	—	—	3	2	5
	灌溉水量(m³/亩)	—	—	112.7	86.4	199.1
	产量(kg/亩)	—	—	—	—	6 888.4
2007	灌溉次数	—	—	—	1	1
	灌溉水量(m³/亩)	—	—	—	50.7	50.7
	产量(kg/亩)	—	—	—	—	6 198.1
2009	灌溉次数	—	—	3	1	4
	灌溉水量(m³/亩)	—	—	104.5	57.1	107.8
	产量(kg/亩)	—	—	—	—	6 861.0
2010	灌溉次数	1	1	3	1	6
	灌溉水量(m³/亩)	43.7	43.0	129.5	36.2	252.3
	产量(kg/亩)	—	—	—	—	7 805.9

年份	项目	生育期				
		幼苗期	分蘖期	伸长期	成熟期	全期
2011	灌溉次数	2		4	1	7
	灌溉水量(m³/亩)	37.2		68.2	16.5	121.9
	产量(kg/亩)	—	—	—	—	7 059.9
2012	灌溉次数				1	1
	灌溉水量(m³/亩)				35.8	35.8
	产量(kg/亩)	—	—	—	—	6 021.7

3.4.7 结论

（1）从 2006 年至 2014 年，南宁市灌溉试验站温度和蒸发量呈波动上升的趋势，降雨量也有所增加。糖料蔗耗水量受温度、蒸发量影响较大，随着温度和蒸发量的升高，耗水量也呈增高的趋势。糖料蔗产量和耗水量存在较密切的正相关关系，在一定范围内，产量随耗水量的增加而增加。

（2）在糖料蔗生长发育期间，耗水量呈两头低、中间高的趋势，即在生长初期和成熟期，糖料蔗耗水量较低，在生长中期较高。具体表现为幼苗期和分蘖期耗水量较低，伸长期耗水量最高，到成熟期，耗水量又降到较低水平。

（3）在灌溉制度方面，在沟灌条件下，全生育期灌水 6 次，灌水量达到 250 m³/亩左右时达到较高的产量水平。与沟灌相比，滴灌用水量少，也能得到较高的产量，生产上推广滴灌技术具有节水节本、增产增收的良好效益。

3.5 西瓜灌溉试验成果集成

大棚小型礼品西瓜近年来市场看好，面积逐年增长，有着广阔的发展前景。但其灌溉试验资料奇缺，自 2002 年来，桂林试验站率先对西瓜的需水量及灌水技术进行了试验，虽然只有短短的 3 年，但获得了宝贵的第一手资料和经验。

通过这几年的试验，初步得出了小型礼品西瓜在不同生长期内的灌水定额、灌水次数、耗水量及产量等指标，填补了西瓜灌溉试验的一大空白。

试验中主要采用了两种灌水技术，即人工浇灌和滴灌，其初步试验成果见表 3-89。从试验资料来看，各年数值相差较大，还需进行多年的试验以作定论。从 3 年的平均值分析来看，初步可知：

对于人工浇灌：全生育期灌水 19 次、灌溉定额为 198.1 mm、产量为 2 006.4 kg/亩、耗水量为 132.1 m³/亩。

对于滴灌：全生育期灌水 21 次、灌溉定额为 220 mm、产量为 3 092.7 kg/亩、耗水量为 146.8 m³/亩。

表 3-89　西瓜灌溉试验成果表

年份	时间	生长期 （d）	灌溉方法	灌水 次数	灌溉定额 （mm）	产量 （kg/亩）	生育期耗水量 （m³/亩）
2002	9 月 2 日 ~ 11 月 13 日	73	内镶式滴灌	21	130.3	2 186.1	86.9
			人工浇灌	21	130.3	1 926.4	86.9
2003	6 月 21 日 ~ 8 月 12 日	53	内镶式滴灌	15	159.8	4 872.0	106.6
			人工浇灌	9	94.0	3 014.0	62.6
2003	8 月 14 日 ~ 11 月 5 日	84	内镶式滴灌	26	370.0	2 220.1	246.8
			微喷灌	26	370.0	1 584.1	246.8
			人工浇灌	26	370.0	1 078.7	246.8
2004	7 月 5 日 ~ 9 月 9 日	67	人工浇灌	52	293.8	8 221.4	195.9
平均			内镶式滴灌	21	220.0	3 092.7	146.8
			人工浇灌	19	198.1	2 006.4	132.1

注:2004 年资料为筒测资料,不计入平均值。

3.6　马蹄灌溉试验成果集成

马蹄是荸荠的别名,为多年生浅水草本植物,是我国南方地区传统的经济作物之一。而桂林马蹄则以个大皮薄、色泽鲜艳、清甜爽口等驰名中外,因此它作为广西桂林的土特产品之一,深受当地老百姓的喜爱。

马蹄在生长过程中需要消耗大量的水,加上农民仍沿用过去的传统灌溉方法,造成灌溉用水的极大浪费,因此研究马蹄的需水及合理灌溉方法对当地的节水灌溉有着极其重要的意义。桂林试验站对此进行了 3 年的试验研究,取得了初步成果,这里仅选编了需水量的实测资料,见表 3-90。

表 3-90　马蹄灌溉试验成果表

年份	时间	生长期 （d）	灌溉方法	生育期需水量 （m³/亩）	产量 （kg/亩）	备注
1994	8 月 8 日 ~ 11 月 30 日	99	正常灌溉	430.2	1 222.8	蒸渗器
1995	7 月 31 日 ~ 12 月 24 日	147	正常灌溉	631.1	1 783.1	蒸渗器
			间歇灌溉	563.4	1 012.6	蒸渗器
1996	8 月 9 日 ~ 12 月 26 日	126	正常灌溉	638.7	2 133.1	蒸渗器
			间歇灌溉	550.5	1 156.9	蒸渗器
平均		124	正常灌溉	566.7	1 713.0	
			间歇灌溉	557.0	1 084.8	

从 3 年的平均值分析来看,初步可知:

对于正常灌溉:全生育期需水量为 566.7 m³/亩,产量为 1 713.0 kg/亩。

对于间歇灌溉:全生育期需水量为 557.0 m³/亩,产量为 1 084.8 kg/亩。

3.7　玉米灌溉试验成果集成

玉米是禾本科植物玉蜀黍的种子,又名苞谷、苞米、玉蜀黍、珍珠米等,其原产于中美洲墨西哥和秘鲁,16世纪传入我国,至今有400余年的栽培历史。目前全国各地都有种植,尤以东北、华北和西南各地较多。

玉米在生长过程中需要消耗大量的水,加上农民仍沿用过去的传统灌溉方法,造成灌溉用水的极大浪费,因此研究玉米的需水及合理灌溉方法对当地的节水灌溉有着极其重要的意义。南宁、百东河、大龙潭、大王滩灌溉试验站对此进行了试验研究(具体成果见表3-91),通过对多年玉米灌溉试验资料的整理分析得出:

(1)晚玉米:

①全生育期灌水3次,灌溉定额为94 mm,产量为166 kg/亩,耗水量为274 m³/亩;

②全生育期灌水1次,灌溉定额为56 mm,产量为137 kg/亩,耗水量为185 m³/亩。

(2)早玉米:全生育期灌水1次,灌溉定额为31 mm,产量为265 kg/亩,耗水量为252 m³/亩。

表3-91　玉米灌溉制度试验成果表

作物名称	站名		南宁		百东河				大龙潭			大王滩		
	年份		1959	1960	1965				1964			1965		
	类别		晚玉米	早玉米	晚玉米				早玉米			早玉米		
玉米	处理名称		需水量	需水量	需水量	灌3次	灌1次	不灌	需水量	灌1次	少灌	需水量	灌1次	不灌
	耗水量	总量(mm)	268.5	275.4	392.9	431.5	278.2	296.9	347.2	345	339.8	436.1	421	378.5
	灌水量	次数	0	6	3	3	1	0	1	1	1	1	1	0
		总量(mm)	0	102.5	95.5	92	56.4	0	39.5	33.1	20.5	35.7	22.8	0
	产量(kg/亩)		208.95	131	158	174.7	137.2	112	357	349	338.5	138.5	141.75	127.5

3.8　花生灌溉试验成果集成

花生又名落花生,属蝶形花科一年生草本植物,原产于南美洲一带。世界上栽培花生的国家有100多个,亚洲最为普遍,其次为非洲。据我国有关花生的文献记载,栽培史早于欧洲100多年。南宁、塘湾河、鸦桥江、大王滩灌溉试验站对此进行了试验研究(具体成果见表3-92),通过对不同地区花生灌溉试验资料的整理分析得出:

(1)春花生全生育期不灌产量为108 kg/亩,耗水量为331 m³/亩。

(2)春花生全生育期灌1次,灌溉定额为39 mm,产量为142 kg/亩,耗水量349 m³/亩。

(3)春花生全生育期灌2次,灌溉定额为72 mm,产量为156 kg/亩,耗水量399 m³/亩。

表 3-92 不同地区花生灌溉制度成果表

站别	年份	类别	处理名称	耗水量(mm)	灌水量 次数	灌水量 总量(mm)	产量(kg/亩)
南宁	1960	春	需水量	256	2	87	246
南宁	1960	春	灌1次	271	1	72	254
南宁	1960	春	不灌	212	0	0	259
塘湾河	1963	春夏蔓花生	需水量(不定期)	681	4	93	259
塘湾河	1963	春夏蔓花生	开花灌1次	677	1	24	220
塘湾河	1963	春夏蔓花生	开花下针灌1次	701	2	66	243
塘湾河	1963	春夏蔓花生	下针灌1次	684	1	34	233
塘湾河	1963	春夏蔓花生	不灌	684	0	0	178
塘湾河	1964	春夏蔓花生	需水量	666	2	66	143
塘湾河	1964	春夏蔓花生	开花灌1次	674	1	40	120
塘湾河	1964	春夏蔓花生	荚果灌1次	642	1	30	109
塘湾河	1964	春夏蔓花生	开花荚果各灌1次	768	2	89	125
塘湾河	1964	春夏蔓花生	不灌	672	0	0	128
塘湾河	1965	春夏蔓花生	需水量	627	4	86	99
塘湾河	1965	春夏蔓花生	下针灌2次荚果灌1次	679	3	108	84
塘湾河	1965	春夏蔓花生	下针荚果各灌1次	584	2	65	90
塘湾河	1965	春夏蔓花生	下针荚果各轻灌1次	612	2	59	86
塘湾河	1965	春夏蔓花生	不灌	581	0	0	85
鸦桥江	1965	春花生	需水量	362	0	0	37
鸦桥江	1965	春花生	灌1次	367	1	43	70
鸦桥江	1965	春花生	不灌	337	0	0	42
鸦桥江	1964	春花生	需水量	498	3	132	79
鸦桥江	1964	春花生	灌1次	451	1	41	30
鸦桥江	1964	春花生	不灌	442	0	0	26
鸦桥江	1965	春花生	需水量	426	1	30	103
鸦桥江	1965	春花生	不灌	405	0	0	85
大王滩	1965	春植	需水量	613	0	0	132

3.9 红薯灌溉试验成果集成

红薯是高产稳产的一种作物,它具有适应性广、抗逆性强、耐旱耐瘠、病虫害较少等特点,在水肥条件较好的地方种植,一般亩产可达 2 000~3 000 kg。但是由于自然条件和栽培水平的差异,单产水平极不平衡。为充分发挥红薯的增产潜力,达到优质高产,特提出红薯高产栽培技术意见。

红薯在生长过程中吸收大量的水,农民仍沿用过去的传统灌溉方法,造成灌溉用水的极大浪费,同时影响着丰收时的产量,因此研究红薯的需水及合理灌溉方法对当地的节水灌溉有着极其重要的意义。桂林试验站对此进行了多年的试验研究,取得初步成果,具体见表 3-93。

表 3-93 红薯灌溉试验成果表

年份	站名	时间	生长期（d）	灌水次数	灌溉定额（mm）	产量（kg/亩）	生育期耗水量（m³/亩）
1959	南宁	5 月 16 日~10 月 9 日	147			650	490.7
1963	百东河	8 月 9 日~11 月 27 日	111	4	139	770.7	394.5
				3.5	102.3	493.3	377
				4	99.9	706.7	367.2
				1	29.1	520	304.6
1963	鸦桥江	8 月 26 日~12 月 20 日	117	1	41.1	655	325.8
1963	塘湾河	8 月 13 日~11 月 25 日	105	4	169.7	585	419.4
				1	30.2	592	358
				3	151.6	645	392.8
				2	92.5	540	402.8
						625	340.3
1964	百东河	8 月 12 日~11 月 14 日	95	3	106.6	661	325.7
				1	38.1	441	242.8
				2	74.4	563	288
1964	鸦桥江	8 月 26 日~12 月 10 日	107	2	138.9	724.5	278.9
						655	171.8

从表 3-93 可知,20 世纪 50、60 年代,南宁、百东河等地红薯耗水量在 171.8~490.7 m³/亩,灌水量在 29.1~169.7 mm,产量在 441~770.7 kg/亩。其中,1963 年百东河红薯全生育期灌水 4 次、灌水量 139 mm 的产量最高;塘湾河全生育期灌水 3 次、灌水量 151.6 mm 的产量最高。

第4章 社会、经济效益分析及推广前景

广西主要作物灌溉试验技术成果的社会及经济效益可分为直接效益和间接效益。直接效益是为广西灌区的新建、改建、扩建提供了重要水资源规划依据,对节省工程建设投资成本、提高工程建设工作效率、保护生态环境等起到重要作用。间接效益是提高农业节水和产品质量。

4.1 社会效益分析

(1)指导生产,为水利农业管理单位服务。该成果是科技应用、科学普及、科技总结和科技水平不断提高的过程。将历史长系列的复杂数据转化成简单、容易被人们所掌握的成果,并直接应用到实践中去。广西的耕地有效灌溉保障率与全国平均水平相比仍然存在差距,需要进一步加大投入力度。要在进一步提高基本农田灌溉保障率的同时,大力推进以种植甘蔗、水果等经济作物为主的旱坡地高效节水灌溉工程,到2020年,基本完成桂西北旱片、桂中旱片、左江旱片、右江旱片治理工程和灌区末级渠系的连片建设,形成完善的田间灌排工程体系,农田灌溉水有效利用系数由目前的0.44提高到0.55以上,为农业增效、农民增收和农村经济发展奠定了坚实基础。

(2)为灌溉规划与工程建设单位服务。该成果为水利设计单位水资源规划设计、大型灌区节水改造工程提供参考,为工程的优化设计提供科学依据,通过设计优化可节水30%,工程投资减少8%~10%。

(3)促进农业产业结构和种植结构的优化调整,为经济转型提供依据。依据整编成果,通过对自然条件、经济发展特点以及节水灌溉现状的分析,对观测地区各种作物的节水灌溉灌水定额、灌水次数、灌水量、根系、产量、产值、生长动态的分析,总结出该地区节水灌溉的各项指标,结合灌溉定额和效益分析,从经济增长点入手,选取能拉动该地区农业经济发展的农作物,从而为该地区节水灌溉的发展和经济转型提供科学依据。

目前广西糖料蔗种植面积1 580万亩,入榨原料蔗6 750万t,平均工业亩产4.26 t。3~5年内,广西将力争建设500万亩优质高产高糖糖料蔗基地,如果500万亩基地平均亩产达到8 t,总产蔗量就是4 000万t;如果含糖量达到14%以上,糖产量就可以达到550万t。如此一来,广西的糖料蔗优势产业区域将高度集中,产业结构将进一步优化。而其他非优势产区,则可进一步调整产业结构,腾出一部分土地发展其他更高效益的农作物。

(4)改善农业生产条件,提高农业抗旱抗灾能力。广西是一个农业大省,人口多,耕地少,水资源紧缺,水旱灾害频繁,特殊气候、地理等自然条件以及社会条件决定了农业发展在很大程度上依赖于灌溉的发展。在灌区工程建设过程中,主要作物灌溉试验成果整编发挥了很大的指导作用,大大改善了农田生产环境条件,特别是在干旱和洪涝之时,通过灌溉和排水,及时解除了灾害威胁。

（5）提高劳动生产率,农业增产增收。依据该成果建立的节水灌溉工程,减轻了农民灌溉时的劳动强度,省时省力,也使农业抗御自然灾害的能力大大提高,使土地生产率显著提高,对农业增产增收功不可没。

4.2 经济效益分析

（1）根据广西十几个灌溉试验站多年试验资料统计分析得出的成果《水稻"薄、浅、湿、晒"灌溉制度》,20世纪90年代广西率先在全区应用"薄、浅、湿、晒"灌水技术,推广千万亩水稻,年均节水12.65亿 m^3,年均增产粮食33 600.17万 kg,这在国内均无前例可循。

整编成果首先在桂林市青狮潭灌区10万亩、临桂县义江灌区5万亩示范区运用,节约灌溉用水10%,减少肥料、农药支出约5%。之后该成果相继推广应用至桂林市青狮潭灌区30万亩、兴安五里峡灌区6万亩、恭城竣山灌区25万亩示范,项目实施后,双季稻每亩年增产20 kg,节水220 m^3,按稻谷单价1.40元/kg,水单价0.05元/m^3计,共增收、节支184.8万元/年,节约水费72.6万元/年。年增收节支节水合计257.4万元。

（2）近几年广西每年水利投资约为20亿元,根据水利设计部门提供的应用该成果的资料,工程投资减少8%～15%,按平均减少工程投资10%计算,则年节省投资20亿元×10% =2亿元。

4.3 推广应用情况及前景

4.3.1 推广应用情况

（1）整编成果先后在桂林市青狮潭灌区10万亩、临桂县义江灌区5万亩、桂林市青狮潭灌区30万亩、兴安五里峡灌区6万亩、恭城竣山灌区25万亩示范区推广运用,取得明显效益。

（2）将桂林试验站多年的水稻灌溉制度试验成果作为依据制定青狮潭灌区水稻灌溉制度的灌溉定额,制定出科学的水稻灌溉模式,编制出青狮潭灌区水稻灌溉制度手册,将青狮潭灌区的灌溉水利用系数从0.42提高到0.45以上,为渠系实行总量控制、定额管理提供了科学依据。从农业灌溉中节约的水资源用于生态和漓江补水,改善了桂林市区和漓江的生态环境,促进了桂林市水生态系统良性循环目标的实现。

（3）水稻需水量及灌溉制度试验成果为《广西桂林市水生态系统保护与修复试点》补助项目提供了大量的数据。

4.3.2 推广应用前景

我国是种植水稻面积与水稻总产量均占世界第一位的国家,目前我国有1亿多亩的水稻处于水资源不足地区,另有约1亿亩水稻地区存在着工业用水、城镇生活供水与灌溉用水相互争夺的矛盾,因此2亿亩以上的稻田需要开展节水灌溉。水稻是广西最主要的粮食作物,广西与全国正在大力开展水稻节水灌溉,需要水稻灌溉试验整编成果指导其节水灌溉与优化灌溉。

广西全区耕地总面积 6 326 万亩,水田约占 1/3,实现有效灌溉面积达九成以上;旱坡地约占 2/3,实现有效灌溉面积刚超过一成。广西的耕地有效灌溉保障率与全国平均水平相比仍然存在差距,需要进一步加大水利资金和灌溉技术的投入力度。到 2020 年,要基本完成桂西北旱片、桂中旱片、左江旱片、右江旱片治理工程和灌区末级渠系的连片建设,形成完善的田间灌排工程体系,农田灌溉水有效利用系数由目前的 0.44 提高到 0.55以上。

目前广西糖料蔗种植面积 1 580 万亩,平均工业亩产 4.26 t。3~5 年内,广西将力争建设 500 万亩优质高产高糖糖料蔗基地,平均亩产达到 8 t,急需要糖料蔗灌溉试验整编资料作为生产指导基础数据。

节约农业灌溉用水,已直接关系到我国的粮食安全体系、生态环境的保护及我国人口、资源、环境及国民经济的可持续发展。2011 年中共中央、国务院发布的一号文件《关于加快水利改革发展的决定》中提到,要"大兴农田水利建设","增加农田有效灌溉面积","完善灌排体系","大力发展节水灌溉,推广渠道防渗、管道输水、喷灌滴灌等技术"等,其实现需要灌溉试验集成的技术成果作为科学依据。

综上所述,广西主要作物灌溉试验技术集成成果推广应用前景十分广阔。

附　表

附表 1　试验站基本情况资料表

省区	站名	地理位置			气候状况			土壤物理性质			土壤化学性质（占干土重百分比）					水文地质条件		备注
		经度E（°）	纬度N（°）	海拔（m）	多年平均气温（℃）	多年平均降水量（mm）	多年平均蒸发量（mm）	土质	田间持水量（%）	土壤密度（g/cm³）	有机质（%）	全氮（%）	全磷（%）	全钾（%）	全盐（%）	地下水埋深（m）	地下水矿化度（g/L）	参与整编的资料起止年份
广西	桂林灌溉试验中心站	110	25	167	19.5	1 550	839	黏土	95	1.15	2.7	0.021 3	0.038 3	—		1		1956～2012

· 131 ·

附表 2(1) 作物需水量试验成果表（水稻）

省区	站名	年份	作物品种(早、中、晚)	生育期降水量(mm)	频率(%)	生育期蒸发量(mm)	频率(%)	生育期控制水层深度(mm)
广西	桂林	1987	凤选四号早稻	792.4	68.8	338.5	6.3	0~30

逐月需水强度(mm/d)(腾发量+渗漏量)

	4月 腾发	4月 渗漏	5月 腾发	5月 渗漏	6月 腾发	6月 渗漏	7月 腾发	7月 渗漏	8月 腾发	8月 渗漏	9月 腾发	9月 渗漏	10月 腾发	10月 渗漏	11月 腾发	11月 渗漏
			3.7	1.9	5.1	2.7	5.3	0.9								

各生育期需水量(mm)(腾发量+渗漏量)

返青期 5月7日~5月14日 腾发	渗漏	分蘖期 5月15日~6月4日 腾发	渗漏	拔节期 6月5日~6月22日 腾发	渗漏	抽穗开花期 6月23日~6月28日 腾发	渗漏	灌浆期 6月29日~7月19日 腾发	渗漏
18.6	14.6	94.2	33.4	94.5	35.1	25.4	25.0	112.3	44.0

全生育期需水量(mm) 5月7日~7月19日

腾发	渗漏	产量水平(kg/亩)	测定方法
345.0	146.1	303.0	坑测

附表 2(2) 作物需水量试验成果表（水稻）

省区	站名	年份	作物品种(早、中、晚)	生育期降水量(mm)	频率(%)	生育期蒸发量(mm)	频率(%)	生育期控制水层深度(mm)
广西	桂林	1987	威优64晚稻	260.5	50	382.9	11.1	0~30

逐月需水强度(mm/d)(腾发量+渗漏量)

	4月 腾发	4月 渗漏	5月 腾发	5月 渗漏	6月 腾发	6月 渗漏	7月 腾发	7月 渗漏	8月 腾发	8月 渗漏	9月 腾发	9月 渗漏	10月 腾发	10月 渗漏	11月 腾发	11月 渗漏
							3.9	2.7	6.3	2.5	7.4	2.0	5.4	0.0		

各生育期需水量(mm)(腾发量+渗漏量)

返青期 7月26日~7月31日 腾发	渗漏	分蘖期 8月1日~8月20日 腾发	渗漏	拔节期 8月21日~9月3日 腾发	渗漏	抽穗开花期 9月4日~9月11日 腾发	渗漏	灌浆期 9月12日~10月14日 腾发	渗漏
23.2	16.4	120.4	41.2	100.8	46.0	75.6	33.6	177.5	30.1

全生育期需水量(mm) 7月26日~10月14日

腾发	渗漏	产量水平(kg/亩)	测定方法
497.5	167.3	477.7	坑测

附表2(3) 作物需水量试验成果表(水稻)

省区	站名	年份	作物品种(早、中、晚)	生育期降水与蒸发量				生育期控制水层深度(mm)	逐月需水强度(mm/d)(腾发量+渗漏量)								各生育期需水量(mm)(腾发量+渗漏量)					全生育期需水量(mm)		产量水平(kg/亩)	测定方法
				生育期降水量(mm)	频率(%)	生育期蒸发量(mm)	频率(%)		4月	5月	6月	7月	8月	9月	10月	11月	返青期 5月9日~5月15日	分蘖期 5月16日~6月10日	拔节期 6月11日~6月30日	抽穗开花期 7月1日~7月8日	灌浆期 7月9日~7月25日	需水期 5月9日~7月25日			
广西	桂林	1988	华选五七早稻	579.3	93.8	225.9	68.8	0~30	腾发 / 渗漏 2.5 2.5 2.0 6.9 3.9 8.2 1.5								腾发 15.2 / 渗漏 12.0	腾发 115.3 / 渗漏 60.8	腾发 133.9 / 渗漏 89.0	腾发 43.5 / 渗漏 37.0	腾发 162.4 / 渗漏 1.2	腾发 470.3 / 渗漏 200.0		383.4	坑测

附表2(4) 作物需水量试验成果表(水稻)

省区	站名	年份	作物品种(早、中、晚)	生育期降水与蒸发量				生育期控制水层深度(mm)	逐月需水强度(mm/d)(腾发量+渗漏量)								各生育期需水量(mm)(腾发量+渗漏量)					全生育期需水量(mm)		产量水平(kg/亩)	测定方法
				生育期降水量(mm)	频率(%)	生育期蒸发量(mm)	频率(%)		4月	5月	6月	7月	8月	9月	10	11月	返青期 8月6日~8月12日	分蘖期 8月13日~8月26日	拔节期 8月27日~9月11日	抽穗开花期 9月12日~9月15日	灌浆期 9月16日~10月11日	需水期 8月6日~10月11日			
广西	桂林	1988	桂优二号晚稻	467.4	11.1	218.2	94.4	0~30	腾发 / 渗漏 3.4 2.0 5.2 1.7 4.2 1.5								腾发 34.1 / 渗漏 16.7	腾发 50.7 / 渗漏 29.7	腾发 28.2 / 渗漏 13.3	腾发 23.7 / 渗漏 13.0	腾发 154.5 / 渗漏 47.8	腾发 291.2 / 渗漏 120.5		169.5	坑测

附表 2(5)　作物需水量试验成果表（水稻）

省区	站名	年份	作物品种(早、中、晚)	生育期降水量(mm)	频率(%)	生育期蒸发量(mm)	频率(%)	生育期控制水层深度(mm)	逐月需水强度(mm/d)(腾发量+渗漏量) 4月 腾发	渗漏	5月 腾发	渗漏	6月 腾发	渗漏	7月 腾发	渗漏	8月 腾发	渗漏	9月 腾发	渗漏	10月 腾发	渗漏	11月 腾发	渗漏	各生育期需水量(mm)(腾发量+渗漏量) 返青期 腾发	渗漏	分蘖期 腾发	渗漏	拔节期 腾发	渗漏	抽穗开花期 腾发	渗漏	灌浆期 腾发	渗漏	全生育期需水量(mm) 腾发	渗漏	产量水平(kg/亩)	测定方法
广西	桂林	1989	威优35 早稻	581.5	87.5	228.9	56.3	0~30			3.6	2.3	6.1	6.4	7.2	2.9									5月7日~5月13日 15.1	8.0	5月14日~6月10日 128.1	74.6	6月11日~6月30日 132.4	167.9	7月1日~7月10日 85.9	67.5	7月11日~7月24日 87.5	2.7	5月7日~7月24日 449.0	330.7	522.5	坑测较高
广西	桂林	1989	威优35 早稻	581.5	87.5	228.9	56.3	0~30			4.6	3.5	5.5	5.0	5.9	3.8									21.1	29.7	136.3	76.1	115.7	132.8	68.7	82.9	73.8	9.3	415.6	330.8	555.9	坑测一般

附表 2(6)　作物需水量试验成果表（水稻）

省区	站名	年份	作物品种(早、中、晚)	生育期降水量(mm)	频率(%)	生育期蒸发量(mm)	频率(%)	生育期控制水层深度(mm)	逐月需水强度(mm/d)(腾发量+渗漏量) 4月 腾发	渗漏	5月 腾发	渗漏	6月 腾发	渗漏	7月 腾发	渗漏	8月 腾发	渗漏	9月 腾发	渗漏	10月 腾发	渗漏	11月 腾发	渗漏	各生育期需水量(mm)(腾发量+渗漏量) 返青期 腾发	渗漏	分蘖期 腾发	渗漏	拔节期 腾发	渗漏	抽穗开花期 腾发	渗漏	灌浆期 腾发	渗漏	全生育期需水量(mm) 腾发	渗漏	产量水平(kg/亩)	测定方法
广西	桂林	1989	汕优六四 晚稻	158.6	77.8	322.4	55.6	0~30									6.2	3.2	8.9	2.8	4.4	1.1			8月1日~8月7日 38.4	17.4	8月8日~9月5日 190.0	93.5	9月6日~9月20日 140.0	40.8	9月21日~10月2日 110.3	37.5	10月3日~10月22日 75.4	20.0	8月1日~10月22日 554.1	209.2	594.7	坑测较高
广西	桂林	1989	汕优六四 晚稻	158.6	77.8	322.4	55.6	0~30									6.0	3.2	7.8	3.6	3.0	1.6			44.8	20.3	171.9	98.1	121.4	57.1	99.4	38.3	51.3	30.3	488.8	244.1	564.2	坑测一般

附表2(7) 作物需水量试验成果表（水稻）

省区	站名	年份	作物品种(早、中、晚)	生育期降水量(mm)	频率(%)	生育期蒸发量(mm)	频率(%)	生育期控水层深度(mm)	逐月需水强度(mm/d)(腾发量+渗漏量) 5月 腾发	5月 渗漏	6月 腾发	6月 渗漏	7月 腾发	7月 渗漏	返青期	分蘖期	拔节期	抽穗开花期	灌浆期	全生育期 腾发	全生育期 渗漏	产量水平(kg/亩)	测定方法
广西	桂林	1990	威优六四 早稻	635.6	81.3	237.0	31.3	0~30	3.3	3.5	7.4	4.5	7.5	2.8	5月7日~5月14日 腾发22.8 渗漏22.1	5月15日~6月10日 腾发140.4 渗漏85.0	6月11日~6月30日 腾发141.1 渗漏115.2	7月1日~7月10日 腾发72.5 渗漏69.2	7月11日~7月30日 腾发152.9 渗漏14.8	529.7	306.3	589.2	坑测 中产
广西	桂林	1990	威优六四 早稻	635.6	81.3	237.0	31.3	0~30	2.1	1.5	5.3	2.3	5.4	1.0	15.1 17.2	83.7 22.6	114.1 65.7	54.3 30.2	106.6 0.0	373.8	135.7	575.3	坑测 高产

各生育期需水量(mm)(腾发量+渗漏量)：返青期 5月7日~5月14日；分蘖期 5月15日~6月10日；拔节期 6月11日~6月30日；抽穗开花期 7月1日~7月10日；灌浆期 7月11日~7月30日。全生育期 5月7日~7月30日。

附表2(8) 作物需水量试验成果表（水稻）

省区	站名	年份	作物品种(早、中、晚)	生育期降水量(mm)	频率(%)	生育期蒸发量(mm)	频率(%)	生育期控水层深度(mm)	逐月需水强度(mm/d)(腾发量+渗漏量) 8月 腾发	8月 渗漏	9月 腾发	9月 渗漏	10月 腾发	10月 渗漏	返青期	分蘖期	拔节期	抽穗开花期	灌浆期	全生育期 腾发	全生育期 渗漏	产量水平(kg/亩)	测定方法
广西	桂林	1990	桂三四 晚稻	186.8	72.2	367.9	16.7	0~30	8.1	3.1	8.2	10.0	6.3	4.4	8月1日~8月7日 腾发48.3 渗漏24.3	8月8日~9月5日 腾发245.8 渗漏92.3	9月6日~9月20日 腾发119.6 渗漏168.7	9月21日~10月2日 腾发67.5 渗漏146.8	10月3日~10月22日 腾发157.5 渗漏79.7	638.7	511.8	379.2	坑测 中产

各生育期需水量(mm)(腾发量+渗漏量)：返青期 8月1日~8月7日；分蘖期 8月8日~9月5日；拔节期 9月6日~9月20日；抽穗开花期 9月21日~10月2日；灌浆期 10月3日~10月22日。全生育期 8月1日~10月22日。

附表2(9) 作物需水量试验成果表(水稻)

省区	站名	年份	作物品种(早、中、晚)	生育期降水与蒸发量				生育期控制水层深度(mm)	逐月需水强度(mm/d)(腾发量+渗漏量)						各生育期需水量(mm)(腾发量+渗漏量)										全生育期需水量(mm)		产量水平(kg/亩)	测定方法
				生育期降水量(mm)	频率(%)	生育期蒸发量(mm)	频率(%)		5月 腾发	5月 渗漏	6月 腾发	6月 渗漏	7月 腾发	7月 渗漏	返青期	分蘖期	拔节期	抽穗开花期	灌浆期						腾发	渗漏		
广西	桂林	1991	威优六四 早稻	677.2	75	249.0	25	0~30	3.4	4.0	7.4	1.7	6.2	6.2	17.2 腾发 / 39.4 渗漏 (5月3日)	123.0 腾发 / 101.6 渗漏 (5月11日)	94.4 腾发 / 7.0 渗漏 (6月7日)	121.5 腾发 / 31.2 渗漏 (6月23日~7月5日)	170.1 腾发 / 70.6 渗漏 (7月31日)						526.2	249.8	508.5	坑测

（各生育期日期：返青期 5月3日~5月10日；分蘖期 5月11日~6月6日；拔节期 6月7日~6月22日；抽穗开花期 6月23日~7月4日；灌浆期 7月5日~7月31日。全生育期 5月3日~7月31日）

附表2(10) 作物需水量试验成果表(水稻)

省区	站名	年份	作物品种(早、中、晚)	生育期降水与蒸发量				生育期控制水层深度(mm)	逐月需水强度(mm/d)(腾发量+渗漏量)						各生育期需水量(mm)(腾发量+渗漏量)					全生育期需水量(mm)		产量水平(kg/亩)	测定方法
				生育期降水量(mm)	频率(%)	生育期蒸发量(mm)	频率(%)		8月 腾发	8月 渗漏	9月 腾发	9月 渗漏	10月 腾发	10月 渗漏	返青期	分蘖期	拔节期	抽穗开花期	灌浆期	腾发	渗漏		
广西	桂林	1991	华02号 晚稻	124.2	88.9	347.0	38.9	0~30	6.0	3.8	7.6	2.6	4.6	0.0	19.4 腾发 / 32.4 渗漏 (8月6日)	136.0 腾发 / 65.5 渗漏 (8月11日)	87.3 腾发 / 37.5 渗漏 (9月1日)	75.4 腾发 / 26.3 渗漏 (9月13日)	143.9 腾发 / 15.3 渗漏 (9月21日)	462.0	177.0	438.9	坑测

（各生育期日期：返青期 8月6日~8月10日；分蘖期 8月11日~8月31日；拔节期 9月1日~9月12日；抽穗开花期 9月13日~9月20日；灌浆期 9月21日~10月18日。全生育期 8月6日~10月18日）

附表2(11) 作物需水量试验成果表（水稻）

省区	站名	年份	作物品种(早、中、晚)	生育期降水量(mm)	频率(%)	生育期蒸发量(mm)	频率(%)	生育期控水层深度(mm)	逐月需水强度(mm/d)(腾发量+渗漏量)						各生育期需水量(mm)(腾发量+渗漏量)										全生育期需水量(mm)		产量水平(kg/亩)	测定方法
									5月腾发	5月渗漏	6月腾发	6月渗漏	7月腾发	7月渗漏	返青期腾发	返青期渗漏	分蘖期腾发	分蘖期渗漏	拔节期腾发	拔节期渗漏	抽穗开花期腾发	抽穗开花期渗漏	灌浆期腾发	灌浆期渗漏	腾发	渗漏		
广西	桂林	1992	威优华二 早稻	949.7	43.8	233.6	37.5	0~30	2.7	2.7	4.5	3.0	6.0	0.6	25.8	27.5	110.5	64.1	52.3	46.7	31.6	22.2	133.2	12.7	347.8	178.8	508.6	坑测

各生育期日期：返青期 5月4日~5月14日；分蘖期 5月15日~6月11日；拔节期 6月12日~6月23日；抽穗开花期 6月24日~7月1日；灌浆期 7月2日~7月23日；全生育期 5月4日~7月23日

附表2(12) 作物需水量试验成果表（水稻）

省区	站名	年份	作物品种(早、中、晚)	生育期降水量(mm)	频率(%)	生育期蒸发量(mm)	频率(%)	生育期控水层深度(mm)	逐月需水强度(mm/d)(腾发量+渗漏量)						各生育期需水量(mm)(腾发量+渗漏量)										全生育期需水量(mm)		产量水平(kg/亩)	测定方法
									8月腾发	8月渗漏	9月腾发	9月渗漏	10月腾发	10月渗漏	返青期腾发	返青期渗漏	分蘖期腾发	分蘖期渗漏	拔节期腾发	拔节期渗漏	抽穗开花期腾发	抽穗开花期渗漏	灌浆期腾发	灌浆期渗漏	腾发	渗漏		
广西	桂林	1992	汕优桂99 晚稻	75.1	94.4	456.0	5.6	0~30	5.8	2.5	4.8	2.5	4.4	0.5	37.3	12.7	135.8	61.5	78.1	49.4	74.1	27.7	132.9	16.3	488.2	167.6	588.9	坑测

各生育期日期：返青期 8月1日~8月7日；分蘖期 8月8日~8月30日；拔节期 8月31日~9月15日；抽穗开花期 9月16日~9月30日；灌浆期 10月1日~10月30日；全生育期 8月1日~10月30日

附表 2(13)　作物需水量试验成果表(水稻)

省区	站名	年份	作物品种(早、中、晚)	生育期降水与蒸发量				生育期控制水层深度(mm)	逐月需水强度(mm/d)(腾发量+渗漏量)									各生育期需水量(mm)(腾发量+渗漏量)										全生育期需水量(mm)			产量水平(kg/亩)	测定方法
				生育期降水量(mm)	频率(%)	生育期蒸发量(mm)	频率(%)		5月 腾发	5月 渗漏	6月 腾发	6月 渗漏	7月 腾发	7月 渗漏				返青期 5月12日~5月23日 腾发	返青期 渗漏	分蘖期 5月24日~6月22日 腾发	分蘖期 渗漏	拔节期 6月23日~7月2日 腾发	拔节期 渗漏	抽穗开花期 7月3日~7月12日 腾发	抽穗开花期 渗漏	灌浆期 7月13日~7月31日 腾发	灌浆期 渗漏	5月12日~7月31日 腾发	渗漏		
广西	桂林	1993	威优35 早稻	293.6	12.5	230.3	50	0~30	3.3	3.0	3.5	2.8	4.0	3.2				28.0	30.7	117.8	78.4	28.4	47.0	60.3	39.3	82.1	26.9	295.6	243.3	388.9	坑测

附表 2(14)　作物需水量试验成果表(水稻)

省区	站名	年份	作物品种(早、中、晚)	生育期降水与蒸发量				生育期控制水层深度(mm)	逐月需水强度(mm/d)(腾发量+渗漏量)									各生育期需水量(mm)(腾发量+渗漏量)										全生育期需水量(mm)			产量水平(kg/亩)	测定方法
				生育期降水量(mm)	频率(%)	生育期蒸发量(mm)	频率(%)		7月 腾发	7月 渗漏	8月 腾发	8月 渗漏	9月 腾发	9月 渗漏	10月 腾发	10月 渗漏		返青期 8月7日~8月13日 腾发	返青期 渗漏	分蘖期 8月14日~9月10日 腾发	分蘖期 渗漏	拔节期 9月11日~9月21日 腾发	拔节期 渗漏	抽穗开花期 9月22日~9月30日 腾发	抽穗开花期 渗漏	灌浆期 10月1日~10月31日 腾发	灌浆期 渗漏	8月7日~10月31日 腾发	渗漏		
广西	桂林	1993	汕桂99 晚稻	395.6	33.3	290.7	77.8	0~30	5.4	3.9	4.9	2.9	2.0	3.7	2.4			27.1	56.0	146.7	46.7	60.0	19.0	49.3	36.9	115.6	75.0	388.7	223.6	327.8	坑测

附表2(15) 作物需水量试验成果表（水稻）

省区	站名	年份	作物品种（早、中、晚）	生育期降水与蒸发量				生育期控制水层深度(mm)	逐月需水强度(mm/d)(腾发量+渗漏量)								各生育期需水量(mm)(腾发量+渗漏量)					全生育期需水量(mm)	产量水平(kg/亩)	测定方法
				生育期降水量(mm)	频率(%)	生育期蒸发量(mm)	频率(%)		4月	5月	6月	7月	8月	9月	10月	11月	返青期	分蘖期	拔节期	抽穗开花期	灌浆期			
广西	桂林	1994	威优77 早稻	1195.4	31.3	262.9	18.8	0~30	腾发/渗漏	2.9	3.9	4.7	4.6	2.8				5月6日~5月13日 腾发17.0 渗漏39.1	5月14日~6月10日 腾发119.6 渗漏91.2	6月11日~6月30日 腾发80.5 渗漏94.0	7月1日~7月8日 腾发43.0 渗漏34.9	7月9日~7月31日 腾发100.8 渗漏53.3	5月6日~7月31日 腾发360.9 渗漏312.5	500.3	坑测

附表2(16) 作物需水量试验成果表（水稻）

省区	站名	年份	作物品种（早、中、晚）	生育期降水与蒸发量				生育期控制水层深度(mm)	逐月需水强度(mm/d)(腾发量+渗漏量)								各生育期需水量(mm)(腾发量+渗漏量)					全生育期需水量(mm)	产量水平(kg/亩)	测定方法
				生育期降水量(mm)	频率(%)	生育期蒸发量(mm)	频率(%)		4月	5月	6月	7月	8月	9月	10月	11月	返青期	分蘖期	拔节期	抽穗开花期	灌浆期			
广西	桂林	1994	威优77 晚稻	498.4	5.6	224.9	88.9	0~30	腾发/渗漏				4.5	3.6	7.3	7.0	8月6日~8月12日 腾发18.8 渗漏34.7	8月13日~9月5日 腾发137.8 渗漏63.7	9月6日~9月20日 腾发117.5 渗漏95.3	9月21日~10月10日 腾发162.6 渗漏78.7	10月11日~10月27日 腾发9.1	8月6日~10月27日 腾发467.8 渗漏365.4	211.2	坑测

· 139 ·

附表 2(17) 作物需水量试验成果表（水稻）

省区	站名	年份	作物品种（早、中、晚）	生育期降水量(mm)	频率(%)	生育期蒸发量(mm)	频率(%)	生育期控制水层深度(mm)
广西	桂林	1995	晚稻	407.7	27.8	349.1	33.3	0~30

逐月需水强度(mm/d)（腾发量+渗漏量）：9.3 5.0 5.9 4.0 6.0 6.7 5.6 4.6 1.8

各生育期需水量(mm)（腾发量+渗漏量）：

生育期	日期	腾发	渗漏
返青期	7月30日~8月5日	48.9	44.3
分蘖期	8月6日~8月31日	152.4	88.6
拔节期	9月1日~9月20日	134.6	97.0
开花抽穗期	9月21日~10月2日	81.5	81.3
灌浆期	10月3日~10月27日	108.7	37.9
全生育期	7月30日~10月27日	526.1	349.2

产量水平(kg/亩)：403.0　　测定方法：坑测

附表 2(18) 作物需水量试验成果表（水稻）

省区	站名	年份	作物品种（早、中、晚）	生育期降水量(mm)	频率(%)	生育期蒸发量(mm)	频率(%)	生育期控制水层深度(mm)
广西	桂林	1996	优200 早稻	975.4	37.5	188.4	87.5	0~30

逐月需水强度(mm/d)（腾发量+渗漏量）：2.3 3.8 4.5 3.6 5.6 2.1

各生育期需水量(mm)（腾发量+渗漏量）：

生育期	日期	腾发	渗漏
返青期	5月8日~5月15日	10.5	27.3
分蘖期	5月16日~6月18日	134.1	97.6
拔节期	6月19日~6月30日	43.9	74.3
开花抽穗期	7月1日~7月11日	49.6	74.3
灌浆期	7月12日~7月31日	38.0	122.9 27.3
全生育期	5月8日~7月31日	361.0	264.5

产量水平(kg/亩)：433.3　　测定方法：坑测

附表2(19) 作物需水量试验成果表（水稻）

省区名	站名	年份	作物品种（早、中、晚）	生育期降水与蒸发量				生育期控制水层深度(mm)	逐月需水强度(mm/d)（腾发量+渗漏量）																			各生育期需水量(mm)（腾发量+渗漏量）										全生育期需水量(mm)			产量水平(kg/亩)	测定方法
				生育期降水量(mm)	频率(%)	生育期蒸发量(mm)	频率(%)		4月		5月		6月		7月		8月		9月		10月		11月		返青期 8月4日~8月11日		分蘖期 8月12日~9月5日		拔节期 9月6日~9月25日		抽穗开花期 9月26日~10月5日		灌浆期 10月6日~10月27日		8月4日~10月27日				
									腾发	渗漏	腾发	渗漏	腾发	渗漏	腾发	渗漏	腾发	渗漏	腾发	渗漏	腾发	渗漏	腾发	渗漏	腾发	渗漏	腾发	渗漏	腾发	渗漏	腾发	渗漏	腾发	渗漏	腾发	渗漏		
广西	桂林	1996	桂九 晚稻	244.1	55.6	341.3	44.4	0~30									6.3	3.0	7.2	3.2	3.9	1.7			36.2	40.7	26.1	42.6	122.1	64.7	49.7	83.8	28.7		456.9	224.0	350.2	坑测

附表2(20) 作物需水量试验成果表（水稻）

省区名	站名	年份	作物品种（早、中、晚）	生育期降水与蒸发量				生育期控制水层深度(mm)	逐月需水强度(mm/d)（腾发量+渗漏量）																			各生育期需水量(mm)（腾发量+渗漏量）										全生育期需水量(mm)			产量水平(kg/亩)	测定方法
				生育期降水量(mm)	频率(%)	生育期蒸发量(mm)	频率(%)		4月		5月		6月		7月		8月		9月		10月		11月		返青期 8月1日~8月7日		分蘖期 8月8日~8月30日		拔节期 8月31日~9月15日		抽穗开花期 9月16日~9月30日		灌浆期 10月1日~10月30日		8月1日~10月30日				
									腾发	渗漏	腾发	渗漏	腾发	渗漏	腾发	渗漏	腾发	渗漏	腾发	渗漏	腾发	渗漏	腾发	渗漏	腾发	渗漏	腾发	渗漏	腾发	渗漏	腾发	渗漏	腾发	渗漏	腾发	渗漏		
广西	桂林	1997	优I 99 晚稻	306.4	44.4	323.3	50	0~30									3.7	6.0	4.9	3.2	5.4	4.4	5.4	5.2	0.0	21.9	36.0	192.8	111.0	135.1	143.9	63.3	58.8	101.6	49.7		514.7	399.4	248.2	坑测

附表 2（21） 作物需水量试验成果表（水稻）

省区	站名	年份	作物品种（早、中、晚）	生育期降水量(mm)	频率(%)	生育期蒸发量(mm)	频率(%)	生育期控制水层深度(mm)	逐月需水强度(mm/d)（腾发量+渗漏量）								全生育期需水量(mm)			产量水平(kg/亩)	测定方法
									5月 腾发	5月 渗漏	6月 腾发	6月 渗漏	7月 腾发	7月 渗漏			起止	腾发	渗漏		
广西	桂林	1998	金优974 早稻	1 278.3	18.8	162.7	93.8	0~30	4.1	1.9	3.9	3.7	3.0	3.9	1.8		5月2日~7月18日	301.9	177.4	436.9	坑测

各生育期需水量(mm)（腾发量+渗漏量）：

返青期 5月2日~5月10日 腾发	渗漏	分蘖期 5月11日~5月31日 腾发	渗漏	拔节期 6月1日~6月10日 腾发	渗漏	抽穗开花期 6月11日~6月17日 腾发	渗漏	灌浆期 6月18日~7月18日 腾发	渗漏
20.7	40.0	101.2	22.9	54.1	5.4	15.6	24.9	101.0	93.5

附表 2（22） 作物需水量试验成果表（水稻）

省区	站名	年份	作物品种（早、中、晚）	生育期降水量(mm)	频率(%)	生育期蒸发量(mm)	频率(%)	生育期控制水层深度(mm)	逐月需水强度(mm/d)（腾发量+渗漏量）								全生育期需水量(mm)			产量水平(kg/亩)	测定方法
									7月 腾发	7月 渗漏	8月 腾发	8月 渗漏	9月 腾发	9月 渗漏	10月 腾发	10月 渗漏	起止	腾发	渗漏		
广西	桂林	1998	优I 4480 晚稻	133.2	83.3	363.0	22.2	0~30	5.0	4.0	6.1	2.6	5.9	2.7	2.7	0.6	7月27日~10月12日	423.9	190.7	566.9	坑测

各生育期需水量(mm)（腾发量+渗漏量）：

返青期 7月27日~7月31日 腾发	渗漏	分蘖期 8月1日~8月23日 腾发	渗漏	拔节期 8月24日~9月6日 腾发	渗漏	抽穗开花期 9月7日~9月15日 腾发	渗漏	灌浆期 9月16日~10月12日 腾发	渗漏
25.0	20.0	145.6	41.6	80.0	50.5	47.3	41.8	126.0	36.8

附表 2（23）　作物需水量试验成果表（水稻）

省区	站名	年份	作物品种（早、中、晚）	生育期降水与蒸发量				生育期控制水层深度（mm）	逐月需水强度（mm/d）（腾发量+渗漏量）								各生育期需水量（mm）（腾发量+渗漏量）					全生育期需水量（mm）	产量水平（kg/亩）	测定方法
				生育期降水量（mm）	频率（%）	生育期蒸发量（mm）	频率（%）		4月	5月	6月	7月	8月	9月	10月	11月	返青期	分蘖期	拔节期	抽穗开花期	灌浆期			
广西	桂林	1999	早稻	974 1 220.0	25	216.8	75	0～30		2.5	4.4	5.2	4.7	3.7	1.5		5月10日～6月9日 88.3 96.0	6月10日～6月21日 83.8 57.7	6月22日～7月1日 39.0 84.0	7月2日～7月23日 85.0 34.2		5月10日～7月23日 296.1 271.9	225.1	坑测

附表 2（24）　作物需水量试验成果表（水稻）

省区	站名	年份	作物品种（早、中、晚）	生育期降水与蒸发量				生育期控制水层深度（mm）	逐月需水强度（mm/d）（腾发量+渗漏量）								各生育期需水量（mm）（腾发量+渗漏量）					全生育期需水量（mm）	产量水平（kg/亩）	测定方法
				生育期降水量（mm）	频率（%）	生育期蒸发量（mm）	频率（%）		4月	5月	6月	7月	8月	9月	10月	11月	返青期	分蘖期	拔节期	抽穗开花期	灌浆期			
广西	桂林	1999	晚稻	1488	22.2	307.9	66.7	0～30				4.8	6.0	5.4	5.4	4.4 0.2	7月28日～8月3日 28.8 34.7	8月4日～8月27日 104.2 82.1	8月28日～9月10日 59.6 9.4	9月11日～9月23日 81.0 38.7	9月24日～10月18日 116.9 20.9	7月28日～10月18日 390.5 225.8	232.1	坑测

附表2(25)　作物需水量试验成果表(水稻)

省区	站名	年份	作物品种(早、中、晚)	生育期降水与蒸发量				生育期制水层深度(mm)	逐月需水强度(mm/d)(腾发量+渗漏量)								各生育期需水量(mm)(腾发量+渗漏量)										全生育期需水量(mm)		产量水平(kg/亩)	测定方法
				生育期降水量(mm)	频率(%)	生育期蒸发量(mm)	频率(%)		4月	5月	6月	7月	8月	9月	10月	11月	返青期 4月28日~5月6日	分蘖期 5月7日~6月10日	拔节期 6月11日~6月19日	抽穗开花期 6月20日~6月30日	灌浆期 7月1日~7月18日					4月28日~7月18日			
									腾发 / 渗漏	腾发 / 渗漏	腾发 / 渗漏	腾发 / 渗漏	腾发 / 渗漏	腾发 / 渗漏	腾发 / 渗漏	腾发 / 渗漏	腾发 / 渗漏	腾发 / 渗漏	腾发 / 渗漏	腾发 / 渗漏	腾发 / 渗漏					腾发 / 渗漏			
广西	桂林	2000	8两优353 早稻	937.5	50	216.6	81.3	0~30	4.2 / 3.5	3.6 / 4.6	5.8 / 3.3	2.3 / 2.1					23.7 / 45.7	177.3 / 130.6	35.4 / 33.7	59.4 / 36.7	57.6 / 18.7					353.4 / 265.4		480.8	坑测

附表2(26)　作物需水量试验成果表(水稻)

省区	站名	年份	作物品种(早、中、晚)	生育期降水与蒸发量				生育期制水层深度(mm)	逐月需水强度(mm/d)(腾发量+渗漏量)								各生育期需水量(mm)(腾发量+渗漏量)										全生育期需水量(mm)		产量水平(kg/亩)	测定方法
				生育期降水量(mm)	频率(%)	生育期蒸发量(mm)	频率(%)		4月	5月	6月	7月	8月	9月	10月	11月	返青期 7月25日~7月31日	分蘖期 8月1日~8月30日	拔节期 8月31日~9月15日	抽穗开花期 9月16日~9月25日	灌浆期 9月26日~10月17日					7月25日~10月17日			
									腾发 / 渗漏	腾发 / 渗漏	腾发 / 渗漏	腾发 / 渗漏	腾发 / 渗漏	腾发 / 渗漏	腾发 / 渗漏	腾发 / 渗漏	腾发 / 渗漏	腾发 / 渗漏	腾发 / 渗漏	腾发 / 渗漏	腾发 / 渗漏					腾发 / 渗漏			
广西	桂林	2000	培杂67 晚稻	388.0	38.9	319.1	61.1	0~30				5.6 / 3.5	4.2 / 3.2	5.0 / 3.0	3.4 / 0.0		39.0 / 24.7	121.8 / 95.8	102.8 / 47.7	25.7 / 30.8	87.2 / 12.3					376.5 / 211.3		380.6	坑测

附表2(27) 作物需水量试验成果表（水稻）

省区	站名	年份	作物品种（早、中、晚）	生育期降水量(mm)	频率(%)	生育期蒸发量(mm)	频率(%)	生育期控制水层深度(mm)	4月腾发	4月渗漏	5月腾发	5月渗漏	6月腾发	6月渗漏	7月腾发	7月渗漏	返青期 4月21日~4月28日 腾发	渗漏	分蘖期 4月29日~6月3日 腾发	渗漏	拔节期 6月4日~6月18日 腾发	渗漏	抽穗开花期 6月19日~6月28日 腾发	渗漏	灌浆期 6月29日~7月19日 腾发	渗漏	全生育期需水量 4月21日~7月19日 腾发	渗漏	产量水平(kg/亩)	测定方法
广西	桂林	2001	8两优353 早稻	881.6	56.3	233.6	43.8	0~30	2.3	3.2	4.1	2.6	4.3	3.0	5.1	1.4	15.8	22.3	136.8	88.5	65.9	46.4	49.6	41.0	107.8	30.5	375.9	228.7	243.1	坑测

附表2(28) 作物需水量试验成果表（水稻）

省区	站名	年份	作物品种（早、中、晚）	生育期降水量(mm)	频率(%)	生育期蒸发量(mm)	频率(%)	生育期控制水层深度(mm)	7月腾发	7月渗漏	8月腾发	8月渗漏	9月腾发	9月渗漏	10月腾发	10月渗漏	返青期 7月26日~8月1日 腾发	渗漏	分蘖期 8月2日~8月26日 腾发	渗漏	拔节期 8月27日~9月8日 腾发	渗漏	抽穗开花期 9月9日~9月19日 腾发	渗漏	灌浆期 9月20日~10月16日 腾发	渗漏	全生育期需水量 7月26日~10月16日 腾发	渗漏	产量水平(kg/亩)	测定方法
广西	桂林	2001	优I:4480 晚稻	204.6	61.1	288.0	83.3	0~30	2.8	6.0	4.6	3.4	4.7	3.0	4.7	0.0	19.7	43.4	110.0	79.8	52.2	68.9	61.6	33.7	116.1	23.0	376.3	232.1	469.6	坑测

附表2(29) 作物需水量试验成果表(水稻)

省区	站名	年份	作物品种(早、中、晚)	生育期降水与蒸发量				生育期控制水层深度(mm)	逐月需水强度(mm/d)(腾发量+渗漏量)																各生育期需水量(mm)(腾发量+渗漏量)															全生育期				产量水平(kg/亩)	测定方法
				生育期降水量(mm)	频率(%)	生育期蒸发量(mm)	频率(%)		4月		5月		6月		7月		8月		9月		10月		11月		返青期 4月21日~4月29日		分蘖期 4月30日~6月2日		拔节期 6月3日~6月15日		抽穗开花期 6月16日~6月25日		灌浆期 6月26日~7月17日		需水量(mm) 4月21日~7月17日					
									腾发	渗漏	腾发	渗漏	腾发	渗漏	腾发	渗漏	腾发	渗漏	腾发	渗漏	腾发	渗漏	腾发	渗漏	腾发	渗漏	腾发	渗漏	腾发	渗漏	腾发	渗漏	腾发	渗漏	腾发	渗漏				
广西	桂林	2002	威优463 早稻	1 326.3	6.3	273.6	12.5	0~30	5.2	13.9	3.5	3.4	5.1	4.8	2.7	0.0									18.0	46.7	121.9	114.4	73.8	73.7	39.5	55.3	72.2	15.7	325.4	305.8			444.7	坑测

附表2(30) 作物需水量试验成果表(水稻)

省区	站名	年份	作物品种(早、中、晚)	生育期降水与蒸发量				生育期控制水层深度(mm)	逐月需水强度(mm/d)(腾发量+渗漏量)																各生育期需水量(mm)(腾发量+渗漏量)															全生育期				产量水平(kg/亩)	测定方法
				生育期降水量(mm)	频率(%)	生育期蒸发量(mm)	频率(%)		4月		5月		6月		7月		8月		9月		10月		11月		返青期 7月25日~8月2日		分蘖期 8月3日~8月29日		拔节期 8月30日~9月15日		抽穗开花期 9月16日~9月27日		灌浆期 9月28日~10月30日		需水量(mm) 7月25日~10月30日					
									腾发	渗漏	腾发	渗漏	腾发	渗漏	腾发	渗漏	腾发	渗漏	腾发	渗漏	腾发	渗漏	腾发	渗漏	腾发	渗漏	腾发	渗漏	腾发	渗漏	腾发	渗漏	腾发	渗漏	腾发	渗漏				
广西	桂林	2002	新香优80 晚稻	442.8	16.7	304.4	72.2	0~30							5.8	6.2	3.8	5.3	3.6	3.2	5.0	5			47.6	57.3	105.5	145.0	64.4	57.0	41.0	40.9	83.4	20.7	341.9	320.9			403.0	坑测

附表2(31) 作物需水量试验成果表(水稻)

省区	站名	年份	作物品种(早、中、晚)	生育期降水与蒸发量				生育期控制水层深度(mm)	逐月需水强度(mm/d)														各生育期需水量(mm)(腾发量+渗漏量)											全生育期需水量(mm)			产量水平(kg/亩)	测定方法
				生育期降水量(mm)	频率(%)	生育期蒸发量(mm)	频率(%)		4月		5月		6月		7月		8月		9月		10月		11月		返青期 4月17日~4月28日		分蘖期 4月29日~5月28日		拔节期 5月29日~6月14日		抽穗开花期 6月15日~6月24日		灌浆期 6月25日~7月14日		4月17日~7月14日			
									腾发	渗漏	腾发	渗漏	腾发	渗漏	腾发	渗漏	腾发	渗漏	腾发	渗漏	腾发	渗漏	腾发	渗漏	腾发	渗漏	腾发	渗漏	腾发	渗漏	腾发	渗漏	腾发	渗漏	腾发	渗漏		
广西	桂林	2003	金优463 早稻	877.3	62.5	227.9	62.5	0~30	2.1	4.2	3.2	1.4	4.6	2.0	5.6	0.2									23.8	53.7	98.1	46.0	81.3	30.3	35.6	26.7	107.9	8.8	346.7	165.5	452.8	坑测

附表2(32) 作物需水量试验成果表(水稻)

省区	站名	年份	作物品种(早、中、晚)	生育期降水与蒸发量				生育期控制水层深度(mm)	逐月需水强度(mm/d)														各生育期需水量(mm)(腾发量+渗漏量)											全生育期需水量(mm)			产量水平(kg/亩)	测定方法
				生育期降水量(mm)	频率(%)	生育期蒸发量(mm)	频率(%)		4月		5月		6月		7月		8月		9月		10月		11月		返青期 7月22日~7月28日		分蘖期 7月29日~8月21日		拔节期 8月22日~9月10日		抽穗开花期 9月11日~9月22日		灌浆期 9月23日~10月15日		7月22日~10月15日			
									腾发	渗漏	腾发	渗漏	腾发	渗漏	腾发	渗漏	腾发	渗漏	腾发	渗漏	腾发	渗漏	腾发	渗漏	腾发	渗漏	腾发	渗漏	腾发	渗漏	腾发	渗漏	腾发	渗漏	腾发	渗漏		
广西	桂林	2003	优I 4480 晚稻	204.4	66.7	354.7	27.8	0~30							5.0	3.4	4.4	7.2	4.3	3.1	1.7	0.0			31.2	23	102.9	68.2	110.6	50	53.1	42.6	55.4	24.7	353.2	208.5	514.2	坑测

附表 3（1）　作物需水量试验成果表（水稻）

省区	站名	年份	作物品种（早、中、晚）	生育期降水量(mm)	频率(%)	生育期蒸发量(mm)	频率(%)	生育期控制水层深度(mm)	逐月需水强度(mm/d)（腾发量+渗漏量） 4月	5月	6月	7月	8月	9月	10月	11月	各生育期需水量(mm)（腾发量+渗漏量） 返青期	分蘖期	拔节期	抽穗开花期	灌浆期	全生育期需水量(mm)	产量水平(kg/亩)	测定方法
广西	桂林	2004	早稻	1049.2	27.6	438.8	17.2	0~30	6.2	5.4	6.9	3					4月22日~4月27日 32.2	4月28日~5月31日 187.4	6月1日~6月14日 119	6月15日~6月25日 52.6	6月26日~7月21日 100.9	4月22日~7月21日 492.1	355.6	坑测

附表 3（2）　作物需水量试验成果表（水稻）

省区	站名	年份	作物品种（早、中、晚）	生育期降水量(mm)	频率(%)	生育期蒸发量(mm)	频率(%)	生育期控制水层深度(mm)	逐月需水强度(mm/d)（腾发量+渗漏量） 4月	5月	6月	7月	8月	9月	10月	11月	各生育期需水量(mm)（腾发量+渗漏量） 返青期	分蘖期	拔节期	抽穗开花期	灌浆期	全生育期需水量(mm)	产量水平(kg/亩)	测定方法
广西	桂林	2004	晚稻	132.3	89.7	562.8	10.3	0~30				3.6	7.3	11.3	6.7		7月31日~8月6日 44.4	8月7日~8月31日 186.9	9月1日~9月20日 223.2	9月21日~9月30日 118.8	10月1日~10月27日 179.2	7月31日~10月27日 752.5	347.3	坑测

附表 3（3） 作物需水量试验成果表（水稻）

省区	站名	年份	作物品种（早、中、晚）	生育期降水与蒸发量				生育期控制水层深度(mm)	逐月需水强度(mm/d)（腾发量+渗漏量）								各生育期需水量(mm)（腾发量+渗漏量）					全生育期需水量(mm)	产量水平(kg/亩)	测定方法
				生育期降水量(mm)	频率(%)	生育期蒸发量(mm)	频率(%)		4月	5月	6月	7月	8月	9月	10月	11月	返青期	分蘖期	拔节期	抽穗开花期	灌浆期			
广西	桂林	2005	早稻	880.6	51.7	425.2	27.6	0~30	5.1	6.6	5.7	6.2					31.7	179.9	143.3	31.1	108.1	494.1	425	坑测
																	4月20日~4月26日	4月27日~5月25日	5月26日~6月15日	6月16日~6月22日	6月23日~7月11日	4月20日~7月11日		

附表 3（4） 作物需水量试验成果表（水稻）

省区	站名	年份	作物品种（早、中、晚）	生育期降水与蒸发量				生育期控制水层深度(mm)	逐月需水强度(mm/d)（腾发量+渗漏量）								各生育期需水量(mm)（腾发量+渗漏量）					全生育期需水量(mm)	产量水平(kg/亩)	测定方法
				生育期降水量(mm)	频率(%)	生育期蒸发量(mm)	频率(%)		4月	5月	6月	7月	8月	9月	10月	11月	返青期	分蘖期	拔节期	抽穗开花期	灌浆期			
广西	桂林	2005	晚稻	137.2	82.8	544.4	17.2	0~30				6.9	8.2	7.2	4.9		35.4	216.2	85.2	93.6	138.7	569.1	430.6	坑测
																	7月23日~7月27日	7月28日~8月25日	8月26日~9月2日	9月3日~9月13日	9月14日~10月8日	7月23日~10月8日		

附表 3（5）　作物需水量试验成果表（水稻）

省区	站名	年份	作物品种（早、中、晚）	生育期降水与蒸发量				生育期控制水层深度(mm)	逐月需水强度(mm/d)(腾发量+渗漏量)								各生育期需水量(mm)(腾发量+渗漏量)					全生育期需水量(mm)	产量水平(kg/亩)	测定方法
				生育期降水量(mm)	降水频率(%)	生育期蒸发量(mm)	蒸发频率(%)		4月	5月	6月	7月	8月	9月	10月	11月	返青期	分蘖期	拔节期	抽穗开花期	灌浆期			
广西	桂林	2006	早稻	1 081.2	24.1	386.4	58.6	0~30	5.7	5.9	5.3	4.2					4月21日~4月27日	4月28日~5月31日	6月1日~6月15日	6月16日~6月24日	6月25日~7月18日	4月21日~7月18日	433.6	坑测
																	42	197.6	68.5	51.6	115.3	475		

附表 3（6）　作物需水量试验成果表（水稻）

省区	站名	年份	作物品种（早、中、晚）	生育期降水与蒸发量				生育期控制水层深度(mm)	逐月需水强度(mm/d)(腾发量+渗漏量)						各生育期需水量(mm)(腾发量+渗漏量)					全生育期需水量(mm)	产量水平(kg/亩)	测定方法
				生育期降水量(mm)	降水频率(%)	生育期蒸发量(mm)	蒸发频率(%)		6月	7月	8月	9月	10月	11月	返青期	分蘖期	拔节期	抽穗开花期	灌浆期			
广西	桂林	2006	晚稻	160.4	75.9	472.5	62.1	0~30		5.3	4.4	5.2	3.1		7月23日~7月31日	8月1日~8月24日	8月25日~9月2日	9月3日~9月14日	9月15日~10月10日	7月23日~10月10日	355.7	坑测
															47.4	114.1	50.8	60.6	99.2	372.1		

附表3（7） 作物需水量试验成果表（水稻）

省区	站名	年份	作物品种（早、中、晚）	生育期降水与蒸发量				生育期控制水层深度(mm)	逐月需水强度(mm/d)（腾发量+渗漏量）								各生育期需水量(mm)（腾发量+渗漏量）					全生育期需水量(mm)	产量水平(kg/亩)	测定方法
				生育期降水量(mm)	频率(%)	生育期蒸发量(mm)	频率(%)		4月	5月	6月	7月	8月	9月	10月	11月	返青期	分蘖期	拔节期	抽穗开花期	灌浆期			
广西	桂林	2007	早稻	930.9	44.8	450.7	6.9	0~30	4.4	6.3	5.9	4.1					33 4月21日~4月28日	172.2 4月29日~5月22日	33.9 5月23日~5月31日	105.4 6月1日~6月17日	137.3 6月18日~7月16日	481.8 4月21日~7月16日	441.9	坑测

附表3（8） 作物需水量试验成果表（水稻）

省区	站名	年份	作物品种（早、中、晚）	生育期降水与蒸发量				生育期控制水层深度(mm)	逐月需水强度(mm/d)（腾发量+渗漏量）								各生育期需水量(mm)（腾发量+渗漏量）					全生育期需水量(mm)	产量水平(kg/亩)	测定方法
				生育期降水量(mm)	频率(%)	生育期蒸发量(mm)	频率(%)		4月	5月	6月	7月	8月	9月	10月	11月	返青期	分蘖期	拔节期	抽穗开花期	灌浆期			
广西	桂林	2007	晚稻	172.2	69	556.2	13.8	0~30				9.2	8	6.6	3.5		53.1 7月19日~7月25日	305.4 7月26日~8月31日	85.5 9月1日~9月14日	93.5 9月15日~9月28日	77.9 9月29日~10月17日	615.4 7月19日~10月17日	400.2	坑测

附表 3（9） 作物需水量试验成果表（水稻）

省区	站名	年份	作物品种（早、中、晚）	生育期降水量(mm)	频率(%)	生育期蒸发量(mm)	频率(%)	生育期控制水层深度(mm)	4月	5月	6月	7月	8月	9月	10月	11月	返青期	分蘖期	拔节期	抽穗开花期	灌浆期	全生育期需水量(mm)	产量水平(kg/亩)	测定方法
				生育期降水与蒸发量					逐月需水强度(mm/d)（腾发量+渗漏量）								各生育期需水量(mm)（腾发量+渗漏量）							
广西	桂林	2008	早稻	1 144.7	20.7	446.6	10.3	0~30	6.3	5.4	6.4	4.7					30.2（4月22日~4月28日）	193.8（4月29日~6月4日）	129.5（6月5日~6月25日）	98.7（6月26日~7月8日）	67.6（7月9日~7月27日）	519.8（4月22日~7月27日）	461.3	坑测

附表 3（10） 作物需水量试验成果表（水稻）

省区	站名	年份	作物品种（早、中、晚）	生育期降水量(mm)	频率(%)	生育期蒸发量(mm)	频率(%)	生育期控制水层深度(mm)	4月	5月	6月	7月	8月	9月	10月	11月	返青期	分蘖期	拔节期	抽穗开花期	灌浆期	全生育期需水量(mm)	产量水平(kg/亩)	测定方法
				生育期降水与蒸发量					逐月需水强度(mm/d)（腾发量+渗漏量）								各生育期需水量(mm)（腾发量+渗漏量）							
广西	桂林	2008	晚稻	347.4	27.6	440.3	82.8	0~30			6.5	5.9			2.9		48.1（8月2日~8月8日）	146.6（8月9日~8月31日）	103.4（9月1日~9月19日）	72.2（9月20日~9月30日）	74.6（10月1日~10月26日）	444.9（8月2日~10月26日）	378	坑测

附表 3（11）　作物需水量试验成果表（水稻）

省区名	站名	年份	作物品种（早、中、晚）	生育期降水与蒸发量			生育期控水层深度（mm）	逐月需水强度（mm/d）								各生育期需水量（mm）（腾发量＋渗漏量）					全生育期需水量（mm）		产量水平（kg/亩）	测定方法
				生育期降水量（mm）	频率（%）	生育期蒸发量（mm）	频率（%）		4月	5月	6月	7月	8月	9月	10月	11月	返青期	分蘖期	拔节期	抽穗开花期	灌浆期				
广西	桂林	2009	早稻	1 004	31	410.9	37.9	0~30	3.4	4.9	7	6.6					27.3	191.3	76.4	89.9	144.3	4月23日 ~ 7月21日	529.2	364.1	坑测

返青期 4月23日~4月30日；分蘖期 5月1日~6月6日；拔节期 6月7日~6月17日；抽穗开花期 6月18日~6月29日；灌浆期 6月30日~7月21日

附表 3（12）　作物需水量试验成果表（水稻）

省区名	站名	年份	作物品种（早、中、晚）	生育期降水与蒸发量			生育期控水层深度（mm）	逐月需水强度（mm/d）								各生育期需水量（mm）（腾发量＋渗漏量）					全生育期需水量（mm）		产量水平（kg/亩）	测定方法
				生育期降水量（mm）	频率（%）	生育期蒸发量（mm）	频率（%）		4月	5月	6月	7月	8月	9月	10月	11月	返青期	分蘖期	拔节期	抽穗开花期	灌浆期				
广西	桂林	2009	晚稻	333.4	31	534.8	27.6	0~30				6.4	6.9	7.4	2.5		80.4	120.2	186.6	79.4	58.5	7月24日 ~ 10月15日	525.1	378	坑测

返青期 7月24日~8月3日；分蘖期 8月4日~8月24日；拔节期 8月25日~9月13日；抽穗开花期 9月14日~9月24日；灌浆期 9月25日~10月15日

· 153 ·

附表 3（13） 作物需水量试验成果表（水稻）

省区	站名	年份	作物品种（早、中、晚）	生育期降水量(mm)	频率(%)	生育期蒸发量(mm)	频率(%)	生育期控制水层深度(mm)	4月	5月	6月	7月	8月	9月	10月	11月	返青期	分蘖期	拔节期	抽穗开花期	灌浆期	全生育期需水量(mm)	全生育期	产量水平(kg/亩)	测定方法
广西	桂林	2010	早稻	841.9	65.5	359.9	75.9	0~30		5.2	7.5	6.9					25.3	137.3	96.7	98.5	173.3	531.1	5月1日~7月21日	372.2	坑测
																	5月1日~5月7日	5月8日~6月1日	6月2日~6月15日	6月16日~6月27日	6月28日~7月21日				

附表 3（14） 作物需水量试验成果表（水稻）

省区	站名	年份	作物品种（早、中、晚）	生育期降水量(mm)	频率(%)	生育期蒸发量(mm)	频率(%)	生育期控制水层深度(mm)	4月	5月	6月	7月	8月	9月	10月	11月	返青期	分蘖期	拔节期	抽穗开花期	灌浆期	全生育期需水量(mm)	全生育期	产量水平(kg/亩)	测定方法
广西	桂林	2010	晚稻	165.8	72.4	450.6	79.3	0~30				7.2	8.7		6.1		74.6	149.5	131.1	80	179.6	614.8	8月1日~10月25日	353	坑测
																	8月1日~8月8日	8月9日~8月31日	9月1日~9月15日	9月16日~9月25日	9月26日~10月25日				

附表 3（15） 作物需水量试验成果表（水稻）

省区	站名	年份	作物品种（早、中、晚）	生育期降水与蒸发量				生育期控水层深度（mm）	逐月需水强度（mm/d）（腾发量+渗漏量）								各生育期需水量(mm)（腾发量+渗漏量）										全生育期需水量（mm）	产量水平（kg/亩）	测定方法
				生育期降水量（mm）	频率（%）	生育期蒸发量（mm）	频率（%）		4月	5月	6月	7月	8月	9月	10月	11月	返青期		分蘖期		拔节期		抽穗开花期		灌浆期				
广西	桂林	2011	早稻	850.3	62.1	438.9	13.8	0~30	5.7	4.7	5.9	6					4月29日~5月5日	35.5	5月6日~6月4日	138.2	6月5日~6月14日	48.9	6月15日~6月24日	70.8	6月25日~7月24日	184.9	4月29日~7月24日 478.3	567	坑测

附表 3（16） 作物需水量试验成果表（水稻）

省区	站名	年份	作物品种（早、中、晚）	生育期降水与蒸发量				生育期控水层深度（mm）	逐月需水强度（mm/d）（腾发量+渗漏量）								各生育期需水量(mm)（腾发量+渗漏量）										全生育期需水量（mm）	产量水平（kg/亩）	测定方法
				生育期降水量（mm）	频率（%）	生育期蒸发量（mm）	频率（%）		4月	5月	6月	7月	8月	9月	10月	11月	返青期		分蘖期		拔节期		抽穗开花期		灌浆期				
广西	桂林	2011	晚稻	196.4	58.6	543.5	20.7	0~30				3.6	7.8	8.1	3.6		7月28日~8月3日	39.7	8月4日~8月31日	215.6	9月1日~9月13日	104.7	9月14日~9月23日	99.5	9月24日~10月31日	149.2	7月28日~10月31日 608.7	525.3	坑测

附表 3 (17)　作物需水量试验成果表（水稻）

省区名	站名	年份	作物品种（早、中、晚）	生育期降水与蒸发量				生育期控制水层深度(mm)	逐月需水强度(mm/d)								各生育期需水量(mm)（腾发量＋渗漏量）					全生育期需水量(mm)	产量水平(kg/亩)	测定方法
				生育期降水量(mm)	频率(%)	生育期蒸发量(mm)	频率(%)		4月	5月	6月	7月	8月	9月	10月	11月	返青期	分蘖期	拔节期	抽穗开花期	灌浆期			
广西	桂林	2012	早稻	866.1	58.6	351	82.8	0~30	5.8	6	5.7	3.2					4月22日~4月28日	4月29日~6月3日	6月4日~6月17日	6月18日~6月27日	6月28日~7月20日	4月22日~7月20日	391.9	坑测
																	38.7	211.5	74.1	67.6	83.1	475		

附表 3 (18)　作物需水量试验成果表（水稻）

省区名	站名	年份	作物品种（早、中、晚）	生育期降水与蒸发量				生育期控制水层深度(mm)	逐月需水强度(mm/d)								各生育期需水量(mm)（腾发量＋渗漏量）					全生育期需水量(mm)	产量水平(kg/亩)	测定方法
				生育期降水量(mm)	频率(%)	生育期蒸发量(mm)	频率(%)		4月	5月	6月	7月	8月	9月	10月	11月	返青期	分蘖期	拔节期	抽穗开花期	灌浆期			
广西	桂林	2012	晚稻	298.4	41.4	513.5	41.4	0~30				4.1	6.3	7.5	4	2.2	7月28日~8月3日	8月4日~9月2日	9月3日~9月18日	9月19日~9月25日	9月26日~11月2日	7月28日~11月2日	403	坑测
																	36.4	186.1	123.8	48.3	168.7	563.3		

省区	站名	年份	作物品种(早、晚)	处理号		返青期 4月25日~5月1日				分蘖期 5月2日~5月23日				拔节期 5月24日~6月12日				抽穗期 6月13日~6月18日				灌浆期 6月19日~7月18日				全生育期 4月25日~7月18日					产量水平(kg/亩)
				重复	处理	灌水次数	灌水量(mm)	有效降雨(mm)	耗水量(mm)	灌水次数	灌水量(mm)	有效降雨(mm)	耗水量(mm)	灌水次数	灌水量(mm)	有效降雨(mm)	耗水量(mm)	灌水次数	灌水量(mm)	有效降雨(mm)	耗水量(mm)	灌水次数	灌水量(mm)	有效降雨(mm)	耗水量(mm)	灌水次数	灌水量(mm)	有效降雨(mm)	耗水量(mm)	灌溉定额(mm)	
广西	桂林	1981	早稻	3	轻晒	2	31	20.2	22.7	1.3	53	84.8	117			89.4	133	1	28		36.3	2.3	69.7	75.9	142	6.6	182	270	451	452	459
				3	中晒	2	28	14.9	27.9	1	47.3	87.7	115			72.9	96.7	1	25		34.2	2	53	79.6	127	6	153	255	400	408	467
				3	对照	2	35.5	10.9	22.2	1.3	43.3	89.6	116			107	134	1	27.3		39	2	66.3	67.9	135	6.3	172	275	447	447	504

附表 4（2）　作物灌溉制度试验成果表（水稻）

省区	站名	年份	作物品种(早、晚)	处理号		返青期 7月21日~7月29日				分蘖期 7月30日~8月25日				拔节期 8月26日~9月11日				抽穗期 9月12日~9月24日				灌浆期 9月25日~10月24日				全生育期 7月21日~10月24日					产量水平(kg/亩)
				重复	处理	灌水次数	灌水量(mm)	有效降雨(mm)	耗水量(mm)	灌水次数	灌水量(mm)	有效降雨(mm)	耗水量(mm)	灌水次数	灌水量(mm)	有效降雨(mm)	耗水量(mm)	灌水次数	灌水量(mm)	有效降雨(mm)	耗水量(mm)	灌水次数	灌水量(mm)	有效降雨(mm)	耗水量(mm)	灌水次数	灌水量(mm)	有效降雨(mm)	耗水量(mm)	灌溉定额(mm)	
广西	桂林	1981	晚稻	3	轻晒	2	58.3	1.9	54.9	6	143	30.8	156	4.3	139	99.9	204	1.7	26.9	58.2	77.8	0	0	87.3	87.3	14	368	278	579	646	339
				3	中晒	2	58.5	1.9	58.4	4	121	30.8	139	5.5	110	99.9	209	2.5	58.5	58.5	101	0	0	87.3	87.3	14	348	278	594	626	343
				3	对照	1.7	47.7	1.9	49.2	7.3	200	30.8	203	3.7	127	99.8	188	1.3	28.3	58.2	81.9	0	0	87.3	87.3	14	403	278	610	681	355

附表 4(3)　作物灌溉制度试验成果表（水稻）

省区	站名	年份	作物品种(早、晚)	处理	重复	返青期 4月21日~5月1日 灌水次数	灌水量(mm)	有效降雨(mm)	耗水量(mm)	分蘖期 5月2日~5月24日 灌水次数	灌水量(mm)	有效降雨(mm)	耗水量(mm)	拔节期 5月25日~6月7日 灌水次数	灌水量(mm)	有效降雨(mm)	耗水量(mm)	抽穗期 6月8日~6月14日 灌水次数	灌水量(mm)	有效降雨(mm)	耗水量(mm)	灌浆期 6月15日~7月7日 灌水次数	灌水量(mm)	有效降雨(mm)	耗水量(mm)	全生育期 4月21日~7月7日 灌水次数	灌水量(mm)	有效降雨(mm)	耗水量(mm)	灌溉定额(mm)	产量水平(kg/亩)
广西	桂林	1983	早稻	轻晒	3	2.3	73.3	1.3	32.6	0	0	124	92.7	1.3	22.3	20.3	48	1.3	42.7	37.5	30.9	0.7	5.7	27.4	76.7	5.6	144	211	281	281	351
				中晒	3	2	60.3	0	36.4	0.7	8	69.6	86.2	0	0	21.9	35.8	1	19	46.7	35.4	0	0	56.5	86.9	3.7	87.3	205	281	281	366
				重晒	3	2	51	14.1	32.6	1	13.7	93.8	97.9	0	0	21.9	33.1	1	19	47.5	30.2	0	0	52.3	87.5	4	83.7	230	281	281	363

附表 4(4)　作物灌溉制度试验成果表（水稻）

省区	站名	年份	作物品种(早、晚)	处理	重复	返青期 7月17日~7月25日 灌水次数	灌水量(mm)	有效降雨(mm)	耗水量(mm)	分蘖期 7月26日~8月21日 灌水次数	灌水量(mm)	有效降雨(mm)	耗水量(mm)	拔节期 8月22日~9月7日 灌水次数	灌水量(mm)	有效降雨(mm)	耗水量(mm)	抽穗期 9月8日~9月20日 灌水次数	灌水量(mm)	有效降雨(mm)	耗水量(mm)	灌浆期 9月21日~10月20日 灌水次数	灌水量(mm)	有效降雨(mm)	耗水量(mm)	全生育期 7月17日~10月20日 灌水次数	灌水量(mm)	有效降雨(mm)	耗水量(mm)	灌溉定额(mm)	产量水平(kg/亩)
广西	桂林	1983	晚稻	轻晒	平均	2.3	73.3	1.3	32.6	0	0	124	92.7	1.3	22.3	20.3	48	1.3	42.7	37.5	30.9	0.7	5.7	27.4	76.7	5.6	144	211	281	281	314
				中晒	平均	1.7	74.6	0	59	5	108	4	136	0.7	10.3	53.6	64	1.3	34.7	17.9	52.5	0	0	72.5	72.5	8.7	227	157	384	384	334
				对照	平均	2.3	80.3	5.7	61	4.7	95.6	17.6	139	0.7	19.1	36.2	54.8	1.7	43	1.9	44.9	0	0	75.9	75.9	9.4	238	137	375	375	331

附表4(5) 作物灌溉制度试验成果表(水稻)

省区	站名	年份	作物品种(早、晚)	处理	重复	返青期 5月2日~5月12日				分蘖期 5月13日~6月2日				拔节期 6月3日~6月15日				抽穗期 6月16日~6月22日				灌浆期 6月23日~7月10日				全生育期 5月2日~7月10日					产量水平(kg/亩)
						灌水次数	灌水量(mm)	有效降雨(mm)	耗水量(mm)	灌水次数	灌水量(mm)	有效降雨(mm)	耗水量(mm)	灌水次数	灌水量(mm)	有效降雨(mm)	耗水量(mm)	灌水次数	灌水量(mm)	有效降雨(mm)	耗水量(mm)	灌水次数	灌水量(mm)	有效降雨(mm)	耗水量(mm)	灌水次数	灌水量(mm)	有效降雨(mm)	耗水量(mm)	灌溉定额(mm)	
广西	桂林	1984	早稻	浅灌晒田	3	3.3	77.9	9.1	74	2.3	62.1	46	71.4	3.3	104	54.2	95.5	0.4	6	9.8	52.8	1	37.3	59.4	81.8	10.3	288	179	376	376	356
				浅灌	3	3	55.3	10.7	60.9	3	67.1	5.7	134	3.4	103	29.6	87.7	0.3	9.7	22.3	54	1	9.3	59.2	83.8	10.7	257	128	359	359	345
				中灌	3	3.3	69.7	6.1	71.2	2.7	70.9	15	83	3	98	45.6	94.7	1	15	17.3	53.6	0.7	28.7	46.1	72.1	10.7	282	130	375	375	356

附表4(6) 作物灌溉制度试验成果表(水稻)

省区	站名	年份	作物品种(早、晚)	处理	重复	返青期 7月13日~7月21日				分蘖期 7月22日~8月17日				拔节期 8月18日~9月6日				抽穗期 9月7日~9月18日				灌浆期 9月19日~10月26日				全生育期 7月13日~10月26日					产量水平(kg/亩)
						灌水次数	灌水量(mm)	有效降雨(mm)	耗水量(mm)	灌水次数	灌水量(mm)	有效降雨(mm)	耗水量(mm)	灌水次数	灌水量(mm)	有效降雨(mm)	耗水量(mm)	灌水次数	灌水量(mm)	有效降雨(mm)	耗水量(mm)	灌水次数	灌水量(mm)	有效降雨(mm)	耗水量(mm)	灌水次数	灌水量(mm)	有效降雨(mm)	耗水量(mm)	灌溉定额(mm)	
广西	桂林	1984	晚稻	浅灌	3	3	85	5.4	74.4	3.6	77.7	63	144	4.7	143	71.2	169	1	25.3	43.8	76.7	2.7	73.3	38.7	110	15	405	222	574	574	393
				浅湿轻晒	3	3	76.7	5.4	74.4	3.7	85.7	72.2	130	1.7	51.6	42.3	61.9	1.3	30.7	39.9	81.1	3.3	85.3	49.4	132	13	330	209	479	479	363
				浅湿中晒	3	3	78.6	5.4	72.7	3.3	79.6	58.3	121	2.3	67	21.5	50.3	0.7	27.7	41.2	69.1	2.3	78.4	48.5	130	11.6	331	175	443	443	352

附表 4(7)　作物灌溉制度试验成果表（水稻）

省区名	站名	年份	作物品种（早、晚）	处理号 处理	处理号 重复	返青期 5月6日~5月12日 灌水次数	灌水量(mm)	有效降雨(mm)	耗水量(mm)	分蘖期 5月13日~6月6日 灌水次数	灌水量(mm)	有效降雨(mm)	耗水量(mm)	拔节期 6月7日~6月20日 灌水次数	灌水量(mm)	有效降雨(mm)	耗水量(mm)	抽穗期 6月21日~6月28日 灌水次数	灌水量(mm)	有效降雨(mm)	耗水量(mm)	灌浆期 6月29日~7月18日 灌水次数	灌水量(mm)	有效降雨(mm)	耗水量(mm)	全生育期 5月6日~7月18日 灌水次数	灌水量(mm)	有效降雨(mm)	耗水量(mm)	灌溉定额(mm)	产量水平(kg/亩)
广西	桂林	1986	早稻	普灌	平均	3	45	27	54	7	188	61	188	2	24	54	73	2	29	21	53			54	58	13	209	217	426	426	265
				全浅	平均	2	48	11	42	4	97	85	185	1	5	63	71	0	12	46	57			48	219	7	162	254	414	414	265
				浅晒	平均	2	40	14	44	4	118	84	187	2	72	56	107	1	42	38	71			32.4	41.8	10	272	234	451	451	267

附表 4(8)　作物灌溉制度试验成果表（水稻）

省区名	站名	年份	作物品种（早、晚）	处理号 处理	处理号 重复	返青期 7月30日~8月7日 灌水次数	灌水量(mm)	有效降雨(mm)	耗水量(mm)	分蘖期 8月8日~9月4日 灌水次数	灌水量(mm)	有效降雨(mm)	耗水量(mm)	拔节期 9月5日~9月18日 灌水次数	灌水量(mm)	有效降雨(mm)	耗水量(mm)	抽穗期 9月19日~9月30日 灌水次数	灌水量(mm)	有效降雨(mm)	耗水量(mm)	灌浆期 10月1日~11月9日 灌水次数	灌水量(mm)	有效降雨(mm)	耗水量(mm)	全生育期 7月30日~11月9日 灌水次数	灌水量(mm)	有效降雨(mm)	耗水量(mm)	灌溉定额(mm)	产量水平(kg/亩)
广西	桂林	1986	晚稻	浅湿晒、全层施肥	平均	2	88	4	57	5	141	55	198	4	160	18	154	4	136		140	11	165	108	268	20	691	184	819	819	334
				浅湿晒、分层施肥	平均	3	85	4	60	6	131	55	193	3	119	18	120	4	135		126	4	132	108	152	20	600	184	751	751	334

附表 5(1) 作物灌溉制度试验成果表(水稻)

省区	站名	年份	作物品种(早、中、晚)	处理号 处理	重复	返青期 5月7日~5月14日				分蘖期 5月15日~6月4日				拔节期 6月5日~6月22日				抽穗期 6月23日~6月28日				灌浆期 6月29日~7月19日				全生育期 5月7日~7月19日				产量水平(kg/亩)
						灌水次数	灌水量(mm)	有效降雨(mm)	耗水量(mm)	灌水次数	灌水量(mm)	有效降雨(mm)	耗水量(mm)	灌水次数	灌水量(mm)	有效降雨(mm)	耗水量(mm)	灌水次数	灌水量(mm)	有效降雨(mm)	耗水量(mm)	灌水次数	灌水量(mm)	有效降雨(mm)	耗水量(mm)	灌水次数	灌水量(mm)	有效降雨(mm)	耗水量(mm)	
广西	桂林	1987	凤选四号早稻	全期浅灌 平均		1	17.3	42.5	45.2	2.3	54.4	175.7	176.5	4.3	133.7	35.0	207.7	2.3	30.7	23.0	57.3	3	69.7	71.6	138.3	12.9	305.8	347.8	625	316.9
				湿润灌 平均		1.7	34.7	43.2	52.9	4	77.0	145.0	164.7	2.7	64.0	53.3	182	1.3	21.7	18.0	43	3	69.7	61.9	121.6	12.7	267.1	321.4	564.2	316.5

附表 5(2) 作物灌溉制度试验成果表(水稻)

省区	站名	年份	作物品种(早、中、晚)	处理号 处理	重复	返青期 7月26日~7月31日				分蘖期 8月1日~8月20日				拔节期 8月21日~9月3日				抽穗期 9月4日~9月11日				灌浆期 9月12日~10月14日				全生育期 7月26日~10月14日				产量水平(kg/亩)
						灌水次数	灌水量(mm)	有效降雨(mm)	耗水量(mm)	灌水次数	灌水量(mm)	有效降雨(mm)	耗水量(mm)	灌水次数	灌水量(mm)	有效降雨(mm)	耗水量(mm)	灌水次数	灌水量(mm)	有效降雨(mm)	耗水量(mm)	灌水次数	灌水量(mm)	有效降雨(mm)	耗水量(mm)	灌水次数	灌水量(mm)	有效降雨(mm)	耗水量(mm)	
广西	桂林	1987	威优64晚稻	浅湿晒 平均		1	29.0	23.8	40.7	5	154.4	48.5	199.9	4.6	146.9	29.1	144.6	3	88.7	6.6	98.6	4.7	133.4	68.2	182.9	18.3	552.4	176.2	666.7	416.7

附表 5(3)　作物灌溉制度试验成果表(水稻)

省区	站名	年份	作物品种(早、中、晚)	处理号	重复	返青期 5月9日~5月15日 灌水次数	灌水量(mm)	有效降雨(mm)	耗水量(mm)	分蘖期 5月16日~6月10日 灌水次数	灌水量(mm)	有效降雨(mm)	耗水量(mm)	拔节期 6月11日~6月30日 灌水次数	灌水量(mm)	有效降雨(mm)	耗水量(mm)	抽穗期 7月1日~7月8日 灌水次数	灌水量(mm)	有效降雨(mm)	耗水量(mm)	灌浆期 7月9日~7月25日 灌水次数	灌水量(mm)	有效降雨(mm)	耗水量(mm)	全生育期 5月9日~7月25日 灌水次数	灌水量(mm)	有效降雨(mm)	耗水量(mm)	产量水平(kg/亩)
广西	桂林	1988	华选五七早稻	高水平灌溉	1	1	23	45.2	28.2	2	99	30	164	4	86	158.2	198.2			17.8	68.8		72.6	42.1	114.7	7	280.6	293.3	573.9	259.8
					2	1	12	45.2	31.2	4	138.8	66	189.8	4	75	158.2	237.2	1	32	47.8	78.8		109.2	42.1	151.3	10	367	359.3	688.3	228.6
					3	1	19	45.2	22.2	3	129.5	37	174.5	5	139	154.2	233.2	2	46	47.8	93.8		128.3	42.1	170.4	11	461.8	326.3	694.1	238.4
					4	1	6	45.2	30.2	2	100	75	153	5	126	144.2	265.2	2	57	47.8	89.8		117.4	42.1	159.5	10	406.4	354.3	697.7	241.9
					5	1	28	45.2	25.2	3	130.8	22	185.8	4	131	119.2	235.2	2	43	27.8	100.8		112.1	42.1	154.2	10	444.9	256.3	701.2	208.5
					平均	1	17.6	42.6	27.4	2.8	121.5	32.4	173.3	4.4	111.4	134.6	233.8	1.4	35.6	27.2	76.4		108	42.1	150.1	9.6	392.1	278.9	671	235.5
				不灌溉	1	1	15	45.2	20.2		28	78	146			224.2	173.2			16.8	67.8		95.1	42.1	137.2	1	138.1	406.3	544.4	242.8
					2	1	2	45.2	23.2		61.4	76	161.4		8.7	262.2	235.9		13.2	47.8	96		85.9	42.1	128	1	171.2	473.3	644.5	202.7
					3	1	9	40.2	34.2		66	91	172		8	230.2	197.2		8.1	47.8	96.9		109.6	42.1	151.7	1	200.7	451.3	652	255.3
					4	1	7	45.2	29.2		34.4	101	158.4		8.6	262.2	234.8		6	47.8	89.8		71.3	42.1	113.4	1	127.3	498.3	625.6	216.1
					平均	1	8.2	44	26.7		47.5	86.5	159.4		6.3	244.7	210.3		6.8	40	87.6		90.5	42.1	132.6	1	159.3	457.3	616.6	229.3

· 162 ·

附表 5(4) 作物灌溉制度试验成果表（水稻）

省区	站名	年份	作物品种（早、中、晚）	处理号		返青期 8月6日~8月12日				分蘖期 8月13日~8月26日				拔节期 8月27日~9月11日				抽穗期 9月12日~9月15日				灌浆期 9月16日~10月11日				全生育期 8月6日~10月11日				产量水平（kg/亩）
				处理	重复	灌水次数	灌水量(mm)	有效降雨(mm)	耗水量(mm)	灌水次数	灌水量(mm)	有效降雨(mm)	耗水量(mm)	灌水次数	灌水量(mm)	有效降雨(mm)	耗水量(mm)	灌水次数	灌水量(mm)	有效降雨(mm)	耗水量(mm)	灌水次数	灌水量(mm)	有效降雨(mm)	耗水量(mm)	灌水次数	灌水量(mm)	有效降雨(mm)	耗水量(mm)	
广西	桂林	1988	桂优汕十二号晚稻	高水平灌溉	平均	1.8	49.6	39.8	53.2	0.4	4.2	60.1	83.4	1	38.7		43	1	26.4	2.7	40.7	4.6	196.5	1.3	199	8.8	315.4	103.9	419.3	149.6
				不灌溉	平均	1.8	51.3	39.8	55.6	0.2	1.8	87.9	82.9		6.7	33.7	82.7		11	2.7	13.8		118.6	1.3	119.9	2	189.4	165.4	354.9	146.2

附表 5(5) 作物灌溉制度试验成果表（水稻）

省区	站名	年份	作物品种（早、中、晚）	处理号		返青期 5月7日~5月13日				分蘖期 5月14日~6月10日				拔节期 6月11日~6月30日				抽穗期 7月1日~7月10日				灌浆期 7月11日~7月24日				全生育期 5月7日~7月24日				产量水平（kg/亩）
				处理	重复	灌水次数	灌水量(mm)	有效降雨(mm)	耗水量(mm)	灌水次数	灌水量(mm)	有效降雨(mm)	耗水量(mm)	灌水次数	灌水量(mm)	有效降雨(mm)	耗水量(mm)	灌水次数	灌水量(mm)	有效降雨(mm)	耗水量(mm)	灌水次数	灌水量(mm)	有效降雨(mm)	耗水量(mm)	灌水次数	灌水量(mm)	有效降雨(mm)	耗水量(mm)	
广西	桂林	1989	威优35 早稻	高水平灌溉	平均	1.2	48.2	10.4	31	3	47.4	136.6	211.6	6	260.2	108.5	294.5	2.4	92.5		146.2	1.2	74.3	6.6	80.9	13.8	522.6	262.1	764.4	479.9
				不灌溉	平均	1	41.5	76.9	42.7		12.3	147.3	232.8		24.5	186.3	179		23	68	116.3	1	80.1	6.6	86.7	1	181.4	485.1	657.5	449.3

附表 5(6)　作物灌溉制度试验成果表（水稻）

省区	站名	年份	作物品种（早、中、晚）	处理号		返青期 8月1日～8月7日				分蘖期 8月8日～9月5日				拔节期 9月6日～9月20日				抽穗期 9月21日～10月2日				灌浆期 10月3日～10月22日				全生育期 8月1日～10月22日				产量水平（kg/亩）
				处理	重复	灌水次数	灌水量(mm)	有效降雨(mm)	耗水量(mm)	灌水次数	灌水量(mm)	有效降雨(mm)	耗水量(mm)	灌水次数	灌水量(mm)	有效降雨(mm)	耗水量(mm)	灌水次数	灌水量(mm)	有效降雨(mm)	耗水量(mm)	灌水次数	灌水量(mm)	有效降雨(mm)	耗水量(mm)	灌水次数	灌水量(mm)	有效降雨(mm)	耗水量(mm)	
广西	桂林	1989	汕优六四晚稻	灌溉	平均	2.8	95.2	6.8	57.4	6.2	182.5	85.7	293.3	5.8	194.2		189.9	4	116	10.3	147.3	2.8	93.7	4	100.5	21.6	681.6	106.8	788.4	507.2
				不灌溉	平均	1.2	78	9.8	49.1		137.9	112.1	274.2		132.8	9.5	156.8		74.6	12.9	87.5		49	6.8	55.8	1.2	472.3	151.1	623.4	472

· 164 ·

附表5(7) 作物灌溉制度试验成果表（水稻）

省区	年份	站名	作物品种（早、中、晚）	处理	重复	返青期 5月7日~5月14日 灌水次数	灌水量(mm)	有效降雨(mm)	耗水量(mm)	分蘖期 5月15日~6月10日 灌水次数	灌水量(mm)	有效降雨(mm)	耗水量(mm)	拔节期 6月11日~6月30日 灌水次数	灌水量(mm)	有效降雨(mm)	耗水量(mm)	抽穗期 7月1日~7月10日 灌水次数	灌水量(mm)	有效降雨(mm)	耗水量(mm)	灌浆期 7月11日~7月30日 灌水次数	灌水量(mm)	有效降雨(mm)	耗水量(mm)	全生育期 5月7日~7月30日 灌水次数	灌水量(mm)	有效降雨(mm)	耗水量(mm)	产量水平(kg/亩)
广西	1990	桂林	威优四六早稻	灌溉	1	1	25	19.6	27.6	1	28.4	63.3	100.7	5	125.3	80.5	178.8			75.5	85.6	7	42.7	69.4	115		221.4	308.3	507.7	448.2
					2	2	44	19.6	33.6		26.4	76.3	122.7	4	136.1	80.5	190.6	1	5	46.5	76.7	6	36	69.4	106.2		247.5	292.3	529.8	473.2
					3	1	30	19.6	35.6		16.7	93.3	107	4	138.8	80.5	179.3	1	13	42.5	92.3	6	36.5	69.4	109.1		235	305.3	523.3	408.1
					平均	1.3	33	19.6	32.3	0.3	23.8	77.6	110.1	4.4	133.4	80.5	182.9	0.7	6	54.9	84.8	6.3	38.4	69.4	110.1		234.6	302	520.2	443.2
				不灌溉	1	1	70	19.6	45.6	1	13.4	69.3	126.7	1	41.7	80.5	116.1			75.5	61.2	1	40.6	69.4	130.4		165.7	314.3	480	
					2	1	71	19.6	48.6	1	20.1	67.3	129.4	1	55.2	80.5	134.6			75.5	53.7	1	18.6	69.4	110.9		157.3	312.3	469.6	
					3	1	62	19.6	45.6	1	8.9	79.3	124.2	1	31.3	80.5	97.6			75.5	59.3	1	23.8	69.4	123.6		126	324.3	450.3	
					平均	1	67.6	19.6	46.6	1	14.1	72	126.8	1	42.7	80.5	116.1			75.5	58	1	27.7	69.4	121.6		152.1	317	469.1	403.9
				旱管	1	1	38	19.6	30.6	1	41.7	76.3	109	1	25.5	80.5	95.8			75.5	62.9	2	45.7	69.4	137.9		150.9	321.3	436.2	
					2	1	36	19.6	28.6		13.8	94.3	102.1	1	22.7	80.5	89			75.5	62.7	1	34.5	69.4	130.9		107	339.3	413.3	
					3	1	30	19.6	32.6		12	90.3	94.3	1	20.8	80.5	85.5			75.5	65.5	1	30.2	69.4	125.4		93	335.3	403.3	
					平均	1	34.7	19.6	30.6	0.3	22.5	86.9	101.8	1	23	80.5	90.1			75.5	63.7	1.3	36.8	69.4	131.4		117	331.9	417.6	430.9

附表5(8) 作物灌溉制度试验成果表(水稻)

省区	站名	年份	作物品种(早、中、晚)	处理	重复	返青期 8月6日~8月14日				分蘖期 8月15日~9月7日				拔节期 9月8日~9月22日				抽穗期 9月23日~10月4日				灌浆期 10月5日~10月29日				全生育期 8月6日~10月29日				产量水平 (kg/亩)
						灌水次数	灌水量(mm)	有效降雨(mm)	耗水量(mm)	灌水次数	灌水量(mm)	有效降雨(mm)	耗水量(mm)	灌水次数	灌水量(mm)	有效降雨(mm)	耗水量(mm)	灌水次数	灌水量(mm)	有效降雨(mm)	耗水量(mm)	灌水次数	灌水量(mm)	有效降雨(mm)	耗水量(mm)	灌水次数	灌水量(mm)	有效降雨(mm)	耗水量(mm)	
广西	桂林	1990	桂三四晚稻	灌溉	1	4	97	12.3	88.3	6	275.3		283.3	7	228	10.3	239.3	5	194	35.6	210.6	1	90	29.8	150.8	23	884.3	88	972.3	388.4
					2	3	86	12.3	88.3	7	297.3		294.3	6	250	10.3	236.3	2	93	35.6	165.6	2	112	25.6	137.6	20	838.3	83.8	922.1	437.5
					3	2	64	12.3	66.3	7	293		285	7	243	10.3	262.3	4	14.3	35.6	187.6	2	89.9	23.2	113.1	22	832.9	81.4	914.3	397.3
					平均	3	82.3	12.3	81	6.7	288.5		287.5	6.7	240.3	10.3	246	3.7	143.4	35.6	187.9	1.6	97.3	26.2	133.8	21.7	851.8	84.4	936.2	393.2
				不灌溉	1	3	91	12.3	97.3	1	157.8		163.8		29.2	10.3	39.5			35.6	33.2	4	58.6	22.9	83.9	4	336.6	81.1	417.7	333.1
					2	3	88	12.3	94.3	1	157.9		163.9		29	10.3	39.3			35.6	34.1	4	61.2	23.1	85.8	4	336.1	81.3	417.4	303.6
					3	2	60	12.3	62.3	1	135.5		145.5		23	10.3	33.3			35.6	30.2	3	50.5	20.6	76.5	3	269	78.8	347.8	339.8
					平均	2.7	79.7	12.3	84.6	1	150.4		157.8		27.1	10.3	37.4			35.6	32.5	3.7	56.7	22.2	82	3.7	313.9	80.4	394.3	325.5
				旱管	1	2	92	12.3	86.3	1	200.9		218.9		54.1	10.3	64.4			35.6	28.3	4	44.2	19.7	71.2	4	391.2	77.9	469.1	366.1
					2	2	60	12.3	63.3	1	183		192		42.8	10.3	53.1			35.6	31.1	3	52.3	20.9	77.7	3	338.1	79.1	417.2	361.6
					3	3	78	12.3	61.3	1	160.2		189.2		67.6	10.3	77.9			35.6	29.5	4	47.4	20.3	73.8	4	353.2	78.5	431.7	339.3
					平均	2.7	76.7	12.3	70.3	1	181.3		200		54.9	10.3	65.2			35.6	29.6	3.7	47.9	20.3	74.2	3.7	360.8	78.5	439.3	355.7

· 166 ·

附表 5(9)　作物灌溉制度试验成果表（水稻）

省区	站名	年份	作物品种(早、中、晚)	处理号		返青期 5月3日~5月10日				分蘖期 5月11日~6月6日				拔节期 6月7日~6月22日				抽穗期 6月23日~7月4日				灌浆期 7月5日~7月31日				全生育期 5月3日~7月31日				产量水平(kg/亩)
				处理	重复	灌水次数	灌水量(mm)	有效降雨(mm)	耗水量(mm)	灌水次数	灌水量(mm)	有效降雨(mm)	耗水量(mm)	灌水次数	灌水量(mm)	有效降雨(mm)	耗水量(mm)	灌水次数	灌水量(mm)	有效降雨(mm)	耗水量(mm)	灌水次数	灌水量(mm)	有效降雨(mm)	耗水量(mm)	灌水次数	灌水量(mm)	有效降雨(mm)	耗水量(mm)	
广西	桂林	1991	威优六四早稻	薄浅湿晒	平均	2	32.3	44.7	56.9	8	136.4	108	222.5		14.7	138.3	99.9	5	132.3	13.6	157.9	2	128.1	99	239.9	17	443.8	403.6	777.1	476.6
				控制灌溉	平均	2	28.3	43.7	57.5	10	153.1	128	227.6		17	152.8	114.9		75	13.6	118.2		125.2	94.8	204.3	12	398.6	432.9	722.5	456.1

附表 5(10)　作物灌溉制度试验成果表（水稻）

省区	站名	年份	作物品种(早、中、晚)	处理号		返青期 8月6日~8月10日				分蘖期 8月11日~8月31日				拔节期 9月1日~9月12日				抽穗期 9月13日~9月20日				灌浆期 9月21日~10月18日				全生育期 8月6日~10月18日				产量水平(kg/亩)
				处理	重复	灌水次数	灌水量(mm)	有效降雨(mm)	耗水量(mm)	灌水次数	灌水量(mm)	有效降雨(mm)	耗水量(mm)	灌水次数	灌水量(mm)	有效降雨(mm)	耗水量(mm)	灌水次数	灌水量(mm)	有效降雨(mm)	耗水量(mm)	灌水次数	灌水量(mm)	有效降雨(mm)	耗水量(mm)	灌水次数	灌水量(mm)	有效降雨(mm)	耗水量(mm)	
广西	桂林	1991	华02号晚稻	薄浅湿晒	平均	1	64.6	9.5	48.9	7	170.8	27.4	195.4	5	137.4	1.8	120	5	132.6		99	2	153.9	7.6	154.1	20	659.3	46.3	617.4	534.1
				控制灌溉	平均	1	60.3	9.5	40.8	6	143.7	21.6	182.3	2	145.7	1.8	101		53.1		53.1	1	143.1	8.7	151.8	10	545.9	41.6	529	446

附表5（11）　作物灌溉制度试验成果表（水稻）

省区	站名	年份	作物品种(早、中、晚)	处理号		返青期 5月4日~5月14日				分蘖期 5月15日~6月11日				拔节期 6月12日~6月23日				抽穗期 6月24日~7月1日				灌浆期 7月2日~7月23日				全生育期 5月4日~7月23日				产量水平(kg/亩)
				处理	重复	灌水次数	灌水量(mm)	有效降雨(mm)	耗水量(mm)	灌水次数	灌水量(mm)	有效降雨(mm)	耗水量(mm)	灌水次数	灌水量(mm)	有效降雨(mm)	耗水量(mm)	灌水次数	灌水量(mm)	有效降雨(mm)	耗水量(mm)	灌水次数	灌水量(mm)	有效降雨(mm)	耗水量(mm)	灌水次数	灌水量(mm)	有效降雨(mm)	耗水量(mm)	
广西	桂林	1992	威优华二早稻	薄浅湿晒	平均	3	43	18.4	49.2	5	101.9	79.4	159.5	7	72.4	21	99.9	3	35.8		47.6	3	86.1	39.9	136.1	21	339.2	158.7	492.3	441.6
				控制灌溉	平均	2	42.7	2.7	40.7	4	60.2	68.5	139.2			28	30.5		37		36	3	66.8	58.1	117.6	9	169.7	194.3	364	447.8

附表5（12）　作物灌溉制度试验成果表（水稻）

省区	站名	年份	作物品种(早、中、晚)	处理号		返青期 8月1日~8月7日				分蘖期 8月8日~8月30日				拔节期 8月31日~9月15日				抽穗期 9月16日~9月30日				灌浆期 10月1日~10月30日				全生育期 8月1日~10月30日				产量水平(kg/亩)
				处理	重复	灌水次数	灌水量(mm)	有效降雨(mm)	耗水量(mm)	灌水次数	灌水量(mm)	有效降雨(mm)	耗水量(mm)	灌水次数	灌水量(mm)	有效降雨(mm)	耗水量(mm)	灌水次数	灌水量(mm)	有效降雨(mm)	耗水量(mm)	灌水次数	灌水量(mm)	有效降雨(mm)	耗水量(mm)	灌水次数	灌水量(mm)	有效降雨(mm)	耗水量(mm)	
广西	桂林	1992	汕优桂99晚稻	薄浅湿晒	平均	3	80.6		50	10	194.4	3.6	197.3	6	123	25.1	127.5		120.9	8.9	101.8	5	154.1	7.4	155.1	30	673	45	631.7	461.9
				控制灌溉	平均	3	78.5		51	2	102.2	3.6	111.3	1	9.1	55.2	57.1	1	61.9	8.9	114.2	3	106.8	7.4	114.2	10	358.5	75.1	411.6	446.9

附表 5(13)　作物灌溉制度试验成果表（水稻）

省区	站名	年份	作物品种（早、中、晚）	处理号（处理）	处理号（重复）	返青期 5月12日~5月23日				分蘖期 5月24日~6月22日				拔节期 6月23日~7月2日				抽穗期 7月3日~7月12日				灌浆期 7月13日~7月31日				全生育期 5月12日~7月31日				产量水平（kg/亩）
						灌水次数	灌水量(mm)	有效降雨(mm)	耗水量(mm)	灌水次数	灌水量(mm)	有效降雨(mm)	耗水量(mm)	灌水次数	灌水量(mm)	有效降雨(mm)	耗水量(mm)	灌水次数	灌水量(mm)	有效降雨(mm)	耗水量(mm)	灌水次数	灌水量(mm)	有效降雨(mm)	耗水量(mm)	灌水次数	灌水量(mm)	有效降雨(mm)	耗水量(mm)	
广西	桂林	1993	威优35早稻	薄浅湿晒	平均	2	43.5	30.5	58.4	3	87.6	150.2	210.8	4	40	81.3	75.3		22.7	31	99.7		103.8	86.8	190.6	9	297.6	379.8	634.8	408.9

附表 5(14)　作物灌溉制度试验成果表（水稻）

省区	站名	年份	作物品种（早、中、晚）	处理号（处理）	处理号（重复）	返青期 8月7日~8月13日				分蘖期 8月14日~9月10日				拔节期 9月11日~9月21日				抽穗期 9月22日~9月30日				灌浆期 10月1日~10月31日				全生育期 8月7日~10月31日				产量水平（kg/亩）
						灌水次数	灌水量(mm)	有效降雨(mm)	耗水量(mm)	灌水次数	灌水量(mm)	有效降雨(mm)	耗水量(mm)	灌水次数	灌水量(mm)	有效降雨(mm)	耗水量(mm)	灌水次数	灌水量(mm)	有效降雨(mm)	耗水量(mm)	灌水次数	灌水量(mm)	有效降雨(mm)	耗水量(mm)	灌水次数	灌水量(mm)	有效降雨(mm)	耗水量(mm)	
广西	桂林	1993	汕桂99晚稻	薄浅湿晒	平均	1	23	76.1	83.1	5	142.8	73.4	222.2	1	15.2	52.2	79	3	74.5	23.3	86.2	2.6	192.6	52.4	245	12.6	448.1	277.4	715.5	357.1

附表 5（15） 作物灌溉制度试验成果表（水稻）

省区	站名	年份	作物品种（早、中、晚）	处理	重复	返青期 5月6日~5月13日				分蘖期 5月14日~6月10日				拔节期 6月11日~6月30日				抽穗期 7月1日~7月8日				灌浆期 7月9日~7月31日				全生育期 5月6日~7月31日				产量水平(kg/亩)
						灌水次数	灌水量(mm)	有效降雨(mm)	耗水量(mm)	灌水次数	灌水量(mm)	有效降雨(mm)	耗水量(mm)	灌水次数	灌水量(mm)	有效降雨(mm)	耗水量(mm)	灌水次数	灌水量(mm)	有效降雨(mm)	耗水量(mm)	灌水次数	灌水量(mm)	有效降雨(mm)	耗水量(mm)	灌水次数	灌水量(mm)	有效降雨(mm)	耗水量(mm)	
广西	桂林	1994	威优77 早稻	薄浅湿晒	1	4	91		57.7	5	115.3	70.1	214.2	4	103.6	71.6	175.2	4	86.4	0.8	70.7		111.2	145.2	161.7	17	507.5	287.7	679.5	477.7
					2	3	87.5	0.2	53.2	6	89.3	79.9	201.2	5	126.6	50.6	177.2	4	61.8	27.8	74.1		120	136.4	151.9	18	365.2	294.9	657.6	450.9
					3	4	107.8	7.7	57.5	7	163	1.1	216.9	8	179.6	45.7	171.2	3	67.2		88.9		122.9	133.5	148.6	22	517.6	188	683.1	468.8
					平均	3.7	95.4	2.6	56.1	6	122.5	50.4	210.8	5.7	136.6	56	174.5	3.6	71.8	9.5	77.9			138.3	154	19	426.3	256.8	673.4	465.8

附表 5(16)　作物灌溉制度试验成果表（水稻）

省区	站名	年份	作物品种(早、中、晚)	处理	处理号 重复	返青期 8月6日~8月12日				分蘖期 8月13日~9月5日				拔节期 9月6日~9月20日				抽穗期 9月21日~10月10日				灌浆期 10月11日~10月27日				全生育期 8月6日~10月27日				产量水平(kg/亩)
						灌水次数	灌水量(mm)	有效降雨(mm)	耗水量(mm)	灌水次数	灌水量(mm)	有效降雨(mm)	耗水量(mm)	灌水次数	灌水量(mm)	有效降雨(mm)	耗水量(mm)	灌水次数	灌水量(mm)	有效降雨(mm)	耗水量(mm)	灌水次数	灌水量(mm)	有效降雨(mm)	耗水量(mm)	灌水次数	灌水量(mm)	有效降雨(mm)	耗水量(mm)	
广西	桂林	1994	威优77 晚稻	薄浅湿晒	1	2	62	27.2	49.2	5	143.2	50.9	234.1	11	293.6	2.9	208.5	8	234	61.2	295.2		33.6	48	81.6	26	766.4	190.2	868.6	147.3
					2	2	65	10.2	50.2	3	102.1	45.9	167.3	6	184	2.9	192.6	7	181	58.5	239.5		34.3	49	83.3	18	566.4	166.5	732.9	151.8
					3	2	65	11.2	61.2	4	143.1	44.9	203	6	241.7	2.9	236.6	7	208	82.4	298.4		40.6	58	98.6	19	698.4	199.4	897.8	156.3
					平均	2	64	16.2	53.5	4	129.5	47.2	201.4	7.7	239.8	2.9	212.6	7.3	207.5	67.4	277.7		36.2	51.7	87.9	21	677	185.4	833.1	151.8

附表 5(17)　作物灌溉制度试验成果表（水稻）

省区	站名	年份	作物品种（早、中、晚）	处理号 处理	重复	返青期 7月30日~8月5日				分蘖期 8月6日~8月31日				拔节期 9月1日~9月20日				抽穗期 9月21日~10月2日				灌浆期 10月3日~10月27日				全生育期 7月30日~10月27日				产量水平(kg/亩)
						灌水次数	灌水量(mm)	有效降雨(mm)	耗水量(mm)	灌水次数	灌水量(mm)	有效降雨(mm)	耗水量(mm)	灌水次数	灌水量(mm)	有效降雨(mm)	耗水量(mm)	灌水次数	灌水量(mm)	有效降雨(mm)	耗水量(mm)	灌水次数	灌水量(mm)	有效降雨(mm)	耗水量(mm)	灌水次数	灌水量(mm)	有效降雨(mm)	耗水量(mm)	
广西	桂林	1995	晚稻	薄浅湿晒	1	3	104	11.6	87.6	5	151	57	226	5	251	16.9	243.9	3	150		151.8	2	123.8	33.4	157.2	18	779.8	118.9	866.5	367.9
					2	3	111	34.6	122.6	5	197	55	275	5	268	0.9	239.9	3	151	6.8	153.8	2	95	37.9	131.4	18	822	135.2	922.7	345.6
					3	2	78	12.6	69.6	5	169	51	222	7	206	16.9	209.9	4	160	0.8	182.8	2	115	27.4	151.4	20	728	108.7	836.7	327.7
					平均	2.7	97.7	19.6	93.3	5	172.3	54.3	241.3	5.6	241.7	11.6	231.2	3.3	153.7	2.5	162.8	2	111.2	32.9	146.7	18.6	776.6	120.9	875.3	347.1
				正常灌溉	平均	3	116	9.5	107.3	5.2	137	62.1	217.4	6.7	266.7	16.9	255	2.3	119	35.1	167.1	2	100.7	24.1	140.3	19.2	739.4	147.7	887.1	376.1

附表 5(18) 作物灌溉制度试验成果表（水稻）

省区	站名	年份	作物品种(早、中、晚)	处理号	重复	返青期 5月8日~5月15日				分蘖期 5月16日~6月18日				拔节期 6月19日~6月30日				抽穗期 7月1日~7月11日				灌浆期 7月12日~7月31日				全生育期 5月8日~7月31日				产量水平(kg/亩)
						灌水次数	灌水量(mm)	有效降雨(mm)	耗水量(mm)	灌水次数	灌水量(mm)	有效降雨(mm)	耗水量(mm)	灌水次数	灌水量(mm)	有效降雨(mm)	耗水量(mm)	灌水次数	灌水量(mm)	有效降雨(mm)	耗水量(mm)	灌水次数	灌水量(mm)	有效降雨(mm)	耗水量(mm)	灌水次数	灌水量(mm)	有效降雨(mm)	耗水量(mm)	
广西	桂林	1996	优200早稻	薄浅湿晒	1	3	57	10.1	47.1	7	155.4	128.6	263	2	35		123.6	2	24	170.9	96.3	1	48.4	122.8	149.2	15	319.8	432.4	679.2	381.3
					2	2	28	19.1	33.1	4	112.4	136.6	212	1	25		117.6	2	49	140.9	87.3	1	49.4	123.8	147.2	10	263.8	420.4	597.2	380.4
					3	2	55	17.1	33.1	3	56.4	129.6	220	1	29		113.6	2	33	130.9	79.3	1	32.4	170.8	154.2	9	205.8	448.4	600.2	392
					平均	2.3	46.7	15.4	37.8	4.7	108.1	131.6	231.7	1.3	29.6		118.2	2	35.3	147.6	87.6	1	43.4	139.1	150.2	11.3	263.1	433.7	625.5	384.6
				正常灌溉	1	3	54	1.1	35.1	4	139.4	112.6	264	3	70	40.6	110.6	1	35	75.3	104.3	1	41.3	156.9	160.6	12	339.7	390.2	661.9	391.1
					2	3	65	12.1	37.1	5	117.1	125.9	224			137.6	102.6	1	7	39.3	105.3	1	49.3	161.6	150.9	10	238.4	476.5	619.9	393.3
					3	1	65	29.1	30.1	3	53.4	126.9	214	1	39	58.3	110.6	1	20	88.3	99.3	1	27.3	172.6	151.9	7	204.7	475.2	605.9	391.1
					平均	2.3	61.3	14.1	34.1	4	103.3	121.8	234	1.3	36.3	78.8	107.9	1	20.7	67.7	103	1	39.3	164.9	150.2	9.6	260.9	447.3	629.2	392
				间歇灌溉	1	3	48	22.1	35.1	5	155.4	138.6	252	2	38	105.6	117.6	2	57	18.3	91.3	1	63.4	126.8	159.2	13	361.8	411.4	655.2	392.9
					2	2	62	24.1	46.1	3	113.4	102.6	218	2	56	96.6	121.6	1	54	17.3	87.3	1	18.4	143.8	137.2	9	303.8	384.4	610.2	372.3
					3	3	64	30.1	70.1	6	156	77.6	257.6	1	15	165.6	118.6			23.3	85.3	1	36.4	164.8	146.2	11	271.4	461.4	677.8	360.7
					平均	2.7	58	25.4	50.4	4.6	141.6	106.3	242.5	1.7	36.3	122.6	119.3	1	37	19.6	88	1	39.4	145.2	147.5	11	312.3	419.1	647.7	375.4

附表 5（19） 作物灌溉制度试验成果表（水稻）

省区	站名	年份	作物品种（早、中、晚）	处理	重复	返青期 8月4日~8月11日				分蘖期 8月12日~9月5日				拔节期 9月6日~9月25日				抽穗期 9月26日~10月5日				灌浆期 10月6日~10月27日				全生育期 8月4日~10月27日				产量水平（kg/亩）
						灌水次数	灌水量(mm)	有效降雨(mm)	耗水量(mm)	灌水次数	灌水量(mm)	有效降雨(mm)	耗水量(mm)	灌水次数	灌水量(mm)	有效降雨(mm)	耗水量(mm)	灌水次数	灌水量(mm)	有效降雨(mm)	耗水量(mm)	灌水次数	灌水量(mm)	有效降雨(mm)	耗水量(mm)	灌水次数	灌水量(mm)	有效降雨(mm)	耗水量(mm)	
广西	桂林	1996	桂九晚稻	薄浅湿晒	1	5	104	9.6	83.6	1	25	203.2	243.2	10	198	2.5	180.5	3	54	0.8	83.3	5	102.3	21.1	114.9	24	483.3	237.2	705.5	326.8
					2	4	106	9.6	72.6	1	14.5	210.1	229.6	11	196	2.5	184.5	4	91	0.8	117.3	3	79.9	21.1	89.5	23	487.4	244.1	703.5	318.3
					3	4	100	9.6	74.6	3	36.4	210.1	260.5	10	211	2.5	195.5	3	80	0.8	90.3	4	112.2	21.1	132.8	24	539.6	244.1	753.7	341.5
					平均	4.3	103.3	9.6	76.9	1.7	25.2	207.8	247.8	10.3	201.7	2.5	186.8	3.4	75	0.8	97	4	98.2	21.1	112.4	23.7	503.4	241.8	720.9	328.9
				间歇灌溉	1	4	114	9.6	80.6	1	17	189.7	230.7	7	158	2.5	160.5	3	92	0.8	112.3	3	98.9	21.1	100.5	18	479.9	223.7	684.6	306.3
					2	4	121	9.6	94.6	1	29	205.2	238.2	6	177	2.5	169.5	3	65	0.8	75.8	3	109.2	21.1	130.3	17	501.2	239.2	708.4	303.2
					3	4	120	9.6	93.6	1	16	198.5	225.5	7	180	2.5	182.5	3	51	0.8	51.8	3	89.3	21.1	110.4	18	456.3	232.5	663.8	329
					平均	4	118.3	9.6	89.6	1	20.7	197.8	231.5	6.6	171.7	2.5	170.8	3	69.3	0.8	80	3	99.1	21.1	113.7	17.6	479.1	231.8	685.6	312.8

附表 5(20)　作物灌溉制度试验成果表（水稻）

省区	站名	年份	作物品种(早、中、晚)	处理号	重复	返青期 5月7日~5月13日				分蘖期 5月14日~5月25日				拔节期 5月26日~6月16日				抽穗期 6月17日~6月23日				灌浆期 6月24日~7月22日				全生育期 5月7日~7月22日				产量水平(kg/亩)
						灌水次数	灌水量(mm)	有效降雨(mm)	耗水量(mm)	灌水次数	灌水量(mm)	有效降雨(mm)	耗水量(mm)	灌水次数	灌水量(mm)	有效降雨(mm)	耗水量(mm)	灌水次数	灌水量(mm)	有效降雨(mm)	耗水量(mm)	灌水次数	灌水量(mm)	有效降雨(mm)	耗水量(mm)	灌水次数	灌水量(mm)	有效降雨(mm)	耗水量(mm)	
广西	桂林	1997	金优404 早稻	薄浅湿晒	1	1	30	53.3	47.1	4	72	96.3	167.5	3	74	83	167	1	25	36.6	88.6	2	63	154.5	174.5	11	264	423.7	644.7	419.7
					2	1	29	53.3	33.1	3	48	92.3	136.5	1	17	97	152	1	44	36.6	65.6	2	56	151.3	165.3	8	194	430.5	552.5	417.5
					3	1	30	53.3	33.1	4	67	67.9	155.1	1	31	103	148	1	29	36.6	81.6	2	41	140.9	146.9	9	198	401.7	564.7	415.2
					平均	1	29.7	53.3	37.8	3.6	62.3	85.5	155.7	1.7	40.7	94.3	155.7	1	32.7	36.6	78.6	2	53.3	148.9	162.2	9.3	218.7	418.6	587.3	417.5
				间歇灌溉	1	1	20	53.3	35.1	2	40	106.7	141.9	2	25	112	138	2	40	36.6	54.6	1	30	146.5	176.5	7	155	455.1	546.1	410.7
					2	1	21	53.3	46.1	2	37	99.6	101.8	1	24	100	114	1	32	36.6	54.6	1	35	153.5	188.5	6	149	443	505	410.8
					3	1	21	53.3	70.1	2	56	93.7	87.9	1	19	91	108	1	25	36.6	61.6	1	39	148.2	187.2	6	160	422.8	514.8	437.5
					平均	1	20.7	53.3	50.4	2	44.3	99.9	110.5	1	22.7	101	120	1.3	32.3	36.6	56.9	1	34.7	149.5	184.2	6.3	154.7	440.3	522	418.2

附表 5(21)　作物灌溉制度试验成果表(水稻)

省区	站名	年份	作物品种(早、中、晚)	处理	重复	返青期 (5月2日~5月10日) 灌水次数	灌水量(mm)	有效降雨(mm)	耗水量(mm)	分蘖期 (5月11日~5月31日) 灌水次数	灌水量(mm)	有效降雨(mm)	耗水量(mm)	拔节期 (6月1日~6月10日) 灌水次数	灌水量(mm)	有效降雨(mm)	耗水量(mm)	抽穗期 (6月11日~6月17日) 灌水次数	灌水量(mm)	有效降雨(mm)	耗水量(mm)	灌浆期 (6月18日~7月18日) 灌水次数	灌水量(mm)	有效降雨(mm)	耗水量(mm)	全生育期 (5月2日~7月18日) 灌水次数	灌水量(mm)	有效降雨(mm)	耗水量(mm)	产量水平(kg/亩)
广西	桂林	1998	金优974早稻	薄浅湿晒	1	3	107	6.2	62	1	39	55.5	117.5	4	145	30.7	68.7	1	40	19.4	63.4			138.6	181.6	9	331	250.4	493.2	392
					2	3	110	18	67	1	28	50.1	119.1	1	54	40.7	59.7			47	22			129.7	189.7	5	192	285.5	457.5	384.8
					3	2	95	18	53	1	43	22.1	105.1	2	70	60.7	80.7			54	36			154.1	212.1	5	208	308.9	486.9	377.7
					平均	2.7	104	14.1	60.7	1	36.7	42.6	113.9	2.3	89.7	44	69.7	0.3	13.3	40.1	40.5			140.8	194.5	6.3	243.7	281.6	479.3	384.8
				间歇灌溉	1	2	90	6.2	53	1	62	64.5	111.5	1	54	43.7	51.7			28	34			148.5	188.5	4	206	290.9	438.7	399.1
					2	4	115	18	67	1	35	56.9	97.9	3	162	8.9	59.7			30	28			112.3	157.3	8	312	226.1	409.9	396.4
					3	3	96	8	63	1	46	66.3	73.3	2	64	60.7	70.7			37	33			142.5	172.5	6	206	310.5	416.5	388.4
					平均	3	100.3	10.7	61	1	47.7	62.5	94.2	2	93.3	37.8	60.7			30.3	33			134.4	172.8	6	241.3	275.8	421.7	394.6

附表5(22)　作物灌溉制度试验成果表（水稻）

省区	站名	年份	作物品种(早、中、晚)	处理	重复	返青期 7月27日～7月31日				分蘖期 8月1日～8月23日				拔节期 8月24日～9月6日				抽穗期 9月7日～9月15日				灌浆期 9月16日～10月12日				全生育期 7月27日～10月12日				产量水平(kg/亩)
						灌水次数	灌水量(mm)	有效降雨(mm)	耗水量(mm)	灌水次数	灌水量(mm)	有效降雨(mm)	耗水量(mm)	灌水次数	灌水量(mm)	有效降雨(mm)	耗水量(mm)	灌水次数	灌水量(mm)	有效降雨(mm)	耗水量(mm)	灌水次数	灌水量(mm)	有效降雨(mm)	耗水量(mm)	灌水次数	灌水量(mm)	有效降雨(mm)	耗水量(mm)	
广西	桂林	1998	优I:4480晚稻	薄浅湿晒	1	2	92	47		3	157.6	34.7	204.3	3	143	22.3	115.3	3	134	2	90.8	3	167	14.4	156.4	14	693.6	73.4	613.8	514.3
					2	2	90	43		3	56.4	64.7	151	3	143.7	42.3	156	2	120	11.8	86.8	2	132	14.4	191.4	12	542.1	133.2	628.3	535.7
					3	2	67	45		3	119.4	64.7	206.1	3	133	22.3	120.3	3	78	11.8	89.8	3	126	14.4	140.4	14	523.4	113.2	601.6	544.6
					平均	2	83	45		3	111.1	54.7	187.2	3	139.9	29	130.5	2.7	110.7	8.5	89.1	2.7	141.7	14.4	162.8	14	586.4	106.6	614.6	531.3
				间歇灌溉	1	2	51	26		4	164.4	64.7	179.1	4	198	22.3	130.3	3	147	2	88.8	3	144	14.4	158.4	16	704.4	103.4	582.6	525
					2	2	70	34		3	129.8	64.7	220.5	3	183	22.3	165.3	2	99	11.8	80.8	3	170	14.4	184.4	13	651.8	113.2	685	521.4
					3	3	78	48		4	151	34.7	183.7	5	145	22.3	144.3	1	29	11.8	45.8	3	142	14.4	156.4	16	545	83.2	574.2	551.8
					平均	2.3	66.3	36		4	148.4	54.7	194.5	4	175.3	22.3	145.3	2	91.7	8.5	71.8	3	152	14.4	166.4	15	633.7	99.9	613.9	533

附表 5（23） 作物灌溉制度试验成果表（水稻）

省区	站名	年份	作物品种（早、中、晚）	处理	重复	返青期 月日~月日	灌水次数	灌水量(mm)	有效降雨(mm)	耗水量(mm)	分蘖期 5月10日~6月9日 灌水次数	灌水量(mm)	有效降雨(mm)	耗水量(mm)	拔节期 6月10日~6月21日 灌水次数	灌水量(mm)	有效降雨(mm)	耗水量(mm)	抽穗期 6月22日~7月1日 灌水次数	灌水量(mm)	有效降雨(mm)	耗水量(mm)	灌浆期 7月2日~7月23日 灌水次数	灌水量(mm)	有效降雨(mm)	耗水量(mm)	全生育期 5月10日~7月23日 灌水次数	灌水量(mm)	有效降雨(mm)	耗水量(mm)	产量水平(kg/亩)
广西	桂林	1999	优974早稻	薄浅湿晒	1						3	103	100.6	196.6	4	120	29.8	139.8	3	94	29	123	3	82	40.4	121.3	13	399	199.8	580.7	417.9
					2						2	71	106.6	177.6	3	123	29.8	140.8	3	89	29	118	3	73	46.3	119.3	11	356	211.7	555.7	413.4
					3						3	87	91.6	178.6	3	114	29.8	143.8	3	99	29	128	2	71	46.3	117.3	11	371	196.7	567.7	488.4
					平均						2.7	87	99.6	184.2	3.3	19	29.8	141.5	3	94	29	123	2.7	75.3	44.3	119.3	11.7	375.3	202.7	568	440.2
				间歇灌溉	1						3	113	92.6	188.6	2	58.9	29.8	88.7	2	54.2	17	71.2	2	56	52.1	108.1	9	282.1	191.5	456.6	427.7
					2						3	91	123.6	179.6	2	53.9	29.8	83.7	2	66.2	6	72.2	2	56	52.1	108.1	9	267.1	211.5	443.6	404.5
					3						3	110	89.6	185.6	2	58.9	29.8	88.7	2	69.2	5	74.2	2	61	52.4	113.1	9	299.1	176.5	461.6	399.1
					平均						3	104.7	102	184.6	2	57.2	29.8	87.1	2	63.2	9.3	72.5	2	57.7	52.1	109.8	9	282.8	193.2	454	409.8

· 178 ·

附表5(24)　作物灌溉制度试验成果表（水稻）

省区	站名	年份	作物品种（早、中、晚）	处理号 处理	重复	返青期 7月28日~8月3日				分蘖期 8月4日~8月27日				拔节期 8月28日~9月10日				抽穗期 9月11日~9月23日				灌浆期 9月24日~10月18日				全生育期 7月28日~10月18日				产量水平（kg/亩）
						灌水次数	灌水量(mm)	有效降雨(mm)	耗水量(mm)	灌水次数	灌水量(mm)	有效降雨(mm)	耗水量(mm)	灌水次数	灌水量(mm)	有效降雨(mm)	耗水量(mm)	灌水次数	灌水量(mm)	有效降雨(mm)	耗水量(mm)	灌水次数	灌水量(mm)	有效降雨(mm)	耗水量(mm)	灌水次数	灌水量(mm)	有效降雨(mm)	耗水量(mm)	
广西	桂林	1999	1488 晚稻	薄浅湿晒	1	3	103	18.5	61.5	4	73.4	70.9	184.3	2	53	80	120	3	113	10.7	131.7	5	122.6	5.6	133.2	17	465	185.7	630.7	492.9
					2	4	92	18.5	59.5	4	112.4	62.9	188.3	2	53	59	120	2	86	10.7	111.7	4	126.6	5.6	132.2	16	470	156.7	611.7	490.2
					3	4	99	18.5	69.5	4	105.4	111.9	186.3	2	46	60	117	2	95	10.7	115.7	5	142.6	5.6	148.2	17	488	206.7	636.7	494.6
					平均	3.7	98	18.5	63.5	4	97.1	81.9	186.3	2	50.7	66.3	119	2.3	98	10.7	119.7	4.7	130.6	5.6	137.9	16.7	474.4	183	626.4	491.9
				间歇灌溉	1	3	105	18.5	73.5	3	84.4	126.5	215.9	1	21	83	104	3	103.2	10.7	113.9	4	129.4	5.6	135	14	443	244.3	642.3	521.4
					2	3	78	18.5	73.5	3	96.4	121.1	198.5	1	32.4	61	103.4	3	83.3	10.7	94	4	127.4	5.6	133	14	417.5	216.9	602.4	485.7
					3	3	69	18.5	62.5	3	115.4	119.1	192.5	1	36.4	48	102.4	3	82.3	10.7	93	4	126.4	5.6	132	14	429.5	201.9	582.4	494.6
					平均	3	84	18.5	69.8	3	98.8	122.2	202.3	1	29.9	64	103.3	3	89.6	10.7	100.3	4	127.7	5.6	133.3	14	430	221	609	500

附表5(25) 作物灌溉制度试验成果表（水稻）

省区	站名	年份	作物品种（早、中、晚）	处理	处理号 重复	返青期 4月28日~5月6日 灌水次数	灌水量(mm)	有效降雨(mm)	耗水量(mm)	分蘖期 5月7日~6月10日 灌水次数	灌水量(mm)	有效降雨(mm)	耗水量(mm)	拔节期 6月11日~6月19日 灌水次数	灌水量(mm)	有效降雨(mm)	耗水量(mm)	抽穗期 6月20日~6月30日 灌水次数	灌水量(mm)	有效降雨(mm)	耗水量(mm)	灌浆期 7月1日~7月18日 灌水次数	灌水量(mm)	有效降雨(mm)	耗水量(mm)	全生育期 4月28日~7月18日 灌水次数	灌水量(mm)	有效降雨(mm)	耗水量(mm)	产量水平(kg/亩)
广西	桂林	2000	8两优353 早稻	灌浅湿晒	1	3	50	26.3	64.3	3	123.7	214.5	332.7	1	40	15.3	73.4	1	14	90	93.4	1	96.5	31.8	128.3	9	324.2	377.9	692.1	478.6
					2	3	68	26.3	71.1	3	139.7	184.5	298.9	1	17	15.3	66.4	2	35	79	98.4	1	92.8	31.8	124.6	10	352.5	336.9	659.4	468.8
					3	2	47	26.3	68.1	3	129.7	204.4	296.8	1	36	15.3	67.4	1	37	69	96.4	1	68.3	31.8	100.1	8	318	346.8	628.8	476.4
					平均	2.7	55	26.3	67.8	3	131.1	201.1	309.5	1	31	15.3	69.1	1.3	28.7	79.3	96.1	1	85.8	31.8	117.6	9	331.6	353.8	660.1	474.6
				间歇灌溉	1	2	36	26.3	69.1	4	132	139.5	238.1	1	45	15.3	65.9	1	20	82	96.4	1	78.3	31.8	110.1	9	311.3	294.9	579.6	474.6
					2	1	21	26.3	50.1	2	74	178.9	218.1	1	43	15.3	57.9	1	35	57	92.4	1	104	31.8	135.8	6	277	309.3	554.3	475.5
					3	1	19	26.3	42.1	2	86	190.9	236.1	1	26	15.3	56.9	1	15	70	69.4	1	79	31.8	110.8	6	225	334.3	515.3	504.5
					平均	1.3	25.3	26.3	53.8	2.7	97.3	169.8	230.7	1	38	15.3	60.2	1	23.3	69.7	86.1	1	87.1	31.8	118.9	7	271	312.9	549.7	484.8

附表 5(26)　作物灌溉制度试验成果表（水稻）

省区	年份	站名	作物品种(早、中、晚)	处理	重复	返青期 7月25日~7月31日				分蘖期 8月1日~8月30日				拔节期 8月31日~9月15日				抽穗期 9月16日~9月25日				灌浆期 9月26日~10月17日				全生育期 7月25日~10月17日				产量水平(kg/亩)
						灌水次数	灌水量(mm)	有效降雨(mm)	耗水量(mm)	灌水次数	灌水量(mm)	有效降雨(mm)	耗水量(mm)	灌水次数	灌水量(mm)	有效降雨(mm)	耗水量(mm)	灌水次数	灌水量(mm)	有效降雨(mm)	耗水量(mm)	灌水次数	灌水量(mm)	有效降雨(mm)	耗水量(mm)	灌水次数	灌水量(mm)	有效降雨(mm)	耗水量(mm)	
广西	2000	桂林	培杂67晚稻	薄浅湿晒	1	4	84		60	3	102.2	98.2	224.4	4	95	66.2	161.2	3	55	10	47	1	21.4	66	105.4	15	357.6	240.4	598	489.3
					2	4	99		68	3	91.7	95.6	218.3	4	122	66.2	149.2	3	84	10	62	1	20.4	39	91.4	15	417.1	210.8	588.9	397.3
					3	5	79		63	3	105.8	88.2	210	4	110	31.2	141.2	3	79	0.5	60.5	1	20.9	62	101.9	16	394.7	181.9	576.6	404.5
					平均	4.3	87.3		63.7	3	99.9	94	217.6	4	109	54.5	150.5	3	72.7	6.8	56.5	1	15.7	55.7	99.5	15.3	384.6	211	587.8	430.4
				间歇灌溉	1	4	98		79	3	79.2	111	209.2	3	65	66.2	131.2	1	23	10	33	1	22.4	68	90.4	12	287.6	255.2	542.8	396
					2	4	83		58	3	73.2	94.8	193	3	72	66.2	138.2	1	30	10	40	1	22.4	97	119.4	12	280.6	268	548.6	413.9
					3	3	85		63	3	99.8	77.8	199.6	3	84	66.2	139.2	1	39		36	1	22.4	63	88.4	11	330.2	207	526.2	364.3
					平均	3.7	88.7		66.7	3	84.1	94.5	200.6	3	73.7	66.2	136.2	1	30.6	6.7	36.3	1	22.4	76	99.4	11.7	299.5	243.4	539.2	391.5

181

附表5(27)　作物灌溉制度试验成果表（水稻）

省区	站名	年份	作物品种(早、中、晚)	处理	重复	返青期 4月21日~4月28日				分蘖期 4月29日~6月3日				拔节期 6月4日~6月18日				抽穗期 6月19日~6月28日				灌浆期 6月29日~7月19日				全生育期 4月21日~7月19日				产量水平(kg/亩)
						灌水次数	灌水量(mm)	有效降雨(mm)	耗水量(mm)	灌水次数	灌水量(mm)	有效降雨(mm)	耗水量(mm)	灌水次数	灌水量(mm)	有效降雨(mm)	耗水量(mm)	灌水次数	灌水量(mm)	有效降雨(mm)	耗水量(mm)	灌水次数	灌水量(mm)	有效降雨(mm)	耗水量(mm)	灌水次数	灌水量(mm)	有效降雨(mm)	耗水量(mm)	
广西	桂林	2001	8两优353早稻	薄浅湿晒	1	3	51	24.5	41.5	3	93	112.4	239.4	4	78	44.5	112.5	3	77	19.6	90.6	2	38	79.8	133.8	15	337	280.8	617.8	484
					2	2	41	20.5	27.5	3	75	108.9	217.9	4	93	21.5	109.5	3	69	30.6	86.6	3	68	76.8	150.8	15	346	258.3	592.3	439.3
					3	3	48	24.5	45.5	3	70	121.9	218.9	4	100	28.5	114.5	3	74	23.6	94.6	2	64	62.7	130.3	15	356	261.2	603.8	461.6
					平均	2.7	46.7	23.2	38.2	3	79.4	114.3	225.4	4	90.3	31.5	112.2	3	73.3	24.6	90.6	2.3	56.7	73.1	138.2	15	346.4	266.7	604.6	461.6
				间歇灌溉	1	4	81	1.8	46.8	4	101	83.2	197.9	4	114	0.5	95.5	2	49	24.7	93.6	2	53	53	105.1	16	398	163.2	538.9	483.9
					2	2	40.8	24.5	35.3	5	63	115.9	207.4	4	92	11.7	94	2	48	28.6	83.6	4	49	69.3	118.3	15	292.8	250	538.6	421.5
					3	2	33	24.5	20.5	4	53	96.4	184.9	4	100		83	2	37	37.1	73.6	2	46	47.1	112.1	13	269	205.1	474.1	443.8
					平均	2.7	51.6	16.9	34.2	4.3	72.4	98.6	196.7	4	102	4.1	90.8	2	44.6	30.1	83.6	2.6	49.3	56.4	111.9	14.6	319.9	206.1	517.2	449.7
				正常灌溉	1	2	43	24.5	35.5	5	111	105.7	238	4	81	48.5	135.2	3	63	34.6	83.6	2	38	76.3	133.3	16	336	289.6	625.6	457.2
					2	4	82	9	58	4	87	112.7	224.2	4	92	42.5	138	2	53	24.6	82.6	3	79	52.1	131.1	17	393	240.9	633.9	439.3
					3	2	46	17.5	45.5	4	74	138.7	203.5	3	56	58.5	130.7	2	39	47.6	93.6	3	51	68.3	123.3	14	266	330.6	596.6	436.2
					平均	2.7	57	17	46.4	4.3	90.7	119	221.9	3.7	76.3	49.8	134.6	2.3	51.7	35.6	86.6	2.7	56	65.6	129.2	15.7	331.7	287	618.7	444.2

附表5(28)　作物灌溉制度试验成果表（水稻）

省区	站名	年份	作物品种(早、中、晚)	处理	处理号 重复	返青期 (7月26日~8月1日)				分蘖期 (8月2日~8月26日)				拔节期 (8月27日~9月8日)				抽穗期 (9月9日~9月19日)				灌浆期 (9月20日~10月16日)				全生育期 (7月26日~10月16日)				产量水平(kg/亩)
						灌水次数	灌水量(mm)	有效降雨(mm)	耗水量(mm)	灌水次数	灌水量(mm)	有效降雨(mm)	耗水量(mm)	灌水次数	灌水量(mm)	有效降雨(mm)	耗水量(mm)	灌水次数	灌水量(mm)	有效降雨(mm)	耗水量(mm)	灌水次数	灌水量(mm)	有效降雨(mm)	耗水量(mm)	灌水次数	灌水量(mm)	有效降雨(mm)	耗水量(mm)	
广西	桂林	2001	优I 4480晚稻	薄浅湿晒	1	3	84	20.4	70.4	6	145.5	23.7	191.1	5	105	12.8	117.8	4	110		100	2	93.3	59.8	153.1	20	537.8	116.7	632.4	495.1
					2	3	75	20.4	59.4	4	116	57.6	188.6	4	125	2.8	127.8	4	95		95	3	67.8	59.8	127.6	18	478.8	140.6	598.4	526.8
					3	2	47	37.4	59.4	6	126	38.6	189.6	4	105	12.8	117.8	3	101		91	2	67	59.8	136.8	17	446	148.6	594.6	508.9
					平均	2.7	68.7	26.1	63.1	5.3	129.1	40	189.8	4.3	111.7	9.4	121.1	3.7	102		95.3	2.3	76	59.8	139.1	18.3	487.5	135.3	608.4	510.3
				间歇灌溉	1	3	86	5.4	72.4	4	106	23.7	144.6	3	64	12.8	76.8	2	71		71	1	40	57.2	97.2	13	367	99.1	462	513.3
					2	3	84	20.4	78.4	3	90	31.6	127.6	3	71	12.8	83.8	2	69		69	1	65.4	59.8	125.2	12	379.4	124.6	484	505.8
					3	2	54	40.4	68.4	4	80	55.6	161.6	3	92	12.8	93.8	2	70		81	1	31	45.5	76.5	12	327	154.3	481.3	526.8
					平均	2.7	74.7	22.1	73.1	3.6	92	36.9	144.6	3	75.7	12.8	84.8	2	70		73.7	1	45.4	54.2	99.6	12.3	357.8	126	475.8	515.2
				正常灌溉	1	3	72	20.4	78.4	5	163	53.6	230.6	4	81	12.8	93.8	4	110		110	4	72	27	98.1	20	498	113.8	611.8	540.2
					2	2	67	36.4	62.4	4	130	71.6	242.6	4	89	12.8	101.8	4	101		101	3	71	42.6	113.6	17	458	163.4	621.4	513.4
					3	1	30	40.4	44.4	5	122	47.6	195.6	4	72	12.8	84.8	3	76		76	3	63	53.8	116.8	16	363	154.6	517.6	526.3
					平均	2	56.3	32.4	61.7	4.6	138.3	57.6	222.9	4	80.7	12.8	93.5	3.7	95.7		95.7	3.3	68.6	41.2	109.8	17.6	439.6	144	583.6	526.8

附表5(29)　作物灌溉制度试验成果表（水稻）

省区	站名	年份	作物品种（早、中、晚）	处理	处理号重复	返青期 4月21日~4月29日				分蘖期 4月30日~6月2日				拔节期 6月3日~6月15日				抽穗期 6月16日~6月25日				灌浆期 6月26日~7月17日				全生育期 4月21日~7月17日				产量水平(kg/亩)
						灌水次数	灌水量(mm)	有效降雨(mm)	耗水量(mm)	灌水次数	灌水量(mm)	有效降雨(mm)	耗水量(mm)	灌水次数	灌水量(mm)	有效降雨(mm)	耗水量(mm)	灌水次数	灌水量(mm)	有效降雨(mm)	耗水量(mm)	灌水次数	灌水量(mm)	有效降雨(mm)	耗水量(mm)	灌水次数	灌水量(mm)	有效降雨(mm)	耗水量(mm)	
广西	桂林	2002	威优463早稻	薄浅湿晒	1	3	71	17	64	2	45	191.3	260.5	4	90.2		168.2	1	20	156.7	96	1	34.2	35	71.7	11	260.4	400	660.4	496.9
					2	3	60	41	75	2	25	178.6	229.6	5	111		137.2	1	18	106.7	96.2	1	56.9	35	94.2	12	270.9	361.3	632.2	433.5
					3	1	26	44	55	2	37	166.8	218.8	4	90		137.2	1	20	132.7	103	1	63.4	21	86.9	9	236.4	364.5	600.9	481.3
					平均	2.3	52.3	34	64.7	2	35.7	178.9	236.3	4.3	97.1		147.5	1	19.3	132.1	98.4	1	51.5	30.3	84.3	10.6	255.9	375.3	631.2	470.6
				间歇灌溉	1	4	49	30	65	2	32	233.3	279.3	2	52		144.2	1	19	177.7	102.1	1	54	32	88.4	10	206	473	679	473.7
					2	4	95	15	88	1	11	230.8	263.8	2	42		135.2	1	20	172.7	97	1	41.7	32	76.2	9	209.7	450.5	660.2	445.6
					3	3	46	61	89	2	46.7	234.3	299	2	44		130.2			170.7	94.5	1	42.2	32	74.2	8	178.9	498	676.9	459.6
					平均	3.7	63.3	35.3	80.7	1.7	29.9	232.8	280.7	2	46		136.5	0.7	13	173.7	94.5	1	46	32	79.6	9	198.2	473.8	672	459.6
				正常灌溉	1	4	72	74	134	5	89	190	291	4	114		171.2	1	19	149.7	109.1	1	43.5	21	66.9	15	337.5	434.7	772.2	494.2
					2	4	80	48	104	5	90	164.3	278.3	3	123		206.2	1	25	175.7	114.3	1	61	28	92.2	14	379	416	795	441.5
					3	3	72	29	87	5	99	172.3	285.3	3	87		180.2	1	20	183.7	108	1	55.6	27	85.1	13	333.6	412	745.6	446.5
					平均	3.7	74.7	50.3	108.3	5	92.6	175.6	284.9	3.3	108		185.9	1	21.3	169.7	110.5	1	53.7	25.3	81.3	14	350	420.9	770.9	460.7

附表 5(30)　作物灌溉制度试验成果表(水稻)

省区	站名	年份	作物品种(早、中、晚)	处理	重复	返青期 7月25日~8月2日				分蘖期 8月3日~8月29日				拔节期 8月30日~9月15日				抽穗期 9月16日~9月27日				灌浆期 9月28日~10月30日				全生育期 7月25日~10月30日				产量水平(kg/亩)
						灌水次数	灌水量(mm)	有效降雨(mm)	耗水量(mm)	灌水次数	灌水量(mm)	有效降雨(mm)	耗水量(mm)	灌水次数	灌水量(mm)	有效降雨(mm)	耗水量(mm)	灌水次数	灌水量(mm)	有效降雨(mm)	耗水量(mm)	灌水次数	灌水量(mm)	有效降雨(mm)	耗水量(mm)	灌水次数	灌水量(mm)	有效降雨(mm)	耗水量(mm)	
广西	桂林	2002	新香优80晚稻	薄浅湿晒	1	4	96	38.4	112.5	4	107.6	151.7	271.2	4	110	7.9	128.4	4	107	6.1	103.6	1	10	76.9	95.9	17	430.6	281	711.6	414.3
					2	4	126	27.4	130.4	4	115.6	159.7	269.3	4	92	7.9	112.4	4	87	6.1	86.6	1	14	83.9	103.9	17	434.6	285	702.6	441.1
					3	2	60	38.4	71.7	2	58.6	140.7	211	4	100	7.9	123.4	4	76	6.1	55.6	1	12	74.5	112.5	13	306.6	267.6	574.2	418.8
					平均	3.3	94	34.7	104.9	3.3	93.9	150.7	250.5	4	100.7	7.9	121.4	4	90	6.1	81.9	1	12	78.4	104.1	15.6	390.6	277.8	662.8	424.7
				间歇灌溉	1	3	89	38.4	100.7	4	95	130.4	237.1	2	58	7.9	80.9	3	70	6.1	67.1	1	27	93.9	129.9	13	339	276.7	615.7	435.3
					2	4	94	38.4	113.4	4	102	127.4	236.8	2	63	7.9	83.4	3	50	6.1	50.6	1	21	74.3	100.3	14	330	254.1	584.1	424.6
					3	4	102	23.4	112.7	4	119	118.4	233.1	2	39	7.9	64.4	3	40	6.1	40.6	1	10	63.2	78.2	14	310	219	529	414.3
					平均	3.7	95	33.4	108.8	4	105.3	125.4	235.7	2	53.3	7.9	76.2	3	53.3	6.1	52.8	1	19.4	77.1	102.7	13.7	326.3	249.9	576.2	424.7
				正常灌溉	1	4	96	38.4	113.4	5	152.2	163.7	324.9	4	150	7.9	170.4	4	137	6.1	110.6	2	54.8	93.9	180.7	19	590	310	900	457.2
					2	4	92	38.4	107	6	160.2	158.7	327.3	4	157	7.9	180.4	5	174	6.1	128.6	2	42	81.4	131.4	21	625.2	292.5	874.7	423.2
					3	3	69	38.4	84.3	3	93.2	164.7	257	4	127	7.9	159.4	4	124	6.1	99.6	2	40	61.5	131.5	16	453.2	278.6	731.8	432.1
					平均	3.7	85.7	38.4	101.6	4.7	135.2	162.4	303.1	4	144.7	7.9	170.1	4	145	6.1	112.9	2	45.5	78.9	147.8	18.7	556.1	293.7	835.5	437.5

附表5(31) 作物灌溉制度试验成果表（水稻）

省区	站名	年份	作物品种(早、中、晚)	处理	重复	返青期 4月17日~4月28日 灌水次数	灌水量(mm)	有效降雨(mm)	耗水量(mm)	分蘖期 4月29日~5月28日 灌水次数	灌水量(mm)	有效降雨(mm)	耗水量(mm)	拔节期 5月29日~6月14日 灌水次数	灌水量(mm)	有效降雨(mm)	耗水量(mm)	抽穗期 6月15日~6月24日 灌水量(mm)	有效降雨(mm)	耗水量(mm)	灌浆期 6月25日~7月14日 灌水次数	灌水量(mm)	有效降雨(mm)	耗水量(mm)	全生育期 4月17日~7月14日 灌水次数	灌水量(mm)	有效降雨(mm)	耗水量(mm)	产量水平(kg/亩)
广西	桂林	2003	金优463早稻	薄浅湿晒	1	5	82	26.8	96.8	1	25	133.4	152.4	3	49	58.6	125.6	35	29	64	1	57.6	73	130.6	12	248.6	320.8	569.4	446.5
					2	2	34	42.8	55.8			126.6	137.6	2	45	55.6	110.6	42	1	43	1	23.3	75	98.3	7	144.3	301	445.3	431
					3	4	55	38.8	79.8	1		140.3	142.3	3	58	28.6	98.6	45	35	80	1	50.1	71	121.1	10	208.1	313.7	521.8	398
					平均	3.7	57	36.1	77.5	0.3	8.4	133.4	144.1	2.7	50.7	47.6	111.6	40.6	21.7	62.3	1	43.7	73	116.7	9.7	200.4	311.8	512.2	425.2
				间歇灌溉	1	4	79	32.8	97.8			159.4	168.4	1	11	41.6	57.6	20	29	49	1	70.7	72	142.7	7	180.7	334.8	515.5	444
					2	2	39	50.5	70.5	1	6	138.5	163.5	1	25	37.6	62.6	26	29	55	1	40.8	72	112.8	6	136.8	327.6	464.4	426.5
					3	3	51	37.8	70.8			126.1	144.1	1	15	52.6	67.6	19	37	56	1	21.9	72	93.9	6	106.9	325.5	432.4	404
					平均	3	56.3	40.5	79.8	0.3	2	141.3	158.7	1	17	43.9	62.6	21.7	31.7	53.3	1	44.5	72	116.5	6.3	141.5	329.4	470.9	424.9
				正常灌溉	1	4	60	46.8	93.8	2	43	123.4	160.4	2	40	52.6	111.6	55	50	79	1	40.5	52	118.5	11	238.5	324.8	563.3	431
					2	3	59	31.3	72.3	3	52	100.9	154.9	1	30	79.6	125.6	61	50	81	1	40.9	49	119.9	10	242.9	310.8	553.7	422
					3	2	42	54.8	77.8	2	30	163.6	166.6	2	30	84.6	107.6	28	50	67	1	35	46	108	7	135	399	527	397.5
					平均	3	53.6	44.3	81.3	1.7	31.7	129.3	160.6	1.7	33.3	72.3	114.9	48	50	75.7	1	38.8	49	115.5	9.3	205.4	344.9	548	416.9

· 186 ·

附表 5(32)　作物灌溉制度试验成果表（水稻）

省区	站名	年份	作物品种(早、中、晚)	处理	处理号 重复	返青期 7月22日~7月28日 灌水次数	返青期 灌水量(mm)	返青期 有效降雨量(mm)	返青期 耗水量(mm)	分蘖期 7月29日~8月21日 灌水次数	分蘖期 灌水量(mm)	分蘖期 有效降雨量(mm)	分蘖期 耗水量(mm)	拔节期 8月22日~9月10日 灌水次数	拔节期 灌水量(mm)	拔节期 有效降雨量(mm)	拔节期 耗水量(mm)	抽穗期 9月11日~9月22日 灌水次数	抽穗期 灌水量(mm)	抽穗期 有效降雨量(mm)	抽穗期 耗水量(mm)	灌浆期 9月23日~10月15日 灌水次数	灌浆期 灌水量(mm)	灌浆期 有效降雨量(mm)	灌浆期 耗水量(mm)	全生育期 7月22日~10月15日 灌水次数	全生育期 灌水量(mm)	全生育期 有效降雨量(mm)	全生育期 耗水量(mm)	产量水平(kg/亩)
广西	桂林	2003	优I4480晚稻	薄浅湿晒	1	3	77	0.9	57.9	4	108.6	39.9	168.2	5	126	29.9	155.9	3	80	22.1	97.1	2	59.6	24.6	89.2	17	451.2	117.4	568.6	474.6
					2	3	102	0.9	60.9	4	115.7	39.9	180.6	6	138	29.9	167.9	3	64	38.1	102.1	2	45.3	24.6	69.9	18	465	133.4	581.4	492.4
					3	3	67	0.9	43.9	4	130.2	19.9	164.1	5	122	53.9	157.9	2	40	44.1	88.1	2	42.5	24.6	81.1	16	401.7	143.4	535.1	464.3
					平均	3	82	0.9	54.2	4	118.1	33.2	171.1	5.3	128.7	37.9	160.6	2.7	61.3	34.8	95.7	2	49.2	24.6	80.1	17	439.3	131.4	561.7	477.1
				间歇灌溉	1	3	88	0.9	56.9	3	79.9	39.9	151.8	3	81	53.9	134.9	1	25	25.1	50.1	1	26.8	24.6	51.4	11	300.7	144.4	445.1	468.8
					2	3	80	0.9	57.9	4	109.9	39.9	172.8	3	75	53.9	128.9	1	22	44.1	66.1	1	25	18.1	43.1	12	311.9	156.9	468.8	472.3
					3	3	78	0.9	56.9	4	129.9	26.2	178.1	3	75	53.9	128.9	1	20	24.1	44.1	1	23	22.3	45.3	12	325.9	127.4	453.3	474.6
					平均	3	82	0.9	57.2	3.7	106.6	35.3	167.5	3	77	53.9	130.9	1	22.3	31.1	53.5	1	24.9	21.7	46.6	11.7	312.8	142.9	455.7	471.9
				正常灌溉	1	3	85	0.9	56.9	6	154	39.9	222.9	5	153	53.9	196.9	3	85	16.1	88.1	3	87	14.9	108.9	20	564	125.7	673.7	501.4
					2	3	94	0.9	71.9	7	180	39.9	242.9	5	161	53.9	214.9	3	88	15.1	84.1	2	55	14.9	88.9	20	578	124.7	702.7	468.8
					3	3	94	0.9	75.9	6	177	39.9	235.9	5	138	33.9	171.9	3	72	34.1	87.1	2	51	14.9	84.9	19	532	123.7	655.7	456.7
					平均	3	91	0.9	68.2	6.4	170.3	39.9	233.9	5	150.7	47.2	194.6	3	81.7	21.8	86.5	2.3	64.3	14.9	94.2	19.7	558	124.7	677.4	475.5

附表 5(33)　作物灌溉制度试验成果表（水稻）

省区	站名	年份	作物品种（早、中、晚）	处理	重复	返青期 4月22日~4月27日 灌水次数	灌水量(mm)	有效降雨(mm)	耗水量(mm)	分蘖期 4月28日~5月31日 灌水次数	灌水量(mm)	有效降雨(mm)	耗水量(mm)	拔节期 6月1日~6月14日 灌水次数	灌水量(mm)	有效降雨(mm)	耗水量(mm)	抽穗期 6月15日~6月25日 灌水次数	灌水量(mm)	有效降雨(mm)	耗水量(mm)	灌浆期 6月26日~7月21日 灌水次数	灌水量(mm)	有效降雨(mm)	耗水量(mm)	全生育期 4月22日~7月21日 灌水次数	灌水量(mm)	有效降雨(mm)	耗水量(mm)	产量水平（kg/亩）
广西	桂林	2004	金优463 早稻	薄浅湿晒	1	1	34	26.8	33.8	4	109.5	71.3	182.8	4	124	30.6	126.6	3	52	64.8	51.8	2	23	80.1	103.1	14	342.5	273.6	498.1	379.5
					2	2	41	26.8	29.8	3	82.9	109.8	190.7	5	134	30.6	129.6	3	59	49.8	51.8	2	18	80.3	98.3	15	334.9	297.3	500.2	354.9
					3	1	24	26.8	32.8	4	79.5	126.3	188.8	3	66	30.6	100.6	3	44	52.3	54.3	2	15	86.5	101.5	13	228.5	322.5	478	340.2
					平均	1.3	33	26.8	32.2	3.7	90.6	102.5	187.4	4	108	30.6	118.9	3	51.7	55.6	52.7	2	18.7	82.3	100.9	14	302	297.8	492.1	466.3
				间歇灌溉	1	1	33	26.8	38.8	3	125.9	124.8	221.4	2	76.5	19.1	115.9		36.4	64.8	57	1	15	88.8	130	7	286.8	324.3	563.1	334.8
					2	1	25	26.8	27.8	3	118.5	129.8	225.7	2	66.8	30.6	110		41.8	64.8	61.6	1	9	87.8	125.8	7	261.1	339.8	550.9	348.2
					3	2	35	26.8	34.8	3	98	107	211	2	90.9	30.6	102.5		42.4	64.8	64	1	14	77	120.2	8	280.3	306.2	532.5	323.7
					平均	1.3	31	26.8	33.8	3	114.1	120.5	219.3	2	78.1	26.7	109.4		40.2	64.8	60.9	1	12.7	84.6	125.4	7.3	276.1	323.4	548.8	335.6
				正常灌溉	1	1	26	26.8	34.8	4	103	166	260	6	177.8	1.4	170.7	3	68	56.8	43.8	3	79	81.8	155.8	17	453.8	332.8	665.1	352.7
					2	1	26	26.8	31.8	3	93	156.8	230.8	5	175.4	30.6	181.5	4	79	89.3	54.3	4	76	76.4	154.4	16	449.3	379.9	652.8	630.7
					3	1	23	18.8	16.8	3	82	148	222	5	123	30.6	171.6	4	90	52.8	44.8	2	30	72.8	122.8	15	348	323	578	346.4
					平均	1	25	24.1	27.8	3.3	92.7	156.9	237.6	5.3	158.7	20.9	174.6	3.4	79	66.3	47.6	3	61.7	77	144.3	16	417.1	345.2	632	351.6

· 188 ·

附表5（34）　作物灌溉制度试验成果表（水稻）

省区	站名	年份	作物品种（早、中、晚）	处理号 处理	重复	返青期 灌水次数	返青期 灌水量(mm)	返青期 有效降雨(mm)	返青期 耗水量(mm)	分蘖期 灌水次数	分蘖期 灌水量(mm)	分蘖期 有效降雨(mm)	分蘖期 耗水量(mm)	拔节期 灌水次数	拔节期 灌水量(mm)	拔节期 有效降雨(mm)	拔节期 耗水量(mm)	抽穗期 灌水次数	抽穗期 灌水量(mm)	抽穗期 有效降雨(mm)	抽穗期 耗水量(mm)	灌浆期 灌水次数	灌浆期 灌水量(mm)	灌浆期 有效降雨(mm)	灌浆期 耗水量(mm)	全生育期 灌水次数	全生育期 灌水量(mm)	全生育期 有效降雨(mm)	全生育期 耗水量(mm)	产量水平(kg/亩)
广西	桂林	1990	威优六四早稻	灌溉	平均	1.3	33	19.6	32.3	0.3	23.8	77.6	110.1	4.4	133.4	80.5	182.9	0.3	6	54.9	84.8		38.4	69.4	110.1	6.3	234.6	302	520.2	443.2
			威优六四早稻	不灌溉	平均	1	67.6	19.6	46.6		14.1	72	126.8		42.7	80.5	116.1			75.5	58		27.7	69.4	121.6	1	152.1	317	469.1	403.9
			威优六四早稻	旱管	平均	1	34.7	19.6	30.6	0.3	22.5	86.9	101.8		23	80.5	90.1	3.7	143.4	75.5	63.7	1.6	36.8	69.4	131.4	1.3	117	331.9	417.6	430.9
			桂三四晚稻	灌溉	平均	3	82.3	12.3	81	6.7	288.5		287.5	6.7	240.3	10.3	246			35.6	187.9		97.3	26.2	133.8	21.7	851.8	84.4	936.2	393.2
			桂三四晚稻	不灌溉	平均	2.7	79.7	12.3	84.6	1	150.4		157.8		27.1	10.3	37.4			35.6	32.5		56.7	22.2	82	3.7	313.9	80.4	394.3	325.5
			桂三四晚稻	旱管	平均	2.7	76.7	12.3	70.3	1	181.3		200		54.9	10.3	65.2			35.6	29.6		47.9	20.3	74.2	3.7	360.8	78.5	439.3	355.7
		1991	威优六四早稻	薄浅湿晒控制灌溉	平均	2	32.3	44.7	56.9	8	136.4	108	222.5	5	14.7	138.3	99.9	5	132.3	13.6	157.9	2	128.1	99	239.9	17	443.8	403.6	777.1	476.6
			威优六四早稻	控制灌溉	平均	2	28.3	43.7	57.5	10	153.1	128	227.6	2	17	152.8	114.9		75	13.6	118.2		125.2	94.8	204.3	12	398.6	432.9	722.5	456.1
			华02号晚稻	薄浅湿晒控制灌溉	平均	1	64.6	9.5	48.9	7	170.8	27.4	195.4	5	137.4	1.8	120	5	132.6		99	2	153.9	7.6	154.1	20	659.3	46.3	617.4	534.1
			华02号晚稻	控制灌溉	平均	1	60.3	9.5	40.8	6	143.7	21.6	182.3	2	145.7	1.8	101		53.1		53.1	1	143.1	8.7	151.8	10	545.9	41.6	529	446

附表 5(35)　作物灌溉制度试验成果表（水稻）

省区	站名	年份	作物品种(早、中、晚)	处理号		返青期				分蘖期				拔节期				抽穗期				灌浆期				全生育期				产量水平(kg/亩)
				处理	重复	灌水次数	灌水量(mm)	有效降雨(mm)	耗水量(mm)	灌水次数	灌水量(mm)	有效降雨(mm)	耗水量(mm)	灌水次数	灌水量(mm)	有效降雨(mm)	耗水量(mm)	灌水次数	灌水量(mm)	有效降雨(mm)	耗水量(mm)	灌水次数	灌水量(mm)	有效降雨(mm)	耗水量(mm)	灌水次数	灌水量(mm)	有效降雨(mm)	耗水量(mm)	
广西	桂林	1992	威优华二早稻	薄浅湿晒	平均	3	43	18.4	49.2	5	101.9	79.4	159.5	7	72.4	21	99.9	3	35.8		47.6	3	86.1	39.9	136.1	21	339.2	158.7	492.3	441.6
			早稻	控制灌溉	平均	2	42.7	2.7	40.7	4	60.2	68.5	139.2			28	30.5			37	36	3	66.8	58.1	117.6	9	169.7	194.3	364	447.8
			汕优桂晚稻	薄浅湿晒	平均	3	80.6		50	10	194.4	3.6	197.3	6	123	25.1	127.5	6	120.9	8.9	101.8	5	154.1	7.4	155.1	30	673	45	631.7	461.9
			桂	控制灌溉	平均	3	78.5		51	2	102.2	3.6	111.3	1	9.1	55.2	57.1	1	61.9	8.9	78	3	106.8	7.4	114.2	10	358.5	75.1	411.6	446.9
		1993	威优35早稻	薄浅湿晒	平均	2	43.5	30.5	58.4	3	87.6	150.2	210.8	4	40	81.3	75.3	3	22.7	31	99.7	9	103.8	86.8	190.6	21	297.6	379.8	634.8	408.9
			汕桂99晚稻	薄浅湿晒	平均	1	23	76.1	83.1	5	142.8	73.4	222.2	1	15.2	52.2	79	3	74.5	23.3	86.2	2.6	192.6	52.4	245	12.6	448.1	277.4	715.5	357.1
		1994	威优77早稻	薄浅湿晒	平均	3.7	95.4	2.6	56.1	6	122.5	50.4	210.8	5.7	136.6	56	174.5	3.6	71.8	9.5	77.9			138.3	154	19	426.4	256.8	673.4	465.8
			威优77晚稻	薄浅湿晒	平均	2	64	16.2	53.5	4	129.5	47.2	201.4	7.7	239.8	2.9	212.6	7.3	207.5	67.4	277.7		36.2	51.7	87.9	21	677	185.4	833.1	151.8

附表5（36）　作物灌溉制度试验成果表（水稻）

省区	站名	年份	作物品种(早、中、晚)	处理	重复	返青期				分蘖期				拔节期				抽穗期				灌浆期				全生育期				产量水平(kg/亩)
						灌水次数	灌水量(mm)	有效降雨(mm)	耗水量(mm)	灌水次数	灌水量(mm)	有效降雨(mm)	耗水量(mm)	灌水次数	灌水量(mm)	有效降雨(mm)	耗水量(mm)	灌水次数	灌水量(mm)	有效降雨(mm)	耗水量(mm)	灌水次数	灌水量(mm)	有效降雨(mm)	耗水量(mm)	灌水次数	灌水量(mm)	有效降雨(mm)	耗水量(mm)	
广西	桂林	1995	晚稻	薄浅湿晒	平均	2.7	97.7	19.6	93.3	5	172.3	54.3	241.3	5.6	241.7	11.6	231.2	3.3	153.7	2.5	162.8	2	111.2	32.9	146.7	18.6	776.6	120.9	875.3	347.1
				正常灌溉	平均	3	116	9.5	107.3	5.2	137	62.1	217.4	6.7	266.7	16.9	255	2.3	119	35.1	167.1	2	100.7	24.1	140.3	19.2	739.4	147.7	887.1	376.1
		1996	优200早稻	薄浅湿晒	平均	2.3	46.7	15.4	37.8	4.7	108.1	131.6	231.7	1.3	29.6		118.2	2	35.3	147.6	87.6	1	43.4	139.1	150.2	11.3	263.1	433.7	625.5	384.6
				正常灌溉	平均	2.3	61.3	14.1	34.1	4	103.3	121.8	234	1.3	36.3	78.8	107.9	1	20.7	67.7	103	1	39.3	164.9	150.2	9.6	260.9	447.3	629.2	392
			桂99	同歇灌溉	平均	2.7	58	25.4	50.4	4.6	141.6	106.3	242.5	1.7	36.3	122.6	119.3	1	37	19.6	88	1	39.4	145.2	147.5	11	312.3	419.1	647.7	375.4
				薄浅湿晒	平均	4.3	103.3	9.6	76.9	1.7	25.2	207.8	247.8	10.3	201.7	2.5	186.8	3.4	75	0.8	97	4	98.2	21.1	112.4	23.7	503.4	241.8	720.9	328.9
			晚稻	同歇灌溉	平均	4	118.3	9.6	89.6	1	20.7	197.8	231.5	6.6	171.7	2.5	170.8	3	69.3	0.8	80	3	99.1	21.1	113.7	17.6	479.1	231.8	685.6	312.8

附表5（37） 作物灌溉制度试验成果表（水稻）

省区	站名	年份	作物品种（早、中、晚）	处理	重复	返青期 灌水次数	返青期 灌水量(mm)	返青期 有效降雨(mm)	返青期 耗水量(mm)	分蘖期 灌水次数	分蘖期 灌水量(mm)	分蘖期 有效降雨(mm)	分蘖期 耗水量(mm)	拔节期 灌水次数	拔节期 灌水量(mm)	拔节期 有效降雨(mm)	拔节期 耗水量(mm)	抽穗期 灌水次数	抽穗期 灌水量(mm)	抽穗期 有效降雨(mm)	抽穗期 耗水量(mm)	灌浆期 灌水次数	灌浆期 灌水量(mm)	灌浆期 有效降雨(mm)	灌浆期 耗水量(mm)	全生育期 灌水次数	全生育期 灌水量(mm)	全生育期 有效降雨(mm)	全生育期 耗水量(mm)	产量水平（kg/亩）
广西	桂林	1997	金优404 早稻	薄浅湿晒	平均	1	29.7	53.3	37.8	3.6	62.3	85.5	153	1.7	40.7	94.3	155.7	1	32.7	36.6	78.6	2	53.3	148.9	162.2	9.3	218.7	418.6	587.3	417.5
广西	桂林	1997	金优404 早稻	间歇灌溉	平均	1	20.7	53.3	50.4	2	44.3	99.9	110.5	1	22.7	101	120	1.3	32.3	36.6	56.9	1	34.7	149.5	184.2	6.3	154.7	440.3	522	418.2
广西	桂林	1998	金优974 早稻	薄浅湿晒	平均	2.7	104	14.1	60.7	1	36.7	42.6	113.9	2.3	89.7	44	69.7	0.3	13.3	40.1	40.5			140.8	194.5	6.3	243.7	281.6	479.3	384.8
广西	桂林	1998	金优974 早稻	间歇灌溉	平均	3	100.3	10.7	61	1	47.7	62.5	94.2	2	93.3	37.8	60.7			30.3	33			134.4	172.8	6	241.3	275.8	421.7	394.6
广西	桂林	1998	优I4480 晚稻	薄浅湿晒	平均	2.3	83	6.7	45	3	111.1	54.7	187.2	3	139.9	22.3	130.5	2.7	110.7	8.5	89.1	3	141.7	14.4	162.8	14	586.4	106.6	614.6	531.3
广西	桂林	1998	优I4480 晚稻	间歇灌溉	平均	2.3	66.3		36	4	148.4	54.7	194.5	4	175.3	22.3	145.3	2	91.7	8.5	71.8	2.7	152	14.4	166.4	15	633.7	99.9	613.9	533
广西	桂林	1999	优I974 早稻	薄浅湿晒	平均					3.3	87	99.6	184.2	3	119	29.8	141.5	2.7	94	29	123	2.7	75.3	44.3	119.3	11.7	375.3	202.7	568	440.2
广西	桂林	1999	优I974 早稻	间歇灌溉	平均					3	104.7	102	184.6	2	57.2	29.8	87.1	2	63.2	9.3	72.5	2	57.7	52.1	109.8	9	282.8	193.2	454	409.8

· 192 ·

附表 5(38)　作物灌溉制度试验成果表（水稻）

省区	站名	年份	作物品种(早、中、晚)	处理	重复	返青期 灌水次数	返青期 灌水量(mm)	返青期 有效降雨(mm)	返青期 耗水量(mm)	分蘖期 灌水次数	分蘖期 灌水量(mm)	分蘖期 有效降雨(mm)	分蘖期 耗水量(mm)	拔节期 灌水次数	拔节期 灌水量(mm)	拔节期 有效降雨(mm)	拔节期 耗水量(mm)	抽穗期 灌水次数	抽穗期 灌水量(mm)	抽穗期 有效降雨(mm)	抽穗期 耗水量(mm)	灌浆期 灌水次数	灌浆期 灌水量(mm)	灌浆期 有效降雨(mm)	灌浆期 耗水量(mm)	全生育期 灌水次数	全生育期 灌水量(mm)	全生育期 有效降雨(mm)	全生育期 耗水量(mm)	产量水平(kg/亩)
广西	桂林	1999	1488晚稻	薄浅湿晒	平均	3.7	98	18.5	63.5	4	97.1	81.9	186.3	2	50.7	66.3	119	2.3	98	10.7	119.7	4.7	130.6	5.6	137.9	16.7	474.4	183	626.4	491.9
				同歇灌溉	平均	3	84	18.5	69.8	3	98.8	122.2	202.3	1	29.9	64	103.3	3	89.6	10.7	100.3	4	127.7	5.6	133.3	14	430	221	609	500
		2000	8两优353早稻	薄浅湿晒	平均	2.7	55	26.3	67.8	3	131.1	201.1	309.5	1	31	15.3	69.1	1.3	28.7	79.3	96.1	1	85.8	31.8	117.6	9	331.6	353.8	660.1	474.6
				同歇灌溉	平均	1.3	25.3	26.3	53.8	2.7	97.3	169.8	230.7	1	38	15.3	60.2	1	23.3	69.7	86.1	1	87.1	31.8	118.9	7	271	312.9	549.7	484.8
			培杂67晚稻	薄浅湿晒	平均	4.3	87.3		63.7	3	99.9	94	217.6	4	109	54.5	150.5	3	72.7	6.8	56.5	1	15.7	55.7	99.5	15.3	384.6	211	587.8	430.4
				同歇灌溉	平均	3.7	88.7		66.7	3	84.1	94.5	200.6	3	73.7	66.2	136.2	2	30.6	6.7	36.3	1	22.4	76	99.4	11.7	299.5	243.4	539.2	391.5
		2001	8两优353早稻	薄浅湿晒	平均	2.7	46.7	23.2	38.2	3.3	79.4	114.3	225.4	4	90.3	31.5	112.3	3	73.3	24.6	90.6	2.3	56.7	73.1	138.2	15	346.4	266.7	604.6	461.6
				同歇灌溉	平均	2.7	51.6	16.9	34.2	3	72.4	98.6	196.7	4	102	4.1	90.8	2	44.6	30.1	83.6	2.6	49.3	56.4	111.9	14.6	319.9	206.1	517.2	449.7
				正常灌溉	平均	2.7	57	17	46.4	4.3	90.7	119	221.9	3.7	76.3	49.8	134.6	2.3	51.7	35.6	86.6	2.7	56	65.6	129.2	15.7	331.7	287	618.7	444.2

附表5(39) 作物灌溉制度试验成果表（水稻）

省区	站名	年份	作物品种(早、中、晚)	处理	重复	返青期 灌水次数	灌水量(mm)	有效降雨(mm)	耗水量(mm)	分蘖期 灌水次数	灌水量(mm)	有效降雨(mm)	耗水量(mm)	拔节期 灌水次数	灌水量(mm)	有效降雨(mm)	耗水量(mm)	抽穗期 灌水次数	灌水量(mm)	有效降雨(mm)	耗水量(mm)	灌浆期 灌水次数	灌水量(mm)	有效降雨(mm)	耗水量(mm)	全生育期 灌水次数	灌水量(mm)	有效降雨(mm)	耗水量(mm)	产量水平(kg/亩)
广西	桂林	2001	优Ⅱ4480晚稻	薄浅湿晒	平均	2.7	68.7	26.1	63.1	5.3	129.1	40	189.8	4.3	111.7	9.4	121.1	3.7	102		95.3	2.3	76	59.8	139.1	18.3	487.5	135.3	608.4	510.3
				间歇灌溉	平均	2.7	74.7	22.1	73.1	3.6	92	36.9	144.6	3	75.7	12.8	84.8	2	70		73.7	1	45.4	54.2	99.6	12.3	357.8	126	475.8	515.2
				正常灌溉	平均	2	56.3	32.4	61.7	4.6	138.3	57.6	222.9	4	80.7	12.8	93.5	3.7	95.7		95.7	3.3	68.6	41.2	109.8	17.6	439.6	144	583.6	526.8
			威优463早稻	薄浅湿晒	平均	2.3	52.3	34	64.7	2	35.7	178.9	236.3	4.3	97.1		147.5	1	19.3	132.1	98.4	1	51.5	30.3	84.3	10.6	255.9	375.3	631.2	470.6
				间歇灌溉	平均	3.7	63.3	35.3	80.7	1.7	29.9	232.8	280.7	2	46		136.5	0.6	13	173.7	94.5		46	32	79.6	8	198.2	473.8	672	459.6
				正常灌溉	平均	3.7	74.7	50.3	108.3	5	92.6	175.6	284.9	3.3	108		185.9	1	21.3	169.7	110.5	1	53.7	25.3	81.3	14	350.3	420.9	770.9	460.7
		2002	新香优80晚稻	薄浅湿晒	平均	3.3	94	34.7	104.9	3.3	93.9	150.7	250.5	4	100.7	7.9	121.4	4	90	6.1	81.9	1	12	78.4	104.1	15.6	390.6	277.8	662.8	424.7
				间歇灌溉	平均	3.7	95	33.4	108.8	4	105.3	125.4	235.7	2	53.3	7.9	76.2	3	53.3	6.1	52.8	1	19.4	77.1	102.7	13.7	326.3	249.9	576.2	424.7

· 194 ·

附表 5（40） 作物灌溉制度试验成果表（水稻）

省区	站名	年份	作物品种(早、中、晚)	处理号 处理	重复	返青期 灌水次数	灌水量(mm)	有效降雨(mm)	耗水量(mm)	分蘖期 灌水次数	灌水量(mm)	有效降雨(mm)	耗水量(mm)	拔节期 灌水次数	灌水量(mm)	有效降雨(mm)	耗水量(mm)	抽穗期 灌水次数	灌水量(mm)	有效降雨(mm)	耗水量(mm)	灌浆期 灌水次数	灌水量(mm)	有效降雨(mm)	耗水量(mm)	全生育期 灌水次数	灌水量(mm)	有效降雨(mm)	耗水量(mm)	产量水平(kg/亩)
广西	桂林	2002	新香优80晚稻	正常灌溉	平均	3	91	0.9	68.2	6.4	170.3	39.9	233.9	5	150.7	47.2	194.6	3	81.7	21.8	86.5	2.3	64.3	14.9	94.2	19.7	558	124.7	677.4	475.5
		2003	金优463早稻	薄浅湿晒	平均	3.7	57	36.1	77.5	0.3	8.4	133.4	144.1	2.7	50.7	47.6	111.6	2	40.6	21.7	62.3	1	43.7	73	116.7	9.7	200.4	311.8	512.2	425.2
				间歇灌溉	平均	3	56.3	40.5	79.8	0.3	2	141.3	158.7	1	17	43.9	62.6	1	21.7	31.7	53.3	1	44.5	72	116.5	6.3	141.5	329.4	470.9	424.9
				正常灌溉	平均	3	53.6	44.3	81.3	1.6	31.7	129.3	160.6	1.7	33.3	72.3	114.9	2	48	50	75.7	1	38.8	49	115.5	9.3	205.4	344.9	548	416.9
			优I4480晚稻	薄浅湿晒	平均	3	82	0.9	54.2	4	118.1	33.2	171.1	5.3	128.7	37.9	160.6	2.7	61.3	34.8	95.7	2	49.2	24.6	80.1	17	439.3	131.4	561.7	477.1
				间歇灌溉	平均	3	82	0.9	57.2	3.7	106.6	35.3	167.5	3	77	53.9	130.9	1	22.3	31.1	53.5	1	24.9	21.7	46.6	11.7	312.8	142.9	455.7	471.9
				正常灌溉	平均	3	91	0.9	68.2	6.4	170.3	39.9	233.9	5	150.7	47.2	194.6	3	81.7	21.8	86.5	2.3	64.3	14.9	94.2	19.7	558	124.7	677.4	475.5

附表 5（41）　作物灌溉制度试验成果表（水稻）

省区	站名	年份	作物品种（早、中、晚）	处理号 处理	处理号 重复	返青期 灌水次数	返青期 灌水量(mm)	返青期 有效降雨(mm)	返青期 耗水量(mm)	分蘖期 灌水次数	分蘖期 灌水量(mm)	分蘖期 有效降雨(mm)	分蘖期 耗水量(mm)	拔节期 灌水次数	拔节期 灌水量(mm)	拔节期 有效降雨(mm)	拔节期 耗水量(mm)	抽穗期 灌水次数	抽穗期 灌水量(mm)	抽穗期 有效降雨(mm)	抽穗期 耗水量(mm)	灌浆期 灌水次数	灌浆期 灌水量(mm)	灌浆期 有效降雨(mm)	灌浆期 耗水量(mm)	全生育期 灌水次数	全生育期 灌水量(mm)	全生育期 有效降雨(mm)	全生育期 耗水量(mm)	产量水平(kg/亩)
广西	桂林	2004	金优463早稻	薄浅湿晒	平均	1.3	33	26.8	32.2	3.7	90.6	102.5	187.4	4	108	30.6	118.9	3	51.7	55.6	52.7	2	18.7	82.3	100.9	14	302	297.8	492.1	466.3
				同歇灌溉	平均	1.3	31	26.8	33.8	3	114.1	120.5	219.3	2	78.1	26.7	109.4		40.2	64.8	60.9	1	12.7	84.6	125.4	7.3	276.1	323.4	548.8	335.6
				正常灌溉	平均	1	25	24.1	27.8	3.3	92.7	156.9	237.6	5.3	158.7	20.9	174.6	3.4	79	66.3	47.6	3	61.7	77	144.3	16	417.1	345.2	632	351.6

附表 6(1) 作物灌溉制度试验成果表（水稻）

省区	站名	年份	作物品种(早、中、晚)	处理	重复	返青期 4月22日~4月27日				分蘖期 4月28日~5月31日				拔节期 6月1日~6月14日				抽穗期 6月15日~6月25日				灌浆期 6月26日~7月1日				全生育期 4月22日~7月1日				灌溉定额(mm)	产量水平(kg/亩)
						灌水次数	灌水量(mm)	有效降雨量(mm)	耗水量(mm)	灌水次数	灌水量(mm)	有效降雨量(mm)	耗水量(mm)	灌水次数	灌水量(mm)	有效降雨量(mm)	耗水量(mm)	灌水次数	灌水量(mm)	有效降雨量(mm)	耗水量(mm)	灌水次数	灌水量(mm)	有效降雨量(mm)	耗水量(mm)	灌水次数	灌水量(mm)	有效降雨量(mm)	耗水量(mm)		
广西	桂林	2004	早稻	薄浅湿晒	1	1	34	26.8	33.8	4	109.5	71.3	182.8	4	124	30.6	126.6	3	52	64.8	51.8	2	23	80.1	103.1	14	342.5	273.6	498.1	498.1	379.5
					2	2	41	26.8	29.8	3	82.9	109.8	190.7	5	134	30.6	129.6	3	59	49.8	51.8	2	18	80.3	98.3	15	334.9	297.3	500.2	500.2	354.9
					3	1	24	26.8	32.8	4	79.5	126.3	188.8	3	66	30.6	100.6	3	44	52.3	54.3	2	15	86.5	101.5	13	228.5	322.5	478	478	340.2
					平均	1.3	33	26.8	32.2	3.7	90.6	102.5	187.4	4	108	30.6	118.9	3	51.7	55.6	52.7	2	18.7	82.3	100.9	14	302	297.8	492.1	492.1	358.2
				间歇灌溉	1	1	33	26.8	38.8	3	125.9	124.8	221.4	2	76.5	19.1	115.9		36.4	64.8	57	1	15	88.8	130	7	286.8	324.3	563.1	563.1	334.8
					2	1	25	26.8	27.8	3	118.5	129.8	225.7	2	66.8	30.6	110	3	41.8	64.8	61.6	1	9	87.8	125.8	7	261.1	339.8	550.9	550.9	348.2
					3	2	35	26.8	34.8	3	98	107	211	2	90.9	30.6	102.5	3	42.4	64.8	64	1	14	77	120.2	8	280.3	306.2	532.5	532.5	323.7
					平均	1.3	31	26.8	33.8	3	114.1	120.5	219.3	2	78.1	26.7	109.4	3	40.2	64.8	60.9	1	12.7	84.6	125.4	7.3	276.3	323.4	548.8	548.8	335.6
				正常灌溉	1	1	26	26.8	34.8	4	103	166	260	6	177.8	1.4	170.7	3	68	56.8	43.8	3	79	81.8	155.8	17	453.8	332.8	665.1	665.1	352.7
					2	1	26	26.8	31.8	3	93	156.8	230.8	5	175.4	30.6	181.5	3	79	89.3	54.3	4	76	76.4	154.4	16	449.4	379.9	652.8	652.8	355.8
					3	1	23	18.8	16.8	3	82	148	222	5	123	30.6	171.6	4	90	52.8	44.8	2	30	72.8	122.8	15	348	323	578	578	346.4
					平均	1	25	24.1	27.8	3.3	92.7	156.9	237.6	5.3	158.7	20.9	174.6	3.4	79	66.3	47.6	3	61.7	77	144.4	16	417.1	345.2	632	632	351.6

附表6(2)　作物灌溉制度试验成果表（水稻）

省区	站名	年份	作物品种（早、中、晚）	处理号 处理	重复	返青期 7月31日~8月6日 灌水次数	灌水量(mm)	有效降雨(mm)	耗水量(mm)	分蘖期 8月7日~8月31日 灌水次数	灌水量(mm)	有效降雨(mm)	耗水量(mm)	拔节期 9月1日~9月20日 灌水次数	灌水量(mm)	有效降雨(mm)	耗水量(mm)	抽穗期 9月21日~9月30日 灌水次数	灌水量(mm)	有效降雨(mm)	耗水量(mm)	灌浆期 10月1日~10月27日 灌水次数	灌水量(mm)	有效降雨(mm)	耗水量(mm)	全生育期 7月31日~10月27日 灌水次数	灌水量(mm)	有效降雨(mm)	耗水量(mm)	灌溉定额(mm)	产量水平(kg/亩)
广西	桂林	2004	晚稻	薄浅湿晒	1	2	49	33.2	46.1	5	108.5	81.1	164.7	8	141	26.5	187	5	97.5		95.5	6	145.6		147.6	26	541.6	114.3	640.9	640.9	440.2
					2	2	42	45.7	40.6	5	112.5	81.1	170.7	6	134		174	4	77		87	6	151.8		151.8	23	517.3	126.8	624.1	624.1	425
					3	2	45	14.7	39.6	6	128.9	81.1	180.1	6	138.5		174.5	4	76		85	6	144.3		149.3	24	532.7	95.8	628.5	628.5	429.5
					平均	2	45.3	31.2	42.1	5.3	116.6	81.1	171.8	6.7	137.8		178.5	4.3	83.5		89.2	6	147.3		149.5	24.3	530.5	112.3	631.1	631.1	431.6
				间歇灌溉	1	2	32	51.2	52.2	6	109	75.1	175.1	5	108.6		148.6	3	82.5		82.5	5	176.4		176.4	21	508.5	126.3	634.8	634.8	429.5
					2	2	24	51.2	57.2	5	117.5	76.1	169.6	4	117.3		159.3	2	84.8		84.8	3	155.1		155.1	16	498.7	127.3	626	626	423.7
					3	2	36.5	51.2	62.7	7	149.8	68.1	184.9	5	102.9		160.9	3	85.8		85.8	5	168.9		168.9	22	543.9	119.3	663.2	663.2	420.5
					平均	2	30.8	51.2	57.4	6	125.4	73.1	176.6	4.7	109.6		156.2	2.7	84.4		84.4	4.3	166.8		166.7	19.7	517	124.3	641.3	641.3	424.6
				正常灌溉	1	3	76	51.2	63.1	11	238	66.1	256.2	9	264		268.5	4	108		126	6	237.7		226.7	33	923.7	117.3	940.5	940.5	424.6
					2	3	80	51.2	66.1	12	283	77.1	271.7	10	254		266	4	100		119	6	231.2		223.2	35	948.2	128.3	946	946	427.2
					3	3	49	51.2	55.1	12	253	81.1	255.3	9	203		216	4	90		117	6	237.2		225.2	34	832.2	132.3	868.6	868.6	427.2
					平均	3	68.3	51.2	61.4	11.7	258	74.8	261.1	9.3	240.3		250.2	4	99.4		120.7	6	235.4		225	34	901.4	126	918.4	918.4	426.4

附表 6(3)　作物灌溉制度试验成果表(水稻)

省区	站名	年份	作物品种(早、中、晚)	处理	重复	返青期 4月20日~4月26日				分蘖期 4月27日~5月25日				拔节期 5月26日~6月15日				抽穗期 6月16日~6月22日				灌浆期 6月23日~7月11日				全生育期 4月20日~7月11日					产量水平(kg/亩)
						灌水次数	灌水量(mm)	有效降雨(mm)	耗水量(mm)	灌水次数	灌水量(mm)	有效降雨(mm)	耗水量(mm)	灌水次数	灌水量(mm)	有效降雨(mm)	耗水量(mm)	灌水次数	灌水量(mm)	有效降雨(mm)	耗水量(mm)	灌水次数	灌水量(mm)	有效降雨(mm)	耗水量(mm)	灌水次数	灌水量(mm)	有效降雨(mm)	耗水量(mm)	灌溉定额(mm)	
广西	桂林	2005	早稻	薄浅湿晒	1	2	39	22.4	28.4	4	104.7	91.3	169	3	91	52.2	152.2	1	24	9.7	33.7		32.8	87.1	119.9	10	291.5	262.7	503.2	503.2	410.7
					2	1	32.8	22.4	33.2	4	138.8	95.2	182	3	86	75.6	159.7	1	20	53.7	31.7		32.8	77.1	109.9	9	310.4	324	516.5	516.5	383.9
					3	1	45	22.4	33.4	5	137.4	102.2	188.6	4	88.6	65.3	118.1	1	24.5	9.4	27.9	1	12.4	108.1	94.5	11	307.9	307.4	462.5	462.5	415.2
					平均	1.3	38.9	22.4	31.7	4.3	127	96.2	179.9	3.3	88.6	64.4	143.3	1	22.8	24.3	31.1		26	90.7	108.1	10	303.3	298	494.1	494.1	403.6
				间歇灌溉	1	2	38	22.4	27.4	4	123.9	93.2	186.1		25.6	67.4	113	1		41.7	41.7	1	51.3	108.1	123.4	6	238.8	332.8	491.6	491.6	396.4
					2	1	30	22.4	22.4	3	83.9	112.2	160.1		27.2	78.9	121.1			20.6	15.6		30.5	73.1	103.6	4	171.6	307.2	422.8	422.8	406.3
					3	1	33	12.9	20.9	3	87	101	142	3	33.9	79.7	104.6			18.4	16.7		8	68.1	80.1	4	204.9	280.1	364.3	364.3	390.2
					平均	1.3	33.7	19.2	23.6	3.4	98.3	102.2	162.7		28.9	75.3	112.9		14.3	26.9	24.7		29.9	83.1	102.3	4.7	205.1	306.7	426.2	426.2	397.3
				正常灌溉	1	1	30	22.4	26.4	4	102.7	106.3	149	4	106	66.3	148.3	1	14	5.7	26.7	1	25.8	108.1	109.9	10	278.5	308.8	460.3	460.3	399.1
					2	1	30	22.4	34.4	4	110.3	131.9	186.2	4	109	74.9	164.9	1	15	6.7	30.7	1	28.4	108.1	113.5	10	292.7	344	529.7	529.7	415.2
					3	1	30	22.4	27.4	5	85.1	119.2	151.3	5	139	46.3	147.8	1	11	16.7	35.7	1	29.7	108.1	121.8	11	294.8	312.7	484	484	401.8
					平均	1	30	22.4	29.4	4	99.4	119.1	162.2	4.3	118	62.5	153.7	1	13.3	9.7	31	1	28	108.1	115	10.3	288.7	321.8	491.3	491.3	405.4

附表6（4） 作物灌溉制度试验成果表（水稻）

省区	站名	年份	作物品种(早、中、晚)	处理	重复	返青期 7月23日~7月27日				分蘖期 7月28日~8月25日				拔节期 8月26日~9月2日				抽穗期 9月3日~9月13日				灌浆期 9月14日~10月8日				全生育期 7月23日~10月8日					
						灌水次数	灌水量(mm)	有效降雨(mm)	耗水量(mm)	灌水次数	灌水量(mm)	有效降雨(mm)	耗水量(mm)	灌水次数	灌水量(mm)	有效降雨(mm)	耗水量(mm)	灌水次数	灌水量(mm)	有效降雨(mm)	耗水量(mm)	灌水次数	灌水量(mm)	有效降雨(mm)	耗水量(mm)	灌水次数	灌水量(mm)	有效降雨(mm)	耗水量(mm)	灌溉定额(mm)	产量水平(kg/亩)
广西	桂林	2005	晚稻	薄浅湿晒	1	1	31	12.7	40.7	7	179.2	26.9	232.1	3	88	1.6	90.6	4	122	19.3	94.3	2	89	23.7	136.7	17	509.2	71.5	594.4	594.4	419.6
					2	1	28	12.7	40.7	7	166.6	29.9	210.5	4	94	1.6	83.6	4	83	19.3	87.3	2	85.5	23.7	135.2	18	457.1	87.2	557.3	557.3	463.4
					3	1	29	12.7	24.7	7	164	25.9	205.9	4	85	1.6	81.6	5	112	19.3	99.3	3	92.5	23.7	144.2	20	482.5	83.2	555.7	555.7	439.5
					平均	1	29.3	8.4	35.4	7	169.9	27.6	243.8	3.7	89	1.6	85.2	4.3	105.7	19.3	93.6	2.3	89	23.7	138.7	18.3	482.9	80.6	569.1	569.1	440.2
				间歇灌溉	1	1	20	12.7	30.7	6	133	54.9	184.9	1	35.9	1.6	31.9	1	44.7	19.3	64.6	2	77.9	23.7	106.6	11	311.5	99.5	418.7	418.7	454.5
					2	1	23	12.7	34.7	5	136	79.9	189.9	1	58	1.6	34.5	1	46	19.3	77.3	2	88.8	23.7	117.6	10	351.8	137.2	454	454	415.2
					3	1	28	12.7	42.7	4	105.4	30.9	162.3	2	78.6	1.6	57.5	1	43	19.3	80.3	2	78.3	23.7	106.7	10	333.3	88.2	449.5	449.5	428.6
					平均	1	23.7	8.5	36	5	124.8	55.2	179	1.3	57.5	1.6	41.3	1	44.5	19.3	74.1	2	81.7	23.7	110.3	10.3	332.2	108.3	440.7	440.7	432.8
				正常灌溉	1	1	22	12.7	27.7	9	227.7	64.9	222.6	4	87	1.6	82.6	4	110	19.3	112.3	3	106.1	23.7	162.8	21	552.8	122.2	608	608	467
					2	1	24	12.7	37.7	7	200.2	22.9	238.1	4	100	1.6	80.6	5	108	19.3	105.3	3	108.1	23.7	160.8	20	540.3	80.2	622.5	622.5	461.6
					3	2	61	12.7	37.7	6	159.9	22.9	205.8	2	75	1.6	72.6	4	76	19.3	86.3	2	80.1	23.7	133.8	16	452	80.2	536.2	536.2	433
					平均	1.3	35.7	12.7	34.4	7.3	195.9	36.9	222.2	3.3	87.3	1.6	78.6	4.4	78	19.3	101.3	2.7	98.1	23.7	152.4	19	515	94.2	588.9	588.9	453.9

作物灌溉制度试验成果表（水稻）

省区	站名	年份	作物品种(早、中、晚)	处理	重复	返青期 灌水次数	返青期 灌水量(mm)	返青期 有效降雨(mm)	返青期 耗水量(mm)	分蘖期 灌水次数	分蘖期 灌水量(mm)	分蘖期 有效降雨(mm)	分蘖期 耗水量(mm)	拔节期 灌水次数	拔节期 灌水量(mm)	拔节期 有效降雨(mm)	拔节期 耗水量(mm)	抽穗期 灌水次数	抽穗期 灌水量(mm)	抽穗期 有效降雨(mm)	抽穗期 耗水量(mm)	灌浆期 灌水次数	灌浆期 灌水量(mm)	灌浆期 有效降雨(mm)	灌浆期 耗水量(mm)	全生育期 灌水次数	全生育期 灌水量(mm)	全生育期 有效降雨(mm)	全生育期 耗水量(mm)	全生育期 灌溉定额(mm)	产量水平(kg/亩)
广西	桂林	2006	早稻	薄浅湿晒	1	1	40	16.7	38.7	6	133.8	88.8	209.6	2		28.9	60.9	2	49	20.6	64.6	2	69.9	40.9	110.1	11	294.7	195.2	483.9	483.9	414.3
				薄浅湿晒	2	1	28	40.7	47.7	5	120.4	88.8	204.2	5		43.9	68.9	1	11	34.6	45.6	3	55	70.6	125.6	10	219.4	278.6	492	492	379.5
				薄浅湿晒	3	1	25	37.7	39.7	4	94	86.8	178.8	6		44.9	75.9	1	15	29.6	44.6	2	46	64.2	110.2	8	186	263.2	449.2	449.2	426.8
				薄浅湿晒	平均	1	31	31.7	42	5	116	88.1	197.6	4.3		39.2	68.5	1.3	25	28.3	51.6	2.4	57	58.4	115.3	9.7	233.3	245.7	475	475	406.7
				间歇灌溉	1	1	32	41.7	66.7	5	127.6	96.8	231.4			64.9	64.9			31.6	31.6	1	14	109.3	123.3	7	173.6	344.3	517.9	517.9	351.8
				间歇灌溉	2	1	46	21.7	50.7	4	117.7	93.8	208.5			50.3	70.3			42.6	42.6	1	53.8	50.5	99.2	6	217.5	258.9	471.3	471.3	344.2
				间歇灌溉	3	1	26	55.7	58.7	4	124.8	95.8	223.6			45.3	65.3			37.6	37.6	1	55.4	51.4	106.8	6	206.2	285.8	492	492	395.6
				间歇灌溉	平均	1	34.6	39.7	58.7	4.3	123.4	95.4	221.1			53.5	66.8			37.3	37.3	1	41.1	70.4	109.8	6.3	199.1	296.3	493.7	493.7	363.9
				正常灌溉	1	1	28	55.7	79.7	7	183.9	95.8	239.7	6		30.9	80.9	2	65	11.6	56.6	2	87.9	58.7	166.6	12	370.8	252.7	623.5	623.5	405.4
				正常灌溉	2	1	21	55.7	54.7	6	180.6	88.8	247.4	6		40.9	90.9	2	59	19.6	68.6	2	111.7	48.7	170.4	11	378.3	253.7	632	632	361.6
				正常灌溉	3	1	25	33.7	37.7	4	148.3	90.8	204.1			23.9	79.9	1	25	47.6	67.6	2	81.5	70.6	157.1	8	279.8	266.6	546.4	546.4	372.8
				正常灌溉	平均	1	24.7	48.4	57.3	5.6	170.8	91.8	230.4	4		31.9	83.9	1.7	49.7	26.3	64.3	2	93.7	59.3	164.7	10.3	342.9	257.7	600.6	600.6	379.9

附表6(6)　作物灌溉制度试验成果表（水稻）

省区名	站名	年份	作物品种(早、中、晚)	处理	重复	返青期 灌水次数	灌水量(mm)	有效降雨(mm)	耗水量(mm)	分蘖期 灌水次数	灌水量(mm)	有效降雨(mm)	耗水量(mm)	拔节期 灌水次数	灌水量(mm)	有效降雨(mm)	耗水量(mm)	抽穗期 灌水次数	灌水量(mm)	有效降雨(mm)	耗水量(mm)	灌浆期 灌水次数	灌水量(mm)	有效降雨(mm)	耗水量(mm)	全生育期 灌水次数	灌水量(mm)	有效降雨(mm)	耗水量(mm)	灌溉定额(mm)	产量水平(kg/亩)
广西	桂林	2006	晚稻	薄浅湿晒	1	1	42	27.4	50.4	4	97	36.1	113.1	1	23	16.5	57.5	2	40	18.6	58.6	2	99.9	2.8	102.7	10	301.9	101.4	382.3	382.3	359.8
					2	1	30	39.4	55.4	5	113	25.1	127.1	1	28	13.5	49.5	2	50	18.6	52.6	3	106	2.8	124.8	12	327	99.4	409.4	409.4	363
					3	1	35	25.4	36.4	5	98	25.1	102.1	1	23	8.5	45.5	3	63	18.6	70.6	2	56.2	2.8	70	12	275.2	80.4	324.6	324.6	366.5
					平均	1	35.7	30.7	47.4	4.6	102.7	28.8	114.1	1	24.7	12.8	50.8	2.3	51	18.6	60.6	2.4	87.3	2.8	99.2	11.3	301.4	93.7	372.1	372.1	363.1
				间歇灌溉	1	1	34	30.4	39.4	4	93	24.1	130.1	1	19	8.5	39.5	1	24	18.6	28.6	2	78.6	2.8	81.4	9	248.6	84.4	319	319	374.1
					2	1	30	41.4	44.4	5	117	31.1	157.1	1	27	11.5	44.5	1	32	18.6	50.6	2	46.7	2.8	49.5	10	252.7	105.4	346.1	346.1	333.1
					3	1	31	32.4	38.4	4	91	26.1	121.1	1	19	7.5	38.5	1	40	18.6	33.6	2	54.5	2.8	61.3	9	235.5	87.4	292.9	292.9	377.7
					平均	1	31.7	34.7	40.7	4.3	100.3	27.1	136.1	1	21.7	9.2	40.8	1	32	18.6	37.6	2	59.9	2.8	64.1	9.3	245.6	92.4	319.3	319.3	361.6
				正常灌溉	1	1	24	28.4	33.4	5	128	40.1	171.1	1	26	26.5	68.5	3	74	18.6	70.6	2	94.6	2.8	119.4	12	346.6	116.4	463	463	358.7
					2	1	42	23.4	39.4	5	136	36.1	177.1	2	52	26.5	97.5	3	62	8.6	57.6	2	110.9	2.8	128.7	13	402.9	97.4	500.3	500.3	348.7
					3	1	37	26.4	38.4	6	148	25.1	173.1	1	26	26.5	77.5	3	68	18.6	72.6	2	65	2.8	81.8	13	344	99.4	443.4	443.4	368.8
					平均	1	34.3	26.1	37.1	5.3	137.4	33.8	173.8	1.4	34.7	26.5	81.2	3	68	15.2	66.9	2	90.1	2.8	109.9	12.7	364.5	104.4	468.9	468.9	358.7

附表6(7)　作物灌溉制度试验成果表（水稻）

省区站名	年份	作物品种(早、中、晚)	处理	重复	返青期 灌水次数	返青期 灌水量(mm)	返青期 有效降雨(mm)	返青期 耗水量(mm)	分蘖期 灌水次数	分蘖期 灌水量(mm)	分蘖期 有效降雨(mm)	分蘖期 耗水量(mm)	拔节期 灌水次数	拔节期 灌水量(mm)	拔节期 有效降雨(mm)	拔节期 耗水量(mm)	抽穗期 灌水次数	抽穗期 灌水量(mm)	抽穗期 有效降雨(mm)	抽穗期 耗水量(mm)	灌浆期 灌水次数	灌浆期 灌水量(mm)	灌浆期 有效降雨(mm)	灌浆期 耗水量(mm)	全生育期 灌水次数	全生育期 灌水量(mm)	全生育期 有效降雨(mm)	全生育期 耗水量(mm)	灌溉定额(mm)	产量水平(kg/亩)
广西桂林	2007	早稻	薄浅湿晒	1	2	35		39.7	6	115	91.2	183.5	1	9	14.2	41.2	4	78		104.1	1	54.3	123.5	151.7	14	291.3	228.9	520.2	520.2	424.1
				2	2	32	74.7	32.7	3	70	36.5	180.5	1	20	27.2	30.2	3	64	66.1	109.1	1	47.8	52.4	138.2	10	233.8	256.9	490.7	490.7	379.5
				3	1	34	62.7	26.7	2	40	45.5	132.5	1	22	4.2	30.2	3	65	65.1	103.1	1	30.7	71.4	122.1	8	191.7	248.9	414.6	414.6	400.5
				平均	1.7	33.7	45.8	33	3.7	75	57.7	165.5	1	17	15.2	33.9	3.3	69	43.7	105.4	1	44.2	82.5	137.4	10.7	238.9	244.9	475.2	475.2	401.4
			间歇灌溉	1	2	36	36.2	28.2	5	105	68.5	205.5	1	20	20.2	44.2	1	18		55.1	1	53.5	108.5	132.9	10	232.5	233.4	465.9	465.9	724.1
				2	2	43	63.7	35.7	3	82	40.5	180.5	1	20	20.2	36.2	1	16		69.1	1	42.1	124.5	130.5	8	203.1	248.9	452	452	417.4
				3	1	29	71.7	33.7	3	72	46.5	159.5	1	23	1.2	32.2	1	19		60.1	1	46.1	98.5	121.5	7	189.1	217.9	407	407	428.6
				平均	1.7	36	57.2	32.5	3.6	86.4	51.8	181.9	1	21	13.9	37.5	1	17.6	13.9	61.4	1	47.2	110.5	128.3	8.3	208.2	233.4	441.6	441.6	423.4
			正常灌溉	1	2	34	68.7	37.7	3	75	73.5	206.5	1	24	63.2	82.2	2	37	108.1	112.1	2	54.5	71.4	170.9	9	224.5	384.9	609.4	609.4	424.1
				2	1	31	70.7	31.7	3	79	52.5	191.5	2	33	77.2	101.2	2	42	95.1	84.1	2	76.1	57.4	177.5	10	261.1	352.9	586	586	361.6
				3	1	30	62.7	36.7	2	46	66.5	154.5	1	23	57.2	73.2	2	37	80.1	107.1	2	76	114.4	203.4	8	212	380.9	574.9	574.9	370.6
				平均	1.3	31.7	67.4	35.4	2.7	66.7	64.2	184.2	1.3	26.7	65.8	85.5	2	38.6	94.4	101.1	1.7	68.8	81.1	183.9	9	232.5	372.9	590.1	590.1	385.4

附表6(8) 作物灌溉制度试验成果表（水稻）

省区	站名	年份	作物品种(早、中、晚)	处理	处理号 重复	返青期 灌水次数	灌水量(mm)	有效降雨(mm)	耗水量(mm)	分蘖期 灌水次数	灌水量(mm)	有效降雨(mm)	耗水量(mm)	拔节期 灌水次数	灌水量(mm)	有效降雨(mm)	耗水量(mm)	抽穗期 灌水次数	灌水量(mm)	有效降雨(mm)	耗水量(mm)	灌浆期 灌水次数	灌水量(mm)	有效降雨(mm)	耗水量(mm)	全生育期 灌水次数	灌水量(mm)	有效降雨(mm)	耗水量(mm)	灌溉定额(mm)	产量水平(kg/亩)
广西	桂林	2007	晚稻	薄浅湿晒	1	2	50	6.8	38.8	10	242	82.5	312.6	3	62		91.9	4	97	4.9	97.9		75.4		79.4	19	526.4	94.2	620.6	620.6	412.1
					2	3	72	6.8	58.8	9	226	105.5	305.6	3	68		80.9	4	103	4.9	95.9		75.4		87.4	19	544.4	117.2	628.6	628.6	416.5
					3	3	75	6.8	61.8	9	200	120.5	297.9	2	41		83.6	4	84.9	4.9	89.8		63.9		63.9	18	464.8	132.2	597	597	412.5
					平均	2.7	65.7	6.8	53.1	9.3	222.7	102.8	305.3	2.7	57		85.5	4	94.9	4.9	94.5		71.6		77	18.7	511.9	114.5	615.4	615.4	413.7
				间歇灌溉	1	2	39	6.8	37.8	6	149	85.6	220.6	2	45	3.9	80.9	2	30	4.9	34.9		85.8		85.8	12	348.8	111.2	460	460	417.9
					2	3	62	6.8	49.8	8	184	97.6	273	1	15	10.9	53.5	2	36	4.9	40.9		62.3		62.3	14	359.3	120.2	479.5	479.5	445.9
					3	2	51	6.8	36.8	7	153	63.6	212.4	1	16	18.9	60.1	2	43	4.9	47.9		49.1		49.1	12	312	94.2	406.3	406.3	449.1
					平均	2.3	50.7	6.8	41.5	7	162	85.6	235.4	1.3	25.4	11.2	64.8	2	36.3	4.9	41.2		65.7		65.7	12.6	340.1	108.5	448.6	448.6	437.6
				正常灌溉	1	3	60	6.8	50.8	13	318	81.5	358.4	3	69		126.1	4	118	4.9	122.9		67.6		67.6	23	632.6	93.2	725.8	725.8	430.4
					2	4	66	6.8	56.8	12	309	82.5	354.9	3	67		119.6	4	111	4.9	101.9		57.7		71.7	23	610.7	94.2	704.9	704.9	454.9
					3	2	44	6.8	31.8	11	261	80.6	307.9	2	39	17.9	109.6	4	111	4.9	101.9		57.8		71.8	19	512.8	110.2	623	623	429.9
					平均	3	56.7	6.8	46.5	12	296	81.5	340.4	2.7	58.4	5.9	118.4	4	113.3	4.9	108.9		61		70.4	21.7	585.4	99.1	684.6	684.6	438.4

· 204 ·

附表6（9）　作物灌溉制度试验成果表（水稻）

省区	站名	年份	作物品种(早、中、晚)	处理	处理号重复	返青期 灌水次数	返青期 灌水量(mm)	返青期 有效降雨(mm)	返青期 耗水量(mm)	分蘖期 灌水次数	分蘖期 灌水量(mm)	分蘖期 有效降雨(mm)	分蘖期 耗水量(mm)	拔节期 灌水次数	拔节期 灌水量(mm)	拔节期 有效降雨(mm)	拔节期 耗水量(mm)	抽穗期 灌水次数	抽穗期 灌水量(mm)	抽穗期 有效降雨(mm)	抽穗期 耗水量(mm)	灌浆期 灌水次数	灌浆期 灌水量(mm)	灌浆期 有效降雨(mm)	灌浆期 耗水量(mm)	全生育期 灌水次数	全生育期 灌水量(mm)	全生育期 有效降雨(mm)	全生育期 耗水量(mm)	灌溉定额(mm)	产量水平(kg/亩)
广西	桂林	2008	早稻	薄浅湿晒	1	2	47	28.2	53.2	3	80	162.8	250.8	1	27	95.5	136.5	4	98	57.7	95.7			6.6	66.6	10	252	350.8	602.8	602.8	419.7
					2	1	28	28.2	30.2	2	32	149.8	193.8	2	47	99.5	129.5	2	36	72.7	98.7			26.6	67.6	7	143	376.8	519.8	519.8	437.5
					3	1	24	28.2	26.2	2	60	156.8	218.8	1	25	66.4	108.4	3	84	70.3	99.7				61.6	7	193	321.7	514.7	514.7	428.6
					平均	1.3	33	28.2	36.5	2.3	57.3	156.5	221.2	1.4	33	87.1	124.8	3	72.7	66.9	98.1			11.1	65.2	8	196	349.8	545.8	545.8	428.6
				间歇灌溉	1	2	45	7.2	38.2	4	106	135.8	275.7			113.4	93.5	2	41	72.7	82.7			68.6	83.6	8	192	397.7	573.7	573.7	444.6
					2	3	70	28.2	69.2	2	61	119.8	189.8			76.4	96.4	3	76	72.7	118.7			49.6	79.6	8	207	346.7	553.7	553.7	410.7
					3	1	28	28.2	33.2	2	49	100.8	167.8	1	26	81.4	94.4	2	37	72.7	88.3			36.6	76	6	140	319.7	459.7	459.7	424.1
					平均	2	47.7	21.2	46.9	2.6	72	118.8	211.1	0.3	8.7	90.4	94.8	2.3	51.3	72.7	96.6			51.6	79.7	7.3	179.7	354.7	529.1	529.1	426.5
				正常灌溉	1	2	52	10.2	46.2	5	133	125.5	244.8	1	30	138.4	182.4	3	64	58.7	92.7			66.6	106.6	11	279	399.4	672.7	672.7	410.7
					2	2	44	28.2	54.2	3	53	166.8	222.8	2	51	129.4	172.4	3	64	52.7	99.7			57.6	97.6	10	212	434.7	646.7	646.7	424.1
					3	1	26	28.2	29.2	3	59	126.8	187.8	2	44	111.4	162.4	3	77	72.7	107.7			43.6	101.6	9	206	382.7	588.7	588.7	404
					平均	1.7	40.7	22.2	43.2	3.7	81.6	139.7	218.5	1.6	41.7	126.4	172.4	3	68.3	61.4	100			55.9	101.9	10	232.3	405.6	636	636	412.9

· 205 ·

附表6（10） 作物灌溉制度试验成果表（水稻）

省区	站名	年份	作物品种(早、中、晚)	处理号 处理	重复	返青期				分蘖期				拔节期				抽穗期				灌浆期				全生育期					产量水平(kg/亩)
						灌水次数	灌水量(mm)	有效降雨(mm)	耗水量(mm)	灌水次数	灌水量(mm)	有效降雨(mm)	耗水量(mm)	灌水次数	灌水量(mm)	有效降雨(mm)	耗水量(mm)	灌水次数	灌水量(mm)	有效降雨(mm)	耗水量(mm)	灌水次数	灌水量(mm)	有效降雨(mm)	耗水量(mm)	灌水次数	灌水量(mm)	有效降雨(mm)	耗水量(mm)	灌溉定额(mm)	
广西	桂林	2008	晚稻	薄浅湿晒	1	1	25	27.3	42.3	4	69	94.1	152.1	2	59	46.4	104.4	3	47	1.2	58.2	1	20	50.5	82.5	11	220	219.5	439.5	439.5	356.7
					2	2	52	30.3	50.3	2	53	111.1	175.1	2	52	34.4	107.4	4	103	1.2	86.2	1	24	38.2	80.2	11	284	215.2	499.2	499.2	375
					3	1	25	28.3	39.3	2	36	111.1	125.1	1	33	29.4	98.4	4	87	1.2	72.2	1	19	26.1	61.1	9	200	196.1	396.1	396.1	379.5
					平均	1.3	34	25.6	44	2.7	52.7	111.7	150.7	1.7	48	36.7	103.4	3.7	79	1.2	72.2	1	21	38.3	74.6	10.3	234.7	210.5	444.9	444.9	370.4
				间歇灌溉	1	1	26	22.3	48.3	3	85	71.1	141.1	2	46	69.4	117.4	4	66	1.2	72.2	2	45	57.5	110.5	12	268	221.5	489.5	489.5	361.1
					2	2	35	26.3	51.3	3	47	101.1	138.1	2	41	60.4	121.4	4	110	1.2	86.2	1	18	56.8	99.8	12	251	245.8	496.8	496.8	350.9
					3	1	26	32.3	40.3	2	30	111.1	119.1			54.4	94.4	4	72	1.2	73.2	2	41	29.4	70.4	9	169	228.4	397.4	397.4	361.6
					平均	1.3	29	27	46.6	2.7	54	94.4	132.8	1.3	29	61.4	111.1	4	82.7	1.2	77.2	1.7	34.6	47.9	93.5	11	229.3	231.9	461.2	461.2	357.9
				正常灌溉	1	2	44	32.3	71.3	3	79	111.1	170.1	2	54	39.4	118.4	4	83	1.2	84.2	2	39	38.2	77.2	13	299	222.2	521.2	521.2	356.7
					2	1	26	45.3	65.3	4	78	111.1	175.1	2	41	47.4	108.4	3	76	1.2	65.2	1	27	46.4	85.4	11	248	251.4	499.4	499.4	356.3
					3	1	26	35.3	43.3	2	24	111.1	109.1	1	35	33.4	112.4	3	79	1.2	65.2	1	28	32.4	75.4	8	192	213.4	405.4	405.4	372.8
					平均	1.3	32	37.6	60	3	60.3	111.1	151.4	1.7	43.3	40.1	113.1	3.3	79.3	1.2	71.5	1.4	31.4	39	79.3	10.7	246.3	229	475.3	475.3	361.9

附表6(11) 作物灌溉制度试验成果表（水稻）

省区	站名	年份	作物品种(早、晚)	处理	重复	返青期				分蘖期				拔节期				抽穗期				灌浆期				全生育期					产量水平 (kg/亩)
						灌水次数	灌水量(mm)	有效降雨(mm)	耗水量(mm)	灌水次数	灌水量(mm)	有效降雨(mm)	耗水量(mm)	灌水次数	灌水量(mm)	有效降雨(mm)	耗水量(mm)	灌水次数	灌水量(mm)	有效降雨(mm)	耗水量(mm)	灌水次数	灌水量(mm)	有效降雨(mm)	耗水量(mm)	灌水次数	灌水量(mm)	有效降雨(mm)	耗水量(mm)	灌溉定额(mm)	
广西	桂林	2009	早稻	薄浅湿晒	1	2	35	7.6	25.6	5	95	107.6	200.6	2	40	39.4	83.4	2	58	41.6	96.6	1	108	18	142.8	12	336	214.2	549	549	337.5
					2	2	40	12.6	36.6	6	107.2	129.6	235.8	3	46	38.4	83.4	2	62	29.6	104.6	1	120.7	26.8	152.5	14	375.9	237	612.9	612.9	385.3
					3	1	28	9.6	19.6	4	64.7	81.6	137.3	2	40	28.4	62.4	1	25	34.6	68.6	1	123.9	18	137.7	9	281.6	172.2	425.6	425.6	350.9
					平均	1.7	34.3	9.9	27.3	5	89	106.3	191.3	2.3	42	35.4	76.4	1.7	48.3	35.3	89.9	1	117.6	20.9	144.3	11.7	331.2	207.8	529.2	529.2	357.9
				间歇灌溉	1	3	62		27.6	6	85	103.6	181.6	2	33	34.4	65.4	1	27	47.6	78.6	1	121.5	18	150.3	13	328.5	203.6	503.5	503.5	311.2
					2	2	27	19.6	33.6	7	101	132.6	216.6	2	59	25.9	97.9	3	73	37.6	112.6		107	30.2	127.2	14	367	245.9	587.9	587.9	345.1
					3	2	35	8.6	25.6	6	81	114.6	181.6	1	27	37.4	58.4	2	48	31.6	93.6	1	62	18	78.8	12	253	210.2	438	438	361.6
					平均	2.3	41.3	9.4	28.9	6.3	89	116.9	193.3	1.7	39.7	32.6	73.9	2	49.3	38.9	94.9	0.7	96.9	22.1	118.8	13	316.2	219.9	509.8	509.8	339.3
				正常灌溉	1	2	68.5		42.1	4	101.7	89	193.3	3	46	32.4	74.4	4	71	58.6	137.6	1	81	23.8	111.8	14	368.2	203.8	559.2	559.2	343.3
					2	2	34	20.6	39.6	6	87	117.6	222	3	66.4	48.4	97.4	3	74	29.4	109.4	1	95.4	20.8	125.2	15	356.8	236.8	593.6	593.6	341.5
					3	2	40	17.6	47.6	4	89.2	108.6	191.8	2	45	40.4	67.4	1	23	52.1	89.1	1	78.8	18	95.6	10	276	236.7	491.5	491.5	366.1
					平均	2	47.5	12.7	43.1	4.7	92.7	105.1	202.3	2.7	52.4	40.4	79.7	2.7	56	46.7	112	1	85.1	20.9	111	13	333.7	225.8	548.1	548.1	350.3

附表6(12)　作物灌溉制度试验成果表（水稻）

省区名	站名	年份	作物品种(早、晚)	处理	重复	返青期 灌水次数	返青期 灌水量(mm)	返青期 有效降雨(mm)	返青期 耗水量(mm)	分蘖期 灌水次数	分蘖期 灌水量(mm)	分蘖期 有效降雨(mm)	分蘖期 耗水量(mm)	拔节期 灌水次数	拔节期 灌水量(mm)	拔节期 有效降雨(mm)	拔节期 耗水量(mm)	抽穗期 灌水次数	抽穗期 灌水量(mm)	抽穗期 有效降雨(mm)	抽穗期 耗水量(mm)	灌浆期 灌水次数	灌浆期 灌水量(mm)	灌浆期 有效降雨(mm)	灌浆期 耗水量(mm)	全生育期 灌水次数	全生育期 灌水量(mm)	全生育期 有效降雨(mm)	全生育期 耗水量(mm)	灌溉定额(mm)	产量水平(kg/亩)
广西	桂林	2009	晚稻	薄浅湿晒	1	2	58	39.1	81.1	5	142.5	2.4	135.9	10	202	4.6	217.6	1	40	59.1	90.1	1	29.8	23.2	53	19	472.3	128.4	577.7	577.7	356.3
				薄浅湿晒	2	2	58	56.1	104.1	5	122.5	2.4	117.9	9	168	4.6	184.6	1	30	59.1	89.1	1	46.3	23.2	69.5	18	424.8	145.4	565.2	565.2	327.3
				薄浅湿晒	3	1	35	41.1	56.1	4	118.5	2.4	106.9	8	144	4.6	157.6	1	19	59.1	59.1	2	29.8	23.2	53	16	346.3	130.4	432.7	432.7	359
				薄浅湿晒	平均	1.7	50.3	45.4	80.4	4.7	127.8	2.4	120.2	9	171.3	4.6	186.6	1	29.7	59.1	79.4	1.3	35.3	23.2	58.5	17.7	414.4	134.7	525.1	525.1	348.2
				间歇灌溉	1	2	37	48.1	72.1	7	178	2.4	191.4	10	271	4.6	265	2	55	59.1	104.1	1	26.5	23.2	59.7	22	567.5	137.4	692.3	692.3	348.7
				间歇灌溉	2	2	45	49.1	84.1	6	164	2.4	169.4	10	236	4.6	244.6	1	27	59.1	65.1	1	29	23.2	52.2	20	501	138.4	615.4	615.4	353.1
				间歇灌溉	3	1	44.3	53.1	88.4	5	129	2.4	120.4	10	185	4.6	185.6	1	7	59.1	64.1	1	34.5	23.2	57.7	18	399.8	142.4	516.2	516.2	361.6
				间歇灌溉	平均	1.7	42.1	50.1	81.5	6	157	2.4	160.4	10	230.7	4.6	231.7	1.3	29.7	59.1	77.8	1	29.9	23.2	56.5	20	489.4	139.4	608	608	354.5
				正常灌溉	1	2	59	76.1	106.1	5	124	2.4	135.4	9	231	4.6	243.6	2	36	59.1	98.1	2	53.3	23.2	66.5	19	503.3	165.4	649.7	649.7	352.2
				正常灌溉	2	2	58	68.1	101.1	5	162.8	2.4	165.2	9	240	4.6	255.6	2	49	59.1	116.1	2	66.5	23.2	62.7	20	576.3	157.4	700.7	700.7	337.5
				正常灌溉	3	1	46	85.1	117.1	5	139	2.4	106.4	7	161	4.6	188.6	1	25	29.1	66.1	2	60.3	23.2	65.5	16	431.3	144.4	543.7	543.7	382.1
				正常灌溉	平均	1.7	54.3	76.4	108.1	5	142	2.4	135.7	8.3	210.6	4.6	229.3	1.3	36.7	49.1	93.4	2	60	23.2	64.9	18.3	503.6	155.7	631.4	631.4	357.3

附表6(13) 作物灌溉制度试验成果表（水稻）

省区	站名	年份	作物品种(早、晚)	处理	处理号重复	返青期 灌水次数	返青期 灌水量(mm)	返青期 有效降雨(mm)	返青期 耗水量(mm)	分蘖期 灌水次数	分蘖期 灌水量(mm)	分蘖期 有效降雨(mm)	分蘖期 耗水量(mm)	拔节期 灌水次数	拔节期 灌水量(mm)	拔节期 有效降雨(mm)	拔节期 耗水量(mm)	抽穗期 灌水次数	抽穗期 灌水量(mm)	抽穗期 有效降雨(mm)	抽穗期 耗水量(mm)	灌浆期 灌水次数	灌浆期 灌水量(mm)	灌浆期 有效降雨(mm)	灌浆期 耗水量(mm)	全生育期 灌水次数	全生育期 灌水量(mm)	全生育期 有效降雨(mm)	全生育期 耗水量(mm)	全生育期 灌溉定额(mm)	产量水平(kg/亩)
广西	桂林	2010	早稻	薄浅湿晒	1	1	24.9	17.8	19.7	2	56.5	105.8	143.3		4	63.6	101.6	1	32	80.8	94.8	4	112.6	51.4	190	8	230	319.4	549.4	549.4	346
					2	2	27	17.8	35.8	3	52	141.8	167.8			79.6	114.6	2	41	94.8	109.8	4	105.7	51.4	183.1	11	225.7	385.4	611.1	611.1	360.7
					3	2	37	17.8	20.5	1	13	128.8	100.8		15.3	14.6	73.9			102.8	90.8	3	82	51.4	146.9	6	147.3	315.4	432.9	432.9	353.6
					平均	1.7	29.6	17.8	25.3	2	40.5	125.4	137.3		6.4	52.6	96.7	1	24.3	92.9	98.5	3.7	100.2	51.4	173.3	8.3	201	340.1	531.1	531.1	353.4
				补充灌溉	1	2	25	17.8	23.8			160.8	114.8			43.6	98.6	1	25	76	69.8	5	78.1	41.3	160.6	8	128.1	339.5	467.6	467.6	349.1
					2	2	24	17.8	34.8	1	14	213.8	191.8			69.7	102.7	1	24	108.4	98.4	3	59.7	46	149.7	7	121.7	455.7	577.4	577.4	352.2
					3	2	22	17.8	19.8			154.8	92.8				57.6			65.9	38.3	1	16	41.2	109.2	3	38	279.7	317.7	317.7	332.6
					平均	2	23.7	17.8	26.2	0.3	4.7	176.5	133.2			37.8	86.3	0.7	16.3	83.4	68.8	3	51.3	42.8	139.8	6	96	358.3	454.3	454.3	344.6
				雨养农业	1	1	20	17.8	20.8			208.8	187.8			137.6	135.6			125.6	123.6	1	35.8	51.4	129.2	2	55.8	541.2	597	597	349.1
					2	2	32	17.8	40.8			211.8	171.8			94.6	101.6			182.3	177.3		14.5	51.4	112.9	2	46.5	557.9	604.4	604.4	352.3
					3	2	36	17.8	37.8			191.8	136.8			60.6	84.6			104.1	99.1		23.6	51.4	127	2	59.6	425.7	485.3	485.3	332.6
					平均	1.7	29.3	17.8	33.1			204.1	165.4			97.6	107.3			137.3	133.3	0.3	24.6	51.4	123	2	53.9	508.2	562.1	562.1	344.7

附表6(14)　作物灌溉制度试验成果表（水稻）

省区	站名	年份	作物品种(早,晚)	处理	处理号重复	返青期				分蘖期				拔节期				抽穗期				灌浆期				全生育期					产量水平(kg/亩)
						灌水次数	灌水量(mm)	有效降雨(mm)	耗水量(mm)	灌水次数	灌水量(mm)	有效降雨(mm)	耗水量(mm)	灌水次数	灌水量(mm)	有效降雨(mm)	耗水量(mm)	灌水次数	灌水量(mm)	有效降雨(mm)	耗水量(mm)	灌水次数	灌水量(mm)	有效降雨(mm)	耗水量(mm)	灌水次数	灌水量(mm)	有效降雨(mm)	耗水量(mm)	灌溉定额(mm)	
广西	桂林	2010	晚稻	薄浅湿晒	1	3	63	18.3	81.3	6	147.2	11.2	156.4	9	147	7.3	146.3	3	64		63.3	6	191.6	7	209.3	27	612.8	43.8	656.6	656.6	328.6
					2	3	71	18.3	89.3	7	140.6	11.2	151.8	7	140	7.3	144.3	2	90		97.3	4	214.6	29	234.3	23	656.2	65.8	717	717	336.6
					3	3	50	18.3	53.3	6	119	11.2	140.2	5	98.4	7.3	102.7	3	79		79.3	3	187.7	5	160.4	20	534.1	41.8	535.9	535.9	304.9
					平均	3	61.3	18.3	74.6	6.3	135.6	11.2	149.5	7	128.5	7.3	131.1	2.7	77.7		80	4.3	197.9	13.7	201.3	23.3	601	50.5	636.5	636.5	323.4
				补充灌溉	1	3	63	18.3	78.3	6	136.2	11.2	150.4	6	99	7.3	106.3	3	82		72.3	4	174.7	8	174.4	22	554.9	44.8	581.7	581.7	316.9
					2	3	62	18.3	80.3	5	121.3	11.2	132.5	7	89	7.3	96.3	3	53		74.3	4	148.8	39	152.5	22	474.1	75.8	535.9	535.9	319.7
					3	3	50	18.3	43.3	6	133.1	11.2	162.3	4	65	7.3	79.3	3	75		77.3	3	106.8	15	119.5	19	429.9	51.8	481.7	481.7	336.6
					平均	3	58.3	18.3	67.3	5.7	130.2	11.2	148.4	5.7	84.3	7.3	94	3	70		74.6	3.7	148.8	20.7	148.8	21	486.3	57.5	533.1	533.1	324.4
				间歇灌溉	1	3	65	18.3	83.3	9	175	11.2	180.2	6	104	7.3	117.3	3	84		94.3	4	126.4	23	139.1	25	554.4	59.8	614.2	614.2	326.4
					2	3	55	18.3	63.3	6	156.7	11.2	177.9	5	111	7.3	113.3	2	71		98.3	2	124.7	41	143.4	18	518.4	77.8	596.2	596.2	298.2
					3	3	63	18.3	65.3	7	138.8	11.2	166	6	118	7.3	113.3	2	48		52.3	2	129.6	7	139.3	20	497.4	43.8	536.2	536.2	295.1
					平均	3	61	18.3	70.6	7.3	156.8	11.2	174.7	5.7	111	7.3	114.6	2.3	67.7		81.6	2.7	126.9	23.7	140.7	21	523.4	60.5	582.2	582.2	306.6

· 210 ·

附表 6（15） 作物灌溉制度试验成果表（水稻）

省区	站名	年份	作物品种(早、晚)	处理	重复	返青期 灌水次数	返青期 灌水量(mm)	返青期 有效降雨(mm)	返青期 耗水量(mm)	分蘖期 灌水次数	分蘖期 灌水量(mm)	分蘖期 有效降雨(mm)	分蘖期 耗水量(mm)	拔节期 灌水次数	拔节期 灌水量(mm)	拔节期 有效降雨(mm)	拔节期 耗水量(mm)	抽穗期 灌水次数	抽穗期 灌水量(mm)	抽穗期 有效降雨(mm)	抽穗期 耗水量(mm)	灌浆期 灌水次数	灌浆期 灌水量(mm)	灌浆期 有效降雨(mm)	灌浆期 耗水量(mm)	全生育期 灌水次数	全生育期 灌水量(mm)	全生育期 有效降雨(mm)	全生育期 耗水量(mm)	全生育期 灌溉定额(mm)	产量水平(kg/亩)
广西	桂林	2011	晚稻	薄浅湿晒	1	4	40		40	6	182	67.3	224.3	4	105	45	94	1	46	15.5	117.5	1	102	68.6	170.6	16	475	196.4	646.4	646.4	554
					2	3	42		37	5	183	67.3	255.3	3	119	45	119	1	38	15.5	98.5	2	113.8	68.6	155.4	14	495.8	196.4	665.2	665.2	496
					3	3	47		42	4	107	67.3	167.3	2	105	45	101	1	37	15.5	82.5	1	53	68.6	121.6	11	349	196.4	514.4	514.4	489.3
					平均	3.3	43		39.7	5	157.3	67.3	215.6	3	109.7	45	104.7	1	40.3	15.5	99.5	1.3	89.6	68.6	149.2	13.7	439.9	196.4	608.7	608.7	513.1
				补充灌溉	1	3	47		42	6	187	67.3	259.3	3	67	45	87.3	2	40	15.5	80.2	1	100.5	68.6	147.1	15	441.5	196.4	615.9	615.9	479.9
					2	3	47		41	4	156.3	67.3	229.6	3	110	45	110	1	43	15.5	103.5	1	45.2	68.6	113.8	12	401.5	196.4	597.9	597.9	506.7
					3	3	51		41	4	107	67.3	169.3	2	80	45	80	1	50	15.5	103.5	1	37	68.6	112.6	11	325	196.4	506.4	506.4	505.4
					平均	3	48.3		41.3	4.7	150.1	67.3	219.4	2.7	85.7	45	92.4	1.3	44.3	15.5	95.8	1	60.9	68.6	124.5	12.7	389.3	196.4	573.4	573.4	497.3
				雨养农业	1	3	38		30	3	111	67.3	186.3	1	85	45	101.6		12.8	15.5	42.5		16.3	68.6	84.9	7	263.1	196.4	445.3	445.3	500.9
					2	3	45		34	2	122	67.3	200.3	2	62.7	45	96.4		14.6	15.5	41.4		6.8	68.6	75.4	7	251.1	196.4	447.5	447.5	496.9
					3	3	40		34	3	82.5	67.3	155.8	1	30	45	64.6		7	15.5	32.9		18.5	68.6	87.1	7	178	196.4	374.4	374.4	504
					平均	3	41		32.7	2.7	105.1	67.3	180.8	1.3	59.2	45	87.5		11.5	15.5	38.9		13.9	68.6	82.5	7	230.7	196.4	422.4	422.4	500.6

附表 6（16） 作物灌溉制度试验成果表（水稻）

省区	站名	年份	作物品种（早、晚）	处理	处理号（重复）	返青期 灌水次数	返青期 灌水量(mm)	返青期 有效降雨(mm)	返青期 耗水量(mm)	分蘖期 灌水次数	分蘖期 灌水量(mm)	分蘖期 有效降雨(mm)	分蘖期 耗水量(mm)	拔节期 灌水次数	拔节期 灌水量(mm)	拔节期 有效降雨(mm)	拔节期 耗水量(mm)	抽穗期 灌水次数	抽穗期 灌水量(mm)	抽穗期 有效降雨(mm)	抽穗期 耗水量(mm)	灌浆期 灌水次数	灌浆期 灌水量(mm)	灌浆期 有效降雨(mm)	灌浆期 耗水量(mm)	全生育期 灌水次数	全生育期 灌水量(mm)	全生育期 有效降雨(mm)	全生育期 耗水量(mm)	全生育期 灌溉定额(mm)	产量水平(kg/亩)
广西	桂林	2012	早稻	薄浅湿晒	1	1	13	67	41	4	72	118.3	249.8	2	35	62.2	76.7	2	38	47.9	73.9	1	36	43.7	95.7	10	194	339.1	537.1	194	395.6
					2	1	16	67	37	3	66	105.3	237.8	2	38	63.2	67.7	2	29	59.9	73.9	1	29	43.7	87.7	9	178	339.1	504.1	178	377.3
					3	1	10	67	38	1	44	76.3	173.8	2	28	37.2	50.7	2	38	29.9	54.9	1	29.8	43.7	66.5	7	149.8	254.1	383.9	149.8	375.5
					平均	1	13	67	38.7	2.7	60.7	99.9	211.5	2	33.7	54.2	74.1	2	35	45.9	67.6	1	32.9	43.7	83.1	8.7	175.3	310.7	475	175.3	382.8
				补充灌溉	1	1	14	67	37	3	65	118.3	192.4	3	38	58.2	131.1	1	24	54.9	66.9	1	51.3	43.7	107	9	192.3	342.1	534.4	192.3	352.3
					2	1	13	67	40	3	75	104.3	239.8	3	81	28.2	88.7	2	26	37.9	50.9	1	43.3	43.7	90	10	238.1	281.1	509.4	238.1	352.7
					3	1	14	67	34	2	58	52.3	171.8	3	59	41.2	70.7	1	8	43.9	53.9	1	59	43.7	95.7	8	198	248.1	426.1	198	358.1
					平均	1	13.7	67	37	2.7	66	91.6	201.4	3	59.3	42.5	96.8	1.3	19.3	45.6	57.2	1	51.2	43.7	97.5	9	209.5	290.4	489.9	209.5	354.4
				雨养农业	1	1	10	67	46	2	84	131.3	246.3			85.2	85.2			66.4	53.4	1	25.8	43.7	82.5	4	119.8	393.6	513.4	119.8	356.3
					2	1	12	67	41	1	49	141.3	248.8			110.2	89.7			53.9	41.9	1	23.2	43.7	78.9	3	84.2	416.1	500.3	84.2	360.7
					3	1	15	67	45	1	56	134.2	212.8			75.2	79.7			61.9	59.9	1	27.5	43.7	83.2	3	98.5	381.9	480.6	98.5	358.5
					平均	1	12.3	67	44	1.3	63.1	135.6	236			90.2	84.9			60.7	51.7	1	25.5	43.7	81.5	3.3	100.9	397.2	498.1	100.9	358.5

附表6（17） 作物灌溉制度试验成果表（水稻）

省区	站名	年份	作物品种（早、晚）	处理	重复	返青期 灌水次数	灌水量(mm)	有效降雨(mm)	耗水量(mm)	分蘖期 灌水次数	灌水量(mm)	有效降雨(mm)	耗水量(mm)	拔节期 灌水次数	灌水量(mm)	有效降雨(mm)	耗水量(mm)	抽穗期 灌水次数	灌水量(mm)	有效降雨(mm)	耗水量(mm)	灌浆期 灌水次数	灌水量(mm)	有效降雨(mm)	耗水量(mm)	全生育期 灌水次数	灌水量(mm)	有效降雨(mm)	耗水量(mm)	灌溉定额(mm)	产量水平(kg/亩)
广西	桂林	2012	晚稻	薄浅湿晒	1	4	38	0.7	39.7	5	114	85.8	198.8	5	104	10.8	114.8	1	36	33.1	64.1	6	138.3	41	184.3	21	430.3	171.4	601.7	601.7	401.3
					2	4	40	0.7	42.7	3	78	112.8	188.8	6	128	10.8	128.8	1	15	37.6	44.6	4	97.2	41	156.2	18	358.2	202.9	561.1	561.1	374.3
					3	4	46	0.7	26.7	3	57	93.8	170.8	4	127	10.8	127.8			58.1	36.1	3	92.8	41	165.8	14	322.8	204.4	527.2	527.2	351.6
					平均	4	41.3	0.7	36.4	3.7	83	97.5	186.1	5	119.7	10.8	123.8	0.7	17	42.9	48.3	4.3	109.4	41	168.7	17.6	370.4	192.9	563.3	563.3	375.7
				补充灌溉	1	4	42	2.7	33.7	3	54	92.8	157.8	5	116	10.8	126.8			58.1	58.1	5	101	41	142	17	313	205	518.4	518.4	345.8
					2	4	40	0.7	35.7	6	133.8	96.8	235.6	5	92	10.8	102.8			58.1	58.1	5	96.5	41	137.5	20	362.3	207.4	569.7	569.7	380
					3	3	39	0.7	28.7	2	79.8	108.8	199.6	3	110	10.8	113.8			58.1	29.1	4	42	41	119	12	270.8	219.4	490.2	490.2	327
					平均	3	40.3	1.4	32.7	3.7	89.2	99.4	197.7	4.3	106	10.8	114.4			58.1	48.4	4.7	79.9	41	132.9	16.4	315.4	210.7	526.1	526.1	350.9
				正常灌溉	1	4	27	0.7	27.7	2	74.7	141.8	216.5		52.6	10.8	63.4			58.1	58.1		37.4	41	78.4	6	191.7	252.4	444.1	444.1	296.2
					2	5	53	0.7	53.7	4	129.3	108.8	238.1		23.1	10.8	33.9		8.3	58.1	66.4		60	41	101	9	273.7	219.4	493.1	493.1	328.9
					3	2	41	0.7	30.7		44.3	141.8	193.1		59	10.8	69.8			58.1	49.5	2	49.1	41	98.7		193.4	252.4	441.8	441.8	294.7
					平均	3.7	40.3	0.7	37.4	2	82.8	130.8	215.9		44.9	10.8	55.7	2.8		58.1	58		48.8	41	92.7	5.7	219.6	241.4	459.7	459.7	306.6

附表 7（1） 作物需水量试验成果表（玉米）

省区	站名	年份	作物品种（春、夏）	生育期降水量(mm)	频率(%)	生育期蒸发量(mm)	频率(%)	生育期控制土壤水分范围(田持%)	2月	3月	4月	5月	6月	7月	8月	9月	10月	苗期 起止日期(月·日)	苗期 需水量(mm)	拔节期 起止日期(月·日)	拔节期 需水量(mm)	抽雄期 起止日期(月·日)	抽雄期 需水量(mm)	灌浆期 起止日期(月·日)	灌浆期 需水量(mm)	全生育期 起止日期(月·日)	全生育期 需水量(mm)	产量水平(kg/亩)	测定方法
广西	南宁	1959	晚玉米 4000株	286		482								9.0	4.4	2.4	1.7	7.28~8.15	117	8.16~9.5	74.9	9.6~9.25	40	9.26~10.15	36.5	7.28~10.15	268	855	坑测
		1960	早玉米	266		521			0.8	2.3	2.0	3.9	1.2					2.21~3.15	57.6	3.16~4.10	27.5	4.11~4.30	53.2	5.1~6.15	92	2.21~6.15	230	1 402	坑测

附表 7（2） 作物需水量试验成果表（玉米）

省区	站名	年份	作物品种（春、夏）	生育期降水量(mm)	频率(%)	生育期蒸发量(mm)	频率(%)	生育期控制土壤水分范围(田持%)	2月	3月	4月	5月	6月	7月	8月	9月	10月	苗期 起止日期(月·日)	苗期 需水量(mm)	拔节期 起止日期(月·日)	拔节期 需水量(mm)	抽雄期 起止日期(月·日)	抽雄期 需水量(mm)	灌浆期 起止日期(月·日)	灌浆期 需水量(mm)	全生育期 起止日期(月·日)	全生育期 需水量(mm)	产量水平(kg/亩)	测定方法
广西	大龙潭	1964	早玉米（多灌高产）	580		574			1.1	2.4	5.7	3.0	2.6					2.4~4.8	71.9	4.9~4.27	44.8	4.28~5.27	172	5.28~6.7	32.8	2.4~6.7	322	647	坑测
			早玉米（多灌）	580		574												2.4~4.8	77.1	4.9~4.27	47.8	4.28~5.27	145	5.28~6.7	55	2.4~6.7	325	660	坑测
			早玉米（少灌）	580		574												2.4~4.8	75.4	4.9~4.27	49.2	4.28~5.27	139	5.28~6.7	47.6	2.4~6.7	311	667	坑测

附表 7（3）　作物需水量试验成果表（玉米）

省区	站名	年份	作物品种（春、夏）	生育期降水量(mm)	频率(%)	生育期蒸发量(mm)	频率(%)	生育期控制土壤水分范围（田持%）	2月	3月	4月	5月	6月	7月	8月	9月	10月	苗期起止日期（月·日）	苗期需水量(mm)	拔节期起止日期（月·日）	拔节期需水量(mm)	抽雄期起止日期（月·日）	抽雄期需水量(mm)	灌浆期起止日期（月·日）	灌浆期需水量(mm)	全生育期起止日期（月·日）	全生育期需水量(mm)	产量水平(kg/亩)	测定方法
广西	大王滩	1965	春玉米（灌一次）	789		550				1.43	4.54	4.87	5.66					3.15~4.25	139	4.26~5.15	110	5.16~5.31	73.5	6.1~6.22	97.9	3.15~6.22	421	283	坑测
			春玉米（不灌）	789		550				1.43	4.54	4.87	5.66					3.15~4.25	125	4.26~5.15	84.1	5.16~5.31	83.1	6.1~6.22	86.8	3.15~6.22	379	255	坑测

附表 7（4）　作物需水量试验成果表（玉米）

省区	站名	年份	作物品种（春、夏）	生育期降水量(mm)	频率(%)	生育期蒸发量(mm)	频率(%)	生育期控制土壤水分范围（田持%）	2月	3月	4月	5月	6月	7月	8月	9月	10月	苗期起止日期（月·日）	苗期需水量(mm)	拔节期起止日期（月·日）	拔节期需水量(mm)	抽雄期起止日期（月·日）	抽雄期需水量(mm)	灌浆期起止日期（月·日）	灌浆期需水量(mm)	全生育期起止日期（月·日）	全生育期需水量(mm)	产量水平(kg/亩)	测定方法
广西	百东河	1965	秋玉米（灌三次）	362		574								2.9	5.0	4.9	2.6	7.27~8.20	113	8.21~9.10	97.5	9.11~9.25	83.8	9.26~10.29	98.8	7.27~10.29	393	310	坑测
			秋玉米（土壤持水量70~100灌三次）	362		574												7.27~8.20	121	8.21~9.10	86.4	9.11~9.25	84.7	9.26~10.29	139	7.27~10.29	432	349	坑测
			秋玉米（群众用水法灌一次）	362		574												7.27~8.20	113	8.21~9.10	79.8	9.11~9.25	77.3	9.26~10.29	108	7.27~10.29	378	274	坑测
			秋玉米（不灌水利用雨量）	362		574												7.27~8.20	102	8.21~9.10	38.1	9.11~9.25	65.4	9.26~10.29	91.7	7.27~10.29	297	224	坑测

附表 8（1） 作物需水量试验成果表（玉米）

省区	站名	年份	处理名称	品种	生育期降水量（mm）	频率（%）	生育期蒸发量（mm）	频率（%）	生育期控制土壤水分范围（田持%）	3月	4月	5月	6月	7月	8月	9月	10月	11月	12月	苗期 4月16日~6月4日	拔节期 6月5日~7月3日	抽雄期 7月4日~7月8日	灌浆期 7月9日~8月20日	全生育期需水量（mm） 4月16日~8月20日	产量水平（kg/亩）	测定方法
广西	桂林	2010	拔节期轻旱	玉美头105（春季）	1292.7		664.6		55~75		1.6	2.6	4.3	3.4	2.2					103.4	128.3	48.2	100.2	380.1	429.5	坑测
			抽雄期轻旱						60~70		1.7	2.7	2.1	5	1.6					109.3	64.1	24.9	162.4	360.7	398.7	坑测
			灌浆期轻旱						55~75		1.7	2.6	4.1	2.7	2.6					106.4	121.8	83.2	51	362.4	420.3	坑测
			高水分						70~85		1.6	2.6	5.1	3.9	3.1					165.3	142.4	54.3	74.9	436.9	454.8	坑测
			低水分						50~65		1.3	0.3	3.6	6.6	0					137.6	105.5	98.3	0	341.4	322.1	坑测

附表 8（2） 作物需水量试验成果表（玉米）

省区	站名	年份	处理名称	品种	生育期降水量(mm)	频率(%)	生育期蒸发量(mm)	频率(%)	生育期控制土壤水分范围(田持%)	逐月需水强度(mm/d)										各生育期需水量(mm)				全生育期需水量(mm)	产量水平(kg/亩)	测定方法
										3月	4月	5月	6月	7月	8月	9月	10月	11月	12月	苗期 8月27日~9月21日	拔节期 9月22日~10月20日	抽雄期 10月21日~11月21日	灌浆期 11月22日~12月25日	8月27日~12月25日		
广西	桂林	2010	拔节期轻旱	玉美头105(秋季)	162.8		459.1		55~75						1.6	3.2	3	4	2.2	46.2	151.7	116.4	58.2	372.5	408.5	抗测
			抽雄期轻旱						60~70						1.8	3.6	5	2.4	2.7	35.2	160.4	148.9	67.1	411.6	427.6	抗测
			灌浆期轻旱						55~75						1.9	3.8	4.7	3.7	2.4	54.3	182.3	151.5	53.2	441.3	432.7	抗测
			高水分						70~85						1.8	3.6	6.2	4.4	3.3	63.3	189.5	168.5	98.5	519.8	456.5	抗测
			低水分						50~65						2	2.5	5.5	2.2	1.4	32.5	131.2	138.6	80.9	383.2	317.2	抗测

附表 8（3） 作物需水量试验成果表（玉米）

省区	站名	年份	处理名称	品种	生育期降水与蒸发量				生育期控制土壤水分范围（田持%）	逐月需水强度（mm/d）										各生育期需水量（mm）				全生育期需水量（mm）4月14日~7月15日	产量水平（kg/亩）	测定方法
					生育期降水量（mm）	频率（%）	生育期蒸发量（mm）	频率（%）		3月	4月	5月	6月	7月	8月	9月	10月	11月	12月	苗期 4月14日~5月23日	拔节期 5月24日~5月31日	抽雄期 6月1日~7月1日	灌浆期 7月2日~7月15日			
广西	桂林	2011	拔节期轻旱						55~75		1.7	3.8	6.4	3.5						95.9	50.3	193.2	52.9	392.3	433.5	坑测
			抽雄期轻旱						60~70		1.7	3.6	3.7	6.3						85.5	54.7	110	95.7	345.9	584.3	坑测
			灌浆期轻旱	玉美头105（春季）	858.7		217.7		55~75		1.7	4.1	5.8	2.1						96.7	58.1	172.8	30.8	358.4	520.7	坑测
			高水分						70~85		1.7	4.2	6.4	4.9						98.3	60.2	193.3	73	424.8	613.8	坑测
			低水分						50~65		1.7	2.3	2.4	4.5						101	0	72.3	66.8	240.1	428.1	坑测

附表 8（4） 作物需水量试验成果表（玉米）

省区	站名	年份	处理名称	品种	生育期降水量(mm)	频率(%)	生育期蒸发量(mm)	频率(%)	生育期控制土壤水分范围（田持%）	逐月需水强度（mm/d） 3月	4月	5月	6月	7月	8月	9月	10月	11月	12月	各生育期需水量(mm) 苗期 7月23日~8月18日	拔节期 8月19日~9月1日	抽雄期 9月2日~9月24日	灌浆期 9月25日~10月18日	全生育期需水量(mm) 7月23日~10月18日	产量水平(kg/亩)	测定方法
广西	桂林	2011	拔节期轻旱						55~75					5.1	5.9	5.6	4.7			136.6	96	151	98.5	482.1	363.7	坑测
			抽雄期轻旱						60~70					5.8	5.2	5.1	5.1			142.3	73.8	138.2	116.3	470.6	385.4	坑测
			灌浆期轻旱	玉美头105（秋季）	171.9		329.6		55~75					5.2	4.3	4.2	4.9			40.2	138.6	124.7	88.6	392.1	244.9	坑测
			高水分						70~85					5.7	7.4	6	5.1			168.5	112.8	129.9	135.6	546.8	311.9	坑测
			低水分						50~65					6.5	6.2	5	1.5			56.2	193.8	117	71.9	438.9	278.1	坑测

附表 9 试验站基本情况资料表

省区	站名	地理位置			气候状况			土壤物理性质			土壤化学性质（占干土重百分比）					水文地质条件		备注
		经度 E (°)	纬度 N (°)	海拔 (m)	多年平均气温 (℃)	多年平均降水量 (mm)	多年平均蒸发量 (mm)	土质	田间持水量 (%)	土壤密度 (g/cm³)	有机质 (%)	全氮 (%)	全磷 (%)	全钾 (%)	全盐 (%)	地下水埋深 (m)	地下水矿化度 (g/L)	参与整编的资料起止年份
广西	南宁市灌溉试验站	108	23	80	21.7	1 300	1 542.8									1 以下		1956 ~ 2012

· 220 ·

附表 10（1） 作物需水量试验成果表（水稻）

省区	站名	年份	作物品种（早、中、晚）	生育期降水与蒸发量				生育期控制水层深度(mm)	逐月需水强度(mm/d)（腾发量+渗漏量）								各生育期需水量(mm)（腾发量+渗漏量）					全生育期需水量(mm)	产量水平(kg/亩)	测定方法
				生育期降水量(mm)	频率(%)	生育期蒸发量(mm)	频率(%)		4月	5月	6月	7月	8月	9月	10月	11月	返青期	分蘖期	拔节期	抽穗开花期	灌浆期			
广西	南宁	1987	汕优 64 早稻	636	50	516.6	11.1		5.1	5.2	6.7	4.7					4月4日~4月13日 59.7	4月14日~5月13日 142	5月14日~6月8日 146.4	6月9日~6月20日 83	6月21日~7月14日 135.5	4月4日~7月14日 566.6	433.4	坑测

附表 10（2） 作物需水量试验成果表（水稻）

省区	站名	年份	作物品种（早、中、晚）	生育期降水与蒸发量				生育期控制水层深度(mm)	逐月需水强度(mm/d)（腾发量+渗漏量）								各生育期需水量(mm)（腾发量+渗漏量）					全生育期需水量(mm)	产量水平(kg/亩)	测定方法
				生育期降水量(mm)	频率(%)	生育期蒸发量(mm)	频率(%)		4月	5月	6月	7月	8月	9月	10月	11月	返青期	分蘖期	拔节期	抽穗开花期	灌浆期			
广西	南宁	1987	汕优 64 晚稻	478.8	16.7	387	88.9						5.6	6.5	4.4		8月6日~8月11日 28.6	8月12日~9月4日 141.9	9月5日~9月17日 96.9	9月18日~9月24日 33.1	9月25日~10月26日 153.8	8月6日~10月26日 454.3	359.2	坑测

附表10（3） 作物需水量试验成果表（水稻）

省区	站名	年份	作物品种（早、中、晚）	生育期降水与蒸发量				生育期控制水层深度(mm)	逐月需水强度(mm/d)（腾发量+渗漏量）								各生育期需水量(mm)（腾发量+渗漏量）					全生育期需水量(mm)	产量水平(kg/亩)	测定方法
				生育期降水量(mm)	频率(%)	生育期蒸发量(mm)	频率(%)		4月	5月	6月	7月	8月	9月	10月	11月	返青期	分蘖期	拔节期	抽穗开花期	灌浆期			
广西	南宁	1988	汕优33 早稻	300.6	94.4	505.9	27.8		3.6	5	9.5	5.5					28.1	134.4	202.6	59.7	167.6	592.4	516.65	坑测
																	4月28日~5月4日	5月5日~5月28日	5月29日~6月19日	6月20日~6月26日	6月27日~7月26日	4月28日~7月26日		

附表10（4） 作物需水量试验成果表（水稻）

省区	站名	年份	作物品种（早、中、晚）	生育期降水与蒸发量				生育期控制水层深度(mm)	逐月需水强度(mm/d)（腾发量+渗漏量）								各生育期需水量(mm)（腾发量+渗漏量）					全生育期需水量(mm)	产量水平(kg/亩)	测定方法
				生育期降水量(mm)	频率(%)	生育期蒸发量(mm)	频率(%)		4月	5月	6月	7月	8月	9月	10月	11月	返青期	分蘖期	拔节期	抽穗开花期	灌浆期			
广西	南宁	1988	桂晚辐 晚稻	324.4	50	403.2	83.3						4.1	5.5	6.4	3.1	39.9	142.6	130.9	67.7	101.9	483	320	坑测
																	8月18日~8月26日	8月27日~9月22日	9月23日~10月13日	10月14日~10月22日	10月23日~11月20日	8月18日~11月20日		

附表 10（5）　作物需水量试验成果表（水稻）

省区	站名	年份	作物品种（早、中、晚）	生育期降水与蒸发量				生育期控水制水层深度(mm)	逐月需水强度(mm/d)（腾发量+渗漏量）								各生育期需水量(mm)（腾发量+渗漏量）					全生育期需水量(mm)	产量水平(kg/亩)	测定方法
				生育期降水量(mm)	频率(%)	生育期蒸发量(mm)	频率(%)		4月	5月	6月	7月	8月	9月	10月	11月	返青期	分蘖期	拔节期	抽穗开花期	灌浆期			
广西	南宁	1989	汕优桂33 早稻	310.5	88.9	468		66.7～37	3	6.2	8.8	6.5					4月7日～4月17日 16.6	4月18日～5月19日 166.4	5月20日～6月13日 196.2	6月14日～6月20日 65	6月21日～7月13日 166.9	4月7日～7月13日 611.1	447.2	坑测

附表 10（6）　作物需水量试验成果表（水稻）

省区	站名	年份	作物品种（早、中、晚）	生育期降水与蒸发量				生育期控水制水层深度(mm)	逐月需水强度(mm/d)（腾发量+渗漏量）								各生育期需水量(mm)（腾发量+渗漏量）					全生育期需水量(mm)	产量水平(kg/亩)	测定方法
				生育期降水量(mm)	频率(%)	生育期蒸发量(mm)	频率(%)		4月	5月	6月	7月	8月	9月	10月	11月	返青期	分蘖期	拔节期	抽穗开花期	灌浆期			
广西	南宁	1989	汕优桂33 晚稻	266.6	55.6	470.2		44.4～38					6.6	8	5.8	5.6	8月6日～8月14日 43.8	8月15日～9月6日 165.5	9月7日～9月24日 148.5	9月25日～10月4日 78.2	10月5日～11月4日 176.4	8月6日～11月4日 612.4	308.4	坑测

附表 10（7） 作物需水量试验成果表（水稻）

省区名	年份	作物品种（早、中、晚）	生育期降水量（mm）	频率（%）	生育期蒸发量（mm）	生育期控制水层深度（mm）	逐月需水强度（mm/d）（腾发量+渗漏量）								各生育期需水量（mm）（腾发量+渗漏量）					全生育期需水量（mm）	产量水平（kg/亩）	测定方法
							4月	5月	6月	7月	8月	9月	10月	11月	返青期	分蘖期	拔节期	抽穗开花期	灌浆期			
广西南宁	1990	桂99早稻	593.3	55.6	514.4	16.7	4.4	5.2	7.1	3.5					4月3日~4月11日 28.7	4月12日~5月9日 141.5	5月10日~6月9日 184.7	6月10日~6月17日 73.1	6月18日~7月15日 122.7	4月3日~7月15日 550.7	513.9	坑测

附表 10（8） 作物需水量试验成果表（水稻）

省区名	年份	作物品种（早、中、晚）	生育期降水量（mm）	频率（%）	生育期蒸发量（mm）	生育期控制水层深度（mm）	逐月需水强度（mm/d）（腾发量+渗漏量）								各生育期需水量（mm）（腾发量+渗漏量）					全生育期需水量（mm）	产量水平（kg/亩）	测定方法
							4月	5月	6月	7月	8月	9月	10月	11月	返青期	分蘖期	拔节期	抽穗开花期	灌浆期			
广西南宁	1990	桂44晚稻	261.8	61.1	552.4	11.1			7	4.4	4.9	3.3			8月6日~8月14日 49.7	8月15日~9月6日 165.5	9月7日~9月24日 125.8	9月25日~10月4日 65.4	10月5日~11月4日 115.2	8月6日~11月4日 521.6	408.3	坑测

附表 10（9）　作物需水量试验成果表（水稻）

省区	站名	年份	作物品种（早、中、晚）	生育期降水与蒸发量				生育期控水层深度(mm)	逐月需水强度(mm/d)（腾发量+渗漏量）								各生育期需水量(mm)（腾发量+渗漏量）					全生育期需水量(mm)	产量水平(kg/亩)	测定方法
				生育期降水量(mm)	频率(%)	生育期蒸发量(mm)	频率(%)		4月	5月	6月	7月	8月	9月	10月	11月	返青期	分蘖期	拔节期	抽穗开花期	灌浆期			
广西	南宁	1991	汕优桂99 早稻	381.9	77.8	527.4	5.6		5.5	5.3	10.2	5.7					35.7	148.8	207	89.5	175.1	656.1	541.65	坑测
																	4月16日~4月22日	4月23日~5月21日	5月22日~6月13日	6月14日~6月23日	6月24日~7月18日	4月16日~7月18日		

附表 10（10）　作物需水量试验成果表（水稻）

省区	站名	年份	作物品种（早、中、晚）	生育期降水与蒸发量				生育期控水层深度(mm)	逐月需水强度(mm/d)（腾发量+渗漏量）								各生育期需水量(mm)（腾发量+渗漏量）					全生育期需水量(mm)	产量水平(kg/亩)	测定方法
				生育期降水量(mm)	频率(%)	生育期蒸发量(mm)	频率(%)		4月	5月	6月	7月	8月	9月	10月	11月	返青期	分蘖期	拔节期	抽穗开花期	灌浆期			
广西	南宁	1991	汕优桂99 晚稻	229.8	83.3	511.8	27.8						5.8	7.1	5.8	1.7	39.7	142.5	144.5	114.9	127.6	569.2	447.3	坑测
																	8月3日~8月10日	8月11日~9月5日	9月6日~9月24日	9月25日~10月6日	10月7日~11月4日	8月3日~11月4日		

附表 10（11） 作物需水量试验成果表（水稻）

省区	站名	年份	作物品种（早、中、晚）	生育期降水与蒸发量				生育期控制水层深度(mm)	逐月需水强度(mm/d)(腾发量+渗漏量)								各生育期需水量(mm)(腾发量+渗漏量)					全生育期需水量(mm)	产量水平(kg/亩)	测定方法
				生育期降水量(mm)	频率(%)	生育期蒸发量(mm)	频率(%)		4月	5月	6月	7月	8月	9月	10月	11月	返青期	分蘖期	拔节期	抽穗开花期	灌浆期			
广西	南宁	1992	汕优63 早稻	646.6	44.4	464.1	77.8		8.2	5.1	7.3	6.4					46.4 (4月19日~4月24日)	149.9 (4月25日~5月20日)	152.6 (5月21日~6月12日)	83 (6月13日~6月24日)	143.7 (6月25日~7月16日)	581.6 (4月19日~7月16日)	577.8	坑测

附表 10（12） 作物需水量试验成果表（水稻）

省区	站名	年份	作物品种（早、中、晚）	生育期降水与蒸发量				生育期控制水层深度(mm)	逐月需水强度(mm/d)(腾发量+渗漏量)								各生育期需水量(mm)(腾发量+渗漏量)					全生育期需水量(mm)	产量水平(kg/亩)	测定方法
				生育期降水量(mm)	频率(%)	生育期蒸发量(mm)	频率(%)		4月	5月	6月	7月	8月	9月	10月	11月	返青期	分蘖期	拔节期	抽穗开花期	灌浆期			
广西	南宁	1992	桂44 晚稻	124.3	94.4	542.6	16.7					7.4	7.2	6.9		5.2	59.7 (8月6日~8月12日)	202.4 (8月13日~9月10日)	146.1 (9月11日~9月30日)	96.6 (10月1日~10月14日)	174.1 (10月15日~11月11日)	678.9 (8月6日~11月11日)	591.7	坑测

附表 10（13）　作物需水量试验成果表（水稻）

省区	站名	年份	作物品种（早、中、晚）	生育期降水与蒸发量				生育期控制水层深度（mm）	逐月需水强度（mm/d）（腾发量+渗漏量）								各生育期需水量（mm）（腾发量+渗漏量）					全生育期需水量（mm）	产量水平（kg/亩）	测定方法
				生育期降水量（mm）	频率（%）	生育期蒸发量（mm）	频率（%）		4月	5月	6月	7月	8月	9月	10月	11月	返青期	分蘖期	拔节期	抽穗开花期	灌浆期			
广西	南宁	1993	桂33 早稻	816.2	16.7	470.5	61.1		4.5	5.2	6.1	5.6					17.4	175.6	144.9	46.8	149.2	533.9	523.6	坑测
																	4月15日~4月20日	4月21日~5月24日	5月25日~6月16日	6月17日~6月23日	6月24日~7月19日	4月15日~7月19日		

附表 10（14）　作物需水量试验成果表（水稻）

省区	站名	年份	作物品种（早、中、晚）	生育期降水与蒸发量				生育期控制水层深度（mm）	逐月需水强度（mm/d）（腾发量+渗漏量）								各生育期需水量（mm）（腾发量+渗漏量）					全生育期需水量（mm）	产量水平（kg/亩）	测定方法
				生育期降水量（mm）	频率（%）	生育期蒸发量（mm）	频率（%）		4月	5月	6月	7月	8月	9月	10月	11月	返青期	分蘖期	拔节期	抽穗开花期	灌浆期			
广西	南宁	1993	博优903 晚稻	334	44.4	497.6	33.3					7.3	5.9	5.7	4.7		62.2	169.2	110.8	70.3	164.4	576.9	555.5	坑测
																	8月13日~8月20日	8月21日~9月16日	9月17日~10月5日	10月6日~10月16日	10月17日~11月18日	8月13日~11月18日		

附表 10（15） 作物需水量试验成果表（水稻）

省区	站名	年份	作物品种（早、中、晚）	生育期降水量(mm)	频率(%)	生育期蒸发量(mm)	频率(%)	生育期控制水层深度(mm)	4月	5月	6月	7月	8月	9月	10月	11月	返青期	分蘖期	拔节期	抽穗开花期	灌浆期	全生育期需水量(mm)	产量水平(kg/亩)	测定方法
				生育期降水与蒸发量					逐月需水强度(mm/d)（腾发量+渗漏量）								各生育期需水量(mm)（腾发量+渗漏量）							
广西	南宁	1994	枝优香 早稻	683.3	27.8	466.7	72.2		7.3	6.2	5.3	7.7					4月18日~4月23日	4月24日~5月20日	5月21日~6月11日	6月12日~6月23日	6月24日~7月12日	4月18日~7月12日	491.5	坑测
																	44.2	179.8	112.5	62.6	138.9	538		

附表 10（16） 作物需水量试验成果表（水稻）

省区	站名	年份	作物品种（早、中、晚）	生育期降水量(mm)	频率(%)	生育期蒸发量(mm)	频率(%)	生育期控制水层深度(mm)	4月	5月	6月	7月	8月	9月	10月	11月	返青期	分蘖期	拔节期	抽穗开花期	灌浆期	全生育期需水量(mm)	产量水平(kg/亩)	测定方法
				生育期降水与蒸发量					逐月需水强度(mm/d)（腾发量+渗漏量）								各生育期需水量(mm)（腾发量+渗漏量）							
广西	南宁	1994	博优903 晚稻	510.1	5.6	440.7	77.8						6	5	5.1	4.6	8月13日~8月18日	8月19日~9月14日	9月15日~10月4日	10月5日~10月16日	10月17日~11月14日	8月13日~11月14日	516.7	坑测
																	29.1	161.5	91.5	51.2	153.7	487		

附表10（17） 作物需水量试验成果表（水稻）

省区	站名	年份	作物品种（早、中、晚）	生育期降水与蒸发量				生育期控制水层深度(mm)	逐月需水强度(mm/d)（腾发量+渗漏量）								各生育期需水量(mm)（腾发量+渗漏量）					全生育期需水量(mm)	产量水平(kg/亩)	测定方法
				生育期降水量(mm)	频率(%)	生育期蒸发量(mm)	频率(%)		4月	5月	6月	7月	8月	9月	10月	11月	返青期	分蘖期	拔节期	抽穗开花期	灌浆期			
广西	南宁	1995	汕优桂99 早稻	364.6	83.3	471.9	55.6		5.3	6.1	6.2	6.1					4月21日~4月26日 31.3	4月27日~5月23日 156.9	5月24日~6月20日 170.5	6月21日~7月2日 79.8	7月3日~7月19日 104.6	4月21日~7月19日 543.1	516.5	坑测

附表10（18） 作物需水量试验成果表（水稻）

省区	站名	年份	作物品种（早、中、晚）	生育期降水与蒸发量				生育期控制水层深度(mm)	逐月需水强度(mm/d)（腾发量+渗漏量）								各生育期需水量(mm)（腾发量+渗漏量）					全生育期需水量(mm)	产量水平(kg/亩)	测定方法
				生育期降水量(mm)	频率(%)	生育期蒸发量(mm)	频率(%)		4月	5月	6月	7月	8月	9月	10月	11月	返青期	分蘖期	拔节期	抽穗开花期	灌浆期			
广西	南宁	1995	博优903 晚稻	425.4	22.2	457.2	66.7						6.2	6.6	4.7	3.3	8月10日~8月16日 42.8	8月17日~8月31日 92.5	9月1日~9月25日 174.3	9月26日~10月17日 105.3	10月18日~11月15日 116.3	8月10日~11月15日 531.2	450	坑测

附表 10（19） 作物需水量试验成果表（水稻）

省区名	站名	年份	作物品种（早、中、晚）	生育期降水与蒸发量				生育期控制水层深度(mm)	逐月需水强度(mm/d)(腾发量+渗漏量)								各生育期需水量(mm)(腾发量+渗漏量)					全生育期需水量(mm)	产量水平(kg/亩)	测定方法
				生育期降水量(mm)	频率(%)	生育期蒸发量(mm)	频率(%)		4月	5月	6月	7月	8月	9月	10月	11月	返青期	分蘖期	拔节期	抽穗开花期	灌浆期			
广西	南宁	1996	早稻	483.6	66.7	460	83.3		2.8	4.4	4.7	5					4月25日~4月30日	5月1日~5月23日	5月24日~6月20日	6月21日~6月30日	7月1日~7月25日	4月25日~7月25日	525	坑测
																	16.7	116.4	125.8	34.7	125.3	418.9		

附表 10（20） 作物需水量试验成果表（水稻）

省区名	站名	年份	作物品种（早、中、晚）	生育期降水与蒸发量				生育期控制水层深度(mm)	逐月需水强度(mm/d)(腾发量+渗漏量)								各生育期需水量(mm)(腾发量+渗漏量)					全生育期需水量(mm)	产量水平(kg/亩)	测定方法
				生育期降水量(mm)	频率(%)	生育期蒸发量(mm)	频率(%)		4月	5月	6月	7月	8月	9月	10月	11月	返青期	分蘖期	拔节期	抽穗开花期	灌浆期			
广西	南宁	1996	晚稻	248.8	66.7	468.2	50						4.8	3.9	5.9	2.7	8月16日~8月20日	8月21日~9月12日	9月13日~10月5日	10月6日~10月16日	10月17日~11月18日	8月16日~11月18日	472	坑测
																	15.9	115.3	96.6	66.6	130.9	425.3		

附表 10（21） 作物需水量试验成果表（水稻）

省区	站名	年份	作物品种(早、中、晚)	生育期降水与蒸发量				生育期控制水层深度(mm)	逐月需水强度(mm/d)(腾发量+渗漏量)								各生育期需水量(mm)(腾发量+渗漏量)					全生育期需水量(mm)	产量水平(kg/亩)	测定方法
				生育期降水量(mm)	频率(%)	生育期蒸发量(mm)	频率(%)		4月	5月	6月	7月	8月	9月	10月	11月	返青期	分蘖期	拔节期	抽穗开花期	灌浆期			
广西	南宁	1997	汕优桂99 早稻	653.3	38.9	427.4	88.9		3.1	3.6	5	3.8					4月19日~4月22日 8	4月23日~5月20日 100.8	5月21日~6月10日 90.5	6月11日~6月20日 50.5	6月21日~7月19日 119.1	4月19日~7月19日 368.9	518.5	坑测

附表 10（22） 作物需水量试验成果表（水稻）

省区	站名	年份	作物品种(早、中、晚)	生育期降水与蒸发量				生育期控制水层深度(mm)	逐月需水强度(mm/d)(腾发量+渗漏量)								各生育期需水量(mm)(腾发量+渗漏量)					全生育期需水量(mm)	产量水平(kg/亩)	测定方法
				生育期降水量(mm)	频率(%)	生育期蒸发量(mm)	频率(%)		4月	5月	6月	7月	8月	9月	10月	11月	返青期	分蘖期	拔节期	抽穗开花期	灌浆期			
广西	南宁	1997	特优63 晚稻	372.2	27.8	385.9	94.4						4.8	5.1	4	4	8月8日~8月14日 25.7	8月15日~9月7日 123.4	9月8日~9月20日 80	9月21日~9月30日 40.6	10月1日~11月3日 136.9	8月8日~11月3日 406.6	508.3	坑测

附表 10（23） 作物需水量试验成果表（水稻）

省区	站名	年份	作物品种（早、中、晚）	生育期降水与蒸发量				生育期控制水层深度(mm)	逐月需水强度(mm/d)（腾发量+渗漏量）								各生育期需水量(mm)（腾发量+渗漏量）					全生育期需水量(mm)	产量水平(kg/亩)	测定方法
				生育期降水量(mm)	频率(%)	生育期蒸发量(mm)	频率(%)		4月	5月	6月	7月	8月	9月	10月	11月	返青期	分蘖期	拔节期	抽穗开花期	灌浆期			
广西	南宁	1998	早稻	827	11.1	389.5	94.4		4.4	5	4.7	3.2					19.3	158	86.3	67	81.4	412	494.45	坑测
																	4月15日~4月20日	4月21日~5月20日	5月21日~6月10日	6月11日~6月20日	6月21日~7月15日	4月15日~7月15日		

附表 10（24） 作物需水量试验成果表（水稻）

省区	站名	年份	作物品种（早、中、晚）	生育期降水与蒸发量				生育期控制水层深度(mm)	逐月需水强度(mm/d)（腾发量+渗漏量）								各生育期需水量(mm)（腾发量+渗漏量）					全生育期需水量(mm)	产量水平(kg/亩)	测定方法
				生育期降水量(mm)	频率(%)	生育期蒸发量(mm)	频率(%)		4月	5月	6月	7月	8月	9月	10月	11月	返青期	分蘖期	拔节期	抽穗开花期	灌浆期			
广西	南宁	1998	晚稻	233.8	72.2	532	22.2				6.6	7.4	6.3		2.4		48.8	169.9	195.1	67	135.1	615.9	541.7	坑测
																	8月3日~8月10日	8月11日~9月5日	9月6日~9月30日	10月1日~10月10日	10月11日~11月3日	8月3日~11月3日		

附表10(25)　作物需水量试验成果表(水稻)

省区	站名	作物品种(早、中、晚)	年份	生育期降水与蒸发量				生育期控制水层深度(mm)	逐月需水强度(mm/d)(腾发量+渗漏量)								各生育期需水量(mm)(腾发量+渗漏量)					全生育期需水量(mm)	产量水平(kg/亩)	测定方法
				生育期降水量(mm)	频率(%)	生育期蒸发量(mm)	频率(%)		4月	5月	6月	7月	8月	9月	10月	11月	返青期	分蘖期	拔节期	抽穗开花期	灌浆期			
广西	南宁	早稻	1999	660.3	33.3	496.4	38.9		4.4	4.3	6.3	5.7					4月12日~4月16日	4月17日~5月10日	5月11日~6月5日	6月6日~6月20日	6月21日~7月22日	4月12日~7月22日		坑测
																	19.8	112.5	120.2	74.1	206	532.6	527.5	

附表10(26)　作物需水量试验成果表(水稻)

省区	站名	作物品种(早、中、晚)	年份	生育期降水与蒸发量				生育期控制水层深度(mm)	逐月需水强度(mm/d)(腾发量+渗漏量)								各生育期需水量(mm)(腾发量+渗漏量)					全生育期需水量(mm)	产量水平(kg/亩)	测定方法
				生育期降水量(mm)	频率(%)	生育期蒸发量(mm)	频率(%)		4月	5月	6月	7月	8月	9月	10月	11月	返青期	分蘖期	拔节期	抽穗开花期	灌浆期			
广西	南宁	杂优晚稻	1999	504.4	11.1	462.5	61.1	175					4.4	6.9	6	2.4	8月6日~8月13日	8月14日~9月10日	9月11日~10月10日	10月11日~10月25日	10月26日~11月17日	8月6日~11月17日		坑测
																	23.5	156.1	220.8	89.5	55.5	545.4	475	

附表10（27） 作物需水量试验成果表（水稻）

省区	站名	年份	作物品种（早、中、晚）	生育期降水与蒸发量 生育期降水量(mm)	频率(%)	生育期蒸发量(mm)	频率(%)	生育期控制水层深度(mm)	逐月需水强度(mm/d)（腾发量+渗漏量） 4月	5月	6月	7月	8月	9月	10月	11月	各生育期需水量(mm)（腾发量+渗漏量） 返青期	分蘖期	拔节期	抽穗开花期	灌浆期	全生育期需水量(mm)	产量水平(kg/亩)	测定方法
广西	南宁	2000	特优18 早稻	393.5	72.2	509.4	22.2		2.9	2.4	5.5	6.4					4月13日~4月20日 24.3	4月21日~5月27日 95.1	5月28日~6月20日 106.2	6月21日~6月30日 68.3	7月1日~7月19日 122.2	4月13日~7月19日 416.1	638.9	坑测

附表10（28） 作物需水量试验成果表（水稻）

省区	站名	年份	作物品种（早、中、晚）	生育期降水与蒸发量 生育期降水量(mm)	频率(%)	生育期蒸发量(mm)	频率(%)	生育期控制水层深度(mm)	逐月需水强度(mm/d)（腾发量+渗漏量） 4月	5月	6月	7月	8月	9月	10月	11月	各生育期需水量(mm)（腾发量+渗漏量） 返青期	分蘖期	拔节期	抽穗开花期	灌浆期	全生育期需水量(mm)	产量水平(kg/亩)	测定方法
广西	南宁	2000	博优1012 晚稻	230.2	77.8	564.5	5.6					7.4	7.2	5.5	4.1		8月8日~8月16日 57.7	8月17日~9月11日 186.2	9月12日~10月10日 214.4	10月11日~10月28日 81.8	10月29日~11月19日 101.9	8月8日~11月19日 642	572.2	坑测

附表 10(29)　作物需水量试验成果表（水稻）

省区	站名	年份	作物品种（早、中、晚）	生育期降水与蒸发量				生育期控制水层深度(mm)	逐月需水强度(mm/d)（腾发量+渗漏量）								各生育期需水量(mm)（腾发量+渗漏量）					全生育期需水量(mm)	产量水平(kg/亩)	测定方法
				生育期降水量(mm)	频率(%)	生育期蒸发量(mm)	频率(%)		4月	5月	6月	7月	8月	9月	10月	11月	返青期	分蘖期	拔节期	抽穗开花期	灌浆期			
广西	南宁	2001	杂交II优838 早稻	1135.3	5.6	502.9	33.3		2.9	2.8	5.8	6					4月5日~4月10日 13.3	4月11日~5月20日 114.3	5月21日~6月20日 146.9	6月21日~6月30日 62.9	7月1日~7月23日 138.8	4月5日~7月23日 476.2	580.6	坑测

附表 10(30)　作物需水量试验成果表（水稻）

省区	站名	年份	作物品种（早、中、晚）	生育期降水与蒸发量				生育期控制水层深度(mm)	逐月需水强度(mm/d)（腾发量+渗漏量）								各生育期需水量(mm)（腾发量+渗漏量）					全生育期需水量(mm)	产量水平(kg/亩)	测定方法
				生育期降水量(mm)	频率(%)	生育期蒸发量(mm)	频率(%)		4月	5月	6月	7月	8月	9月	10月	11月	返青期	分蘖期	拔节期	抽穗开花期	灌浆期			
广西	南宁	2001	杂交II优63 晚稻	349.5	33.3	449.8	72.2						5.7	5.4	6.2	3.3	8月9日~8月15日 32.6	8月16日~9月15日 154.7	9月16日~10月13日 186.7	10月14日~10月24日 85.5	10月25日~11月18日 86.3	8月9日~11月18日 545.8	577.8	坑测

附表 10（31） 作物需水量试验成果表（水稻）

省区	站名	年份	作物品种（早、中、晚）	生育期降水与蒸发量			生育期控制水层深度（mm）	逐月需水强度（mm/d）（腾发量＋渗漏量）								各生育期需水量（mm）（腾发量＋渗漏量）				全生育期需水量（mm）	产量水平（kg/亩）	测定方法
				生育期降水量（mm）	频率（%）	生育期蒸发量（mm）		4月	5月	6月	7月	8月	9月	10月	11月	返青期	分蘖期	抽穗开花期	灌浆期			
广西	南宁	2002	秋优1025 早稻	565.6	61.1	492.8	44.4	4.3	4.5	3.9	2					4月4日 ～ 4月10日 29	4月11日 ～ 5月17日 160.2	5月18日 ～ 6月10日 122.5	6月11日 ～ 6月20日 50.2	6月21日 ～ 7月9日 88.6	4月4日 ～ 7月9日 450.5	516.7	坑测

附表 10（32） 作物需水量试验成果表（水稻）

省区	站名	年份	作物品种（早、中、晚）	生育期降水与蒸发量			生育期控制水层深度（mm）	逐月需水强度（mm/d）（腾发量＋渗漏量）								各生育期需水量（mm）（腾发量＋渗漏量）				全生育期需水量（mm）	产量水平（kg/亩）	测定方法
				生育期降水量（mm）	频率（%）	生育期蒸发量（mm）		4月	5月	6月	7月	8月	9月	10月	11月	返青期	分蘖期	拔节期	抽穗开花期	灌浆期		
广西	南宁	2002	特优63 晚稻	345.4	38.9	463.1	55.6					5.1	2.9	5.4	2.5	8月8日 ～ 8月15日 29.3	8月16日 ～ 9月20日 152.4	9月21日 ～ 10月20日 158.3	10月21日 ～ 10月31日 38.5	11月1日 ～ 11月21日 58.7	8月8日 ～ 11月21日 437.2	491.7	坑测

附表 10（33） 作物需水量试验成果表（水稻）

省区	站名	年份	作物品种（早、中、晚）	生育期降水与蒸发量				生育期控制水层深度(mm)	逐月需水强度(mm/d)(腾发量+渗漏量)								各生育期需水量(mm)(腾发量+渗漏量)					全生育期需水量(mm)	产量水平(kg/亩)	测定方法
				生育期降水量(mm)	频率(%)	生育期蒸发量(mm)	频率(%)		4月	5月	6月	7月	8月	9月	10月	11月	返青期	分蘖期	拔节期	抽穗开花期	灌浆期			
广西	南宁	2003	杂交特优1025早稻	701.9	22.2	473.6	50		3.3	4.2	5.1	4.4					16.9	156.6	100.4	67.8	58.8	400.5	641.65	坑测
																	4月3日~4月10日	4月11日~5月14日	5月15日~6月10日	6月11日~6月20日	6月21日~7月6日	4月3日~7月6日		

附表 10（34） 作物需水量试验成果表（水稻）

省区	站名	年份	作物品种（早、中、晚）	生育期降水与蒸发量				生育期控制水层深度(mm)	逐月需水强度(mm/d)(腾发量+渗漏量)								各生育期需水量(mm)(腾发量+渗漏量)					全生育期需水量(mm)	产量水平(kg/亩)	测定方法
				生育期降水量(mm)	频率(%)	生育期蒸发量(mm)	频率(%)		4月	5月	6月	7月	8月	9月	10月	11月	返青期	分蘖期	拔节期	抽穗开花期	灌浆期			
广西	南宁	2003	秋优桂99晚稻	181.7	88.9	474.2	38.9						4.4	5.8	6.4	4	28.2	133	197.6	74.2	79.7	512.7	566.7	坑测
																	8月8日~8月15日	8月16日~9月20日	9月21日~10月20日	10月21日~10月31日	11月1日~11月24日	8月8日~11月24日		

省区名	站名	年份	作物品种（早、晚）	处理号	重复	返青期 4月8日~4月15日 灌水次数	灌水量(mm)	有效降雨(mm)	耗水量(mm)	分蘖期 4月16日~4月30日 灌水次数	灌水量(mm)	有效降雨(mm)	耗水量(mm)	拔节期 5月1日~5月31日 灌水次数	灌水量(mm)	有效降雨(mm)	耗水量(mm)	抽穗期 6月1日~6月10日 灌水次数	灌水量(mm)	有效降雨(mm)	耗水量(mm)	灌浆期 6月11日~7月6日 灌水次数	灌水量(mm)	有效降雨(mm)	耗水量(mm)	全生育期 4月8日~7月6日 灌水次数	灌水量(mm)	有效降雨(mm)	耗水量(mm)	灌溉定额(mm)	产量水平(kg/亩)
广西	南宁	1981	早稻	轻晒	1	0.3	3.3	13.3	26.3	0	0	107	103			106	106	1	79	33.9	34.6	6	108	22.8	174	7.3	190	283	444	473.4	499
				中晒	1	0.3	5.7	19.5	29.9	0	0	97	112				97.3	1	18.7		32.6	6	105	22.8	164	7.3	129	139	437	268.3	477
				重晒	1	1.3	16.3	13.3	26.9	1	8.7	93.7	107			102	101	1	19.3	33.9	31.1	6	94.6	22.8	157	9.3	139	265	423	404.1	482

省区名	站名	年份	作物品种（早、晚）	处理号	重复	返青期 4月14日~4月24日 灌水次数	灌水量(mm)	有效降雨(mm)	耗水量(mm)	分蘖期 4月25日~5月25日 灌水次数	灌水量(mm)	有效降雨(mm)	耗水量(mm)	拔节期 5月26日~6月17日 灌水次数	灌水量(mm)	有效降雨(mm)	耗水量(mm)	抽穗期 6月18日~6月26日 灌水次数	灌水量(mm)	有效降雨(mm)	耗水量(mm)	灌浆期 6月27日~7月19日 灌水次数	灌水量(mm)	有效降雨(mm)	耗水量(mm)	全生育期 4月14日~7月19日 灌水次数	灌水量(mm)	有效降雨(mm)	耗水量(mm)	灌溉定额(mm)	产量水平(kg/亩)
广西	南宁	1983	早稻	轻晒	平均	2	50.7	21.1	55	6.7	134	60.9	153	5	84.7	85.6	125	3.3	75.4	13	73.5	4	97.4	62.6	95.9	21	442	243	503	502.6	519
				中晒	平均	2.3	57.7	22.8	49.9	5	117	60.9	142	5	78.9	85.6	123	3	68	12	67.9	4	92.8	62.6	92.8	19.3	414	244	476	475.8	527
				重晒	平均	2	49.5	21.4	61.1	5	123	60.9	152	4.7	68	85.6	113	3	64	14	62.9	4	87.6	62.6	90	18.7	320	245	479	478.9	520

附表 11（3）　作物灌溉制度试验成果表（水稻）

省区	站名	年份	作物品种(早、晚)	处理	重复	返青期 8月4日~8月12日				分蘖期 8月13日~9月6日				拔节期 9月7日~9月26日				抽穗期 9月27日~10月7日				灌浆期 10月8日~11月7日				全生育期 8月4日~11月7日					产量水平(kg/亩)
						灌水次数	灌水量(mm)	有效降雨(mm)	耗水量(mm)	灌水次数	灌水量(mm)	有效降雨(mm)	耗水量(mm)	灌水次数	灌水量(mm)	有效降雨(mm)	耗水量(mm)	灌水次数	灌水量(mm)	有效降雨(mm)	耗水量(mm)	灌水次数	灌水量(mm)	有效降雨(mm)	耗水量(mm)	灌水次数	灌水量(mm)	有效降雨(mm)	耗水量(mm)	灌溉定额(mm)	
广西	南宁	1983	晚稻	轻晒	平均	3	64.3	6.7	67.4	5.3	118	95.8	162	4	84.3	94	137	2	31.3	25.1	55.7	4.7	74	48.2	80.7	19	372	270	503	503	433
				中晒	平均	3	67.3	6.7	66.5	6	119	94.8	171	4	77.8	94	125	1.3	28.3	26.8	56.9	4.7	68.8	49.9	74.2	19	361	272	494	493.5	442
				重晒	平均	3	63.7	6.7	69	5	109	94.8	161	4	75.5	94	127	1.7	24.6	26.7	42.4	2	64.3	55.9	72.4	17.7	337	278	472	472	451

附表 11（4）　作物灌溉制度试验成果表（水稻）

省区	站名	年份	作物品种(早、晚)	处理	重复	返青期 4月10日~4月22日				分蘖期 4月23日~5月24日				拔节期 5月25日~6月19日				抽穗期 6月20日~6月30日				灌浆期 7月1日~7月25日				全生育期 4月10日~7月25日					产量水平(kg/亩)
						灌水次数	灌水量(mm)	有效降雨(mm)	耗水量(mm)	灌水次数	灌水量(mm)	有效降雨(mm)	耗水量(mm)	灌水次数	灌水量(mm)	有效降雨(mm)	耗水量(mm)	灌水次数	灌水量(mm)	有效降雨(mm)	耗水量(mm)	灌水次数	灌水量(mm)	有效降雨(mm)	耗水量(mm)	灌水次数	灌水量(mm)	有效降雨(mm)	耗水量(mm)	灌溉定额(mm)	
广西	南宁	1984	早稻	浅湿轻晒	3	3	44.9	15.8	31.7	3.2	59.7	85	118	5.1	115	185	171	1	18.9	97	79.4	1.5	31.1	33	56.1	5.5	95.8	42.9	110	110.2	434
				中晒	3	3	44.3	16.1	33	4	73.9	88.1	113	5.3	101	183	173	1	15.6	90.7	80	4.5	94.7	42.9	109	18.8	330	421	508	508.1	442
				重晒	3	3	47	15.1	32.1	3.5	65.8	92.1	113	5.5	107	183	177	1	17.6	91.3	77.6	5.5	93.8	42.9	109	18.5	331	424	508	507.8	454

附表 11（5） 作物灌溉制度试验成果表（水稻）

省区名	年份	作物品种（早、晚）	处理	重复	返青期 4月10日~4月22日				分蘖期 4月23日~5月24日				拔节期 5月25日~6月19日				抽穗期 6月20日~6月30日				灌浆期 7月1日~7月25日				全生育期 4月10日~7月25日					产量水平(kg/亩)
					灌水次数	灌水量(mm)	有效降雨(mm)	耗水量(mm)	灌水次数	灌水量(mm)	有效降雨(mm)	耗水量(mm)	灌水次数	灌水量(mm)	有效降雨(mm)	耗水量(mm)	灌水次数	灌水量(mm)	有效降雨(mm)	耗水量(mm)	灌水次数	灌水量(mm)	有效降雨(mm)	耗水量(mm)	灌水次数	灌水量(mm)	有效降雨(mm)	耗水量(mm)	灌溉定额(mm)	
广西南宁	1984	晚稻	浅湿轻晒	3	1.5	49.3	54.6	62.3	6	134	63.4	170	5	99.9	50.1	119	2.8	54.1	5.6	35.4	8.8	137	20.1	127	24.1	474	194	514	514.2	343
			中晒	3	1.7	49.3	48.6	64.6	6.3	133	67.4	135	5	101	50.1	120	3	50.5	5.6	33.7	9.3	135	20.1	123	25.3	470	192	507	507	342
			重晒	3	3	47	15.1	32.1	3.5	65.8	92.1	113	5.5	107	183	177	1	17.6	91.3	77.6	5.5	83.8	42.9	134	18.5	331	424	508	578	343

附表 11（6）　作物灌溉制度试验成果表（水稻）

省区	站名	年份	作物品种（早、晚）	处理	处理号 重复	返青期 4月23日~4月30日				分蘖期 5月1日~5月22日				拔节期 5月23日~6月11日				抽穗期 6月12日~6月20日				灌浆期 6月21日~7月16日				全生育期 4月23日~7月16日					产量水平（kg/亩）
						灌水次数	灌水量(mm)	有效降雨(mm)	耗水量(mm)	灌水次数	灌水量(mm)	有效降雨(mm)	耗水量(mm)	灌水次数	灌水量(mm)	有效降雨(mm)	耗水量(mm)	灌水次数	灌水量(mm)	有效降雨(mm)	耗水量(mm)	灌水次数	灌水量(mm)	有效降雨(mm)	耗水量(mm)	灌水次数	灌水量(mm)	有效降雨(mm)	耗水量(mm)	灌溉定额(mm)	
广西	南宁	1986	早稻	浅灌	1	2	55	39	33	6	152	32	161	6	157	49	138	3	67	18	60	5	101	69	157	22	532	209	548	548	444
					2	2	53	39	32	6	131	32	148	6	137	51	135	3	64	18	58	5	112	70	164	22	498	211	536	536	445
					3	2	54	39	31	6	85	32	149	6	152	138	52	3	84	18	62	5	102	70	152	22	517	212	533	533	451
					平均	2	54	39	32	6	123	32	153	6	148	79	108	3	72	18	60	5	105	69	158	22	516	210	539	539	447
				浅湿	1	2	51	39	32	10	118	12	133	9	121	61	126	4	61	18	65	8	114	63	164	32	466	195	520	520	466
					2	2	50	39	34	8	106	17	129	9	125	61	136	4	56	18	58	8	104	80	164	31	441	216	521	521	448
					3	2	58	39	34	8	100	16	121	7	117	66	133	4	54	18	60	7	103	80	161	28	431	220	508	508	474
					平均	2	53	39	33	9	108	15	128	8	121	63	132	4	57	18	61	8	107	75	163	30	446	210	516	516	463
				浅湿晒	1	2	50	40	28	9	94	8	108	6	139	80	117	3	60	18	53	7	90	53	134	26	433	209	436	436	453
					2	2	57	39	33	8	99	11	113	6	131	78	126	3	62	18	62	8	82	11	136	26	435	215	469	469	457
					3	2	52	39	31	8	97	8	114	7	145	68	124	3	61	18	57	8	103	72	166	27	457	206	492	492	472
					平均	2	53	39	31	8	97	9	112	6	138	75	122	3	61	18	57	8	92	45	145	26	442	210	466	466	461

附表 11（7） 作物灌溉制度试验成果表（水稻）

省区	站名	年份	作物品种(早、晚)	处理	重复	返青期 8月11日~8月19日 灌水次数	灌水量(mm)	有效降雨(mm)	耗水量(mm)	分蘖期 8月20日~9月13日 灌水次数	灌水量(mm)	有效降雨(mm)	耗水量(mm)	拔节期 9月14日~10月2日 灌水次数	灌水量(mm)	有效降雨(mm)	耗水量(mm)	抽穗期 10月3日~10月13日 灌水次数	灌水量(mm)	有效降雨(mm)	耗水量(mm)	灌浆期 10月14日~11月18日 灌水次数	灌水量(mm)	有效降雨(mm)	耗水量(mm)	全生育期 8月11日~11月18日 灌水次数	灌水量(mm)	有效降雨(mm)	耗水量(mm)	灌溉定额(mm)	产量水平(kg/亩)
广西	南宁	1996	晚稻	浅灌	1	3	48	52	36	4	63	326	118	5	146	9	145	5	93	1	80	7	102	100	126	24	452	488	504	504	448
					2	3	45	51	42	4	86	280	123	5	183	9	153	5	110	8	88	7	97	96	147	24	522	437	553	553	448
					3	3	51	51	44	4	86	275	124	5	134	9	143	4	94	1	86	7	114	91	132	23	479	427	529	529	432
					平均	3	48	51	41	4	78	294	122	5	154	9	147	5	99	3	84	7	104	96	135	24	484	451	529	529	0
				浅湿	1	3	41	50	42	5	59	276	118	8	121	9	121	4	88	1	79	7	93	101	115	27	412	437	474	474	458
					2	3	33	49	41	5	66	286	111	8	112	9	115	5	90	1	73	7	75	101	120	28	375	446	460	460	471
					3	3	41	45	40	5	53	288	114	8	128	9	126	5	98	1	80	7	95	103	125	27	415	445	484	484	442
					平均	3	38	48	41	5	59	283	114	8	121	9	121	5	92	1	77	7	88	102	120	27	401	443	473	473	0
				浅湿晒	1	3	41	46	37	5	49	247	107	7	115	9	103	4	100	1	91	8	90	52	173	25	394	399	456	456	458
					2	3	47	45	41	5	60	254	112	7	134	9	125	4	107	1	89	8	180	47	171	26	452	409	483	483	487
					3	3	44	45	39	5	48	268	110	6	120	9	109	5	94	1	78	8	89	94	126	26	395	417	462	462	479
					平均	3	44	45	39	5	52	257	110	6	123	9	112	4	100	1	86	8	120	64	157	26	414	408	467	467	

附表 12(1)　作物灌溉制度试验成果表（水稻）

省区	站名	年份	作物品种（早、中、晚）	处理	返青期 4月4日~4月13日				分蘖期 4月14日~5月13日				拔节期 5月14日~6月8日				抽穗期 6月9日~6月20日				灌浆期 6月21日~7月14日				全生育期 4月4日~7月14日			产量水平（kg/亩）
					灌水次数	灌水量(mm)	有效降雨(mm)	耗水量(mm)	灌水次数	灌水量(mm)	有效降雨(mm)	耗水量(mm)	灌水次数	灌水量(mm)	有效降雨(mm)	耗水量(mm)	灌水次数	灌水量(mm)	有效降雨(mm)	耗水量(mm)	灌水次数	灌水量(mm)	有效降雨(mm)	耗水量(mm)	灌水量(mm)	有效降雨(mm)	耗水量(mm)	
广西	南宁	1987	汕优64 早稻	浅灌	2	41.3	14.9	30.2	7	120	37.5	136	2.7	92.2	44.3	125	5	83.7	7.2	69.9	6	77.4	60.1	130	366	212	491	480
				浅湿	2.3	47	14.9	29.9	10.7	110	25.1	137	3	87.5	41.1	115	5	68.9	9.4	72.2	6	73.6	59.2	123	340	196	477	499
				浅湿晒	2	42	14.9	31.6	8.7	93.4	48.4	122	4	97.5	69.3	129	5	80.6	9	74	5	62.8	66.8	134	348	237	492	492

附表 12(2)　作物灌溉制度试验成果表（水稻）

省区	站名	年份	作物品种（早、中、晚）	处理	返青期 8月6日~8月11日				分蘖期 8月12日~9月4日				拔节期 9月5日~9月17日				抽穗期 9月18日~9月24日				灌浆期 9月25日~10月26日				全生育期 8月6日~10月26日			产量水平（kg/亩）
					灌水次数	灌水量(mm)	有效降雨(mm)	耗水量(mm)	灌水次数	灌水量(mm)	有效降雨(mm)	耗水量(mm)	灌水次数	灌水量(mm)	有效降雨(mm)	耗水量(mm)	灌水次数	灌水量(mm)	有效降雨(mm)	耗水量(mm)	灌水次数	灌水量(mm)	有效降雨(mm)	耗水量(mm)	灌水量(mm)	有效降雨(mm)	耗水量(mm)	
广西	南宁	1987	汕优64 晚稻	浅灌	1.3	34.3	26.1	14.9	4	75.2	49	118	3.3	87.3	82.3	17.2	1.3	12.8	21.3	28.3	3.3	87.7	46.8	123	297	160	367	352
				浅湿	1	30.3	24.7	13.5	5.3	91.3	45.8	119	3.7	66.5	71.8	9.3	1	5.7	22.1	23.4	4.7	86.3	50.5	113	280	152	341	336
				浅湿晒	1	33	25.4	14.5	4.3	75.1	44.8	106	4	90.4	80.7	6.3	1.7	16.9	22.8	25.8	4.7	94.8	50.1	117	310	149	343	361

附表 12（3）　作物灌溉制度试验成果表（水稻）

省区	站名	年份	作物品种（早、中、晚）	处理	返青期 4月28日~5月4日				分蘖期 5月5日~5月28日				拔节期 5月29日~6月19日				抽穗期 6月20日~6月26日				灌浆期 6月27日~7月26日				全生育期 4月28日~7月26日			产量水平（kg/亩）
					灌水次数	灌水量(mm)	有效降雨(mm)	耗水量(mm)	灌水次数	灌水量(mm)	有效降雨(mm)	耗水量(mm)	灌水次数	灌水量(mm)	有效降雨(mm)	耗水量(mm)	灌水次数	灌水量(mm)	有效降雨(mm)	耗水量(mm)	灌水次数	灌水量(mm)	有效降雨(mm)	耗水量(mm)	灌水量(mm)	有效降雨(mm)	耗水量(mm)	
广西	南宁	1988	汕优33早稻	浅灌	2	37.2	1.1	23.3	3	80.1	104	120	6	159	35.6	173	2	28.4	1.9	46.1	5	136	99	195	441	242	557	513
				浅湿	2	49.1	1.1	23.3	4	67.9	87.8	105	8	159	39.9	179	3	36.8	1.9	46.8	6	105	127	151	417	258	505	503
				浅湿晒	2	36.9	1.1	21	3	58.2	89.2	112	9	179	47.4	167	2	34.8	1.9	48.6	6	103	127	152	412	267	501	529

附表 12（4）　作物灌溉制度试验成果表（水稻）

省区	站名	年份	作物品种（早、中、晚）	处理	返青期 8月18日~8月26日				分蘖期 8月27日~9月22日				拔节期 9月23日~10月13日				抽穗期 10月14日~10月22日				灌浆期 10月23日~11月20日				全生育期 8月18日~11月20日			产量水平（kg/亩）
					灌水次数	灌水量(mm)	有效降雨(mm)	耗水量(mm)	灌水次数	灌水量(mm)	有效降雨(mm)	耗水量(mm)	灌水次数	灌水量(mm)	有效降雨(mm)	耗水量(mm)	灌水次数	灌水量(mm)	有效降雨(mm)	耗水量(mm)	灌水次数	灌水量(mm)	有效降雨(mm)	耗水量(mm)	灌水量(mm)	有效降雨(mm)	耗水量(mm)	
广西	南宁	1988	桂辐晚晚稻	浅灌	2	37.2	19.9	29.9	6	54.1	20.8	139	4	74.7	36.5	111	3	49.7	8.8	52	2	63.2	32.8	96.9	279	119	429	352
				浅湿	2	38.1	19.8	29.7	5	95.5	20.6	116	5	69.2	36.1	100	3	44.7	8.8	45.7	4	56.6	31.6	88.2	304	117	380	340
				浅湿晒	2	36	22.2	29.7	5	77.5	21.7	104	4	81.4	35.7	104	3	47.9	8.8	49.4	4	61.5	31.6	94.8	304	120	382	349

附表 12（5） 作物灌溉制度试验成果表（水稻）

省区	站名	年份	作物品种(早、中、晚)	处理	返青期 4月7日~4月17日				分蘖期 4月18日~5月19日				拔节期 5月20日~6月13日				抽穗期 6月14日~6月20日				灌浆期 6月21日~7月13日				全生育期 4月7日~7月13日			产量水平(kg/亩)
					灌水次数	灌水量(mm)	有效降雨(mm)	耗水量(mm)	灌水次数	灌水量(mm)	有效降雨(mm)	耗水量(mm)	灌水次数	灌水量(mm)	有效降雨(mm)	耗水量(mm)	灌水次数	灌水量(mm)	有效降雨(mm)	耗水量(mm)	灌水次数	灌水量(mm)	有效降雨(mm)	耗水量(mm)	灌水量(mm)	有效降雨(mm)	耗水量(mm)	
广西	南宁	1989	油优桂33早稻	浅灌	2	46	23.8	11.8	8	153	24	156	7	124	58.8	157	2	19.2	12.6	51.7	5	91.8	38.1	130	434	157	506	483
				浅湿	2	36.6	23.8	13.9	7	113	29.7	132	6	96.7	77.3	150	2	24.5	12.6	48	6	96.8	41.4	130	368	185	474	506
				浅湿晒	2	37.9	23.8	15.4	7	119	37.5	140	5	121	56.6	154	2	16.6	12.6	47.2	6	103	34.4	133	397	165	489	502

附表 12（6） 作物灌溉制度试验成果表（水稻）

省区	站名	年份	作物品种(早、中、晚)	处理	返青期 8月6日~8月14日				分蘖期 8月15日~9月6日				拔节期 9月7日~9月24日				抽穗期 9月25日~10月4日				灌浆期 10月5日~11月4日				全生育期 8月6日~11月4日			产量水平(kg/亩)
					灌水次数	灌水量(mm)	有效降雨(mm)	耗水量(mm)	灌水次数	灌水量(mm)	有效降雨(mm)	耗水量(mm)	灌水次数	灌水量(mm)	有效降雨(mm)	耗水量(mm)	灌水次数	灌水量(mm)	有效降雨(mm)	耗水量(mm)	灌水次数	灌水量(mm)	有效降雨(mm)	耗水量(mm)	灌水量(mm)	有效降雨(mm)	耗水量(mm)	
广西	南宁	1989	油优桂33晚稻	浅灌	1	28.7	37.9	28.8	5	77.6	47.8	132	4	96.6	19.1	126	4	57.9	1.7	72.1	5	118	4.6	122	378	111	481	407
				浅湿	1	28.5	37.9	30.1	4	124	35.9	124	4	70	24.5	108	4	60.3	1.7	61	9	172	4.6	124	455	105	448	365
				浅湿晒	1	29.6	37.9	31.3	4	77.5	24.4	127	5	113	18.2	128	4	52.7	1.7	58.2	9	159	4.6	115	432	86.8	460	376

附表 12（7） 作物灌溉制度试验成果表（水稻）

省区	站名	年份	作物品种（早、中、晚）	处理	返青期 4月3日~4月11日				分蘖期 4月12日~5月9日				拔节期 5月10日~6月9日				抽穗期 6月10日~6月17日				灌浆期 6月18日~7月15日				全生育期 4月3日~7月15日			产量水平（kg/亩）
					灌水次数	灌水量(mm)	有效降雨(mm)	耗水量(mm)	灌水次数	灌水量(mm)	有效降雨(mm)	耗水量(mm)	灌水次数	灌水量(mm)	有效降雨(mm)	耗水量(mm)	灌水次数	灌水量(mm)	有效降雨(mm)	耗水量(mm)	灌水次数	灌水量(mm)	有效降雨(mm)	耗水量(mm)	灌水量(mm)	有效降雨(mm)	耗水量(mm)	
广西	南宁	1990	汕优桂99 早稻	浅灌	2	48.1	10.5	21.3	7	126	21.8	138	4	116	82.9	168	2	51.1	0.1	63.9	2	84.7	54.9	131	425	170	522	549
				浅湿灌	2	46.9	1.7	26.2	7	101	32	122	3	117	109	180	2	56	0.1	62.9	2	70.4	44	114	391	187	505	572
				浅湿晒	2	48.6	0.1	22.3	4	102	16.5	130	5	130	99	175	2	55.7	0.1	59.1	2	72.6	44.3	117	409	160	503	574

附表 12（8） 作物灌溉制度试验成果表（水稻）

省区	站名	年份	作物品种（早、中、晚）	处理	返青期 8月5日~8月12日				分蘖期 8月13日~9月7日				拔节期 9月8日~10月3日				抽穗期 10月4日~10月13日				灌浆期 10月14日~11月14日				全生育期 8月5日~11月14日			产量水平（kg/亩）
					灌水次数	灌水量(mm)	有效降雨(mm)	耗水量(mm)	灌水次数	灌水量(mm)	有效降雨(mm)	耗水量(mm)	灌水次数	灌水量(mm)	有效降雨(mm)	耗水量(mm)	灌水次数	灌水量(mm)	有效降雨(mm)	耗水量(mm)	灌水次数	灌水量(mm)	有效降雨(mm)	耗水量(mm)	灌水量(mm)	有效降雨(mm)	耗水量(mm)	
广西	南宁	1990	汕优桂44 晚稻	浅灌	2	54.7	7.3	41.1	7	215	11.2	203	6	152	49	184	3	76.1	2.3	67.1	3	90.5	22	130	588	91.8	625	445
				浅湿灌	2	52.9	7.3	43.7	6	147	11.2	164	5	148	49	145	3	98.6	2.3	66.5	3	107	24	142	553	93.8	560	488
				浅湿晒	2	56.6	7.3	41.3	5	125	11.2	144	6	155	49	143	4	96.4	2.3	71	3	107	24.6	137	540	94.4	537	449

附表 12（9）　作物灌溉制度试验成果表（水稻）

省区	站名	年份	作物品种（早、中、晚）	处理	返青期 4月16日~4月22日				分蘖期 4月23日~5月21日				拔节期 5月22日~6月13日				抽穗期 6月14日~6月23日				灌浆期 6月24日~7月18日				全生育期 4月16日~7月18日			产量水平（kg/亩）
					灌水次数	灌水量(mm)	有效降雨(mm)	耗水量(mm)	灌水次数	灌水量(mm)	有效降雨(mm)	耗水量(mm)	灌水次数	灌水量(mm)	有效降雨(mm)	耗水量(mm)	灌水次数	灌水量(mm)	有效降雨(mm)	耗水量(mm)	灌水次数	灌水量(mm)	有效降雨(mm)	耗水量(mm)	灌水量(mm)	有效降雨(mm)	耗水量(mm)	
广西	南宁	1991	汕优	浅灌	1	27.7	0.6	24.4	7.3	145	27.3	148	6.7	146	77.8	201	2	29.5	26.1	61.4	5	96	36.8	137	444	169	571	498
			桂99早稻	薄浅湿晒	1	29.5	0.6	25	4	116	36.2	137	6	113	80.2	150	3	67.5	12.8	70.4	5	93.6	49.3	123	420	179	506	525
				控制灌溉	1	32.5	0.6	23.8	5	108	36.2	130	4	84.4	69.7	144	2	39.2	51.9	55.9	4	51.2	61.6	98.1	315	220	451	494

附表 12（10）　作物灌溉制度试验成果表（水稻）

省区	站名	年份	作物品种（早、中、晚）	处理	返青期 8月3日~8月10日				分蘖期 8月11日~9月5日				拔节期 9月6日~9月24日				抽穗期 9月25日~10月6日				灌浆期 10月7日~11月4日				全生育期 8月3日~11月4日			产量水平（kg/亩）
					灌水次数	灌水量(mm)	有效降雨(mm)	耗水量(mm)	灌水次数	灌水量(mm)	有效降雨(mm)	耗水量(mm)	灌水次数	灌水量(mm)	有效降雨(mm)	耗水量(mm)	灌水次数	灌水量(mm)	有效降雨(mm)	耗水量(mm)	灌水次数	灌水量(mm)	有效降雨(mm)	耗水量(mm)	灌水量(mm)	有效降雨(mm)	耗水量(mm)	
广西	南宁	1991	汕优	浅灌	2.3	44	33.7	27.2	8	110	51.8	137	7	161		162	3	91.2		85.9	3.6	104	12.6	103	509	98.1	515	462
			桂99晚稻	薄浅湿晒	1.3	42.5	33.7	26.4	4	78.3	55.8	115	5	125		120	5.3	98.4		89.1	4	95.8	9	101	440	98.5	451	497
				控制灌溉	1.3	54.2	33.7	41.4	4.3	85.8	52.3	119	5	110		110	3	52.9		52.9	3	61.4	34.8	70.2	364	103	394	459

附表 12（11） 作物灌溉制度试验成果表（水稻）

省区	站名	年份	作物品种(早、中、晚)	处理	返青期 4月19日~4月24日				分蘖期 4月25日~5月20日				拔节期 5月21日~6月12日				抽穗期 6月13日~6月24日				灌浆期 6月25日~7月16日				全生育期 4月19日~7月16日			产量水平(kg/亩)
					灌水次数	灌水量(mm)	有效降雨(mm)	耗水量(mm)	灌水次数	灌水量(mm)	有效降雨(mm)	耗水量(mm)	灌水次数	灌水量(mm)	有效降雨(mm)	耗水量(mm)	灌水次数	灌水量(mm)	有效降雨(mm)	耗水量(mm)	灌水次数	灌水量(mm)	有效降雨(mm)	耗水量(mm)	灌水量(mm)	有效降雨(mm)	耗水量(mm)	
广西	南宁	1992	汕优63早稻	浅灌	2	46	0.1	25.7	4.3	114	35.6	147	4.3	110	71.7	174	3	50.9	27.5	81.8	2	27.4	72.4	99.8	348	207	528	429
				薄浅湿晒灌溉	2	44.5	0.1	23.5	2	61.8	33.4	103	1	27.8	96.5	124			58.7	58.7	1	15.9	73	88.9	150	262	398	507
				控制灌溉	2	41.1	0.1	25.1	3.3	63	33.4	92.6	3	120	75.2	163	2	71.9	20.2	83.8	2	18	65.1	83.2	314	194	448	528

附表 12（12） 作物灌溉制度试验成果表（水稻）

省区	站名	年份	作物品种(早、中、晚)	处理	返青期 8月6日~8月12日				分蘖期 8月13日~9月10日				拔节期 9月11日~9月30日				抽穗期 10月1日~10月14日				灌浆期 10月15日~11月11日				全生育期 8月6日~11月11日			产量水平(kg/亩)
					灌水次数	灌水量(mm)	有效降雨(mm)	耗水量(mm)	灌水次数	灌水量(mm)	有效降雨(mm)	耗水量(mm)	灌水次数	灌水量(mm)	有效降雨(mm)	耗水量(mm)	灌水次数	灌水量(mm)	有效降雨(mm)	耗水量(mm)	灌水次数	灌水量(mm)	有效降雨(mm)	耗水量(mm)	灌水量(mm)	有效降雨(mm)	耗水量(mm)	
广西	南宁	1992	汕优桂44晚稻	浅灌	2.7	71.9	4.2	47.9	6.7	146	55.5	203	6.3	150	1.4	152	4	98.2	0.4	111	4.3	150	34.4	199	616	95.9	712	591
				浅湿	2	70.8	4.2	46.5	3	75.9	78	160	3	99.7	1.4	101	2	67.9	0.4	68.3	3	59.9	34.4	90.9	374	118	467	592
				浅湿晒	2	72.8	4.2	47.7	4.6	107	60	157	9.6	202	1.4	200	4.7	119	0.4	134	6.6	125	34.4	164	626	100	702	594

附表 12（13）　作物灌溉制度试验成果表（水稻）

省区	站名	年份	作物品种（早、中、晚）	处理	返青期 4月15日~4月20日				分蘖期 4月21日~5月24日				拔节期 5月25日~6月16日				抽穗期 6月17日~6月23日				灌浆期 6月24日~7月19日				全生育期 4月15日~7月19日			产量水平（kg/亩）
					灌水次数	灌水量(mm)	有效降雨(mm)	耗水量(mm)	灌水次数	灌水量(mm)	有效降雨(mm)	耗水量(mm)	灌水次数	灌水量(mm)	有效降雨(mm)	耗水量(mm)	灌水次数	灌水量(mm)	有效降雨(mm)	耗水量(mm)	灌水次数	灌水量(mm)	有效降雨(mm)	耗水量(mm)	灌水量(mm)	有效降雨(mm)	耗水量(mm)	
广西	南宁	1993	桂33 早稻	浅湿	1	34.3	3.7	13.7	3	74.4	148	159	1	9.4	81.5	106	2	30.8	2.5	26.4	1	20.5	61	98.4	169	297	404	452
				浅湿晒	2	35.8	3.7	12.1	2	56.9	170	156	3	75.7	73.8	141	1	24.1	2.5	47.3	3	73	98.3	144	266	348	500	481

附表 12（14）　作物灌溉制度试验成果表（水稻）

省区	站名	年份	作物品种（早、中、晚）	处理	返青期 8月13日~8月20日				分蘖期 8月21日~9月16日				拔节期 9月17日~10月5日				抽穗期 10月6日~10月16日				灌浆期 10月17日~11月18日				全生育期 8月13日~11月18日			产量水平（kg/亩）
					灌水次数	灌水量(mm)	有效降雨(mm)	耗水量(mm)	灌水次数	灌水量(mm)	有效降雨(mm)	耗水量(mm)	灌水次数	灌水量(mm)	有效降雨(mm)	耗水量(mm)	灌水次数	灌水量(mm)	有效降雨(mm)	耗水量(mm)	灌水次数	灌水量(mm)	有效降雨(mm)	耗水量(mm)	灌水量(mm)	有效降雨(mm)	耗水量(mm)	
广西	南宁	1993	博优903 晚稻	浅湿	1	23.2	25.1	38.9	6	143	47.4	161	4	99.5	20.9	135	3	74.7	6.6	81.2	4	114	30.9	168	454	131	584	616
				浅湿晒	1	25.6	20	37.2	4.4	135	37.5	159	2.3	86.8	39.2	91.4	2.3	77.1	6.6	84.5	4.3	119	27	169	444	130	541	644

附表 12（15） 作物灌溉制度试验成果表（水稻）

省区	站名	年份	作物品种（早、中、晚）	处理	返青期 4月18日~4月23日				分蘖期 4月24日~5月20日				拔节期 5月21日~6月11日				抽穗期 6月12日~6月23日				灌浆期 6月24日~7月12日				全生育期 4月18日~7月12日			产量水平（kg/亩）
					灌水次数	灌水量(mm)	有效降雨(mm)	耗水量(mm)	灌水次数	灌水量(mm)	有效降雨(mm)	耗水量(mm)	灌水次数	灌水量(mm)	有效降雨(mm)	耗水量(mm)	灌水次数	灌水量(mm)	有效降雨(mm)	耗水量(mm)	灌水次数	灌水量(mm)	有效降雨(mm)	耗水量(mm)	灌水量(mm)	有效降雨(mm)	耗水量(mm)	
广西	南宁	1994	枝优香 早稻	浅湿	2	55.3	0	21	5	84.6	58.7	144	1	35.3	85.3	103	2	35.4	59	81.5	0	1.9	65.3	97.9	213	268	447	501
				浅湿晒	2	50.1	0	19.2	5	94.7	62.5	145	1	35.4	90.6	109	2	29.8	66.3	80.5	0	3.6	68.1	104	214	288	457	509

附表 12（16） 作物灌溉制度试验成果表（水稻）

省区	站名	年份	作物品种（早、中、晚）	处理	返青期 8月13日~8月18日				分蘖期 8月19日~9月14日				拔节期 9月15日~10月4日				抽穗期 10月5日~10月16日				灌浆期 10月17日~11月14日				全生育期 8月13日~11月14日			产量水平（kg/亩）
					灌水次数	灌水量(mm)	有效降雨(mm)	耗水量(mm)	灌水次数	灌水量(mm)	有效降雨(mm)	耗水量(mm)	灌水次数	灌水量(mm)	有效降雨(mm)	耗水量(mm)	灌水次数	灌水量(mm)	有效降雨(mm)	耗水量(mm)	灌水次数	灌水量(mm)	有效降雨(mm)	耗水量(mm)	灌水量(mm)	有效降雨(mm)	耗水量(mm)	
广西	南宁	1994	博优903 晚稻	浅湿	2	56.8	12.4	24.3	3	74.9	64.6	147	3	51	59.1	84.5	2	59.5	24.1	61.4	3	89.9	1.9	93.8	332	162	411	590
				浅湿晒	2	47.3	21.3	24.2	4	88.1	70.5	156	3	56.7	60.9	90.8	2	53.9	24.1	63.2	2	131	1.9	159	377	179	494	560

附表 12（17）　作物灌溉制度试验成果表（水稻）

省区	站名	年份	作物品种（早、中、晚）	处理	返青期 4月21日~4月26日				分蘖期 4月27日~5月23日				拔节期 5月24日~6月20日				抽穗期 6月21日~7月2日				灌浆期 7月3日~7月19日				全生育期 4月21日~7月19日			产量水平（kg/亩）
					灌水次数	灌水量（mm）	有效降雨（mm）	耗水量（mm）	灌水次数	灌水量（mm）	有效降雨（mm）	耗水量（mm）	灌水次数	灌水量（mm）	有效降雨（mm）	耗水量（mm）	灌水次数	灌水量（mm）	有效降雨（mm）	耗水量（mm）	灌水次数	灌水量（mm）	有效降雨（mm）	耗水量（mm）	灌水量（mm）	有效降雨（mm）	耗水量（mm）	
广西	南宁	1995	汕优桂99 早稻	浅湿	1	37.9	0.2	20.9	2	62.6	69.1	133	2	41.5	134	148	2	66.8	10.9	81.5	1	11	67.1	81.8	220	282	465	502
			旱稻	浅湿晒	1	44.4	0.2	14.4	3	50.5	69.3	134	1	46	138	155	2	82.6	14	81.3	1	16.8	67.1	93.1	240	289	482	506

附表 12（18）　作物灌溉制度试验成果表（水稻）

省区	站名	年份	作物品种（早、中、晚）	处理	返青期 8月10日~8月16日				分蘖期 8月17日~8月31日				拔节期 9月1日~9月25日				抽穗期 9月26日~10月16日				灌浆期 10月17日~11月15日				全生育期 8月10日~11月15日			产量水平（kg/亩）
					灌水次数	灌水量（mm）	有效降雨（mm）	耗水量（mm）	灌水次数	灌水量（mm）	有效降雨（mm）	耗水量（mm）	灌水次数	灌水量（mm）	有效降雨（mm）	耗水量（mm）	灌水次数	灌水量（mm）	有效降雨（mm）	耗水量（mm）	灌水次数	灌水量（mm）	有效降雨（mm）	耗水量（mm）	灌水量（mm）	有效降雨（mm）	耗水量（mm）	
广西	南宁	1995	博优903 晚稻	浅湿	2	60	20.1	35.6	0	0.6	56.9	79.6	6	138	15.8	123	3	79.8	43.3	131	2	56.8	17.3	95.7	335	153	464	460
				浅湿晒	2	60.4	21.6	36.1	0	0	59.7	83	6	134	16	119	3	79.3	47.3	125	3	59.4	17.2	98.2	333	162	462	463

附表 12（19） 作物灌溉制度试验成果表（水稻）

省区	站名	年份	作物品种（早、中、晚）	处理	返青期 4月25日~4月30日				分蘖期 5月1日~5月23日				拔节期 5月24日~6月20日				抽穗期 6月21日~6月30日				灌浆期 7月1日~7月25日				全生育期 4月25日~7月25日			
					灌水次数	灌水量(mm)	有效降雨(mm)	耗水量(mm)	灌水次数	灌水量(mm)	有效降雨(mm)	耗水量(mm)	灌水次数	灌水量(mm)	有效降雨(mm)	耗水量(mm)	灌水次数	灌水量(mm)	有效降雨(mm)	耗水量(mm)	灌水次数	灌水量(mm)	有效降雨(mm)	耗水量(mm)	灌水量(mm)	有效降雨(mm)	耗水量(mm)	产量水平(kg/亩)
广西	南宁	1996	早稻	薄浅湿晒	1.6	29.4	1.9	17.3	4	62.3	19.7	106	3	132	82.6	121			61.4	36.1	1.7	67.9	51.5	141	292	217	421	384
				控制灌溉	1.3	25.3	1.9	11.9	4	60.2	19.7	102	3	133	84.4	124			57.1	35.3	1.3	57.8	47.6	134	276	211	407	380

附表 12（20） 作物灌溉制度试验成果表（水稻）

省区	站名	年份	作物品种（早、中、晚）	处理	返青期 8月16日~8月20日				分蘖期 8月21日~9月12日				拔节期 9月13日~10月5日				抽穗期 10月6日~10月16日				灌浆期 10月17日~11月18日				全生育期 8月16日~11月18日			
					灌水次数	灌水量(mm)	有效降雨(mm)	耗水量(mm)	灌水次数	灌水量(mm)	有效降雨(mm)	耗水量(mm)	灌水次数	灌水量(mm)	有效降雨(mm)	耗水量(mm)	灌水次数	灌水量(mm)	有效降雨(mm)	耗水量(mm)	灌水次数	灌水量(mm)	有效降雨(mm)	耗水量(mm)	灌水量(mm)	有效降雨(mm)	耗水量(mm)	产量水平(kg/亩)
广西	南宁	1996	晚稻	薄浅湿晒	1	27.7	10.3	16.1	3	63.5	81.7	114	1	140	11.1	114	2	48.5	10.6	77.3	2	143	0.4	162	422	114	484	450
				控制灌溉	1	24	10.3	15	2.6	53.4	77.7	97.8	1	115	11.1	94.4	2.7	63.3	10.6	83.2	2	137	0.4	150	392	110	441	444

附表 12（21）　作物灌溉制度试验成果表（水稻）

省区	站名	年份	作物品种（早、中、晚）	处理	返青期 4月19日~4月22日				分蘖期 4月23日~5月20日				拔节期 5月21日~6月10日				抽穗期 6月11日~6月20日				灌浆期 6月21日~7月19日				全生育期 4月19日~7月19日			产量水平（kg/亩）
					灌水次数	灌水量(mm)	有效降雨(mm)	耗水量(mm)	灌水次数	灌水量(mm)	有效降雨(mm)	耗水量(mm)	灌水次数	灌水量(mm)	有效降雨(mm)	耗水量(mm)	灌水次数	灌水量(mm)	有效降雨(mm)	耗水量(mm)	灌水次数	灌水量(mm)	有效降雨(mm)	耗水量(mm)	灌水量(mm)	有效降雨(mm)	耗水量(mm)	
广西	南宁	1997	汕优桂99 早稻	浅湿	1	30.8	3.1	7.7	1	19	69.5	102	3	90.8	48.2	103	2	36	6.7	57.8	0	0	96	98.6	177	224	369	505
			早稻	浅湿晒	1	33	4.7	8.7	1	31.9	69.2	115	3	121	48.2	118	2	38.2	6.7	69.5	0	0	112	123	224	241	435	527

附表 12（22）　作物灌溉制度试验成果表（水稻）

省区	站名	年份	作物品种（早、中、晚）	处理	返青期 8月8日~8月14日				分蘖期 8月15日~9月7日				拔节期 9月8日~9月20日				抽穗期 9月21日~9月30日				灌浆期 10月1日~11月3日				全生育期 8月8日~11月3日			产量水平（kg/亩）
					灌水次数	灌水量(mm)	有效降雨(mm)	耗水量(mm)	灌水次数	灌水量(mm)	有效降雨(mm)	耗水量(mm)	灌水次数	灌水量(mm)	有效降雨(mm)	耗水量(mm)	灌水次数	灌水量(mm)	有效降雨(mm)	耗水量(mm)	灌水次数	灌水量(mm)	有效降雨(mm)	耗水量(mm)	灌水量(mm)	有效降雨(mm)	耗水量(mm)	
广西	南宁	1997	特优63 晚稻	浅湿		32.1	45.1	27.7	1	40.3	26.8	113	2	88.7	54.4	70			45.3	39.6	2	61.1	84.7	125	222	256	375	505
			晚稻	浅湿晒		24.9	37	28.7	2	43.4	23.7	119	2	89.7	44.2	68.8			45.3	37.2	2	72	84.7	140	23	235	394	527

附表12(23)　作物灌溉制度试验成果表（水稻）

省区	站名	年份	作物品种(早、中、晚)	处理	返青期 4月15日~4月20日				分蘖期 4月21日~5月20日				拔节期 5月21日~6月10日				抽穗期 6月11日~6月20日				灌浆期 6月21日~7月15日				全生育期 4月15日~7月15日			
					灌水次数	灌水量(mm)	有效降雨(mm)	耗水量(mm)	灌水次数	灌水量(mm)	有效降雨(mm)	耗水量(mm)	灌水次数	灌水量(mm)	有效降雨(mm)	耗水量(mm)	灌水次数	灌水量(mm)	有效降雨(mm)	耗水量(mm)	灌水次数	灌水量(mm)	有效降雨(mm)	耗水量(mm)	灌水量(mm)	有效降雨(mm)	耗水量(mm)	产量水平(kg/亩)
广西	南宁	1998	早稻	薄浅湿晒	1	36.2	21.8	18.3	2	62.5	73.3	136	1	41.9	98.3	86.7	2	60.3	40.4	57.1		0.6	93.6	81	202	328	379	449
				控制灌溉	1	36.5	21.8	18	2	50.9	75.8	132	1	35.6	93.1	74.4	2	46.9	47.3	50.7		0.4	84	75.1	170	322	350	439

附表12(24)　作物灌溉制度试验成果表（水稻）

省区	站名	年份	作物品种(早、中、晚)	处理	返青期 8月3日~8月10日				分蘖期 8月11日~9月5日				拔节期 9月6日~9月30日				抽穗期 10月1日~10月10日				灌浆期 10月11日~11月3日				全生育期 8月3日~11月3日			
					灌水次数	灌水量(mm)	有效降雨(mm)	耗水量(mm)	灌水次数	灌水量(mm)	有效降雨(mm)	耗水量(mm)	灌水次数	灌水量(mm)	有效降雨(mm)	耗水量(mm)	灌水次数	灌水量(mm)	有效降雨(mm)	耗水量(mm)	灌水次数	灌水量(mm)	有效降雨(mm)	耗水量(mm)	灌水量(mm)	有效降雨(mm)	耗水量(mm)	产量水平(kg/亩)
广西	南宁	1998	晚稻	薄浅湿晒	3	62.2	3.1	42.7	1	46.1	112	176	6	202	19.4	183	1	43.9	8.8	63.6	1	85.1	25.1	137	439	169	602	538
				控制灌溉	3	59.2	3.1	42.3	1	37.9	110	158	6	184	19.4	166	1	38.5	8.8	62.7	1	83.3	25.1	130	403	166	560	531

附表 12（25） 作物灌溉制度试验成果表（水稻）

省区	站名	年份	作物品种（早、中、晚）	处理	返青期 4月12日~4月16日				分蘖期 4月17日~5月10日				拔节期 5月11日~6月5日				抽穗期 6月6日~6月20日				灌浆期 6月21日~7月22日				全生育期 4月12日~7月22日			产量水平（kg/亩）
					灌水次数	有效降雨(mm)	灌水量(mm)	耗水量(mm)	灌水次数	有效降雨(mm)	灌水量(mm)	耗水量(mm)	灌水次数	有效降雨(mm)	灌水量(mm)	耗水量(mm)	灌水次数	有效降雨(mm)	灌水量(mm)	耗水量(mm)	灌水次数	有效降雨(mm)	灌水量(mm)	耗水量(mm)	灌水量(mm)	有效降雨(mm)	耗水量(mm)	
广西	南宁	1999	早稻	薄浅湿晒	1	38.3	1.1	14.3	5	92.5	46.6	131		72.4	19	121		86.5	17.3	74	3	84.4	144	178	252	351	518	509
				控制灌溉	1	30.9	1.1	14.6	4.3	89.7	53.2	129		69	13.8	109		81.6	12.2	67.3	3	85	131	172	232	336	492	513

附表 12（26） 作物灌溉制度试验成果表（水稻）

省区	站名	年份	作物品种（早、中、晚）	处理	返青期 8月6日~8月13日				分蘖期 8月14日~9月10日				拔节期 9月11日~10月10日				抽穗期 10月11日~10月25日				灌浆期 10月26日~11月17日				全生育期 8月6日~11月17日			产量水平（kg/亩）
					灌水次数	有效降雨(mm)	灌水量(mm)	耗水量(mm)	灌水次数	有效降雨(mm)	灌水量(mm)	耗水量(mm)	灌水次数	有效降雨(mm)	灌水量(mm)	耗水量(mm)	灌水次数	有效降雨(mm)	灌水量(mm)	耗水量(mm)	灌水次数	有效降雨(mm)	灌水量(mm)	耗水量(mm)	灌水量(mm)	有效降雨(mm)	耗水量(mm)	
广西	南宁	1999	杂优175 晚稻	薄浅湿晒	1	13	59.9	23	3	90.9	101	145	5	11.7	174	177	3	87.9	24.7	88.4	1	18	58.2	88.5	387	286	489	464
				控制灌溉	1	11.8	60.4	22.8	3	86.8	100	143	5	11.7	169	170	3	87.4	24.7	88.3	1	15.8	88.5	55.4	373	285	477	477

255

附表 12（27） 作物灌溉制度试验成果表（水稻）

省区	站名	年份	作物品种(早、中、晚)	处理	返青期 4月13日~4月20日				分蘖期 4月21日~5月27日				拔节期 5月28日~6月20日				抽穗期 6月21日~6月30日				灌浆期 7月1日~7月19日				全生育期 4月13日~7月19日			产量水平(kg/亩)
					灌水次数	灌水量(mm)	有效降雨(mm)	耗水量(mm)	灌水次数	灌水量(mm)	有效降雨(mm)	耗水量(mm)	灌水次数	灌水量(mm)	有效降雨(mm)	耗水量(mm)	灌水次数	灌水量(mm)	有效降雨(mm)	耗水量(mm)	灌水次数	灌水量(mm)	有效降雨(mm)	耗水量(mm)	灌水量(mm)	有效降雨(mm)	耗水量(mm)	
广西	南宁	2000	特优18早稻	薄浅湿晒	3	50.3	0.6	26.9	1	25.4	95.9	88.7	3	74.6	48.6	99.4	2	45.5	19.2	66.3	4	63.7	36.2	106	260	201	388	650
				控制灌溉	3	46.8	0.6	24.5	1	21.8	94.8	84.3	3	72.6	47.6	93.9	2	37.2	19.2	64.3	3	55.9	36.9	102	234	199	369	661

附表 12（28） 作物灌溉制度试验成果表（水稻）

省区	站名	年份	作物品种(早、中、晚)	处理	返青期 8月8日~8月16日				分蘖期 8月17日~9月11日				拔节期 9月12日~10月10日				抽穗期 10月11日~10月28日				灌浆期 10月29日~11月19日				全生育期 8月8日~11月19日			产量水平(kg/亩)
					灌水次数	灌水量(mm)	有效降雨(mm)	耗水量(mm)	灌水次数	灌水量(mm)	有效降雨(mm)	耗水量(mm)	灌水次数	灌水量(mm)	有效降雨(mm)	耗水量(mm)	灌水次数	灌水量(mm)	有效降雨(mm)	耗水量(mm)	灌水次数	灌水量(mm)	有效降雨(mm)	耗水量(mm)	灌水量(mm)	有效降雨(mm)	耗水量(mm)	
广西	南宁	2000	博优1012晚稻	薄浅湿晒	3	54.9	18.2	48.6	3	128	13.2	166	8	190	28.9	198	1	33.4	90.6	75.8	1	63.5	3.4	89	470	154	577	541
				控制灌溉	3	53	18.2	48.7	3	119	13.2	155	8	186	28.9	196	1	36.2	91.6	74.7	1	59.4	3.4	85.8	454	155	560	544

附表 12（29）　作物灌溉制度试验成果表（水稻）

省区	站名	年份	作物品种（早、中、晚）	处理	返青期 4月5日~4月10日				分蘖期 4月11日~5月20日				拔节期 5月21日~6月20日				抽穗期 6月21日~6月30日				灌浆期 7月1日~7月23日				全生育期 4月5日~7月23日				产量水平（kg/亩）
					灌水次数	灌水量(mm)	有效降雨(mm)	耗水量(mm)	灌水次数	灌水量(mm)	有效降雨(mm)	耗水量(mm)	灌水次数	灌水量(mm)	有效降雨(mm)	耗水量(mm)	灌水次数	灌水量(mm)	有效降雨(mm)	耗水量(mm)	灌水次数	灌水量(mm)	有效降雨(mm)	耗水量(mm)	灌水量(mm)	有效降雨(mm)	耗水量(mm)	
广西	南宁	2001	杂交II优838早稻	薄浅湿晒	2	39.2	1.3	13.5	1	12	111	125	2	41.5	118	130	1	25.6	16.6	57.2	1	38.9	106	128	157	352	454	515
				控制灌溉	2	37.8	1.3	12.3	1	10.8	124	109	2	40	117	128	1	26.3	15.4	56.4	1	37.4	104	123	152	361	429	528

附表 12（30）　作物灌溉制度试验成果表（水稻）

省区	站名	年份	作物品种（早、中、晚）	处理	返青期 8月9日~8月15日				分蘖期 8月16日~9月15日				拔节期 9月16日~10月13日				抽穗期 10月14日~10月24日				灌浆期 10月25日~11月18日				全生育期 8月9日~11月18日				产量水平（kg/亩）
					灌水次数	灌水量(mm)	有效降雨(mm)	耗水量(mm)	灌水次数	灌水量(mm)	有效降雨(mm)	耗水量(mm)	灌水次数	灌水量(mm)	有效降雨(mm)	耗水量(mm)	灌水次数	灌水量(mm)	有效降雨(mm)	耗水量(mm)	灌水次数	灌水量(mm)	有效降雨(mm)	耗水量(mm)	灌水量(mm)	有效降雨(mm)	耗水量(mm)	
广西	南宁	2001	杂交II优63晚稻	薄浅湿晒	2	39.6	11.6	27.9	2	94.1	47.5	136	4	118	50.7	168	3	86.2	0.5	73.3		43.4	71.7	111	381	182	517	515
				控制灌溉	2	38.4	13.2	27.5	2	94.6	50.2	142	4	117	53	170	3	83	0.5	73.2		45	68.6	107	378	186	519	514

附表 12（31） 作物灌溉制度试验成果表（水稻）

省区	站名	年份	作物品种（早、中、晚）	处理	返青期 4月4日~4月10日				分蘖期 4月11日~5月17日				拔节期 5月18日~6月10日				抽穗期 6月11日~6月20日				灌浆期 6月21日~7月9日				全生育期 4月4日~7月9日			产量水平（kg/亩）
					灌水次数	灌水量(mm)	有效降雨(mm)	耗水量(mm)	灌水次数	灌水量(mm)	有效降雨(mm)	耗水量(mm)	灌水次数	灌水量(mm)	有效降雨(mm)	耗水量(mm)	灌水次数	灌水量(mm)	有效降雨(mm)	耗水量(mm)	灌水次数	灌水量(mm)	有效降雨(mm)	耗水量(mm)	灌水量(mm)	有效降雨(mm)	耗水量(mm)	
广西	南宁	2002	秋优1025 早稻	薄浅湿晒	3	48.2	1.9	31.6	3.3	68.8	76	163	1	35.8	148	128	1	21.9		47	1	50.4	35.6	99.1	225	262	469	520
				控制灌溉	3	45.8	1.9	30.8	4	65.7	67.8	150	1	26.9	143	111	1	22.3		46.8	1	48.1	35.5	97.1	209	248	435	526

附表 12（32） 作物灌溉制度试验成果表（水稻）

省区	站名	年份	作物品种（早、中、晚）	处理	返青期 8月8日~8月15日				分蘖期 8月16日~9月20日				拔节期 9月21日~10月20日				抽穗期 10月21日~10月31日				灌浆期 11月1日~11月24日				全生育期 8月8日~11月24日			产量水平（kg/亩）
					灌水次数	灌水量(mm)	有效降雨(mm)	耗水量(mm)	灌水次数	灌水量(mm)	有效降雨(mm)	耗水量(mm)	灌水次数	灌水量(mm)	有效降雨(mm)	耗水量(mm)	灌水次数	灌水量(mm)	有效降雨(mm)	耗水量(mm)	灌水次数	灌水量(mm)	有效降雨(mm)	耗水量(mm)	灌水量(mm)	有效降雨(mm)	耗水量(mm)	
广西	南宁	2002	特优63 晚稻	薄浅湿晒	1	12.7	20.5	25.4	3	97	45	150	4.3	152	32.7	164	2	45.1	16.4	45.6	1.3	18.5	9.3	64.9	325	124	449	449
				控制灌溉	1	12.3	21.1	24.3	3	90.4	49.1	149	4.7	154	32.7	163	2	43.8	16.8	46.7	1.7	25.3	3.8	62.7	326	124	445	477

省区	站名	年份	作物品种（早、中、晚）	处理	返青期 4月3日~4月10日				分蘖期 4月11日~5月14日				拔节期 5月15日~6月10日				抽穗期 6月11日~6月20日				灌浆期 6月21日~7月6日				全生育期 4月3日~7月6日			产量水平（kg/亩）
					灌水次数	灌水量(mm)	有效降雨(mm)	耗水量(mm)	灌水次数	灌水量(mm)	有效降雨(mm)	耗水量(mm)	灌水次数	灌水量(mm)	有效降雨(mm)	耗水量(mm)	灌水次数	灌水量(mm)	有效降雨(mm)	耗水量(mm)	灌水次数	灌水量(mm)	有效降雨(mm)	耗水量(mm)	灌水量(mm)	有效降雨(mm)	耗水量(mm)	
广西	南宁	2003	杂交特优63早稻	薄浅湿晒	3	36.3	6.9	19	4	72.2	81	162	1	22.6	90.4	95.9	2	36.1	40	65.8			69.6	57.3	167	288	400	532
广西	南宁	2003		控制灌溉	3	35.8	6.9	18.4	4	76.8	75.2	161	1	23.2	97.5	103	2	35.9	40	64.9			71.7	60.8	172	291	408	529

省区	站名	年份	作物品种（早、中、晚）	处理	返青期 8月14日~8月20日				分蘖期 8月21日~9月15日				拔节期 9月16日~10月15日				抽穗期 10月16日~10月27日				灌浆期 10月28日~11月16日				全生育期 8月14日~11月16日			产量水平（kg/亩）
					灌水次数	灌水量(mm)	有效降雨(mm)	耗水量(mm)	灌水次数	灌水量(mm)	有效降雨(mm)	耗水量(mm)	灌水次数	灌水量(mm)	有效降雨(mm)	耗水量(mm)	灌水次数	灌水量(mm)	有效降雨(mm)	耗水量(mm)	灌水次数	灌水量(mm)	有效降雨(mm)	耗水量(mm)	灌水量(mm)	有效降雨(mm)	耗水量(mm)	
广西	南宁	2003	杂交秋优1025晚稻	薄浅湿晒	2	34.1	27.1	26.2	2	79.1	30.9	138	4	253	6.1	229	3	71.6		78.9		64.2		82.5	502	64.1	555	540
广西	南宁	2003		控制灌溉	2	31.1	27.1	25	2	68.8	35.3	125	4	219	6.1	202	3	74.6		80.9		63.5		81.1	457	68.5	514	542

附表 13（1） 作物灌溉制度试验成果表（水稻）

省区	站名	年份	作物品种（早、晚）	处理	重复	返青期 4月17日~4月23日				分蘖期 4月24日~5月25日				拔节期 5月26日~6月20日				抽穗期 6月21日~6月30日				灌浆期 7月1日~7月23日				全生育期 4月17日~7月23日					产量水平(kg/亩)
						灌水次数	灌水量(mm)	有效降雨(mm)	耗水量(mm)	灌水次数	灌水量(mm)	有效降雨(mm)	耗水量(mm)	灌水次数	灌水量(mm)	有效降雨(mm)	耗水量(mm)	灌水次数	灌水量(mm)	有效降雨(mm)	耗水量(mm)	灌水次数	灌水量(mm)	有效降雨(mm)	耗水量(mm)	灌水次数	灌水量(mm)	有效降雨(mm)	耗水量(mm)	灌溉定额(mm)	
广西	南宁	2007	早稻	薄浅湿晒	1	2.0	37.9	12.7	39.6	3.0	60.8	93.9	160.0	2.0	60.5	68.1	132.5	3.0	96.2	36.2	101.0	1.0	1.9	96.5	131.6	11.0	257.3	307.4	564.7	564.7	464.8
					2	2.0	40.5	12.7	39.6	3.0	65.7	84.4	159.2	2.0	61.3	65.3	133.0	3.0	100.7	36.2	106.4	2.0	2.7	101.8	133.2	12.0	271.0	300.4	571.4	571.4	470.2
					3	2.0	32.8	12.7	38.3	4.0	68.8	83.6	153.3	2.0	57.7	58.0	122.2	3.0	95.0	36.2	94.9	2.0	2.3	93.0	131.3	13.0	256.5	283.5	540.0	540.0	428.6
					平均	2.0	37.1	12.7	39.2	3.3	65.1	87.3	157.5	2.0	59.8	63.8	129.2	3.0	97.3	36.2	100.8	1.7	2.3	97.1	132.0	12.0	261.6	297.1	558.7	558.7	454.5
				节水控制	1	2.0	40.9	12.7	39.9	3.0	67.2	84.8	158.5	2.0	53.8	74.3	129.0	3.0	96.9	36.2	107.8	1.0	1.9	101.3	134.6	12.3	260.7	309.3	569.8	569.8	463.4
					2	2.0	41.5	12.7	39.1	2.0	58.5	90.2	162.2	2.0	56.4	64.8	124.0	3.0	93.8	36.2	99.9	1.0	1.9	98.0	128.7	12.4	252.1	301.9	553.9	553.9	455.9
					3	1.0	32.5	12.7	39.0	2.0	57.0	85.6	153.2	2.0	50.7	67.3	124.2	3.0	96.3	36.2	107.9	1.0	1.5	116.2	131.8	12.3	238.0	318.0	556.1	556.1	493.5
					平均	1.7	38.3	12.7	39.3	2.3	60.9	86.9	158.0	2.0	53.6	68.8	125.7	3.0	95.7	36.2	105.2	1.0	1.8	105.2	131.7	12.3	250.3	309.7	559.9	559.9	470.9

附表 13(2)　作物灌溉制度试验成果表（水稻）

省区	站名	年份	作物品种(早、晚)	处理	重复	返青期 8月18日~8月24日 灌水次数	灌水量(mm)	有效降雨(mm)	耗水量(mm)	分蘖期 8月25日~9月20日 灌水次数	灌水量(mm)	有效降雨(mm)	耗水量(mm)	拔节期 9月21日~10月13日 灌水次数	灌水量(mm)	有效降雨(mm)	耗水量(mm)	抽穗期 10月14日~10月23日 灌水次数	灌水量(mm)	有效降雨(mm)	耗水量(mm)	灌浆期 10月24日~11月19日 灌水次数	灌水量(mm)	有效降雨(mm)	耗水量(mm)	全生育期 8月18日~11月19日 灌水次数	灌水量(mm)	有效降雨(mm)	耗水量(mm)	灌溉定额(mm)	产量水平(kg/亩)
广西	南宁	2007	晚稻	薄浅湿晒	1	2.0	46.0	4.0	32.0	1.0	70.2	32.8	107.7	3.0	91.1	22.3	101.3	3.0	69.2	0.0	72.2	2.0	65.1	23.7	111.1	11.0	304.2	120.2	424.3	424.3	598.4
					2	2.0	48.2	2.1	33.0	2.0	65.5	37.8	110.0	3.0	88.4	22.3	98.0	3.0	64.5	0.0	67.9	2.0	62.7	23.7	106.5	12.0	301.6	113.6	415.4	415.4	609.2
					3	2.0	43.4	2.1	30.2	2.0	65.0	37.7	103.5	2.0	83.6	22.3	96.8	3.0	69.6	0.0	71.0	2.0	61.1	23.7	106.9	11.0	295.4	113.1	408.4	408.4	587.1
					平均	2.0	45.9	2.7	31.7	1.7	66.9	36.1	107.1	2.7	87.7	22.3	98.7	3.0	67.8	0.0	70.4	2.0	63.0	23.7	108.2	11.3	300.5	115.6	416.0	416.0	598.2
				节水控制	1	2.0	45.6	2.1	34.2	1.0	70.0	25.6	92.7	3.0	76.2	15.7	83.2	2.0	58.9	0.0	61.9	2.0	44.8	23.7	90.4	10.0	250.1	111.5	362.4	362.4	480.6
					2	2.0	46.2	2.1	31.7	1.0	61.3	28.2	90.2	3.0	72.2	14.9	80.1	3.0	67.7	0.0	67.1	2.0	50.3	23.7	97.5	11.0	264.6	102.0	366.6	366.6	488.8
					3	2.0	44.2	3.3	33.3	1.0	69.8	26.0	94.5	3.0	72.8	14.5	80.6	3.0	66.2	0.0	66.9	2.0	48.8	23.7	93.8	11.0	257.0	111.3	369.1	369.1	491.1
					平均	2.0	45.3	2.5	33.1	1.0	67.0	26.6	92.5	3.0	73.7	15.0	81.3	2.7	64.2	0.0	65.3	2.0	47.9	23.7	93.9	10.7	257.7	108.3	366.0	366.0	486.8

附表 13（3）　作物灌溉制度试验成果表（水稻）

省区名	站名	年份	作物品种(早、晚)	处理	重复	返青期 4月17日~4月23日				分蘖期 4月24日~5月20日				拔节期 5月21日~6月10日				抽穗期 6月11日~6月20日				灌浆期 6月21日~7月16日				全生育期 4月17日~7月16日					产量水平(kg/亩)
						灌水次数	灌水量(mm)	有效降雨(mm)	耗水量(mm)	灌水次数	灌水量(mm)	有效降雨(mm)	耗水量(mm)	灌水次数	灌水量(mm)	有效降雨(mm)	耗水量(mm)	灌水次数	灌水量(mm)	有效降雨(mm)	耗水量(mm)	灌水次数	灌水量(mm)	有效降雨(mm)	耗水量(mm)	灌水次数	灌水量(mm)	有效降雨(mm)	耗水量(mm)	灌溉定额(mm)	
广西	南宁	2008	早稻	薄浅湿晒	1	3.0	42.7	17.0	32.8	2.0	73.0	30.2	138.3	0.0	0.0	51.6	51.6	1.0	15.7	19.6	31.4	3.0	73.9	92.9	162.4	9.0	205.6	211.3	416.5	416.5	293.1
					2	3.0	45.6	17.0	35.5	3.0	86.0	27.5	144.4	0.0	0.0	45.1	45.1	1.0	18.5	15.7	26.8	3.0	70.5	84.3	158.3	10.0	220.6	189.6	410.1	410.1	313.3
					3	3.0	44.5	17.0	33.9	2.0	73.2	36.0	142.6	0.0	0.0	56.2	56.2	2.0	25.3	18.4	30.8	3.0	67.1	90.1	164.4	10.0	210.1	217.7	427.9	427.9	319.6
					平均	3.0	44.3	17.0	34.1	2.3	77.4	31.2	141.8	0.0	0.0	51.0	51.0	1.3	19.8	17.9	29.7	3.0	70.5	89.1	161.7	9.7	212.0	206.2	418.2	418.2	308.7
				节水控制	1	3.0	44.2	17.0	29.5	2.0	61.5	30.5	129.0	0.0	0.0	52.7	52.7	1.0	13.7	15.6	26.1	3.0	62.4	81.2	141.4	9.0	181.8	197.0	378.7	378.7	303.2
					2	3.0	39.7	17.0	31.5	3.0	81.5	35.0	147.5	0.0	0.0	62.6	62.6	1.0	19.3	15.0	26.3	3.0	71.6	65.2	138.9	10.0	212.1	194.8	406.8	406.8	297.1
					3	3.0	40.6	17.0	31.5	3.0	76.2	32.4	142.7	0.0	0.0	60.2	60.2	1.0	15.6	15.0	29.7	3.0	65.6	90.8	152.4	10.0	198.0	218.4	416.5	416.5	307.9
					平均	3.0	41.5	17.0	30.8	2.7	73.1	32.6	139.7	0.0	0.0	58.5	58.5	1.0	16.2	16.2	27.4	3.0	66.5	79.1	144.2	9.7	197.3	203.4	400.7	400.7	302.7

附表 13（4） 作物灌溉制度试验成果表（水稻）

省区名	站名	年份	作物品种（早、晚）	处理	重复	返青期 8月10日~8月14日				分蘖期 8月15日~9月10日				拔节期 9月11日~10月4日				抽穗期 10月5日~10月31日				灌浆期 11月1日~11月10日				全生育期 8月10日~11月10日					产量水平（kg/亩）
						灌水次数	灌水量(mm)	有效降雨(mm)	耗水量(mm)	灌水次数	灌水量(mm)	有效降雨(mm)	耗水量(mm)	灌水次数	灌水量(mm)	有效降雨(mm)	耗水量(mm)	灌水次数	灌水量(mm)	有效降雨(mm)	耗水量(mm)	灌水次数	灌水量(mm)	有效降雨(mm)	耗水量(mm)	灌水次数	灌水量(mm)	有效降雨(mm)	耗水量(mm)	灌溉定额(mm)	
广西	南宁	2008	晚稻	薄浅湿晒	1	1.0	15.0	29.3	21.5	2.0	52.0	54.5	122.8	3.0	66.1	60.8	113.6	3.0	67.6	0.2	80.7	2.0	67.2	34.3	108.5	11	268.9	179.1	447.1	447.1	404.7
					2	1.0	15.1	29.3	21.1	2.0	49.9	55.7	123.6	3.0	73.0	62.4	115.8	2.0	67.8	0.2	83.6	2.0	58.4	37.5	105.3	10	264.2	185.1	449.4	449.4	428.0
					3	1.0	11.3	29.3	21.6	2.0	49.2	61.4	133.0	3.0	67.4	71.9	128.1	3.0	84.7	0.2	99.5	2.0	77.7	41.7	112.7	11	290.3	204.5	494.9	494.9	453.6
					平均	1.0	13.8	29.3	21.4	2.0	50.4	57.2	126.5	3.0	68.9	65.0	119.2	2.7	73.4	0.2	87.9	2.0	67.8	37.8	108.8	11	274.3	189.6	463.8	463.8	428.8
				节水控制	1	1.0	12.2	29.3	19.8	2.0	46.5	45.7	108.3	2.0	64.9	39.7	89.7	2.0	63.0	0.2	75.7	2.0	54.7	30.6	93.3	9	241.3	145.5	386.8	386.8	354.5
					2	1.0	11.4	29.3	20.5	2.0	48.6	51.1	117.6	2.0	78.2	46.3	104.6	2.0	68.4	0.2	84.4	2.0	59.9	32.4	98.6	9	266.5	159.3	425.7	425.7	371.6
					3	1.0	9.7	29.3	18.8	2.0	47.9	46.6	106.8	2.0	68.0	44.4	99.6	3.0	70.4	0.2	89.6	2.0	70.3	32.3	104.4	10	266.3	152.8	419.2	419.2	374.8
					平均	1.0	11.1	29.3	19.7	2.0	47.7	47.8	110.9	2.0	70.4	43.5	98.0	2.3	67.3	0.2	83.2	2.0	61.6	31.8	98.8	9.33	258.1	152.6	410.6	410.6	367.0

附表 13(5)　作物灌溉制度试验成果表(水稻)

省区名	站名	年份	作物品种(早、晚)	处理	重复	返青期 4月9日~4月15日				分蘖期 4月16日~5月15日				拔节期 5月16日~6月10日				抽穗期 6月11日~6月20日				灌浆期 6月21日~7月12日				全生育期 4月9日~7月12日					产量水平(kg/亩)
						灌水次数	灌水量(mm)	有效降雨(mm)	耗水量(mm)	灌水次数	灌水量(mm)	有效降雨(mm)	耗水量(mm)	灌水次数	灌水量(mm)	有效降雨(mm)	耗水量(mm)	灌水次数	灌水量(mm)	有效降雨(mm)	耗水量(mm)	灌水次数	灌水量(mm)	有效降雨(mm)	耗水量(mm)	灌水次数	灌水量(mm)	有效降雨(mm)	耗水量(mm)	灌溉定额(mm)	
广西	南宁	2010	早稻	薄浅湿晒	1	1.0	26.5	2.2	28.7	1.0	28.1	88.8	116.9	1.0	38.1	98.3	136.4	2.0	61.9	55.2	76.8	4.0	128.3	24.5	193.1	9.0	282.9	269.0	551.9	551.9	478.5
					2	1.0	25.8	2.2	28.4	1.0	22.7	83.8	106.9	1.0	39.8	98.1	138.3	2.0	65.3	53.0	76.1	4.0	123.2	21.3	185.5	9.0	276.8	258.4	535.2	535.2	481.0
					3	1.0	25.3	2.2	22.9	1.0	15.3	68.9	88.8	2.0	42.7	99.1	139.6	2.0	60.8	51.4	75.4	4.0	125.8	16.6	181.4	10.0	269.9	238.2	508.2	508.1	445.8
					平均	1.0	25.9	2.2	26.7	1.0	22.0	80.5	104.2	1.3	40.2	98.5	138.1	2.0	62.7	53.2	76.1	4.0	125.8	20.8	186.7	9.3	276.6	255.2	531.7	531.7	468.4
				节水控制	1	1.0	22.3	2.2	23.8	1.0	20.6	81.4	99.7	1.0	12.2	93.9	107.3	3.0	46.7	43.5	49.8	4.0	107.9	17.7	167.6	10.0	209.7	238.7	448.2	448.2	388.1
					2	1.0	23.4	2.2	24.9	1.0	19.7	76.0	97.2	1.0	12.6	93.9	106.9	3.0	43.8	48.4	50.2	4.0	111.2	5.4	157.4	10.0	210.7	225.9	436.6	436.6	374.1
					3	1.0	22.9	2.2	25.8	1.0	21.3	78.5	100.5	1.0	12.3	90.2	103.3	3.0	43.3	45.9	45.7	4.0	99.7	9.4	150.3	10.0	199.5	226.2	425.6	425.6	372.8
					平均	1.0	22.8	2.2	24.8	1.0	20.5	78.6	99.1	1.0	12.3	92.7	105.8	3.0	44.6	45.9	48.6	4.0	106.2	10.8	158.4	10.0	206.4	230.2	436.8	436.8	378.3

附表13（6）　作物灌溉制度试验成果表（水稻）

省区	站名	年份	作物品种（早、晚）	处理	处理号重复	返青期 8月12日~8月18日				分蘖期 8月19日~9月15日				拔节期 9月16日~10月10日				抽穗期 10月11日~10月20日				灌浆期 10月21日~11月16日				全生育期 8月12日~11月16日					产量水平（kg/亩）
						灌水次数	灌水量(mm)	有效降雨(mm)	耗水量(mm)	灌水次数	灌水量(mm)	有效降雨(mm)	耗水量(mm)	灌水次数	灌水量(mm)	有效降雨(mm)	耗水量(mm)	灌水次数	灌水量(mm)	有效降雨(mm)	耗水量(mm)	灌水次数	灌水量(mm)	有效降雨(mm)	耗水量(mm)	灌水次数	灌水量(mm)	有效降雨(mm)	耗水量(mm)	灌溉定额(mm)	
广西	南宁	2010	晚稻	薄浅湿晒	1	1.0	21.6	18.8	37.0	5.0	88.1	41.4	132.9	1.0	62.0	35.4	88.9	4.0	96.5	0.2	103.9	6.0	142.5	0.0	143.8	17.0	410.7	95.8	506.5	506.5	422.0
					2	1.0	21.3	18.8	35.6	5.0	89.2	43.8	137.5	1.0	63.7	41.8	97.4	4.0	84.0	0.2	91.1	6.0	132.1	0.0	133.3	17.0	390.3	104.6	494.9	494.9	386.1
					3	1.0	20.5	18.8	38.8	6.0	101.1	46.2	147.8	1.0	64.5	39.1	94.9	4.0	88.6	0.2	95.5	6.0	141.9	0.0	143.9	18.0	416.6	104.3	520.9	520.9	392.7
					平均	1.0	21.1	18.8	37.1	5.3	92.8	43.8	139.4	1.0	63.4	38.8	93.7	4.0	89.7	0.2	96.8	6.0	138.8	0.0	140.3	17.3	405.8	101.6	507.4	507.4	400.3
				节水控制	1	1.0	24.3	18.8	38.2	3.0	63.8	41.3	110.0	1.0	59.0	33.3	79.8	3.0	71.7	0.2	78.3	5.0	107.4	0.0	113.5	13.0	326.2	93.6	419.8	419.8	345.9
					2	1.0	21.8	18.8	40.7	4.0	69.6	40.6	111.3	1.0	60.9	32.8	75.2	3.0	57.5	0.2	69.4	5.0	87.3	0.0	92.9	14.0	297.1	92.4	389.5	389.5	307.0
					3	2.0	30.7	18.8	40.6	3.0	61.1	43.5	114.9	1.0	62.3	31.9	76.0	3.0	61.7	0.2	75.5	5.0	100.9	0.0	104.3	14.0	316.7	94.4	411.3	411.3	327.8
					平均	1.3	25.6	18.8	39.8	3.3	64.8	41.8	112.1	1.0	60.7	32.7	77.0	3.0	63.6	0.2	74.4	5.0	98.5	0.0	103.6	13.7	313.2	93.5	406.9	406.9	326.9

附表 13(7)　作物灌溉制度试验成果表（水稻）

省区	站名	年份	作物品种(早、晚)	处理号	重复	返青期 4月19日~4月26日				分蘖期 4月27日~5月31日				拔节期 6月1日~6月26日				抽穗期 6月27日~7月8日				灌浆期 7月9日~7月31日				全生育期 4月19日~7月31日					产量水平(kg/亩)
						灌水次数	灌水量(mm)	有效降雨(mm)	耗水量(mm)	灌水次数	灌水量(mm)	有效降雨(mm)	耗水量(mm)	灌水次数	灌水量(mm)	有效降雨(mm)	耗水量(mm)	灌水次数	灌水量(mm)	有效降雨(mm)	耗水量(mm)	灌水次数	灌水量(mm)	有效降雨(mm)	耗水量(mm)	灌水次数	灌水量(mm)	有效降雨(mm)	耗水量(mm)	灌溉定额(mm)	
广西	南宁	2011	早稻	薄灌	1	3.0	50.4	14.3	60.6	3.0	98.6	66.4	166.6	1.0	17.3	118.9	137.0	5.0	87.6	20.8	97.4	1.0	70.2	77.8	160.6	13.0	324.1	298.2	622.2	622.2	592.9
					2	4.0	55.0	14.3	63.7	3.0	133.1	82.5	221.2	1.0	18.0	118.9	136.9	5.0	98.6	27.8	115.4	2.0	75.6	85.6	172.4	15.0	380.5	329.1	709.6	709.6	619.8
					3	5.0	67.9	14.3	82.2	4.0	169.4	83.6	253.0	1.0	20.4	120.7	141.1	6.0	118.8	32.6	144.7	2.0	88.5	82.9	178.1	18.0	465.0	334.3	799.1	799.1	698.0
					平均	4.0	57.8	14.3	68.8	3.3	133.7	77.5	213.6	1.0	18.6	119.5	138.3	5.3	101.7	27.1	119.2	1.7	78.2	82.1	170.4	15.3	389.0	320.5	710.3	710.3	636.9
				浅灌	1	4.0	59.9	14.3	74.2	5.0	165.4	98.9	264.3	1.0	17.9	118.4	136.3	6.0	124.9	36.5	141.8	1.0	86.2	82.6	188.4	17.0	454.3	350.7	805.0	805.0	663.6
					2	3.0	49.8	14.3	59.3	3.0	133.0	67.0	205.9	1.0	16.3	118.9	137.0	4.0	91.6	19.0	88.5	2.0	62.1	72.8	154.0	13.0	352.7	292.0	644.7	644.7	556.5
					3	5.0	69.2	14.3	84.0	6.0	215.2	91.8	305.0	1.0	18.9	120.6	140.0	6.0	134.1	34.5	154.6	2.0	94.3	87.3	196.6	20.0	531.7	348.5	880.2	880.2	742.3
					平均	4.0	59.6	14.3	72.5	4.7	171.2	85.9	258.4	1.0	17.7	119.3	137.8	5.3	116.9	30.0	128.3	1.7	80.9	80.9	179.7	16.7	446.3	330.4	776.6	776.6	654.1
				深灌	1	3.0	53.1	14.3	59.9	3.0	132.9	63.9	204.3	1.0	18.7	119.8	138.5	3.0	119.6	14.6	101.3	1.0	80.9	71.6	170.3	11.0	390.1	284.2	674.3	674.3	562.3
					2	3.0	45.9	14.3	56.7	3.0	149.4	72.7	228.8	1.0	14.9	120.1	139.4	4.0	103.2	16.3	88.4	2.0	65.8	64.2	151.4	13.0	377.1	287.6	664.7	664.7	567.2
					3	5.0	65.8	14.3	81.4	6.0	220.3	89.2	310.8	1.0	18.1	120.8	140.0	3.0	131.8	18.8	120.4	2.0	83.9	74.2	184.3	17.0	519.8	317.1	836.9	836.9	667.4
					平均	3.7	54.9	14.3	66.0	4.0	167.5	75.3	248.0	1.0	17.2	120.2	139.3	3.3	118.2	16.6	103.4	1.7	71.2	70.0	168.7	13.7	429.0	296.3	725.3	725.3	599.0

· 266 ·

附表 13(8)　作物灌溉制度试验成果表（水稻）

省区	站名	年份	作物品种(早、晚)	处理	重复	返青期 8月27日~8月31日				分蘖期 9月1日~9月30日				拔节期 10月1日~10月24日				抽穗期 10月25日~11月10日				灌浆期 11月11日~12月18日				全生育期 8月27日~12月18日					产量水平(kg/亩)
						灌水次数	灌水量(mm)	有效降雨(mm)	耗水量(mm)	灌水次数	灌水量(mm)	有效降雨(mm)	耗水量(mm)	灌水次数	灌水量(mm)	有效降雨(mm)	耗水量(mm)	灌水次数	灌水量(mm)	有效降雨(mm)	耗水量(mm)	灌水次数	灌水量(mm)	有效降雨(mm)	耗水量(mm)	灌水次数	灌水量(mm)	有效降雨(mm)	耗水量(mm)	灌溉定额(mm)	
广西	南宁	2011	晚稻	浅灌	1	2.0	39.5	0.0	29.0	4.0	57.6	60.2	126.9	2.0	27.5	11.7	41.5	7.0	125.7	4.0	128.7	10	165.0	12.6	177.8	25.0	415.3	88.5	503.9	503.9	577.3
					2	2.0	44.1	0.0	33.6	4.0	68.0	61.9	138.6	2.0	36.9	8.9	47.1	7.0	126.2	4.0	129.4	10	184.6	12.9	198.9	25.0	459.8	87.7	547.6	547.6	860.6
					3	2.0	49.5	0.0	37.3	4.0	86.3	64.5	160.9	2.0	40.1	12.6	53.4	7.0	146.6	4.0	150.2	10	213.9	12.5	228.3	25.0	536.4	93.6	630.1	630.1	660.0
					平均	2.0	44.4	0.0	33.3	4.0	70.7	62.2	142.1	2.0	34.9	11.1	47.3	7.0	132.9	4.0	136.1	10	187.9	12.7	201.7	25.0	470.8	89.9	560.5	560.5	699.3
				中灌	1	2.0	49.7	0.0	36.9	5.0	84.5	64.3	165.2	2.0	41.2	10.0	53.8	6.0	151.5	4.0	147.1	10	193.1	14.7	210.0	25.0	520.0	93.0	613.0	613.0	624.2
					2	2.0	46.3	0.0	32.6	3.0	57.9	63.4	142.2	2.0	28.4	10.3	42.3	6.0	118.7	4.0	112.0	10	158.9	14.3	173.0	23.0	410.1	92.0	502.1	502.1	484.4
					3	2.0	51.3	0.0	42.1	5.0	91.4	60.3	162.5	2.0	31.9	10.6	45.5	6.0	162.2	4.0	160.3	10	211.8	14.7	227.8	25.0	548.6	89.6	638.2	638.2	623.9
					平均	2.0	49.1	0.0	37.2	4.3	77.9	62.7	156.6	2.0	33.8	10.3	47.2	6.0	144.1	4.0	139.8	10	187.9	14.6	203.6	24.3	492.8	91.5	584.4	584.4	577.5
				深灌	1	2.0	38.5	0.0	30.9	4.0	72.6	56.1	141.8	2.0	29.7	10.8	46.4	7.0	155.7	4.0	143.9	10	180.5	13.7	198.2	25.0	476.5	84.6	561.2	561.2	541.4
					2	2.0	38.8	0.0	30.7	4.0	60.2	63.7	136.5	2.0	42.8	11.1	61.1	7.0	123.9	4.0	111.1	10	148.2	13.8	167.3	25.0	414.9	92.6	506.7	506.7	476.4
					3	2.0	45.6	0.0	40.6	4.0	83.7	69.8	165.6	2.0	46.2	11.3	61.9	7.0	149.2	4.0	138.1	10	206.5	14.8	224.7	25.0	531.2	99.9	630.9	630.9	600.8
					平均	2.0	41.0	0.0	34.1	4.0	72.2	63.2	148.0	2.0	39.6	11.1	56.5	7.0	142.8	4.0	131.0	10	178.4	14.1	196.7	25.0	473.0	92.4	566.3	566.3	539.5

附表 13(9)　作物灌溉制度试验成果表（水稻）

省区	站名	年份	作物品种（早、晚）	处理	重复	返青期 4月19日~4月25日				分蘖期 4月26日~5月27日				拔节期 5月28日~6月20日				抽穗期 6月21日~6月30日				灌浆期 7月1日~7月19日				全生育期 4月19日~7月19日					产量水平(kg/亩)
						灌水次数	灌水量(mm)	有效降雨(mm)	耗水量(mm)	灌水次数	灌水量(mm)	有效降雨(mm)	耗水量(mm)	灌水次数	灌水量(mm)	有效降雨(mm)	耗水量(mm)	灌水次数	灌水量(mm)	有效降雨(mm)	耗水量(mm)	灌水次数	灌水量(mm)	有效降雨(mm)	耗水量(mm)	灌水次数	灌水量(mm)	有效降雨(mm)	耗水量(mm)	灌溉定额(mm)	
广西	南宁	2012	早稻	浅灌	1	2.0	29.7	8.5	35.1	6.0	103.8	41.0	149.9	1.0	44.4	65.2	85.5	1.0	26.2	22.3	69.4	2.0	83.4	39.1	123.5	12.0	287.5	176.1	463.4	463.4	324.5
					2	2.0	32.7	8.5	42.8	6.0	130.9	45.6	178.1	1.0	39.5	65.2	79.0	1.0	21.6	20.1	62.5	2.0	73.7	40.3	115.6	12.0	298.4	179.7	478.0	478.0	342.3
					3	2.0	44.3	8.5	55.7	6.0	144.7	46.9	194.5	1.0	43.8	65.2	83.1	2.0	51.6	45.0	113.9	2.0	101.6	52.8	157.3	13.0	386.2	218.4	604.5	604.5	346.7
					平均	2.0	35.6	8.5	44.5	6.0	126.5	44.5	174.2	1.0	42.6	65.2	82.5	1.3	33.1	29.1	81.9	2.0	86.2	44.1	132.1	12.3	323.0	191.4	515.3	515.3	337.8
				中灌	1	2.0	38.7	8.5	49.9	6.0	142.1	46.8	191.6	1.0	39.2	65.2	75.9	2.0	36.4	38.2	80.7	2.0	63.0	39.4	119.3	13.0	319.4	198.1	517.4	517.4	328.9
					2	2.0	33.4	8.5	45.5	5.0	126.8	48.0	178.4	1.0	38.2	65.2	70.7	2.0	23.5	37.3	82.2	2.0	66.1	38.2	108.4	12.0	288.0	197.2	485.2	485.2	346.7
					3	3.0	25.6	8.5	59.4	6.0	140.4	50.9	106.6	1.0	22.9	65.2	81.8	3.0	36.6	45.0	112.8	3.0	72.2	52.8	159.6	16.0	297.7	222.4	520.2	520.2	337.8
					平均	2.3	32.6	8.5	51.6	5.7	136.4	48.6	158.9	1.0	33.4	65.2	76.1	2.3	32.2	40.2	91.9	2.3	67.1	43.5	129.1	13.7	301.7	205.9	507.6	507.6	337.8
				深灌	1	2.0	35.0	8.5	46.1	6.0	128.9	49.3	180.8	1.0	43.1	65.2	74.5	1.0	17.5	41.0	69.9	2.0	68.4	30.4	116.2	12.0	293.9	194.4	487.5	487.5	337.8
					2	2.0	24.3	8.5	35.0	5.0	105.7	44.2	155.1	1.0	34.8	65.2	72.1	1.0	14.1	35.8	55.8	2.0	57.7	32.7	105.1	11.0	236.6	186.4	423.1	423.1	351.2
					3	3.0	37.8	8.5	49.5	6.0	145.5	48.3	197.0	1.0	40.0	65.2	68.2	1.0	24.0	45.0	84.1	2.0	71.0	36.2	122.6	13.0	318.3	203.2	521.4	521.4	355.6
					平均	2.3	32.4	8.5	43.5	5.7	126.7	47.3	177.6	1.0	39.3	65.2	71.6	1.0	18.5	40.6	69.9	2.0	65.7	33.1	114.6	12.0	282.6	194.7	477.3	477.3	348.2

附表 13(10)　作物灌溉制度试验成果表(水稻)

省区	站名	年份	作物品种(早、晚)	处理	重复	返青期 8月21日~8月27日				分蘖期 8月28日~9月25日				拔节期 9月26日~10月25日				抽穗期 10月26日~11月10日				灌浆期 11月11日~12月13日				全生育期 8月21日~12月13日					产量水平(kg/亩)
						灌水次数	灌水量(mm)	有效降雨(mm)	耗水量(mm)	灌水次数	灌水量(mm)	有效降雨(mm)	耗水量(mm)	灌水次数	灌水量(mm)	有效降雨(mm)	耗水量(mm)	灌水次数	灌水量(mm)	有效降雨(mm)	耗水量(mm)	灌水次数	灌水量(mm)	有效降雨(mm)	耗水量(mm)	灌水次数	灌水量(mm)	有效降雨(mm)	耗水量(mm)	灌溉定额(mm)	
广西	南宁	2012	晚稻	薄浅湿晒	1	1	35.9	24.5	46.4	4.0	84.8	56.4	156.2	4.0	121.4	17.6	133.0	2.0	59.2	49.3	106.1	3.0	68.7	31.7	107.7	14.0	369.0	179.5	549.4	549.4	590.9
					2	1	35.2	22.2	43.2	4.0	86.8	56.3	155.1	4.0	108.6	21.8	124.9	2.0	52.5	40.3	80.1	3.0	43.8	26.2	90.2	14.0	326.9	166.8	493.5	493.5	436.4
					3	1	37.6	25.0	47.8	4.0	89.8	55.8	160.4	4.0	120.7	25.0	137.5	2.0	46.9	51.9	98.5	3.0	66.7	27.1	102.3	14.0	361.7	184.8	546.5	546.5	436.4
					平均	1	36.2	23.9	45.8	4.0	87.1	56.2	157.2	4.0	116.9	21.5	131.8	2.0	52.8	47.2	94.9	3.0	59.7	28.3	100.1	14.0	352.7	177.0	529.8	529.8	487.9
				节水控制	1	1	42.9	22.1	47.4	4.0	88.3	56.7	163.2	4.0	145.8	29.4	175.5	2.0	65.8	51.6	109.7	3.0	64.7	25.5	96.9	14.0	407.5	185.3	592.7	592.7	636.4
					2	1	33.2	24.0	42.3	4.0	81.3	55.5	154.7	4.0	141.2	29.4	153.2	2.0	33.8	43.7	70.7	3.0	36.6	24.2	81.8	14.0	325.1	176.8	502.7	502.7	527.3
					3	1	34.6	22.8	41.1	4.0	79.5	52.9	151.3	4.0	138.7	29.4	142.8	2.0	26.2	42.5	70.9	3.0	40.4	23.6	84.3	14.0	319.4	171.2	490.4	490.4	554.5
					平均	1	36.9	23.0	43.6	4.0	83.0	55.0	156.4	4.0	141.9	29.4	157.2	2.0	41.9	45.9	83.8	3.0	47.2	24.4	87.7	14.0	350.9	177.8	528.6	528.6	572.7

附表 13(11)　作物灌溉制度试验成果表（水稻）

省区	站名	年份	作物品种（早、晚）	处理	重复	返青期 4月1日~4月14日				分蘖期 4月15日~5月25日				拔节期 5月26日~6月10日				抽穗期 6月11日~6月20日				灌浆期 6月21日~7月9日				全生育期 4月1日~7月9日					产量水平(kg/亩)
						灌水次数	灌水量(mm)	有效降雨(mm)	耗水量(mm)	灌水次数	灌水量(mm)	有效降雨(mm)	耗水量(mm)	灌水次数	灌水量(mm)	有效降雨(mm)	耗水量(mm)	灌水次数	灌水量(mm)	有效降雨(mm)	耗水量(mm)	灌水次数	灌水量(mm)	有效降雨(mm)	耗水量(mm)	灌水次数	灌水量(mm)	有效降雨(mm)	耗水量(mm)	灌溉定额(mm)	
广西	南宁	2013	早稻	薄浅湿晒	1	1	17.4	51.0	72.2	4.0	80.4	131.1	197.0	1.0	47.6	74.3	116.8	3.0	78.3	28.3	122.3	4.0	136.2	102.6	239.1	13.0	360.9	387.3	747.4	747.4	509.1
					2	1	6.5	48.7	66.4	4.0	82.1	133.2	196.2	1.0	47.5	67.8	110.9	3.0	71.4	22.3	108.3	4.0	131.4	90.1	219.2	13.0	338.9	362.1	701.0	701.0	445.5
					3	1	0.4	51.9	56.8	3.0	44.4	132.3	166.0	1.0	43.5	56.0	84.6	3.0	38.2	13.8	76.9	4.0	95.3	69.8	161.5	12.0	222.0	323.8	545.8	545.8	550.0
					平均	1	8.1	50.5	65.1	3.7	69.0	132.2	186.4	1.0	46.2	66.0	104.1	3.0	62.7	21.5	102.5	4.0	121.0	87.5	206.6	12.7	307.0	357.7	664.7	664.7	501.5
				节水控制	1	1	19.7	54.7	65.2	4.0	74.8	119.1	186.9	1.0	48.8	72.5	105.7	3.0	66.0	22.1	115.1	4.0	120.5	94.6	220.8	13.0	330.8	363.7	693.7	693.7	477.3
					2	1	10.9	50.1	56.6	3.0	66.6	116.4	178.4	1.0	53.3	55.8	86.3	3.0	44.6	17.4	93.1	4.0	105.4	73.1	179.4	12.0	280.8	312.9	593.8	593.8	477.3
					3	1	23.1	53.1	78.3	3.0	93.8	135.2	213.9	1.0	58.0	81.2	125.9	3.0	83.3	28.7	133.9	4.0	145.6	109.9	259.8	12.0	403.8	408.1	811.8	811.8	513.6
					平均	1	17.9	52.6	66.7	3.3	78.4	123.8	193.1	1.0	53.4	69.8	106.0	3.0	64.6	22.7	114.0	4.0	123.8	92.6	220.0	12.3	338.1	361.6	699.8	699.8	489.4

附表 13（12） 作物灌溉制度试验成果表（水稻）

省区	站名	年份	作物品种（早、晚）	处理	处理号 重复	返青期 8月12日~8月20日				分蘖期 8月21日~9月13日				拔节期 9月14日~10月13日				抽穗期 10月14日~10月25日				灌浆期 10月26日~11月20日				全生育期 8月12日~11月20日					产量水平（kg/亩）
						灌水次数	灌水量(mm)	有效降雨(mm)	耗水量(mm)	灌水次数	灌水量(mm)	有效降雨(mm)	耗水量(mm)	灌水次数	灌水量(mm)	有效降雨(mm)	耗水量(mm)	灌水次数	灌水量(mm)	有效降雨(mm)	耗水量(mm)	灌水次数	灌水量(mm)	有效降雨(mm)	耗水量(mm)	灌水次数	灌水量(mm)	有效降雨(mm)	耗水量(mm)	灌溉定额(mm)	
广西	南宁	2013	晚稻	薄浅湿晒	1	1	12.9	30.0	39.1	1.0	8.4	95.7	92.5	7.0	156.1	22.9	188.6	4.0	94.1	18.3	115.3	11	259.8	41.2	303.9	24.0	531.3	208.1	739.4	739.4	359.1
					2	1	11.8	30.9	40.1	1.0	6.0	97.3	100.3	7.0	140.0	23.1	171.1	3.0	61.9	18.3	80.2	10	212.1	41.4	251.3	22.0	432.0	211.0	643.0	643.0	425.5
					3	1	11.0	35.2	43.7	1.0	2.2	105.3	103.6	6.0	127.3	23.1	159.1	3.0	67.4	18.3	85.3	9	205.0	41.4	244.4	20.0	412.8	223.3	636.1	636.1	437.3
					平均	1	11.9	32.0	41.0	1.0	5.5	99.4	98.8	6.7	141.1	23.0	172.9	3.3	74.5	18.3	93.6	10	225.6	41.3	266.5	22.0	458.6	214.1	672.8	672.8	407.3
				节水控制	1	1	10.1	31.1	36.0	1.0	18.8	80.3	100.0	6.0	167.8	22.0	200.7	4.0	114.3	18.3	129.2	10	293.0	40.3	329.9	22.0	603.0	192.0	795.8	795.8	345.5
					2	1	7.1	31.8	38.5	1.0	6.5	92.1	99.1	4.0	126.9	23.1	161.0	3.0	69.7	18.3	83.6	7	210.1	41.4	244.6	16.0	420.3	206.7	626.8	626.8	435.5
					3	1	7.5	31.1	40.1	1.0	8.5	92.4	98.2	4.0	119.9	23.1	153.7	3.0	65.8	18.3	81.0	7	199.6	41.4	234.7	16.0	401.3	206.3	607.7	607.7	431.8
					平均	1	8.2	31.3	38.2	1.0	11.2	88.3	99.1	4.7	138.8	22.7	171.8	3.3	83.2	18.3	97.9	8	234.2	41.0	269.7	18.0	475.0	201.7	676.8	676.8	404.3

附表13（13） 作物灌溉制度试验成果表（水稻）

省区	站名	年份	作物品种(早、晚)	处理	重复	返青期 4月24日~5月5日 灌水次数	灌水量(mm)	有效降雨(mm)	耗水量(mm)	分蘖期 5月6日~6月11日 灌水次数	灌水量(mm)	有效降雨(mm)	耗水量(mm)	拔节期 6月12日~7月6日 灌水次数	灌水量(mm)	有效降雨(mm)	耗水量(mm)	抽穗期 7月7日~7月17日 灌水次数	灌水量(mm)	有效降雨(mm)	耗水量(mm)	灌浆期 7月18日~8月7日 灌水次数	灌水量(mm)	有效降雨(mm)	耗水量(mm)	全生育期 4月24日~8月7日 灌水次数	灌水量(mm)	有效降雨(mm)	耗水量(mm)	灌溉定额(mm)	产量水平(kg/亩)
广西	南宁	2014	早稻	薄浅湿晒	1	4.0	37.4	17.1	44.4	4.0	98.5	68.4	182.6	1.0	3.2	90.8	96.8	2.0	65.2	35.0	99.5	1.0	64.2	91.7	148.3	12.0	268.5	303.0	571.6	571.6	484.5
					2	4.0	32.1	15.2	41.3	4.0	95.3	60.3	172.6	1.0	10.2	69.4	85.1	2.0	57.5	24.8	75.9	1.0	61.1	80.6	131.4	12.0	256.2	250.3	506.3	506.3	468.6
					3	4.0	39.8	16.1	47.3	4.0	99.5	64.9	182.6	1.0	1.8	86.6	93.2	2.0	62.0	30.8	90.0	1.0	70.7	86.8	145.9	12.0	273.8	285.2	559.0	559.0	477.3
					平均	4.0	36.4	16.1	44.3	4.0	97.8	64.5	179.3	1.0	5.1	82.3	91.7	2.0	61.6	30.2	88.5	1.0	65.3	86.4	141.9	12.0	266.2	279.5	545.6	545.6	476.8
				节水控制	1	4.0	41.1	17.8	54.3	4.0	98.6	56.0	173.9	1.0	9.9	76.6	93.9	2.0	62.5	28.7	79.3	1.0	71.0	79.6	140.3	12.0	283.0	258.7	541.7	541.7	503.6
					2	4.0	36.4	13.6	46.4	4.0	90.6	58.1	167.9	1.0	2.4	62.3	62.5	2.0	59.4	26.8	71.8	1.0	67.8	76.7	135.7	12.0	256.6	237.5	484.3	494.3	481.4
					3	4.0	32.5	16.3	41.1	4.0	89.6	61.5	171.2	1.0	2.9	92.2	101.7	2.0	64.9	34.6	89.3	1.0	67.6	86.0	144.9	12.0	257.5	290.6	548.2	548.2	46.3
					平均	4.0	36.7	15.9	47.3	4.0	93.0	58.5	171.0	1.0	5.1	77.0	86.0	2.0	62.3	30.0	80.1	1.0	68.8	80.8	140.3	12.0	265.9	262.3	524.7	528.1	343.8

附表 13（14） 作物灌溉制度试验成果表（水稻）

省区	站名	年份	作物品种（早、晚）	处理	重复	返青期 9月3日~9月10日				分蘖期 9月11日~10月10日				拔节期 10月11日~11月10日				抽穗期 11月11日~11月25日				灌浆期 11月26日~12月24日				全生育期 9月3日~12月24日					产量水平（kg/亩）
						灌水次数	灌水量(mm)	有效降雨(mm)	耗水量(mm)	灌水次数	灌水量(mm)	有效降雨(mm)	耗水量(mm)	灌水次数	灌水量(mm)	有效降雨(mm)	耗水量(mm)	灌水次数	灌水量(mm)	有效降雨(mm)	耗水量(mm)	灌水次数	灌水量(mm)	有效降雨(mm)	耗水量(mm)	灌水次数	灌水量(mm)	有效降雨(mm)	耗水量(mm)	灌溉定额(mm)	
广西	南宁	2014	晚稻	薄浅湿晒	1	1	29.4	36.0	22.7	2.0	69.4	36.9	141.2	2.0	48.5	30.9	79.4	4.0	104.2	6.9	95.1	3.0	94.5	36.8	144.5	12.0	346.0	147.5	482.9	493.5	384.5
					2	1	30.9	36.6	25.3	2.0	73.3	38.0	142.9	2.0	47.7	38.2	85.9	3.0	90.5	6.9	78.4	3.0	61.5	36.8	115.3	11.0	303.9	156.5	447.8	460.4	380.0
					3	1	30.4	37.2	24.2	2.0	72.0	38.4	148.2	2.0	38.3	33.9	72.2	4.0	104.2	6.9	94.1	3.0	96.6	36.8	150.4	12.0	341.5	153.2	489.1	494.7	379.1
					平均	1	30.2	36.6	24.1	2.0	71.6	37.8	144.1	2.0	44.8	34.3	79.2	3.7	99.6	6.9	89.2	3.0	84.2	36.8	136.7	11.7	330.4	152.4	473.3	482.9	381.2
				节水控制	1	1	29.6	36.3	24.5	2.0	79.0	33.9	133.9	2.0	45.4	28.1	73.5	4.0	101.0	6.9	77.8	1.0	58.9	36.8	120.1	10.0	313.9	142.0	429.8	455.9	390.9
					2	1	32.0	33.8	24.7	2.0	82.7	33.0	140.5	2.0	50.0	27.5	77.5	3.0	99.0	6.9	73.7	1.0	54.1	36.8	101.7	9.0	317.8	138.0	418.1	455.8	389.1
					3	1	34.7	36.6	26.7	2.0	87.4	28.1	144.9	2.0	47.5	28.1	75.6	3.0	104.5	6.9	78.9	1.0	49.4	36.8	104.9	9.0	323.5	136.5	431.0	460.0	380.9
					平均	1	32.1	35.6	25.3	2.0	83.0	31.7	139.8	2.0	47.6	27.9	75.5	3.3	101.5	6.9	76.8	1.0	54.1	36.8	108.9	9.3	318.3	138.8	426.3	457.2	387.0

附表14(1)　作物灌溉制度试验成果表（甘蔗）

省区	站名	年份	作物品种	处理号	幼苗期 3月12日~5月10日			分蘖期 5月11日~6月30日			伸长期 7月1日~10月10日			成熟期 10月11日~11月24日			全生育期灌水量 (mm)	产量 (kg/亩)	生育期耗水量 (mm)	生育期降水量 (mm)
					灌水次数	灌前土壤含水量(田持%)	灌水量(mm)	灌水次数	灌前土壤含水量(田持%)	灌水量(mm)	灌水次数	灌前土壤含水量(田持%)	灌水量(mm)	灌水次数	灌前土壤含水量(田持%)	灌水量(mm)				
广西	南宁	2006	ROC 22	全期不灌	0		0	0		0	0		0	0		0	0	6 250.0	699.5	1 189.2
				全期不灌	0		0	0		0	0		0	0		0	0	6 516.7	727.5	1 189.2
				全期不灌	0		0	0		0	0		0	0		0	0	6 598.3	716.4	1 189.2
				平均	0		0	0		0	0		0	0		0	0	6 375.4	714.5	1 189.2
				沟灌 1	0		0	0		0	3	64.6	158.8	2	56.7	135	293.8	6 844.0	808.8	1 189.2
				沟灌 2	0		0	0		0	3	63.3	173.8	2	54.3	130.9	304.7	7 000.0	812.3	1 189.2
				沟灌 3	0		0	0		0	3	60.2	174.6	2	58.2	123	297.6	6 820.0	809.4	1 189.2
				平均	0		0	0		0	3	62.7	169.07	2	56.4	129.63	298.7	6 888.4	810.0	1 189.2

附表14（2） 作物灌溉制度试验成果表（甘蔗）

省区	站名	年份	作物品种	处理号	幼苗期 4月20日~5月31日			分蘖期 6月1日~6月30日			伸长期 7月1日~10月10日			成熟期 10月11日~次年1月10日			全生育期灌水量（mm）	产量（kg/亩）	生育期耗水量（mm）	生育期降水量（mm）
					灌水次数	灌前土壤含水量（田持%）	灌水量（mm）	灌水次数	灌前土壤含水量（田持%）	灌水量（mm）	灌水次数	灌前土壤含水量（田持%）	灌水量（mm）	灌水次数	灌前土壤含水量（田持%）	灌水量（mm）				
广西	南宁	2007	雷引1号	全期不灌	0		0	0		0	0		0	0		0	0	5 986.0	661.1	982.8
				全期不灌	0		0	0		0	0		0	0		0	0	5 743.0	624.5	982.8
				全期不灌	0		0	0		0	0		0	0		0	0	6 201.0	630.8	982.8
				平均	0		0	0		0	0		0	0		0	0	5 976.7	638.8	982.8
				沟灌1	0		0	0		0	0		0	1	57.8	76.1	76.1	5 977.1	675.9	982.8
				沟灌2	0		0	0		0	0		0	1	59.4	76.1	76.1	6 585.5	684.3	982.8
				沟灌3	0		0	0		0	0		0	1	56.5	76.1	76.1	6 031.8	674.3	982.8
				平均	0		0	0		0	0		0	1	57.9	76.1	76.1	6 198.1	678.2	982.8

附表 14（3） 作物灌溉制度试验成果表（甘蔗）

省区	站名	年份	作物品种	处理号	幼苗期 4月11日~5月20日			分蘖期 5月21日~6月30日			伸长期 7月1日~10月10日			成熟期 10月11日~次年4月1日			全生育期灌水量（mm）	产量（kg/亩）	生育期耗水量（mm）	生育期降水量（mm）
					灌水次数	灌前土壤含水量（田持%）	灌水量（mm）	灌水次数	灌前土壤含水量（田持%）	灌水量（mm）	灌水次数	灌前土壤含水量（田持%）	灌水量（mm）	灌水次数	灌前土壤含水量（田持%）	灌水量（mm）				
广西	南宁	2008	雷引1号	全期不灌1	0		0	0		0	0		0	0		0	0	6 654.2	743.9	1 300.5
				全期不灌2	0		0	0		0	0		0	0		0	0	6 415.9	759.0	1 300.5
				全期不灌3	0		0	0		0	0		0	0		0	0	6 493.1	757.8	1 300.5
				平均	0		0	0		0	0		0	0		0	0	6 521.1	753.6	1 300.5

附表14（4） 作物灌溉制度试验成果表（甘蔗）

省区	站名	年份	作物品种	处理号	幼苗期 5月11日~6月20日			分蘖期 6月21日~7月20日			伸长期 7月21日~11月10日			成熟期 11月11日~次年3月4日			全生育期灌水量（mm）	产量（kg/亩）	生育期耗水量（mm）	生育期降水量（mm）
					灌水次数	灌前土壤含水量（田持%）	灌水量（mm）	灌水次数	灌前土壤含水量（田持%）	灌水量（mm）	灌水次数	灌前土壤含水量（田持%）	灌水量（mm）	灌水次数	灌前土壤含水量（田持%）	灌水量（mm）				
广西	南宁	2009	桂糖02467	喷灌	0		0	0		0	3	64.3	234.3	1	57.4	89.4	323.7	6 923.6	1 074.8	1 009.7
				沟灌1	0		0	0		0	3	62.1	214.2	1	60.1	88	302.2	6 794.9	1 005.8	1 009.7
				沟灌2	0		0	0		0	3	60.9	232.9	1	59.3	93.5	326.4	6 859.2	1 024.9	1 009.7
				沟灌3	0		0	0		0	3	59.7	156.8	1	58.8	85.7	242.5	7 043.8	1 008.6	1 009.7
				平均	0		0	0		0	3	60.9	201.3	1	59.4	89.1	290.4	6 899.3	1 013.1	1 009.7
				全期不灌	0		0	0		0	0		0	0		0	0	5 562.2	759.2	1 009.7

· 277 ·

附表 14（5） 作物灌溉制度试验成果表（甘蔗）

省区	站名	年份	作物品种	处理号	幼苗期 4月13日~5月20日			分蘖期 5月21日~6月20日			伸长期 6月21日~10月31日			成熟期 11月1日~12月9日			全生育期灌水量(mm)	产量(kg/亩)	生育期耗水量(mm)	生育期降水量(mm)
					灌水次数	灌前土壤含水量(田持%)	灌水量(mm)	灌水次数	灌前土壤含水量(田持%)	灌水量(mm)	灌水次数	灌前土壤含水量(田持%)	灌水量(mm)	灌水次数	灌前土壤含水量(田持%)	灌水量(mm)				
广西	南宁	2010	桂糖02467	沟灌1	1	56.2	68.3	1	60.4	63.2	3	63.5	205.2	1	62.4	53.1	389.8	8 010.9	840.7	1 400.5
				沟灌2	1	55.7	61.7	1	57.8	60.8	3	62.2	192.6	1	58.6	60.8	375.9	7 433.4	792.1	1 400.5
				沟灌3	1	60.1	66.6	1	59.2	69.5	3	59.3	185.0	1	59.2	48.9	369.0	7 973.3	826.6	1 400.5
				平均	1	57.3	65.5	1	59.1	64.5	3	61.7	194.3	1	60.1	54.3	378.6	7 805.9	819.8	1 400.5
				地表式滴灌	1	58.2	15.5	1	57.8	22.7	3	60.1	54.3	1	61.1	16.7	86.2	7 344.9	812.3	1 400.5
				全期不灌	0		0	0		0	0		0	0		0	0	5 500	720.7	1 400.5

附表 14（6）　作物灌溉制度试验成果表（甘蔗）

省区	站名	年份	作物品种	处理号	幼苗期 4月28日~5月20日			分蘖期 5月21日~6月20日			伸长期 6月21日~9月30日			成熟期 10月1日~11月8日			全生育期灌水量（mm）	产量（kg/亩）	生育期耗水量（mm）	生育期降水量（mm）
					灌水次数	灌前土壤含水量（田持%）	灌水量（mm）	灌水次数	灌前土壤含水量（田持%）	灌水量（mm）	灌水次数	灌前土壤含水量（田持%）	灌水量（mm）	灌水次数	灌前土壤含水量（田持%）	灌水量（mm）				
广西	南宁	2011	桂糖02467	沟灌1	2	54.3	24.6	0		0	4	63.1	98.7	1	56.1	22.3	145.6	8 185.9	874.3	1 332.6
				沟灌2	2	56.7	25.8	0		0	4	65.4	103.3	1	58.4	24.1	153.2	6 306.9	875.2	1 332.6
				沟灌3	2	55.6	26.2	0		0	4	60.7	105.6	1	53.3	25.2	157.0	7 779.5	876.8	1 332.6
				沟灌4	2	58.2	25.3	0		0	4	58.5	101.5	1	54.7	26.6	153.4	6 848.4	870.3	1 332.6
				沟灌5	2	54.5	25.1	0		0	4	57.7	100.2	1	59.6	25.3	150.6	6 179.0	878.3	1 332.6
				平均	2	55.9	25.4	0		0	4	61.1	102.3	1	56.4	24.7	152.4	7 059.9	875.0	1 332.6

附表14（7）　作物灌溉制度试验成果表（甘蔗）

省区	站名	年份	作物品种	处理号	萌芽期 3月1日~4月10日			幼苗期 4月11日~5月10日			分蘖期 5月11日~6月10日			伸长期 6月11日~9月30日			成熟期 10月1日~11月14日			全生育期灌水量(mm)	产量(kg/亩)	生育期耗水量(mm)	生育期降水量(mm)
					灌水次数	灌前土壤含水量(田持%)	灌水量(mm)	灌水次数	灌前土壤含水量(田持%)	灌水量(mm)	灌水次数	灌前土壤含水量(田持%)	灌水量(mm)	灌水次数	灌前土壤含水量(田持%)	灌水量(mm)	灌水次数	灌前土壤含水量(田持%)	灌水量(mm)				
广西	南宁	2012	柳城03/117	不灌1	0		0	0		0	0		0	0		0	0		0	0	5 977.9	844.8	889.2
				不灌2	0		0	0		0	0		0	0		0	0		0	0	5 754.4	839.5	889.2
				不灌3	0		0	0		0	0		0	0		0	0		0	0	6 056.2	832.7	889.2
				平均	0		0	0		0	0		0	0		0	0		0	0	5 929.5	839.0	889.2
				沟灌1	0		0	0		0	0		0	0		0	1	54.3	57.2	57.2	6 182.9	882.9	889.2
				沟灌2	0		0	0		0	0		0	0		0	1	55.6	52.3	52.3	5 712.9	874.9	889.2
				沟灌3	0		0	0		0	0		0	0		0	1	55.2	51.4	51.4	6 169.1	866.4	889.2
				平均	0		0	0		0	0		0	0		0	1	55.0	53.6	53.6	6 021.7	874.7	889.2

附表 14（8）　作物灌溉制度试验成果表（甘蔗）

省区	站名	年份	作物品种	处理号	萌芽期 3月1日~4月30日			幼苗期 5月1日~5月31日			分蘖期 6月1日~6月30日			伸长期 7月1日~10月10日			成熟期 10月11日~11月14日			全生育期灌水量(mm)	产量(kg/亩)	生育期耗水量(mm)	生育期降水量(mm)
					灌水次数	灌前土壤含水量(田持%)	灌水量(mm)	灌水次数	灌前土壤含水量(田持%)	灌水量(mm)	灌水次数	灌前土壤含水量(田持%)	灌水量(mm)	灌水次数	灌前土壤含水量(田持%)	灌水量(mm)	灌水次数	灌前土壤含水量(田持%)	灌水量(mm)				
广西	南宁	2013	柳城03/117	不灌1	0		0	0		0	0		0	0		0	0		0	0	8 385.6	1 260.8	1 425.47
				不灌2	0		0	0		0	0		0	0		0	0		0	0	7 770.4	1 245.6	1 425.47
				不灌3	0		0	0		0	0		0	0		0	0		0	0	8 083.7	1 252.4	1 425.47
				平均	0		0	0		0	0		0	0		0	0		0	0	8 079.9	1 252.9	1 425.47

附表14（9）　作物灌溉制度试验成果表（甘蔗）

省区	站名	年份	作物品种	处理号	萌芽期 3月6日~4月30日 灌水次数	灌水量(mm)	幼苗期 5月1日~5月31日 灌水次数	灌前土壤含水量(田持%)	灌水量(mm)	分蘖期 6月1日~6月30日 灌水次数	灌前土壤含水量(田持%)	灌水量(mm)	伸长期 7月1日~10月20日 灌水次数	灌前土壤含水量(田持%)	灌水量(mm)	成熟期 10月21日~11月20日 灌水次数	灌前土壤含水量(田持%)	灌水量(mm)	全生育期灌水量(mm)	产量(kg/亩)	生育期耗水量(mm)	生育期降水量(mm)
广西	南宁	2014	柳城05/136	地表式滴灌A1	0	0	2	55.6	50.5	0		0	4	62.7	96.4	0		0	146.9	7 158.3	1 003.9	1 237.7
				地表式滴灌A2	0	0	2	56.2	50.4	0		0	4	64.3	132.9	0		0	183.3	7 133.8	1 047.6	1 237.7
				地表式滴灌A3	0	0	2	55.9	49.5	0		0	4	61.9	88.0	0		0	137.5	7 361.1	999.9	1 237.7
				平均	0	0	2	55.9	50.1	0		0	4	63.0	105.8	0		0	155.9	7 217.7	1 017.1	1 237.7
				地表式滴灌B1	0	0	2	56.3	59.5	0		0	4	62.4	148.4	0		0	207.9	6 906.0	1 064.6	1 237.7
				地表式滴灌B2	0	0	2	55.4	56.1	0		0	4	63.2	141.9	0		0	198.0	7 622.7	1 049.8	1 237.7
				地表式滴灌B3	0	0	2	56.1	91.9	0		0	4	60.8	141.5	0		0	233.4	7 927.8	1 090.4	1 237.7
				平均	0	0	2	55.9	69.2	0		0	4	62.1	143.9	0		0	213.1	7 485.5	1 068.3	1 237.7
				地表式滴灌C1	0	0	2	57.2	61.4	0		0	4	63.4	221.6	0		0	283.0	7 119.4	1 120.1	1 237.7
				地表式滴灌C2	0	0	2	56.5	57.3	0		0	4	61.3	151.4	0		0	208.7	7 041.7	1 076.3	1 237.7
				地表式滴灌C3	0	0	2	55.8	76.5	0		0	4	63.6	129.1	0		0	205.6	7 256.5	1 062.0	1 237.7
				平均	0	0	2	56.5	65.1	0		0	4	62.8	167.4	0		0	232.5	7 139.2	1 086.1	1 237.7
				全期不灌D1	0	0	0		0	0		0	0		0	0		0	0	5 932.4	856.9	1 237.7
				全期不灌D2	0	0	0		0	0		0	0		0	0		0	0	5 888.4	856.0	1 237.7
				全期不灌D3	0	0	0		0	0		0	0		0	0		0	0	5 784.7	854.1	1 237.7
				平均	0	0	0		0	0		0	0		0	0		0	0	5 868.5	855.7	1 237.7

附表 15（1） 作物需水量试验成果表（春花生）

省区名	站名	年份	作物品种	生育期降水与蒸发量				生育期控制土壤水分范围（田持%）	逐月需水强度（mm/d）									各生育期需水量												全生育期		产量水平（kg/亩）	测定方法
				生育期降水量（mm）	频率（%）	生育期蒸发量（mm）	频率（%）		2月	3月	4月	5月	6月	7月	8月	9月	10月	苗期		开花期		下针期		荚果期		乳熟期		成熟期					
																		起止日期（月·日）	需水量（mm）	起止日期（月·日）	需水量（mm）	起止日期（月·日）	需水量（mm）	起止日期（月·日）	需水量（mm）	起止日期（月·日）	需水量（mm）	起止日期（月·日）	需水量（mm）	起止日期（月·日）	需水量（mm）		
广西	南宁	1960	春花生（灌二次）	334		606				0.7	1.5	2.6	3.4	1.0					3.2～4.10	30.5	4.11～4.20	19.3	4.21～5.10	40.5	5.11～6.10	175	6.11～6.25	50.3	6.26～7.10	22.4	3.2～7.10	256.7	246	坑测
			春花生（不灌）	334		606												3.2～4.10	24.6	4.11～4.20	15.7	4.21～5.10	49.2	5.11～6.10	79.1	6.11～6.25	28.9	6.26～7.10	14	3.2～7.10	211.6	258.5	坑测
			春花生	334		606												3.2～4.10	25.2	4.11～4.20	17.5	4.21～5.10	42.1	5.11～6.10	87.4	6.11～6.25	63.7	6.26～7.10	35.2	3.2～7.10	271.1	254	坑测

附表 15（2）　作物需水量试验成果表（春花生）

省区名	站名	年份	作物品种	生育期降水量(mm)	频率(%)	生育期蒸发量(mm)	频率(%)	生育期控制土壤水分范围(田持%)	2月	3月	4月	5月	6月	7月	8月	9月	10月	苗期起止日期(月·日)	苗期需水量(mm)	开花期起止日期(月·日)	开花期需水量(mm)	下针期起止日期(月·日)	下针期需水量(mm)	荚果期起止日期(月·日)	荚果期需水量(mm)	乳熟期起止日期(月·日)	乳熟期需水量(mm)	成熟期起止日期(月·日)	成熟期需水量(mm)	全生育期起止日期(月·日)	全生育期需水量(mm)	产量水平(kg/亩)	测定方法
广西	塘湾河	1963	春花生(不定期、不定量)	737		1 190					2.0	2.8	4.9	5.5	3.6	4.3		4.1~5.12	93.8	5.13~5.25	38.9	5.26~6.9	69.1	6.10~7.31	261	8.1~8.31	111	9.1~9.25	107	4.1~9.25	681.8	258.5	坑测
			春花生(开花期灌一次)	737		1 190												4.1~5.12	94.5	5.13~5.25	44.8	5.26~6.9	64.5	6.10~7.31	236	8.1~8.31	139	9.1~9.25	97.8	4.1~9.25	676.6	220	坑测
			春花生(开花期、下针期各灌一次)	737		1 190												4.1~5.12	104	5.13~5.25	63.8	5.26~6.9	71.1	6.10~7.31	235	8.1~8.31	119	9.1~9.25	108	4.1~9.25	700.9	243.5	坑测
			春花生(下针期灌一次)	737		1 190												4.1~5.12	98.7	5.13~5.25	45.1	5.26~6.9	66.8	6.10~7.31	236	8.1~8.31	139	9.1~9.25	97.8	4.1~9.25	683.4	228	坑测
			春花生(不灌)	737		1 190												4.1~5.12	96.6	5.13~5.25	38.9	5.26~6.9	57.5	6.10~7.31	236	8.1~8.31	132	9.1~9.25	123	4.1~9.25	684	228	坑测

省区名 站名	年份	作物品种	生育期降水量(mm)	频率(%)	生育期蒸发量(mm)	频率(%)	生育期控制土壤水分范围(田持%)	2月	3月	4月	5月	6月	7月	8月	9月	10月	苗期 起止日期(月.日)	苗期 需水量(mm)	开花期 起止日期(月.日)	开花期 需水量(mm)	下针期 起止日期(月.日)	下针期 需水量(mm)	荚果期 起止日期(月.日)	荚果期 需水量(mm)	乳熟期 起止日期(月.日)	乳熟期 需水量(mm)	成熟期 起止日期(月.日)	成熟期 需水量(mm)	全生育期 起止日期(月.日)	全生育期 需水量(mm)	产量水平(kg/亩)	测定方法
广西桂河塘	1964	春花生(开花期灌水一次)	1 522		744				3.7	3.1	4.2	3.8	4.5	4.9			3.22~5.10	165	5.11~5.25	62.3	5.26~6.15	83.5	6.16~7.20	165	7.21~8.10	76.9	8.11~8.31	121	3.22~8.31	673.7	120	坑测
		春花生(荚果期灌水一次)	1 522		744												3.22~5.10	181	5.11~5.25	50.7	5.26~6.15	58.2	6.16~7.20	164	7.21~8.10	76.3	8.11~8.31	112	3.22~8.31	641.2	109.4	坑测
		春花生(开花期、荚果期各灌水一次)	1 522		744												3.22~5.10	173	5.11~5.25	76.3	5.26~6.15	83	6.16~7.20	210	7.21~8.10	91.2	8.11~8.31	134	3.22~8.31	767.5	125	坑测
		春花生(不灌)	1 522		744												3.22~5.10	188	5.11~5.25	46.8	5.26~6.15	74.4	6.16~7.20	156			7.21~8.31	83.6	3.22~8.31	672.8	128	坑测

附表 15(4)　作物需水量试验成果表（春花生）

省区名	站名	年份	作物品种	生育期降水量(mm)	频率(%)	生育期蒸发量(mm)	频率(%)	生育期控制土壤水分范围(田持%)	2月	3月	4月	5月	6月	7月	8月	9月	10月	苗期起止日期(月·日)	苗期需水量(mm)	开花期起止日期(月·日)	开花期需水量(mm)	下针期起止日期(月·日)	下针期需水量(mm)	荚果期起止日期(月·日)	荚果期需水量(mm)	乳熟期起止日期(月·日)	乳熟期需水量(mm)	成熟期起止日期(月·日)	成熟期需水量(mm)	全生育期起止日期(月·日)	全生育期需水量(mm)	产量水平(kg/亩)	需水量测定方法
广西	河湾	1965	春花生(下针期灌二次，荚果期灌一次)	1 211		863		70~85		0.8	2.0	4.5	5.8	4.0	3.1	1.8		3.13~3.25	14.4	3.26~5.14	111	5.15~5.31	109	6.1~6.26	160	6.27~8.14	230	8.15~9.10	55.1	3.13~9.10	678.5	98.95	坑测
			春花生(下针期、荚果期各灌一次)	1 211		863		70~86										3.13~3.25	9.8	3.26~5.14	98.3	5.15~5.31	91.4	6.1~6.26	113	6.27~8.14	219	8.15~9.10	52.9	3.13~9.10	583.4	90.35	坑测
			春花生(下针期、荚果期各轻灌一次)	1 211		863		70~87										3.13~3.25	11	3.26~5.14	102	5.15~5.31	94.9	6.1~6.26	134	6.27~8.14	218	8.15~9.10	52.6	3.13~9.10	611.5	86.3	坑测
			春花生(不灌)	1 211		863		70~88										3.13~3.25	17.7	3.26~5.14	112	5.15~5.31	109	6.1~6.26	112	6.27~8.14	178	8.15~9.10	52.3	3.13~9.10	581	85	坑测

附表 15(5)　作物需水量试验成果表（春花生）

省区站名	年份	作物品种	生育期降水与蒸发量			生育期控制土壤水分范围(田持%)	逐月需水强度(mm/d)									各生育期需水量												全生育期需水量		产量水平(kg/亩)	测定方法
			生育期降水量(mm)	生育期蒸发量(mm)	频率(%)		2月	3月	4月	5月	6月	7月	8月	9月	10月	苗期		开花期		下针期		荚果期		乳熟期		成熟期		起止日期(月·日)	需水量(mm)		
																起止日期(月·日)	需水量(mm)	起止日期(月·日)	需水量(mm)	起止日期(月·日)	需水量(mm)	起止日期(月·日)	需水量(mm)	起止日期(月·日)	需水量(mm)	起止日期(月·日)	需水量(mm)				
江西 鸦桥	1963	春花生(需水区)	1 021	607				2.4	1.8	3.0	3.0	3.9				3.27~5.5	77.9	5.6~5.25	62.4	5.26~6.15	73.1	6.16~7.20	100			7.21~7.29	47.8	3.27~7.29	361.2	149	坑测
	1964	春花生	648	713				2.2	3.2	4.7	3.8	3.7				3.21~4.30	120	5.1~5.20	74.5	5.21~6.5	90.5	6.6~7.15	165			7.16~7.31	47.3	3.21~7.31	497.3	134.7	坑测
广西 大王滩	1965	春花生	1 028	607				1.9	3.0	3.0	4.1	2.9				3.16~5.7	151	5.8~5.20	37.9	5.21~6.3	40.8	6.4~7.10	141			7.11~7.25	55.6	3.16~7.25	425.3	187.8	坑测
	1965	春花生	1 060	850				1.1	3.0	5.1	4.7	4.7	3.8			3.14~4.15	65	4.16~5.10	111	5.11~5.26	83.3	5.26~6.10	76.5			6.11~8.10	277	3.14~8.10	613.8	137.8	坑测

附表16（1） 作物灌溉制度试验成果表（红薯）

省区	站名	年区	作物品种	处理号	幼苗期 起止日期(月·日)	幼苗期 灌水时间	幼苗期 灌前土壤水分(%)	幼苗期 灌水定额(mm)	分枝期 起止日期(月·日)	分枝期 灌水时间	分枝期 灌前土壤水分(%)	分枝期 灌水定额(mm)	薯块形成期 起止日期(月·日)	薯块形成期 灌水时间	薯块形成期 灌前土壤水分(%)	薯块形成期 灌水定额(mm)	薯蔓封垄期 起止日期(月·日)	薯蔓封垄期 灌水时间	薯蔓封垄期 灌前土壤水分(%)	薯蔓封垄期 灌水定额(mm)	薯块膨大期 起止日期(月·日)	薯块膨大期 灌水时间	薯块膨大期 灌前土壤水分(%)	薯块膨大期 灌水定额(mm)	成熟期 起止日期(月·日)	成熟期 灌水时间	成熟期 灌前土壤水分(%)	成熟期 灌水定额(mm)	全生育期灌溉定额(mm)	产量水平(kg/亩)	生育期水耗量(mm)	生育期降水量(mm)	频率(%)
广西	南宁	1959	无扰饥春红薯		5.16~6.5				6.6~6.20			40	6.21~7.5				7.6~8.10				8.11~9.25				9.26~10.9					2 450	490.7	938	
广西	百色东河	1963	白皮白心秋红薯	灌三次	8.9~8.19			38.1	8.20~9.22			31.1	9.23~9.29				9.30~11.5			67.2	11.6~11.26				11.27				139.3	1 670.7	394.5	259.2	
广西	百色东河	1963	白皮白心秋红薯	灌四次	8.9~8.19		70~100		8.20~9.22		70~100	25.2	9.23~9.29				9.30~11.5		70~100	39	11.6~11.26				11.27				102.3	493.3	377	259.2	
广西	百色东河	1963	白皮白心秋红薯	灌一次	8.9~8.19		60~100	35.5	8.20~9.22		60~100	21.1	9.23~9.29				9.30~11.5		60~100	43.3	11.6~11.26				11.27				99.9	706.7	367.2	259.2	
广西	百色东河	1963	白皮白心秋红薯																						11.27				29.1	520	304.6	259.2	
广西	鸦桥江	1963	无扰饥秋红薯		8.26~9.5		84~93		9.6~9.25		54~79		9.26~10.10		57~69		10.11~10.25		37~59		10.26~12.5		39~82		12.6~12.20		41~72	41.1	41.1	1 055	325.8	252.6	

附表 16(2)　作物灌溉制度试验成果表（红薯）

省区名	站名	年份	作物品种	处理号	幼苗期			分杈期			薯块形成期			薯蔓封垄期			薯块膨大期			成熟期			全生育期灌溉定额(mm)	产量水平(kg/亩)	生育期耗水量(mm)	生育期降水量与频率	
					起止日期(月·日)	灌前土壤水分(%)	灌水定额(mm)	起止日期(月·日)	灌前土壤水分(%)	灌水定额(mm)	起止日期(月·日)	灌前土壤水分(%)	灌水定额(mm)	起止日期(月·日)	灌前土壤水分(%)	灌水定额(mm)	起止日期(月·日)	灌前土壤水分(%)	灌水定额(mm)	起止日期(月·日)	灌前土壤水分(%)	灌水定额(mm)				降水量(mm)	频率(%)
广西	播湾河	1963	秋红薯	不定期，不定量	8.13~8.23	73~91		8.24~9.13	53~91	31	9.14~9.23	52~100	32.2	9.24~10.5	51~100		10.6~11.15	56~100		11.16~11.25	81~100	106.5	169.7	585	419.4	458.5	
				分杈期，灌水一次	8.13~8.23	72~91		8.24~9.13	52~97	30.2	9.14~9.23	49~100		9.24~10.5	55~100		10.6~11.15	55~100		11.16~11.25	71~100		30.2	692	358	458.5	
				分杈期、薯块膨大期各灌一次	8.13~8.23	74~100		8.24~9.13	45~100	45	9.14~9.23	51~100		9.24~10.5	52~100		10.6~11.15	51~100	106.6	11.16~11.25	78~100		151.6	645	392.8	458.5	
				薯块膨大期灌二次	8.13~8.23	76~100		8.24~9.13	46~87		9.14~9.23	43~100		9.24~10.5	51~100		10.6~11.15	67~100	92.5	11.16~11.25	81~100		92.5	540	402.8	458.5	
				不灌水	8.13~8.23	74~100		8.24~9.13	44~83		9.14~9.23	46~100		9.24~10.5	42~100		10.6~11.15	55~100		11.16~11.25	77~100			685	340.3	458.5	
	百东河	1964	白皮白心红薯		8.12~9.9	60~100	37	9.10~9.30	60~100	26.5	10.1~10.14	60~100					10.15~11.9	60~100	43.1	11.10~11.14	60~100		106.6	661	325.7	200.7	
			秋红薯	灌一次	8.12~9.9		38.1	9.10~9.30			10.1~10.14						10.15~11.9			11.10~11.14			38.1	441	242.8	200.7	

附表16(3)　作物灌溉制度试验成果表（红薯）

省区	站名	年份	作物品种	处理号	幼苗期 起止日期(月·日)	幼苗期 灌水时间	幼苗期 灌前土壤水分(%)	幼苗期 灌水定额(mm)	分枝期 起止日期(月·日)	分枝期 灌水时间	分枝期 灌前土壤水分(%)	分枝期 灌水定额(mm)	薯块形成期 起止日期(月·日)	薯块形成期 灌水时间	薯块形成期 灌前土壤水分(%)	薯块形成期 灌水定额(mm)	薯蔓封垄期 起止日期(月·日)	薯蔓封垄期 灌水时间	薯蔓封垄期 灌前土壤水分(%)	薯蔓封垄期 灌水定额(mm)	薯块膨大期 起止日期(月·日)	薯块膨大期 灌水时间	薯块膨大期 灌前土壤水分(%)	薯块膨大期 灌水定额(mm)	成熟期 起止日期(月·日)	成熟期 灌水时间	成熟期 灌前土壤水分(%)	成熟期 灌水定额(mm)	全生育期灌溉定额(mm)	产量水平(kg/亩)	生育期耗水量(mm)	生育期降水量 降水量(mm)	生育期降水量 频率(%)
广东	百河	1964	白皮白心秋红薯	灌二次	8.12~9.9		60~100	41	9.10~9.30		60~100	33.4	10.1~10.14		60~100						10.15~11.9		60~100		11.10~11.14		60~100		74.4	563	288	200.7	
广西	鸦桥江	1964	无忧饥秋红薯	灌二次	8.26~9.5		91~100		9.6~9.25		83~97		9.26~10.5		73~77		10.6~10.20		41~62		10.21~11.30		22~86	138.9	12.1~12.10		38~56		138.9	424.5	278.9	108.6	
			红薯	不灌水	8.26~9.5		85~90		9.6~9.25		83~95		9.26~10.5		65~84		10.6~10.20		36~55		10.21~11.30		15~40		12.1~12.10		15~18			1 155	171.8	171.8	108.6

填表说明：灌前土壤水分分幼苗期为0~60 cm，其他期为0~80 cm。

附表 17　试验站基本情况资料表

省区	站名	地理位置			气候状况			土壤物理性质			土壤化学性质（占干重百分比）					水文地质条件		备注
		经度 E	纬度 N	海拔（m）	多年平均气温（℃）	多年平均降水量（mm）	多年平均蒸发量（mm）	土质	田间持水量（%）	土壤密度（g/cm³）	有机质（%）	全氮（%）	全磷（%）	全钾（%）	全盐（%）	地下水埋深（m）	地下水矿化度（g/L）	参与整编的资料起止年份
广西	北海市灌溉试验站	109°14′	21°34′	31	22.6	1 720	1 780	沙壤土	25	1.2	25.4	12.4	10.9	12.6		5		1956 ～ 2012

附表 18（1）　作物需水量试验成果表（水稻）

省区	站名	年份	作物品种（早、中、晚）	生育期降水与蒸发量				生育期控制水层深度(mm)	各月需水强度(mm/d)															
				生育期降水量(mm)	频率(%)	生育期蒸发量(mm)	频率(%)		4月		5月		6月		7月		8月		9月		10月		11月	
									腾发	渗漏	腾发	渗漏	腾发	渗漏	腾发	渗漏	腾发	渗漏	腾发	渗漏	腾发	渗漏	腾发	渗漏
广西	北海	1989	早稻	250	75	427	50	0~25	3	3	6	1	7	1	2	0								

各生育期需水量(mm)										全生育期需水量(mm)			产量水平(kg/亩)	测定方法
返青期 4月9日~4月15日		分蘖期 4月16日~5月14日		拔节期 5月15日~6月4日		抽穗开花期 6月5日~6月14日		灌浆期 6月15日~7月5日		4月9日~7月5日				
腾发	渗漏	腾发	渗漏	腾发	渗漏	腾发	渗漏	腾发	渗漏	腾发	渗漏			坑测
18	40	101	52	131	12	96	8	104	15	440	117		453	

附表 18（2）　作物需水量试验成果表（水稻）

省区	站名	年份	作物品种（早、中、晚）	生育期降水与蒸发量				生育期控制水层深度(mm)	各月需水强度(mm/d)															
				生育期降水量(mm)	频率(%)	生育期蒸发量(mm)	频率(%)		4月		5月		6月		7月		8月		9月		10月		11月	
									腾发	渗漏	腾发	渗漏	腾发	渗漏	腾发	渗漏	腾发	渗漏	腾发	渗漏	腾发	渗漏	腾发	渗漏
广西	北海	1989	晚稻	742	31	500	44	0~25			5	2	5	9	9	6	6	4	4	3	1			

各生育期需水量(mm)										全生育期需水量(mm)			产量水平(kg/亩)	测定方法
返青期 8月1日~8月7日		分蘖期 8月8日~9月22日		拔节期 9月23日~10月6日		抽穗开花期 10月7日~10月18日		灌浆期 10月19日~11月9日		8月1日~11月9日				
腾发	渗漏	腾发	渗漏	腾发	渗漏	腾发	渗漏	腾发	渗漏	腾发	渗漏			坑测
26	19	241	259	81	87	85	47	92	61	525	473		501	

附表18(3) 作物需水量试验成果表（水稻）

省区	站名	年份	作物品种(早、中、晚)	生育期降水量(mm)	频率(%)	生育期蒸发量(mm)	频率(%)	生育期控制水层深度(mm)		4月	5月	6月	7月	8月	9月	10月	11月		返青期	分蘖期	拔节期	抽穗开花期	灌浆期	全生育期	产量水平(kg/亩)	测定方法
广西	北海	1990	早稻	430	40	395	56	0~25	腾发	5	6	7	2					日期	4月6日~4月13日	4月14日~5月7日	5月8日~5月26日	5月27日~6月9日	6月10日~7月3日	4月6日~7月3日	501	坑测
																		腾发	28	181	123	106	130	538		
									渗漏	4	2	1	0					渗漏	34	91	39	25	27	216		

各月需水强度(mm/d)；各生育期需水量(mm)；全生育期需水量(mm)

附表18(4) 作物需水量试验成果表（水稻）

省区	站名	年份	作物品种(早、中、晚)	生育期降水量(mm)	频率(%)	生育期蒸发量(mm)	频率(%)	生育期控制水层深度(mm)		4月	5月	6月	7月	8月	9月	10月	11月		返青期	分蘖期	拔节期	抽穗开花期	灌浆期	全生育期	产量水平(kg/亩)	测定方法
广西	北海	1990	晚稻	246	75	429	56	0~25	腾发					5	2	7	1	日期	8月7日~8月13日	8月14日~9月10日	9月11日~9月30日	10月1日~10月10日	10月11日~11月5日	8月7日~11月5日	467	坑测
																		腾发	56	105	89	83	144	478		
									渗漏					4	4	1	1	渗漏	33	41	29	10	26	129		

各月需水强度(mm/d)；各生育期需水量(mm)；全生育期需水量(mm)

附表19（1） 作物灌溉制度试验成果表（水稻）

省区	站名	年份	作物品种（早、中、晚）	处理号	返青期 4月9日~4月15日				分蘖期 4月16日~5月14日				拔节期 5月15日~6月4日				抽穗期 6月5日~6月14日				灌浆期 6月15日~7月5日				全生育期 4月9日~7月5日				产量水平(kg/亩)
					灌水次数	灌水量(mm)	有效降雨(mm)	耗水量(mm)	灌水次数	灌水量(mm)	有效降雨(mm)	耗水量(mm)	灌水次数	灌水量(mm)	有效降雨(mm)	耗水量(mm)	灌水次数	灌水量(mm)	有效降雨(mm)	耗水量(mm)	灌水次数	灌水量(mm)	有效降雨(mm)	耗水量(mm)	灌水次数	灌水量(mm)	有效降雨(mm)	耗水量(mm)	
广西	北海	1989	早稻	浅灌	2	40.3	13.5	23.9	8	111	61.6	158	4	96	78.4	169	4	64.4	54.1	92.3	4	110	12.1	107	22	421	220	550	351
				浅湿晒	2	37	13.5	31.8	10	192	61.6	222	12	261	78.4	348	5	101	54.1	110	7	97	12.1	118	36	688	220	829	347

附表19（2） 作物灌溉制度试验成果表（水稻）

省区	站名	年份	作物品种（早、中、晚）	处理号	返青期 8月1日~8月7日				分蘖期 8月8日~9月22日				拔节期 9月23日~10月3日				抽穗期 10月4日~10月18日				灌浆期 10月19日~11月9日				全生育期 8月1日~11月9日				产量水平(kg/亩)
					灌水次数	灌水量(mm)	有效降雨(mm)	耗水量(mm)	灌水次数	灌水量(mm)	有效降雨(mm)	耗水量(mm)	灌水次数	灌水量(mm)	有效降雨(mm)	耗水量(mm)	灌水次数	灌水量(mm)	有效降雨(mm)	耗水量(mm)	灌水次数	灌水量(mm)	有效降雨(mm)	耗水量(mm)	灌水次数	灌水量(mm)	有效降雨(mm)	耗水量(mm)	
广西	北海	1989	晚稻	浅灌	3	73.3	10.5	76.9	5	138	375	265	2	28	109	101	3	56.1	46.8	95.3	5	110	0.4	95.3	18	405	542	634	353
				浅湿晒	3	64.9	10.5	62.4	22	490	405	683	5	78.3	109	197	6	109	46.8	142	5	93.9	0.4	103	41	836	572	1 209	350

附表 19(3)　作物灌溉制度试验成果表（水稻）

省区	站名	年份	作物品种（早、中、晚）	处理号	返青期 4月6日~4月13日				分蘖期 4月14日~5月7日				拔节期 5月8日~5月26日				抽穗期 5月27日~6月9日				灌浆期 6月10日~7月3日				全生育期 4月6日~7月3日				产量水平(kg/亩)
					灌水次数	灌水量(mm)	有效降雨(mm)	耗水量(mm)	灌水次数	灌水量(mm)	有效降雨(mm)	耗水量(mm)	灌水次数	灌水量(mm)	有效降雨(mm)	耗水量(mm)	灌水次数	灌水量(mm)	有效降雨(mm)	耗水量(mm)	灌水次数	灌水量(mm)	有效降雨(mm)	耗水量(mm)	灌水次数	灌水量(mm)	有效降雨(mm)	耗水量(mm)	
广西	北海	1990	博优64号早稻	薄浅湿晒	1	25.0	31.0	50.7	5	90.2	13.8	109	5	180.9	93.6	271	4	97.1	57.6	157	2	64.8	133	200	17	458	329	788	374

附表 19(4)　作物灌溉制度试验成果表（水稻）

省区	站名	年份	作物品种（早、中、晚）	处理号	返青期 8月7日~8月13日				分蘖期 8月14日~9月10日				拔节期 9月11日~9月30日				抽穗期 10月1日~10月10日				灌浆期 10月11日~11月5日				全生育期 8月7日~11月5日				产量水平(kg/亩)
					灌水次数	灌水量(mm)	有效降雨(mm)	耗水量(mm)	灌水次数	灌水量(mm)	有效降雨(mm)	耗水量(mm)	灌水次数	灌水量(mm)	有效降雨(mm)	耗水量(mm)	灌水次数	灌水量(mm)	有效降雨(mm)	耗水量(mm)	灌水次数	灌水量(mm)	有效降雨(mm)	耗水量(mm)	灌水次数	灌水量(mm)	有效降雨(mm)	耗水量(mm)	
广西	北海	1990	博优64号晚稻	薄浅湿晒	2	38.2	35.7	59.0	6	118	69.1	202	5	132.6	56.6	167	2	48.9	23.5	68.5	6	131	0.0	157.0	21	468	185	653	360
				水插旱管	2	35.5	40.7	70.7	6	103	40.6	149.0	3	68.0	56.6	118	1	15.6	23.5	42.7	4	105	0.0	108	16	327	161	488	355

附表 19(5) 作物灌溉制度试验成果表（水稻）

省区	站名	年份	作物品种（早、中、晚）	处理号	返青期 4月5日~4月12日				分蘖期 4月13日~5月15日				拔节期 5月16日~6月9日				抽穗期 6月10日~6月18日				灌浆期 6月19日~7月10日				全生育期 4月5日~7月10日				产量水平（kg/亩）
					灌水次数	灌水量(mm)	有效降雨(mm)	耗水量(mm)	灌水次数	灌水量(mm)	有效降雨(mm)	耗水量(mm)	灌水次数	灌水量(mm)	有效降雨(mm)	耗水量(mm)	灌水次数	灌水量(mm)	有效降雨(mm)	耗水量(mm)	灌水次数	灌水量(mm)	有效降雨(mm)	耗水量(mm)	灌水次数	灌水量(mm)	有效降雨(mm)	耗水量(mm)	
广西	北海	1991	博优早稻	薄浅湿晒	2	28.5	20.7	41.0	3	50.5	177	193	3	40.8	102	170	3	52.1	6.0	55.9	1	28.5	65.3	94.1	12	200	371	554	356
				水捅旱管	2	30.0	20.7	39.5	2	25.3	177	187	3	57.9	148	151	0	0.0	6.0	30.9	1	30.2	69.9	94.5	8	143	421.0	503	354

附表 19(6) 作物灌溉制度试验成果表（水稻）

省区	站名	年份	作物品种（早、晚）	处理号	返青期 8月7日~8月13日				分蘖期 8月14日~9月12日				拔节期 9月13日~10月3日				抽穗期 10月4日~10月14日				灌浆期 10月15日~11月10日				全生育期 8月7日~11月10日				产量水平（kg/亩）
					灌水次数	灌水量(mm)	有效降雨(mm)	耗水量(mm)	灌水次数	灌水量(mm)	有效降雨(mm)	耗水量(mm)	灌水次数	灌水量(mm)	有效降雨(mm)	耗水量(mm)	灌水次数	灌水量(mm)	有效降雨(mm)	耗水量(mm)	灌水次数	灌水量(mm)	有效降雨(mm)	耗水量(mm)	灌水次数	灌水量(mm)	有效降雨(mm)	耗水量(mm)	
广西	北海	1991	博优晚稻		2	25.0	35.5	40.1	5	108	52.2	179	3	71.1	61.6	115	3	69.9	0.0	70.4	4	107	3.4	120	17	381	153	524	367
				水捅旱管	2	20.0	38.0	41.4	3	35.3	112	174	1	25.7	88.6	111	3	94.5	0.0	45.9	4	92.5	3.4	126.0	13	268.0	242	498	352

附表 20（1） 作物灌溉制度试验成果表（甘蔗）

省区	站名	年份	作物品种	处理号	发芽期 2月21日~3月10日			幼苗期 3月11日~4月10日			分蘖期 4月11日~6月10日			伸长期 6月11日~10月20日			成熟期 10月21日~11月20日			全生育期灌水量(mm)	产量(kg/亩)	生育期耗水量(mm)	生育期降水量(mm)
					灌水次数	灌前土壤含水量(田持%)	灌水量(mm)	灌水次数	灌前土壤含水量(田持%)	灌水量(mm)	灌水次数	灌前土壤含水量(田持%)	灌水量(mm)	灌水次数	灌前土壤含水量(田持%)	灌水量(mm)	灌水次数	灌前土壤含水量(田持%)	灌水量(mm)				
广西	北海	2011	台糖22	滴灌1	1		17.3	2		34.6	3		51.9	5		86.5	2		34.6	224.9	6 271	1 355.8	1 130.9
				滴灌2	1		28.8	2		57.6	3		86.8	5		144	2		57.6	374.8	6 495	1 507.5	1 130.9
				滴灌3	1		40.5	2		81	3		121.5	5		202.5	2		81	526.5	6 193	1 657.4	1 130.9
				平均	1		28.9	2		57.7	3		86.6	5		144.3	2		57.7	375.2	6 319.7	1 506.9	1 130.9
				不灌																	5 673	1 130.9	1 130.9

附表 20（2） 作物灌溉制度试验成果表（甘蔗）

省区	站名	年份	作物品种	处理号	发芽期 2月21日~3月10日			幼苗期 3月11日~4月10日			分蘖期 4月11日~6月10日			伸长期 6月11日~10月20日			成熟期 10月21日~11月20日			全生育期灌水量(mm)	产量(kg/亩)	生育期耗水量(mm)	生育期降水量(mm)
					灌水次数	灌前土壤含水量(田持%)	灌水量(mm)	灌水次数	灌前土壤含水量(田持%)	灌水量(mm)	灌水次数	灌前土壤含水量(田持%)	灌水量(mm)	灌水次数	灌前土壤含水量(田持%)	灌水量(mm)	灌水次数	灌前土壤含水量(田持%)	灌水量(mm)				
广西	北海	2012	台糖28	滴灌1	1		17.3	2		34.6	3		51.9	5		86.5	2		34.6	224.9	6 271.0	1 347.9	1 260.4
				滴灌2	1		28.8	2		57.6	3		86.8	5		144	2		57.6	374.8	6 495.0	1 497.8	1 260.4
				滴灌3	1		40.5	2		81	3		121.5	5		202.5	2		81	526.5	6 193.0	1 649.5	1 260.4
				平均	1		28.9	2		57.7	3		86.6	5		144.3	2		57.7	375.2	6 319.7	1 498.40	1 260.4
				不灌																	5 673.0	1 123.0	1 260.4

附表 20(3) 作物灌溉制度试验成果表（甘蔗）

省区	站名	年份	作物品种	处理号	发芽期 2月26日~3月10日 灌水次数	灌前土壤含水量（田持%）	灌水量（mm）	幼苗期 3月11日~4月15日 灌水次数	灌前土壤含水量（田持%）	灌水量（mm）	分蘖期 4月16日~6月25日 灌水次数	灌前土壤含水量（田持%）	灌水量（mm）	伸长期 6月26日~11月25日 灌水次数	灌前土壤含水量（田持%）	灌水量（mm）	成熟期 11月26日~12月25日 灌水次数	灌前土壤含水量（田持%）	灌水量（mm）	全生育期灌水量（mm）	产量（kg/亩）	生育期耗水量（mm）	生育期降水量（mm）
广西	北海	2013	台糖28	滴灌1	1		17.3	2		34.6	3		51.9	5		86.5	2		34.6	224.9	6 376.0	1 272.3	1403.6
				滴灌2	1		28.8	2		57.6	3		86.8	5		144	2		57.6	374.8	6 574.0	1421.8	1 403.6
				滴灌3	1		40.5	2		81	3		121.5	5		202.5	2		81	526.5	6 437.0	1 573.9	1 403.6
				平均	1		28.9	2		57.7	3		86.6	5		144.3	2		57.7	375.2	6 462.3	1 422.69	1 403.6
				不灌																	5 764.0	1 047.4	1 403.6

附表 20(4) 作物灌溉制度试验成果表(甘蔗)

省区	站名	年份	作物品种	处理号	发芽期 2月18日~3月10日			幼苗期 3月11日~4月20日			分蘖期 4月21日~6月30日			伸长期 7月1日~10月20日			成熟期 10月21日~12月10日			全生育期灌水量(mm)	产量(kg/亩)	生育期耗水量(mm)	生育期降水量(mm)
					灌水次数	灌前土壤含水量(田持%)	灌水量(mm)	灌水次数	灌前土壤含水量(田持%)	灌水量(mm)	灌水次数	灌前土壤含水量(田持%)	灌水量(mm)	灌水次数	灌前土壤含水量(田持%)	灌水量(mm)	灌水次数	灌前土壤含水量(田持%)	灌水量(mm)				
广西	北海	2014	台糖22	滴灌1	1		17.3	2		34.6	3		51.9	5		86.5	2		34.6	224.9	7 654.2	1 247.3	1 300.5
				滴灌2	1		28.8	2		57.6	3		86.8	5		144	2		57.6	374.8	7 415.9	1 401.8	1 300.5
				滴灌3	1		40.5	2		81	3		121.5	5		202.5	2		81	526.5	7 493.5	1 543.5	1 300.5
				平均	1		28.9	2		57.7	3		86.6	5		144.3	2		57.7	375.2	7 521.1	1 397.5	1 300.5
				不灌																	7 476.7	1 023.0	1 300.5

· 300 ·

附表 21　试验站基本情况资料表

省区	站名	地理位置		气候状况			土壤物理性质			土壤化学性质（占干土重百分比）					水文地质条件		备注
		经度E（°）	纬度N（°）	海拔（m）	多年平均气温（℃）	多年平均降水量（mm）	多年平均蒸发量（mm）	土质	田间持水量（%）	土壤密度（g/cm³）	有机质（%）	全氮（%）	全磷（%）	全钾（%）	全盐（%）	地下水埋深（m）	地下水矿化度（g/L）	参与整编的资料起止年份
广西	玉林市灌溉试验站	110	22	74	21	1 582	1 368.7	沙壤土	40	1.394	2.06	0.139	0.045	0.993		2.8	0.21	1956 ~ 2012

· 301 ·

附表 22（1）　作物需水量试验成果表（水稻）

省区	站名	年份	作物品种（早、中、晚）	生育期降水与蒸发量				生育期控制水层深度(mm)	逐月需水强度(mm/d)(腾发量+渗漏量)								各生育期需水量(mm)(腾发量+渗漏量)										全生育期需水量(mm)		产量水平(kg/亩)	测定方法
				生育期降水量(mm)	频率(%)	生育期蒸发量(mm)	频率(%)		4月	5月	6月	7月	8月	9月	10月	11月	返青期		分蘖期		拔节期		抽穗开花期		灌浆期					
广西	玉林	1988	早稻	663.9		324.2		0~30	4	5.45	6.91	6.03	6.45				4月30日~5月6日	45.9	5月7日~6月3日	144.7	6月4日~6月24日	159.3	6月25日~7月6日	66.1	7月7日~8月4日	176.9	4月30日~8月4日	592.9	503	坑测

附表 22（2）　作物需水量试验成果表（水稻）

省区	站名	年份	作物品种（早、中、晚）	生育期降水与蒸发量				生育期控制水层深度(mm)	逐月需水强度(mm/d)(腾发量+渗漏量)								各生育期需水量(mm)(腾发量+渗漏量)										全生育期需水量(mm)		产量水平(kg/亩)	测定方法
				生育期降水量(mm)	频率(%)	生育期蒸发量(mm)	频率(%)		4月	5月	6月	7月	8月	9月	10月	11月	返青期		分蘖期		拔节期		抽穗开花期		灌浆期					
广西	玉林	1988	晚稻	263.8		256.4		0~30					4.36	7.69	6.31	3.53	8月20日~8月26日	30.8	8月27日~9月18日	130.7	9月19日~9月26日	82.9	9月27日~10月7日	95.2	10月8日~11月3日	151.1	8月20日~11月3日	490.7	312.3	坑测

附表22(3) 作物需水量试验成果表（水稻）

省区	站名	年份	作物品种（早、中、晚）	生育期降水与蒸发量				生育期控制水层深度(mm)	逐月需水强度(mm/d)（腾发量+渗漏量）								各生育期需水量(mm)（腾发量+渗漏量）					全生育期需水量(mm)	产量水平(kg/亩)	测定方法
				生育期降水量(mm)	频率(%)	生育期蒸发量(mm)	频率(%)		4月	5月	6月	7月	8月	9月	10月	11月	返青期	分蘖期	拔节期	抽穗开花期	灌浆期			
																	4月14日~4月19日	4月20日~5月14日	5月15日~6月9日	6月10日~6月20日	6月21日~7月16日	4月14日~7月16日		
广西	玉林	1989	早稻	304.6		285.3		0~30	5.18	7.08	11.2	4.63					25.8	119.4	260.7	136.3	175.4	717.6	520.3	坑测

附表22(4) 作物需水量试验成果表（水稻）

省区	站名	年份	作物品种（早、中、晚）	生育期降水与蒸发量				生育期控制水层深度(mm)	逐月需水强度(mm/d)（腾发量+渗漏量）								各生育期需水量(mm)（腾发量+渗漏量）					全生育期需水量(mm)	产量水平(kg/亩)	测定方法
				生育期降水量(mm)	频率(%)	生育期蒸发量(mm)	频率(%)		4月	5月	6月	7月	8月	9月	10月	11月	返青期	分蘖期	拔节期	抽穗开花期	灌浆期			
																	8月5日~8月10日	8月11日~9月4日	9月5日~9月30日	10月1日~10月13日	10月14日~11月7日	8月5日~11月7日		
广西	玉林	1989	晚稻	193.5		338.3		0~30				7.5	10.6	8.42	3.21		49.9	191.6	281.1	137.1	146.4	806.1	441.5	坑测

附表 22(5)　作物需水量试验成果表（水稻）

省区	站名	年份	作物品种(早、中、晚)	生育期降水量(mm)	频率(%)	生育期蒸发量(mm)	频率(%)	生育期控制水层深度(mm)	4月	5月	6月	7月	8月	9月	10月	11月	返青期	分蘖期	拔节期	抽穗开花期	灌浆期	全生育期需水量(mm)	产量水平(kg/亩)	测定方法
广西	玉林	1990	早稻	580.5		281.6		0~30	4.84	4.05	8.12	1.11					4月12日~4月18日 33.3	4月19日~5月16日 116.2	5月17日~6月6日 104	6月7日~6月18日 114.3	6月19日~7月16日 115.8	4月12日~7月16日 483.6	396.5	坑测

附表 22(6)　作物需水量试验成果表（水稻）

省区	站名	年份	作物品种(早、中、晚)	生育期降水量(mm)	频率(%)	生育期蒸发量(mm)	频率(%)	生育期控制水层深度(mm)	4月	5月	6月	7月	8月	9月	10月	11月	返青期	分蘖期	拔节期	抽穗开花期	灌浆期	全生育期需水量(mm)	产量水平(kg/亩)	测定方法
广西	玉林	1990	晚稻	111.6		316.5		0~30				7.83	7.94	5.36		0.8	8月1日~8月7日 45.5	8月8日~8月29日 182.2	8月30日~9月26日 198.9	9月27日~10月8日 117.4	10月9日~11月2日 104.6	8月1日~11月2日 648.6	403.5	坑测

· 304 ·

附表 22(7)　作物需水量试验成果表（水稻）

省区	站名	年份	作物品种（早、中、晚）	生育期降水与蒸发量				生育期控制水层深度(mm)	逐月需水强度(mm/d)(腾发量+渗漏量)								各生育期需水量(mm)(腾发量+渗漏量)					全生育期需水量(mm)	产量水平(kg/亩)	测定方法
				生育期降水量(mm)	频率(%)	生育期蒸发量(mm)	频率(%)		4月	5月	6月	7月	8月	9月	10月	11月	返青期	分蘖期	拔节期	抽穗开花期	灌浆期			
广西	玉林	1991	早稻	524.3		276.2		0~30	6.61	5.62	4.85	2.09					4月10日~4月16日　47.7	4月17日~5月8日　120.4	5月9日~6月3日　154.5	6月4日~6月15日　63.5	6月16日~7月11日　95.5	4月10日~7月11日　481.6	448.9	坑测

附表 22(8)　作物需水量试验成果表（水稻）

省区	站名	年份	作物品种（早、中、晚）	生育期降水与蒸发量				生育期控制水层深度(mm)	逐月需水强度(mm/d)(腾发量+渗漏量)								各生育期需水量(mm)(腾发量+渗漏量)					全生育期需水量(mm)	产量水平(kg/亩)	测定方法
				生育期降水量(mm)	频率(%)	生育期蒸发量(mm)	频率(%)		4月	5月	6月	7月	8月	9月	10月	11月	返青期	分蘖期	拔节期	抽穗开花期	灌浆期			
广西	玉林	1991	晚稻	196.5		492.8		0~30					6.35	8.98	6.94	1.4	8月1日~8月7日　39.1	8月8日~8月29日　157.7	8月30日~9月26日　210.3	9月27日~10月8日　133.1	10月9日~11月2日　143.8	8月1日~11月2日　684	392.6	坑测

附表22(9)　作物需水量试验成果表（水稻）

省区名	站名	年份	作物品种（早、中、晚）	生育期降水与蒸发量				生育期控制水层深度（mm）	逐月需水强度（mm/d）（腾发量+渗漏量）								各生育期需水量（mm）（腾发量+渗漏量）					全生育期需水量（mm）	产量水平（kg/亩）	测定方法
				生育期降水量（mm）	频率（%）	生育期蒸发量（mm）	频率（%）		4月	5月	6月	7月	8月	9月	10月	11月	返青期	分蘖期	拔节期	抽穗开花期	灌浆期			
广西	玉林	1992	早稻	569.4		299.6		0~30	4.36	4.48	7.05	4.56					4月13日~4月18日 21.6	4月19日~5月14日 130.8	5月15日~6月10日 138.1	6月11日~6月21日 85.4	6月22日~7月14日 116.8	4月13日~7月14日 492.7	348.7	坑测

附表22(10)　作物需水量试验成果表（水稻）

省区名	站名	年份	作物品种（早、中、晚）	生育期降水与蒸发量				生育期控制水层深度（mm）	逐月需水强度（mm/d）（腾发量+渗漏量）								各生育期需水量（mm）（腾发量+渗漏量）					全生育期需水量（mm）	产量水平（kg/亩）	测定方法
				生育期降水量（mm）	频率（%）	生育期蒸发量（mm）	频率（%）		4月	5月	6月	7月	8月	9月	10月	11月	返青期	分蘖期	拔节期	抽穗开花期	灌浆期			
广西	玉林	1992	晚稻	145.9		356.4		0~30					5.23	5.21	2.3		8月1日~8月6日 39.5	8月7日~8月28日 109.2	8月29日~9月23日 136.1	9月24日~10月3日 38	10月4日~10月31日 67	8月1日~10月31日 389.8	341.5	坑测

306

附表 22(11)　作物需水量试验成果表（水稻）

省区	站名	年份	作物品种（早、中、晚）	生育期降水与蒸发量				生育期控制水层深度(mm)	逐月需水强度(mm/d)（腾发量+渗漏量）								各生育期需水量(mm)（腾发量+渗漏量）					全生育期需水量(mm)	产量水平(kg/亩)	测定方法
				生育期降水量(mm)	频率(%)	生育期蒸发量(mm)	频率(%)		4月	5月	6月	7月	8月	9月	10月	11月	返青期	分蘖期	拔节期	抽穗开花期	灌浆期			
广西	玉林	1993	早稻	680		311.5		0~30	3.56	3.75	5.28	4.66					4月9日~4月15日 21.5	4月16日~5月10日 90.5	5月11日~6月20日 200.5	6月21日~6月30日 40.5	7月1日~7月26日 121.2	4月9日~7月26日 474.2	375	坑测

附表 22(12)　作物需水量试验成果表（水稻）

省区名	站名	年份	作物品种（早、中、晚）	生育期降水与蒸发量				生育期控制水层深度(mm)	逐月需水强度(mm/d)（腾发量+渗漏量）								各生育期需水量(mm)（腾发量+渗漏量）					全生育期需水量(mm)	产量水平(kg/亩)	测定方法
				生育期降水量(mm)	频率(%)	生育期蒸发量(mm)	频率(%)		4月	5月	6月	7月	8月	9月	10月	11月	返青期	分蘖期	拔节期	抽穗开花期	灌浆期			
广西	玉林	1994	早稻	1 015		261.6		0~30	4.73	5.46	7.37	3.79					4月28日~5月3日	5月4日~5月27日	5月28日~6月20日	6月21日~6月30日	7月1日~7月27日	4月28日~7月27日	378.9	坑测
																	35.3	145.2	159.5	64.6	102.2	506.8		

附表 22(13)　作物需水量试验成果表（水稻）

省区名	站名	年份	作物品种（早、中、晚）	生育期降水与蒸发量				生育期控制水层深度(mm)	逐月需水强度(mm/d)（腾发量+渗漏量）								各生育期需水量(mm)（腾发量+渗漏量）					全生育期需水量(mm)	产量水平(kg/亩)	测定方法
				生育期降水量(mm)	频率(%)	生育期蒸发量(mm)	频率(%)		4月	5月	6月	7月	8月	9月	10月	11月	返青期	分蘖期	拔节期	抽穗开花期	灌浆期			
广西	玉林	1994	晚稻	196.7		289.4		0~30					5.66	5.77	6.34	2	8月14日~8月19日	8月20日~9月13日	9月14日~10月9日	10月10日~10月18日	10月19日~11月15日	8月14日~11月15日	431.5	坑测
																	25.1	134.2	178.7	68.3	94.4	500.7		

附表 22(14) 作物需水量试验成果表(水稻)

省区	站名	年份	作物品种(早、中、晚)	生育期降水量(mm)	频率(%)	生育期蒸发量(mm)	频率(%)	生育期控制水层深度(mm)	逐月需水强度(mm/d)(腾发量+渗漏量)								各生育期需水量(mm)(腾发量+渗漏量)					全生育期需水量(mm)	产量水平(kg/亩)	测定方法
									4月	5月	6月	7月	8月	9月	10月	11月	返青期	分蘖期	拔节期	抽穗开花期	灌浆期			
广西	玉林	1995	早稻	489.4		272.4		0~30	2.41	2.53	5.5	2.79					4月22日~4月28日 16.7	4月29日~5月20日 48.9	5月21日~6月18日 125.9	6月19日~6月29日 68.6	6月30日~7月18日 55.3	4月22日~7月18日 315.4	416.9	坑测

附表 22(15) 作物需水量试验成果表(水稻)

省区	站名	年份	作物品种(早、中、晚)	生育期降水量(mm)	频率(%)	生育期蒸发量(mm)	频率(%)	生育期控制水层深度(mm)	逐月需水强度(mm/d)(腾发量+渗漏量)								各生育期需水量(mm)(腾发量+渗漏量)					全生育期需水量(mm)	产量水平(kg/亩)	测定方法
									4月	5月	6月	7月	8月	9月	10月	11月	返青期	分蘖期	拔节期	抽穗开花期	灌浆期			
广西	玉林	1995	晚稻	481		307.8		0~30				3.84	4.17	5.26	4.08		8月15日~8月21日 18.2	8月22日~9月24日 139.8	9月25日~10月15日 112.1	10月16日~10月25日 40.8	10月26日~11月19日 114.6	8月15日~11月19日 425.5	437.8	坑测

附表 22(16)　作物需水量试验成果表（水稻）

省区	站名	年份	作物品种（早、中、晚）	生育期降水量与蒸发量			生育期控制水层深度（mm）	逐月需水强度（mm/d）（腾发量＋渗漏量）								各生育期需水量（mm）（腾发量＋渗漏量）					全生育期需水量（mm）	产量水平（kg/亩）	测定方法
				生育期降水量（mm）	生育期蒸发量（mm）	频率（%）		4月	5月	6月	7月	8月	9月	10月	11月	返青期	分蘖期	拔节期	抽穗开花期	灌浆期			
广西	玉林	1996	早稻	681.5	255.9		0~30	2	5.88	5.78	5.8					4月20日~5月1日 16.2	5月2日~5月23日 142.3	5月24日~6月20日 168.9	6月21日~6月30日 63.1	7月1日~7月20日 115.8	4月20日~7月20日 506.3	395.3	坑测

附表 22(17)　作物需水量试验成果表（水稻）

省区	站名	年份	作物品种（早、中、晚）	生育期降水量与蒸发量			生育期控制水层深度（mm）	逐月需水强度（mm/d）（腾发量＋渗漏量）								各生育期需水量（mm）（腾发量＋渗漏量）					全生育期需水量（mm）	产量水平（kg/亩）	测定方法
				生育期降水量（mm）	生育期蒸发量（mm）	频率（%）		4月	5月	6月	7月	8月	9月	10月	11月	返青期	分蘖期	拔节期	抽穗开花期	灌浆期			
广西	玉林	1996	晚稻	276.7	286.9		0~30				7.52	5.48	7.04		3.78	8月14日~8月18日 33.3	8月19日~9月6日 127.2	9月7日~9月30日 132.1	10月1日~10月15日 119.4	10月16日~11月13日 147.9	8月14日~11月13日 559.9	412.5	坑测

附表22（18） 作物需水量试验成果表（水稻）

省区	站名	年份	作物品种（早、中、晚）	生育期降水与蒸发量				生育期控制水层深度（mm）	逐月需水强度（mm/d）（腾发量+渗漏量）								各生育期需水量（mm）（腾发量+渗漏量）					全生育期需水量（mm）	产量水平（kg/亩）	测定方法
				生育期降水量（mm）	频率（%）	生育期蒸发量（mm）	频率（%）		4月	5月	6月	7月	8月	9月	10月	11月	返青期	分蘖期	拔节期	抽穗开花期	灌浆期			
广西	玉林	1997	早稻	774.1		232.6		0~30	3.59	5.61	5.35	1.83					4月4日~4月10日 26.4	4月11日~5月3日 79.5	5月4日~5月31日 164.9	6月1日~6月12日 89.5	6月13日~7月10日 89.4	4月4日~7月10日 449.7	483.2	坑测

附表22（19） 作物需水量试验成果表（水稻）

省区	站名	年份	作物品种（早、中、晚）	生育期降水与蒸发量				生育期控制水层深度（mm）	逐月需水强度（mm/d）（腾发量+渗漏量）								各生育期需水量（mm）（腾发量+渗漏量）					全生育期需水量（mm）	产量水平（kg/亩）	测定方法
				生育期降水量（mm）	频率（%）	生育期蒸发量（mm）	频率（%）		4月	5月	6月	7月	8月	9月	10月	11月	返青期	分蘖期	拔节期	抽穗开花期	灌浆期			
广西	玉林	1997	晚稻	488.7		313.1		0~30				4.1	5.62	5.23	4.18	1.73	7月29日~8月3日 34.2	8月4日~8月24日 102.4	8月25日~9月20日 141.3	9月21日~10月5日 70.8	10月6日~11月4日 131.2	7月29日~11月4日 479.9	432.6	坑测

附表22(20)　作物需水量试验成果表（水稻）

省区	站名	年份	作物品种（早、中、晚）	生育期降水与蒸发量				生育期控制水层深度(mm)	逐月需水强度(mm/d)（腾发量+渗漏量）								各生育期需水量(mm)（腾发量+渗漏量）					全生育期需水量(mm)	产量水平(kg/亩)	测定方法
				生育期降水量(mm)	频率(%)	生育期蒸发量(mm)	频率(%)		4月	5月	6月	7月	8月	9月	10月	11月	返青期	分蘖期	拔节期	抽穗开花期	灌浆期			
广西	玉林	1998	早稻	828.3		410.9		0~30	4.47	4.95	4.33	3.23					4月11日~4月16日	4月17日~5月8日	5月9日~6月3日	6月4日~6月13日	6月14日~7月6日	4月11日~7月6日	373.6	坑测
																	22.3	109.8	127.9	47.8	84.1	391.9		

附表22(21)　作物需水量试验成果表（水稻）

省区	站名	年份	作物品种（早、中、晚）	生育期降水与蒸发量				生育期控制水层深度(mm)	逐月需水强度(mm/d)（腾发量+渗漏量）								各生育期需水量(mm)（腾发量+渗漏量）					全生育期需水量(mm)	产量水平(kg/亩)	测定方法
				生育期降水量(mm)	频率(%)	生育期蒸发量(mm)	频率(%)		4月	5月	6月	7月	8月	9月	10月	11月	返青期	分蘖期	拔节期	抽穗开花期	灌浆期			
广西	玉林	1998	晚稻	214.7		624.1		0~30				2.78	5.48	8.98	5.45	2.9	7月28日~8月2日	8月3日~8月27日	8月28日~9月27日	9月28日~10月13日	10月14日~11月8日	7月28日~11月8日	516.7	坑测
																	21.1	149.8	250.3	125.8	96.9	643.9		

附表 22(22)　作物需水量试验成果表（水稻）

省区	站名	年份	作物品种（早、中、晚）	生育期降水与蒸发量				生育期控制水层深度(mm)	逐月需水强度(mm/d)（腾发量+渗漏量）								各生育期需水量(mm)（腾发量+渗漏量）					全生育期需水量(mm)	产量水平(kg/亩)	测定方法
				生育期降水量(mm)	频率(%)	生育期蒸发量(mm)	频率(%)		4月	5月	6月	7月	8月	9月	10月	11月	返青期	分蘖期	拔节期	抽穗开花期	灌浆期			
广西	玉林	1999	早稻	485.9		280.8		0~30	5.66	4.18	9.29	5.28					4月10日~4月14日　25.2	4月15日~5月6日　118.9	5月7日~6月4日　141.4	6月5日~6月15日　102.9	6月16日~7月20日　238.5	4月10日~7月20日　626.9	391	坑测

附表 22(23)　作物需水量试验成果表（水稻）

省区	站名	年份	作物品种（早、中、晚）	生育期降水与蒸发量				生育期控制水层深度(mm)	逐月需水强度(mm/d)（腾发量+渗漏量）								各生育期需水量(mm)（腾发量+渗漏量）					全生育期需水量(mm)	产量水平(kg/亩)	测定方法
				生育期降水量(mm)	频率(%)	生育期蒸发量(mm)	频率(%)		4月	5月	6月	7月	8月	9月	10月	11月	返青期	分蘖期	拔节期	抽穗开花期	灌浆期			
广西	玉林	1999	晚稻	311.1		315.7		0~30					6.08	4.51	5.14	1.5	8月3日~8月7日　15.8	8月8日~8月31日　160.6	9月1日~9月30日　135.3	10月1日~10月12日　87.8	10月13日~11月12日　89.5	8月3日~11月12日　489	423	坑测

附表 22(24)　作物需水量试验成果表（水稻）

省区	站名	年份	作物品种(早、中、晚)	生育期降水与蒸发量				生育期控制水层深度(mm)	逐月需水强度(mm/d)(腾发量+渗漏量)								各生育期需水量(mm)(腾发量+渗漏量)					全生育期需水量(mm)	产量水平(kg/亩)	测定方法
				生育期降水量(mm)	频率(%)	生育期蒸发量(mm)	频率(%)		4月	5月	6月	7月	8月	9月	10月	11月	返青期 (4月7日~4月12日)	分蘖期 (4月13日~5月6日)	拔节期 (5月7日~6月3日)	抽穗开花期 (6月4日~6月14日)	灌浆期 (6月15日~7月11日)	(4月7日~7月11日)		
广西	玉林	2000	早稻	722.9		451		0~30	5.08	4.95	10.93	4.76					21.8	147.5	167.4	126.8	142.6	606.1	436.5	坑测

附表 22(25)　作物需水量试验成果表（水稻）

省区	站名	年份	作物品种(早、中、晚)	生育期降水与蒸发量				生育期控制水层深度(mm)	逐月需水强度(mm/d)(腾发量+渗漏量)								各生育期需水量(mm)(腾发量+渗漏量)					全生育期需水量(mm)	产量水平(kg/亩)	测定方法
				生育期降水量(mm)	频率(%)	生育期蒸发量(mm)	频率(%)		4月	5月	6月	7月	8月	9月	10月	11月	返青期 (8月4日~8月10日)	分蘖期 (8月11日~9月4日)	拔节期 (9月5日~10月2日)	抽穗开花期 (10月3日~10月14日)	灌浆期 (10月15日~11月13日)	(8月4日~11月13日)		
广西	玉林	2000	晚稻	325.2		367		0~30					6.52	5.43	6.55	3.41	25.3	169.2	130.4	90.5	141.1	556.5	410	坑测

附表 22(26)　作物需水量试验成果表（水稻）

省区	站名	年份	作物品种（早、中、晚）	生育期降水与蒸发量				生育期控制水层深度(mm)	逐月需水强度(mm/d)（腾发量+渗漏量）								各生育期需水量(mm)（腾发量+渗漏量）					全生育期需水量(mm)	产量水平(kg/亩)	测定方法
				生育期降水量(mm)	频率(%)	生育期蒸发量(mm)	频率(%)		4月	5月	6月	7月	8月	9月	10月	11月	返青期	分蘖期	拔节期	抽穗开花期	灌浆期			
广西	玉林	2001	早稻	836.3		211.8		0~30	3.97	5.36	6.36	4.21					4月10日~4月15日 21.4	4月16日~5月8日 104.6	5月9日~6月2日 132.8	6月3日~6月12日 52.9	6月13日~7月9日 166.5	4月10日~7月9日 478.2	423	坑测

附表 22(27)　作物需水量试验成果表（水稻）

省区	站名	年份	作物品种（早、中、晚）	生育期降水与蒸发量				生育期控制水层深度(mm)	逐月需水强度(mm/d)（腾发量+渗漏量）								各生育期需水量(mm)（腾发量+渗漏量）					全生育期需水量(mm)	产量水平(kg/亩)	测定方法
				生育期降水量(mm)	频率(%)	生育期蒸发量(mm)	频率(%)		4月	5月	6月	7月	8月	9月	10月	11月	返青期	分蘖期	拔节期	抽穗开花期	灌浆期			
广西	玉林	2001	晚稻	312.1		291.3		0~30					6.59	5.62	6.29	3.51	8月10日~8月15日 24.4	8月16日~9月8日 177.4	9月9日~10月3日 125.9	10月4日~10月15日 106	10月16日~11月11日 138.1	8月10日~11月11日 571.8	396	坑测

附表 22(28)　作物需水量试验成果表（水稻）

省区	站名	年份	作物品种（早、中、晚）	生育期降水量(mm)	频率(%)	生育期蒸发量(mm)	频率(%)	生育期控制水层深度(mm)	逐月需水强度(mm/d)（腾发量+渗漏量） 4月	5月	6月	7月	8月	9月	10月	11月	各生育期需水量(mm)（腾发量+渗漏量） 返青期	分蘖期	拔节期	抽穗开花期	灌浆期	全生育期需水量(mm)	产量水平(kg/亩)	测定方法
广西	玉林	2002	早稻	623.7		271.5		0~30	4.89	4.43	6.96	3.1					4月9日~4月15日 22.8	4月16日~5月10日 136.9	5月11日~6月4日 113.5	6月5日~6月14日 70.7	6月15日~7月10日 140.7	4月9日~7月10日 484.6	431	坑测

附表 22(29)　作物需水量试验成果表（水稻）

省区	站名	年份	作物品种（早、中、晚）	生育期降水量(mm)	频率(%)	生育期蒸发量(mm)	频率(%)	生育期控制水层深度(mm)	逐月需水强度(mm/d)（腾发量+渗漏量） 4月	5月	6月	7月	8月	9月	10月	11月	各生育期需水量(mm)（腾发量+渗漏量） 返青期	分蘖期	拔节期	抽穗开花期	灌浆期	全生育期需水量(mm)	产量水平(kg/亩)	测定方法
广西	玉林	2002	晚稻	514.4		203.3		0~30					6.68	6.16	7.45	1.87	8月8日~8月14日 39.4	8月15日~9月10日 189.2	9月11日~10月6日 167.9	10月7日~10月16日 77.8	10月17日~11月22日 142.9	8月8日~11月22日 617.2	500	坑测

附表22(30) 作物需水量试验成果表（水稻）

省区	站名	年份	作物品种(早、中、晚)	生育期降水量(mm)	频率(%)	生育期蒸发量(mm)	频率(%)	生育期控制水层深度(mm)	逐月需水强度(mm/d)(腾发量+渗漏量) 4月	5月	6月	7月	8月	9月	10月	11月	各生育期需水量(mm)(腾发量+渗漏量) 返青期	分蘖期	拔节期	抽穗开花期	灌浆期	全生育期需水量(mm)	产量水平(kg/亩)	测定方法
广西	玉林	2003	早稻	629.7		356		0~30	6.45	6.66	5.84	5.52					4月16日~4月21日 21.1	4月22日~5月13日 157.1	5月14日~6月8日 145	6月9日~6月18日 71.3	6月19日~7月15日 166.6	4月16日~7月15日 561.1	406	坑测

附表22(31) 作物需水量试验成果表（水稻）

省区	站名	年份	作物品种(早、中、晚)	生育期降水量(mm)	频率(%)	生育期蒸发量(mm)	频率(%)	生育期控制水层深度(mm)	逐月需水强度(mm/d)(腾发量+渗漏量) 4月	5月	6月	7月	8月	9月	10月	11月	各生育期需水量(mm)(腾发量+渗漏量) 返青期	分蘖期	拔节期	抽穗开花期	灌浆期	全生育期需水量(mm)	产量水平(kg/亩)	测定方法
广西	玉林	2003	晚稻	157.9		322.69		0~30					4.7	6.8	4.6	1.3	8月16日~8月21日 23.2	8月22日~9月14日 153.2	9月15日~10月10日 139.6	10月11日~10月22日 65	10月23日~11月17日 60.5	8月16日~11月17日 441.5	431	坑测

附表 22（32） 作物需水量试验成果表（水稻）

省区	站名	年份	作物品种（早、中、晚）	生育期降水与蒸发量				生育期控制水层深度(mm)	逐月需水强度(mm/d)（腾发量+渗漏量）								各生育期需水量(mm)（腾发量+渗漏量）					全生育期需水量(mm)	产量水平(kg/亩)	测定方法
				生育期降水量(mm)	频率(%)	生育期蒸发量(mm)	频率(%)		4月	5月	6月	7月	8月	9月	10月	11月	返青期	分蘖期	拔节期	抽穗开花期	灌浆期			
广西	玉林	2004	早稻	718.1		304.3			7.5	5.5	7.9	6.2					4月16日~4月24日 70.3	4月25日~5月20日 160.2	5月21日~6月18日 186.1	6月19日~6月30日 101.9	7月1日~7月26日 161.7	4月16日~7月26日 680.2	345	田测

附表 22（33） 作物需水量试验成果表（水稻）

省区	站名	年份	作物品种（早、中、晚）	生育期降水与蒸发量				生育期控制水层深度(mm)	逐月需水强度(mm/d)（腾发量+渗漏量）								各生育期需水量(mm)（腾发量+渗漏量）					全生育期需水量(mm)	产量水平(kg/亩)	测定方法
				生育期降水量(mm)	频率(%)	生育期蒸发量(mm)	频率(%)		4月	5月	6月	7月	8月	9月	10月	11月	返青期	分蘖期	拔节期	抽穗开花期	灌浆期			
广西	玉林	2004	晚稻	233.8		307.8							5.5	7.3	8.5	8	8月16日~8月23日 42.1	8月24日~9月12日 126.9	9月13日~10月8日 213.6	10月9日~10月21日 98	10月22日~11月18日 224.9	8月16日~11月18日 705.5	341	田测

附表 22(34) 作物需水量试验成果表（水稻）

省区	站名	年份	作物品种（早、中、晚）	生育期降水与蒸发量				生育期控制水层深度(mm)	逐月需水强度(mm/d)(腾发量+渗漏量)								各生育期需水量(mm)(腾发量+渗漏量)					全生育期需水量(mm)	产量水平(kg/亩)	测定方法
				生育期降水量(mm)	频率(%)	生育期蒸发量(mm)	频率(%)		4月	5月	6月	7月	8月	9月	10月	11月	返青期 4月20日~4月26日	分蘖期 4月27日~5月22日	拔节期 5月23日~6月15日	抽穗开花期 6月16日~6月25日	灌浆期 6月26日~7月18日	4月20日~7月18日		
广西	玉林	2005	早稻	611.3		249.8			3.6	4.5	5.1	7.7					22.3	124.2	84.2	62	176.6	469.3	437.4	田测

附表 22(35) 作物需水量试验成果表（水稻）

省区	站名	年份	作物品种（早、中、晚）	生育期降水与蒸发量				生育期控制水层深度(mm)	逐月需水强度(mm/d)(腾发量+渗漏量)								各生育期需水量(mm)(腾发量+渗漏量)					全生育期需水量(mm)	产量水平(kg/亩)	测定方法
				生育期降水量(mm)	频率(%)	生育期蒸发量(mm)	频率(%)		4月	5月	6月	7月	8月	9月	10月	11月	返青期 8月19日~8月28日	分蘖期 8月29日~9月20日	拔节期 9月21日~10月15日	抽穗开花期 10月16日~10月25日	灌浆期 10月26日~11月21日	8月19日~11月21日		
广西	玉林	2005	晚稻	179.6		362.5					6.7	7.4	8.1	9.8			70.9	179.8	217.7	94.7	224.1	787.2	440.8	田测

附表 22(36) 作物需水量试验成果表（水稻）

省区	站名	年份	作物品种(早、中、晚)	生育期降水与蒸发量				生育期控制水层深度(mm)	逐月需水强度(mm/d)(腾发量+渗漏量)								各生育期需水量(mm)(腾发量+渗漏量)					全生育期需水量(mm)	产量水平(kg/亩)	测定方法
				生育期降水量(mm)	频率(%)	生育期蒸发量(mm)	频率(%)		4月	5月	6月	7月	8月	9月	10月	11月	返青期	分蘖期	拔节期	抽穗开花期	灌浆期			
广西	玉林	2006	早稻	772		234.4			6.8	6.4	9.8	6.2					4月7日~4月16日	4月17日~5月13日	5月14日~6月10日	6月11日~6月20日	6月21日~7月19日	4月7日~7月19日	389.1	田测
																	56	218.4	178.5	98	222.5	773.4		

附表 22(37) 作物需水量试验成果表（水稻）

省区	站名	年份	作物品种(早、中、晚)	生育期降水与蒸发量				生育期控制水层深度(mm)	逐月需水强度(mm/d)(腾发量+渗漏量)								各生育期需水量(mm)(腾发量+渗漏量)					全生育期需水量(mm)	产量水平(kg/亩)	测定方法
				生育期降水量(mm)	频率(%)	生育期蒸发量(mm)	频率(%)		4月	5月	6月	7月	8月	9月	10月	11月	返青期	分蘖期	拔节期	抽穗开花期	灌浆期			
广西	玉林	2006	晚稻	191.0		275.5					6.8		8.8	9.9		4.7	8月16日~8月21日	8月22日~9月14日	9月15日~10月7日	10月8日~10月17日	10月18日~11月11日	8月16日~11月11日	480.8	田测
																	41	187.4	221.3	115.8	155.6	721.1		

附表22(38) 作物需水量试验成果表（水稻）

省区	站名	年份	作物品种(早、中、晚)	生育期降水量(mm)	频率(%)	生育期蒸发量(mm)	频率(%)	生育期控制水层深度(mm)	逐月需水强度(mm/d)(腾发量+渗漏量) 4月	5月	6月	7月	8月	9月	10月	11月	各生育期需水量(mm)(腾发量+渗漏量) 返青期	分蘖期	拔节期	抽穗开花期	灌浆期	全生育期需水量(mm)	产量水平(kg/亩)	测定方法
																	4月5日~4月14日	4月15日~5月14日	5月15日~6月10日	6月11日~6月20日	6月21日~7月16日	4月5日~7月16日		
广西	玉林	2007	早稻	582.8		276.7			5.7	6.6	7.9	7.1					53.2	209.6	188.0	69.6	183.8	704.2	425.9	田测

附表22(39) 作物需水量试验成果表（水稻）

省区	站名	年份	作物品种(早、中、晚)	生育期降水量(mm)	频率(%)	生育期蒸发量(mm)	频率(%)	生育期控制水层深度(mm)	逐月需水强度(mm/d)(腾发量+渗漏量) 4月	5月	6月	7月	8月	9月	10月	11月	各生育期需水量(mm)(腾发量+渗漏量) 返青期	分蘖期	拔节期	抽穗开花期	灌浆期	全生育期需水量(mm)	产量水平(kg/亩)	测定方法
																	8月10日~8月16日	8月17日~9月10日	9月11日~10月4日	10月5日~10月14日	10月15日~11月8日	8月10日~11月8日		
广西	玉林	2007	晚稻	490.6		310					6.1		5.8	8.6	5.5		34.8	176.9	136.0	123.3	147.6	618.6	429.5	田测

附表 22(40)　作物需水量试验成果表(水稻)

省区名	站名	年份	作物品种(早、中、晚)	生育期降水量(mm)	频率(%)	生育期蒸发量(mm)	频率(%)	生育期控制水层深度(mm)	逐月需水强度(mm/d)(腾发量+渗漏量) 4月	5月	6月	7月	8月	9月	10月	11月	各生育期需水量(mm)(腾发量+渗漏量) 返青期	分蘖期	拔节期	抽穗开花期	灌浆期	全生育期需水量(mm)	产量水平(kg/亩)	测定方法
广西	玉林	2008	早稻	1269.1		229.3			5.9	3.8	5.8	7.5					4月7日~4月14日 45.8	4月15日~5月14日 167.3	5月15日~6月15日 131.7	6月16日~6月27日 66.2	6月28日~7月23日 195.0	4月7日~7月23日 606.0	360.7	田测

附表 22(41)　作物需水量试验成果表(水稻)

省区名	站名	年份	作物品种(早、中、晚)	生育期降水量(mm)	频率(%)	生育期蒸发量(mm)	频率(%)	生育期控制水层深度(mm)	逐月需水强度(mm/d)(腾发量+渗漏量) 4月	5月	6月	7月	8月	9月	10月	11月	各生育期需水量(mm)(腾发量+渗漏量) 返青期	分蘖期	拔节期	抽穗开花期	灌浆期	全生育期需水量(mm)	产量水平(kg/亩)	测定方法
广西	玉林	2008	晚稻	391.0		323.6						7.0	5.2	9.7	5.1		8月10日~8月18日 61.5	8月19日~9月13日 141.4	9月14日~10月12日 225.6	10月13日~10月22日 87.6	10月23日~11月16日 176.4	8月10日~11月16日 692.5	382.5	田测

附表 22(42) 作物需水量试验成果表(水稻)

省区名	站名	年份	作物品种(早、中、晚)	生育期降水与蒸发量				生育期控制水层深度(mm)	逐月需水强度(mm/d)(腾发量+渗漏量)								各生育期需水量(mm)(腾发量+渗漏量)					全生育期需水量(mm)	产量水平(kg/亩)	测定方法
				生育期降水量(mm)	频率(%)	生育期蒸发量(mm)	频率(%)		4月	5月	6月	7月	8月	9月	10月	11月	返青期	分蘖期	拔节期	抽穗开花期	灌浆期			
广西	玉林	2009	早稻	948.6		265.1			5.1	7.8	7	7.4					4月11日~4月20日	4月21日~5月17日	5月18日~6月18日	6月19日~6月28日	6月29日~7月22日	4月11日~7月22日	416.3	田测
																	42.6	210.2	196.6	77.7	190.8	717.9		

附表 22(43) 作物需水量试验成果表(水稻)

省区名	站名	年份	作物品种(早、中、晚)	生育期降水与蒸发量				生育期控制水层深度(mm)	逐月需水强度(mm/d)(腾发量+渗漏量)								各生育期需水量(mm)(腾发量+渗漏量)					全生育期需水量(mm)	产量水平(kg/亩)	测定方法
				生育期降水量(mm)	频率(%)	生育期蒸发量(mm)	频率(%)		4月	5月	6月	7月	8月	9月	10月	11月	返青期	分蘖期	拔节期	抽穗开花期	灌浆期			
广西	玉林	2009	晚稻	254.9		298.5							9.3	9.2	10.3	4.6	8月11日~8月20日	8月21日~9月20日	9月21日~10月4日	10月5日~10月14日	10月15日~11月9日	8月11日~11月9日	542.5	田测
																	42.8	142.8	152.5	65.8	125.7	529.6		

附表 22（44）　作物需水量试验成果表（水稻）

省区	站名	年份	作物品种（早、中、晚）	生育期降水与蒸发量				生育期控制水层深度(mm)	逐月需水强度(mm/d)（腾发量+渗漏量）								各生育期需水量(mm)（腾发量+渗漏量）					全生育期需水量(mm)	产量水平(kg/亩)	测定方法
				生育期降水量(mm)	频率(%)	生育期蒸发量(mm)	频率(%)		4月	5月	6月	7月	8月	9月	10月	11月	返青期 4月20日~4月27日	分蘖期 4月28日~5月22日	拔节期 5月23日~6月17日	抽穗开花期 6月18日~6月27日	灌浆期 6月28日~7月24日	4月20日~7月24日		
广西	玉林	2010	早稻	914.2		227.7			5.7	6	7.7	8.1					46.5	141.4	146.4	111.1	228.2	673.6	429.1	田测

附表 22（45）　作物需水量试验成果表（水稻）

省区	站名	年份	作物品种（早、中、晚）	生育期降水与蒸发量				生育期控制水层深度(mm)	逐月需水强度(mm/d)（腾发量+渗漏量）								各生育期需水量(mm)（腾发量+渗漏量）					全生育期需水量(mm)	产量水平(kg/亩)	测定方法
				生育期降水量(mm)	频率(%)	生育期蒸发量(mm)	频率(%)		4月	5月	6月	7月	8月	9月	10月	11月	返青期 8月17日~8月23日	分蘖期 8月24日~9月17日	拔节期 9月18日~10月17日	抽穗开花期 10月18日~10月31日	灌浆期 11月1日~11月22日	8月17日~11月22日		
广西	玉林	2010	晚稻	427.5		233.2							5.2	5.7	8.5	5.4	34.3	152	206.2	117	118.2	627.7	421.3	田测

附表23(1) 作物灌溉制度试验成果表（水稻）

省区	站名	年份	作物品种(早、晚)	处理号处理	重复	苗期 (4月9日~4月14日)				分蘖期 (4月15日~5月10日)				拔节期 (5月11日~6月10日)				抽穗期 (6月11日~6月21日)				灌浆期 (6月22日~7月26日)				全生育期 (4月9日~7月26日)					产量水平(kg/亩)
						灌水次数	灌水量(mm)	有效降雨(mm)	耗水量(mm)	灌水次数	灌水量(mm)	有效降雨(mm)	耗水量(mm)	灌水次数	灌水量(mm)	有效降雨(mm)	耗水量(mm)	灌水次数	灌水量(mm)	有效降雨(mm)	耗水量(mm)	灌水次数	灌水量(mm)	有效降雨(mm)	耗水量(mm)	灌水次数	灌水量(mm)	有效降雨(mm)	耗水量(mm)	灌溉定额(mm)	
广西	玉林	1981	早稻	浅湿中晒	1	0.3	6	30	15	0.3	2.3	97	101			145	145	3.3	58	0.3	84	5.4	113	123	195	9.3	179	395	539.6	574	473
				浅灌重晒	1	0.3	2.3	36	14	1.3	11	88	101			130	130	3.7	57	0.3	91	5.7	91	126	168	11	161	380	504.3	542	450
				浅灌中晒	1	1	7.7	28	17	1.3	12	92	99			136	136	3.3	76	0.3	89	5	100	130	176	11	196	386	516.4	582	481
				浅湿轻晒	1	0.3	3.4	34	16	1	8	89	100			133	133	3.3	59	0.3	79	5.3	74	136	174	9.9	145	392	501.5	537	474

附表23（2） 作物灌溉制度试验成果表（水稻）

省区	站名	年份	作物品种(早、晚)	处理	重复	复苗期 8月13日~8月17日				分蘖期 8月18日~9月6日				拔节期 9月7日~9月30日				抽穗期 10月1日~10月9日				灌浆期 10月10日~10月31日				全生育期 8月13日~10月31日					产量水平(kg/亩)
						灌水次数	灌水量(mm)	有效降雨(mm)	耗水量(mm)	灌水次数	灌水量(mm)	有效降雨(mm)	耗水量(mm)	灌水次数	灌水量(mm)	有效降雨(mm)	耗水量(mm)	灌水次数	灌水量(mm)	有效降雨(mm)	耗水量(mm)	灌水次数	灌水量(mm)	有效降雨(mm)	耗水量(mm)	灌水次数	灌水量(mm)	有效降雨(mm)	耗水量(mm)	灌溉定额(mm)	
广西	玉林	1981	晚稻	浅湿中晒	1	1.7	48		33	1.7	82	75	99			59	90	1	30	58	39	0.3	5.3	11	84	4.7	166	203	343.5		189
				浅灌重晒	1	1.7	43		33	2.7	77	71	102			66	85	1	25	52	29	0.3	5.3	11	86	5.7	150	200	334.6		202
				浅灌中晒	1	1.7	46		33	2.3	56	79	99			66	74	1	23	54	26	0	0	11	81	5	125	210	312.1		217
				浅湿轻晒	1	2	52		33	3	73	58	93			66	76	1	22	57	25	0	0	11	83	6	147	191	309.9		249

附表 23（3） 作物灌溉制度试验成果表（水稻）

省区	站名	年份	作物品种（早、晚）	处理号	重复	返青期 4月21日~5月1日				分蘖期 5月2日~5月24日				拔节期 5月25日~6月7日				抽穗期 6月8日~6月14日				灌浆期 6月15日~7月7日				全生育期 4月21日~7月7日					产量水平（kg/亩）
						灌水次数	灌水量(mm)	有效降雨(mm)	耗水量(mm)	灌水次数	灌水量(mm)	有效降雨(mm)	耗水量(mm)	灌水次数	灌水量(mm)	有效降雨(mm)	耗水量(mm)	灌水次数	灌水量(mm)	有效降雨(mm)	耗水量(mm)	灌水次数	灌水量(mm)	有效降雨(mm)	耗水量(mm)	灌水次数	灌水量(mm)	有效降雨(mm)	耗水量(mm)	灌溉定额(mm)	
广西	玉林	1983	早稻	灌水10 m³ 平均		5.8	155	36	98	1.5	17	100	113	0	0	63	76	0	0	0.6	40	0	0	68	112	7.3	172	267	438.3	438	424
				灌水50 m³ 平均		6	142	25	84	3.8	83	100	187	1	117	63	192	0.8	6.9	0.6	39	1	8.1	68	111	13	357	256	612.6	613	405
				灌水100 m³ 平均		6	131	23	105	3.8	81	100	182	1	113	63	188	0.8	16	0.6	39	1	15	68	96	13	356	253	609.2	609	432

附表 23（4） 作物灌溉制度试验成果表（水稻）

省区	站名	年份	作物品种（早、晚）	处理号	重复	返青期 7月17日~7月25日				分蘖期 7月26日~8月21日				拔节期 8月22日~9月7日				抽穗期 9月8日~9月20日				灌浆期 9月21日~10月20日				全生育期 7月17日~10月20日					产量水平（kg/亩）
						灌水次数	灌水量(mm)	有效降雨(mm)	耗水量(mm)	灌水次数	灌水量(mm)	有效降雨(mm)	耗水量(mm)	灌水次数	灌水量(mm)	有效降雨(mm)	耗水量(mm)	灌水次数	灌水量(mm)	有效降雨(mm)	耗水量(mm)	灌水次数	灌水量(mm)	有效降雨(mm)	耗水量(mm)	灌水次数	灌水量(mm)	有效降雨(mm)	耗水量(mm)	灌溉定额(mm)	
广西	玉林	1983	晚稻	灌水10 m³ 平均		1.3	29	47	63	0	0	253	213	0	0	73	97	0	0	6.7	14	0	0	16	33	1.3	29	395	419.9	420	216
				灌水50 m³ 平均		2	43	47	62	0	0	280	253	1	32	73	139	1	22	6.7	23	0.8	9.7	16	53	4.7	395	422	529	529	245
				灌水100 m³ 平均		1	24	47	62	0	0	244	229	2	74	73	140	2	50	6.7	31	1	9.9	13	39	6	158	386	533.3	533	237

附表 23（5）　作物灌溉制度试验成果表（水稻）

省区	站名	年份	作物品种(早、晚)	处理号/处理	重复	返青期 4月2日~4月27日				分蘖期 4月28日~6月2日				拔节期 6月3日~7月1日				抽穗期 7月2日~7月10日			灌浆期 7月11日~7月20日				全生育期 4月2日~7月20日					产量水平(kg/亩)
						灌水次数	灌水量(mm)	有效降雨量(mm)	耗水量(mm)	灌水次数	灌水量(mm)	有效降雨量(mm)	耗水量(mm)	灌水次数	灌水量(mm)	有效降雨量(mm)	耗水量(mm)	灌水次数	有效降雨量(mm)	耗水量(mm)	灌水次数	灌水量(mm)	有效降雨量(mm)	耗水量(mm)	灌水次数	灌水量(mm)	有效降雨量(mm)	耗水量(mm)	灌溉定额(mm)	
广西	玉林	1985	早稻	浅湿中晒	3	1.3	31	15	24	4	72	100	141	4	80	143	155		100	64	1	28	10	120	10	211	367	503.9	504	381
				浅湿轻晒	3	1.3	33	15	20	6	116	108	162	4.7	85	146	147	0.3	103	55	1	27	10	107	13	270	382	490.1	490	357
				浅湿重晒	3	1.3	26	27	19	5.7	96	110	171	4.7	96	166	140	8.4	109	40	1	39	10	132	13	257	423	502	502	359

附表 23（6）　作物灌溉制度试验成果表（水稻）

省区	站名	年份	作物品种(早、晚)	处理号/处理	重复	返青期 4月2日~4月27日				分蘖期 4月28日~6月2日				拔节期 6月3日~7月1日				抽穗期 7月2日~7月10日			灌浆期 7月11日~7月20日				全生育期 4月2日~7月20日					产量水平(kg/亩)
						灌水次数	灌水量(mm)	有效降雨量(mm)	耗水量(mm)	灌水次数	灌水量(mm)	有效降雨量(mm)	耗水量(mm)	灌水次数	灌水量(mm)	有效降雨量(mm)	耗水量(mm)	灌水次数	灌水量(mm)	耗水量(mm)	灌水次数	灌水量(mm)	有效降雨量(mm)	耗水量(mm)	灌水次数	灌水量(mm)	有效降雨量(mm)	耗水量(mm)	灌溉定额(mm)	
广西	玉林	1984	早稻	浅湿中晒	3	1.7	55	7.7	39	6	140	85	228	7.7	169	34	154	5	104	114	4.6	114	10	106	25	381	129	639.4	639	447
				浅湿轻晒	3	1.7	51		43	6.4	160	81	233	6.9	173	34	186	4.3	97	92	4.4	120	10	104	24	601	125	657.3	657	402
				浅湿重晒	3	2	58		48	8.3	167	73	258	6.7	203	34	147	3	86	103	3.7	112	10	109	24	625	117	664.5	665	453

附表24（1） 作物灌溉制度试验成果表（水稻）

省区名	站名	年份	作物品种(早晚)	处理号	返青期 4月30日~5月6日					分蘖前期 5月7日~5月26日					分蘖后期 5月27日~6月3日					拔节孕穗期 6月4日~6月24日					抽穗开花期 6月25日~7月6日					乳熟期 7月7日~7月15日					黄熟期 7月16日~8月4日					全生育期 4月30日~8月4日					产量水平(kg/亩)
					灌水次数	灌水量(mm)	有效降雨(mm)	腾发	渗漏	灌水次数	灌水量(mm)	有效降雨(mm)	腾发	渗漏	灌水次数	灌水量(mm)	有效降雨(mm)	腾发	渗漏	灌水次数	灌水量(mm)	有效降雨(mm)	腾发	渗漏	灌水次数	灌水量(mm)	有效降雨(mm)	腾发	渗漏	灌水次数	灌水量(mm)	有效降雨(mm)	腾发	渗漏	灌水次数	灌水量(mm)	有效降雨(mm)	腾发	渗漏	灌水次数	灌水量(mm)	有效降雨(mm)	腾发	渗漏	
广西	玉林	1988	早稻	高农技高灌溉1	2	34	23.9	21.6	16.3	1	12	48.9	83.1	20.1	0		49.9	48.7	0.3	4	137	30.4	124.4	24.2	1	18	28.8	43.2	17.9	2	37	10.2	44.9	10.2	1	17	69.4	79.8	0	11	255	251.5	445.7	89	412
				高农技高灌溉2	2	48	23.9	29.6	16.3	2	44	72.6	80.5	20.1	0		51.9	46.3	0.3	4	197	17.1	118.4	24.2	2	53	21.8	37.2	17.9	2	27	15.2	43.9	10.2	1	27	64.4	83.6	0	13	396	266.9	439.5	89	453
				高农技高灌溉3	2	45	23.9	27.6	16.3	2	36	59.9	87.3	20.1	0		46.9	54.2	0.3	4	229	34.7	135.2	24.2	2	58	50.1	48.7	17.9	2	57	28.2	49.4	10.2	1	30	78.4	98.9	0	13	455	322.1	501.3	89	433
				一般农技高灌溉1	2	43	24.9	29.6	16.3	2	27	43.9	80.8	20.1	0		36.9	42.4	0.3	4	178	18.7	121.5	24.2	1	11	22.8	38.2	17.9	2	36	11.1	42	10.2	1	22	64.1	82.5	0	12	317	222.4	437	89	404
				一般农技高灌溉2	2	42	24.9	29.6	16.3	2	24	42.3	78.3	20.1	0		40.9	41.6	0.3	4	125	18.7	130.5	24.2	1	13	23.8	39.2	17.9	2	34	9.1	39.9	10.2	1	20	63.4	79.7	0	12	258	223.1	438.8	89	419
				一般农技高灌溉3	2	44	29.9	34.6	16.3	2	30	65.6	89.5	20.1	0		63.9	46.5	0.3	4	250	27.7	132.1	24.2	2	41	47.8	56.2	17.9	2	54	28.2	55.9	10.2	1	46	75.4	103.6	0	13	465	338.5	518.4	89	413
				高农技不灌溉1	1	29	29.9	24.6	16.3	0		134.2	93.3	20.1	0		122.9	57.6	0.3	0		49.7	89.4	24.2	0		108.1	50.3	17.9	0		28.2	60	10.2	0		84.4	94.4	0	1	29	557.4	469.6	89	429
				高农技不灌溉2	1	16	29.9	35.5	16.3	0		155.6	81.1	20.1	0		122.9	63.8	0.3	0		49.7	93.5	24.2	0		108.1	54.3	17.9	0		28.2	25.2	10.2	0		79.4	74.4	0	1	16	573.8	427.8	89	433
				高农技不灌溉3	1	17	29.9	41.1	16.3	0		177.6	87	20.1	0		122.9	59.8	0.3	0		49.7	87.5	24.2	0		108.1	38.8	17.9	0		28.2	22.8	10.2	0		79.2	69.5	0	1	17	595.6	406.5	89	363
				一般农技不灌1	1	27	29.9	24.6	16.3	0		126.2	109.5	20.1	0		122.9	49.6	0.3	0		49.7	89.4	24.2	0		108.1	45.3	17.9	0		28.2	57	10.2	0		84.4	78	0	1	27	549.4	453.4	89	366
				一般农技不灌2	1	29	29.9	31.6	16.3	0		131.6	75.2	20.1	0		122.9	59.6	0.3	0		49.7	89.5	24.2	0		108.1	33.7	17.9	0		28.2	25	10.2	0		84.4	73.9	0	1	29	554.8	388.5	89	384
				一般农技不灌3	1	20	29.9	39.1	16.3	0		146.6	72.6	20.1	0		122.9	53.7	0.3	0		49.7	83.9	24.2	0		108.1	37	17.9	0		28.2	23.6	10.2	0		80.4	71.3	0	1	20	565.8	381.2	89	385

附表24(2) 作物灌溉制度试验成果表(水稻)

说明：各生育期子栏目为「灌水次数／灌水量(mm)／有效降雨(mm)／耗水量(mm)(腾发／渗漏)」。分蘖后期耗水量为「腾发渗漏」合计值，列于「腾发」栏，「渗漏」栏空。

省区名	站名	年份	作物品种(旱、晚)	处理号	返青期 8月20日~8月26日					分蘖前期 8月27日~9月10日					分蘖后期 9月11日~9月18日					拔节孕穗期 9月19日~9月26日					抽穗开花期 9月27日~10月7日					乳熟期 10月8日~10月20日					黄熟期 10月21日~11月3日					全生育期 8月20日~11月3日					产量水平 (kg/亩)
					灌次	灌量	雨	腾发	渗漏	灌次	灌量	雨	腾发	渗漏	灌次	灌量	雨	腾发	渗漏	灌次	灌量	雨	腾发	渗漏	灌次	灌量	雨	腾发	渗漏	灌次	灌量	雨	腾发	渗漏	灌次	灌量	雨	腾发	渗漏	灌次	灌量	雨	腾发	渗漏	
广西	玉林	1988	晚稻	高农技高灌溉1	1	30.8	40.2	15.5	11.2	0		5.9	45.9	22.2	2	42	2.8	57.8		3	77	0	46.2	38.8	2	32	10.5	30.1	47.8	3	60	3.1	34.2	51.7	0	0	69.9	52.9	5.3	11	241.8	132.4	282.6	177	287.7
广西	玉林	1988	晚稻	高农技高灌溉2	1	31.8	40.2	17	11.2	0		54.8	48.9	22.2	2	67	2.8	55.1		5	112	0	44.2	38.8	3	89	10.5	54.3	47.8	3	58	3.1	37	51.7	0	0	69.9	57.2	5.3	14	357.8	181.3	313.7	177	310.4
广西	玉林	1988	晚稻	高农技高灌溉3	1	30.6	42	26.3	11.2	0		60.8	65.6	22.2	2	76	2.8	48.7		5	114	0	41.8	38.8	3	86	10.5	57.8	47.8	3	89	3.1	44.8	51.7	0	0	69.9	56.1	5.3	14	395.6	189.1	341.1	177	297.5
广西	玉林	1988	晚稻	一般农技高灌溉1	1	28.4	40.2	10.6	11.2	0		55.8	48.7	22.2	1	36	2.8	64.8		5	83	0	23.2	38.8	3	46	10.5	18.2	47.8	4	55	3.1	19.6	51.7	0	0	69.9	56.9	5.3	14	248.4	182.3	242	177	241
广西	玉林	1988	晚稻	一般农技高灌溉2	1	34.6	40.2	15.1	11.2	0		57.8	47.7	22.2	1	43	2.8	57.5		4	80	0	8.8	38.8	3	49	10.5	13.6	47.8	3	43	3.1	28.2	51.7	0	0	69.9	54.4	5.3	12	249.6	184.3	225.3	177	249.6
广西	玉林	1988	晚稻	一般农技高灌溉3	1	30.6	40.2	25.3	11.2	1	11	62.8	55.2	22.2	2	51	2.8	47.7		6	130	0	37.5	38.8	5	81	10.5	45.8	47.8	5	77	3.1	35.8	51.7	0	0	69.9	46	5.3	20	380.6	189.3	293.3	177	232.3
广西	玉林	1988	晚稻	高农技不灌溉1	1	27.2	57	15	11.2	0		100.7	51.5	22.2	0	0	2.8	70.8		0	0	0	39.4		0	0	10.5	29.6	0	0	0	3.1	21.8	0	0	0	69.9	16.4	0	1	27.2	244	244.5	33.4	281.2
广西	玉林	1988	晚稻	高农技不灌溉2	1	32.4	57	19.4	11.2	0		100.7	89.5	22.2	0	0	2.8	47.7		0	0	0	31.3		0	0	10.5	28.3	0	0	0	3.1	36.3	0	0	0	80.7	27.2	0	1	32.4	254.8	279.7	33.4	268.6
广西	玉林	1988	晚稻	高农技不灌溉3	1	31	57	26.9	11.2	0		100.7	86.5	22.2	0	0	2.8	28		0	0	0	28.3		0	0	10.5	26.6	0	0	0	3.1	39.2	0	0	0	75.7	29.3	0	1	31	249.8	264.8	33.4	309.9
广西	玉林	1988	晚稻	一般农技不灌溉1	1	28.8	57	11.2	11.2	0		100.7	51.5	22.2	0	0	2.8	60.8		0	0	0	44.6		0	0	10.5	34.4	0	0	0	3.1	31.2	0	0	0	69.9	23.4	0	1	28.8	244	257.1	33.4	185.6
广西	玉林	1988	晚稻	一般农技不灌溉2	1	30.4	57	15.3	11.2	0		100.7	74.5	22.2	0	0	2.8	58.6		0	0	0	30.4		0	0	10.5	27.4	0	0	0	3.1	32.6	0	0	0	73.7	24.4	0	1	30.4	247.8	263.2	33.4	268.4
广西	玉林	1988	晚稻	一般农技不灌溉3	1	30.6	57	28.5	11.2	0		100.7	74.5	22.2	0	0	2.8	25		0	0	0	25.3		0	0	10.5	25.1	0	0	0	3.1	44.2	0	0	0	84.7	32.7	0	1	30.6	258.8	255.3	33.4	265.5

省区	站名	年份	作物品种（早、晚）	处理号	返青期 4月14日~4月19日 灌水次数	灌水量(mm)	有效降雨(mm)	耗水量 腾发(mm)	渗漏(mm)	分蘖前期 4月20日~5月4日 灌水次数	灌水量(mm)	有效降雨(mm)	耗水量 腾发(mm)	渗漏(mm)	分蘖后期 5月5日~5月14日 灌水次数	灌水量(mm)	有效降雨(mm)	耗水量 腾发(mm)	渗漏(mm)	拔节孕穗期 5月15日~6月9日 灌水次数	灌水量(mm)	有效降雨(mm)	耗水量 腾发(mm)	渗漏(mm)	抽穗开花期 6月10日~6月20日 灌水次数	灌水量(mm)	有效降雨(mm)	耗水量 腾发(mm)	渗漏(mm)	乳熟期 6月21日~7月5日 灌水次数	灌水量(mm)	有效降雨(mm)	耗水量 腾发(mm)	渗漏(mm)	黄熟期 7月6日~7月16日 灌水次数	灌水量(mm)	有效降雨(mm)	耗水量 腾发(mm)	渗漏(mm)	全生育期 4月14日~7月16日 灌水次数	灌水量(mm)	有效降雨(mm)	耗水量 腾发(mm)	渗漏(mm)	产量水平(kg/亩)
广西	玉林	1989	早稻	薄浅湿晒1	2	39	12.8	5.5	17.3	3	24	23	22.4	44.6	1	21.8	33.2	23	7.5	7	115.7	105.8	96.8	133.7		87	29.5	60.4	56.1	2	68	65.1	81.6	40.9	1	37.4	15.6	46.4	0	21	393.9	285	336.1	300.1	512.3
				薄浅湿晒2	2	44	11.8	10.5	17.3	1	42	23	52.8	44.6	1	26.6	33.8	28.2	7.5	9	178	105.8	128.6	133.7		160	29.5	86.9	56.1	4	112	65.1	77.2	40.9	1	42.6	15.6	52.4	0	28	605.2	284.6	436.6	300.1	489.3
				薄浅湿晒3	2	43	12.8	9.5	17.3	5	46	23	44.3	44.6	1	33.7	33.8	35.1	7.5	11	192	105.8	155.6	133.7		150	29.5	92.6	11.2	4	107	65.1	94.7	40.9	1	42.6	15.6	52.4	0	31	614.3	285.7	484.2	300.1	492.6
				水插旱管1	1	16.6	20.5	8.3	8.1	1	35.3	23	1.9	44.6	1	12.4	33.8	21.6	7.5	3	106.8	84.7	58.8	72.3		66.5	29.5	44.4	11.2	1	37.7	65.1	35.1	40.9	1	26.7	15.6	33.9		9	302	272.2	204	184.6	475.9
				水插旱管2	1	15.4	17.5	5.1	8.1	1	55.7	23	18.3	44.6	1	14.5	33.8	20.3	7.5	3	126.4	86.7	70.1	72.3		43.5	29.5	42	11.2	1	66.5	65.1	49.3	40.9	1	22.7	15.6	29.3		9	344.7	271.2	234.4	184.6	503.2
				水插旱管3	1	22.4	15.5	13.1	8.1	1	69	23	32.4	44.6	1	14.7	33.8	19.4	7.5	3	110.4	82.7	38.6	72.3		53.9	29.5	45.7	11.2	1	57.2	65.1	38.2	40.9	1	28.5	15.6	36		9	356.1	265.2	223.4	184.6	468.7
				前干后水中浅湿1	1	23.4	7.5	5.1	8.1	2	52	23	23.4	44.6	1	23.3	33.2	25.5	7.5	8	164	105.8	112.7	133.7	6	147	29.5	80.9	56.1	4	92	65.1	94.7	40.9	4	101.5	15.6	127.6		26	603.2	279.7	469.9	290.9	463.5
				前干后水中浅湿2	1	25.1	10.5	5.8	8.1	3	57.8	23	31.2	44.6	1	37.4	33.2	39.6	7.5	7	126.5	88.8	91.6	133.7		121	29.5	86.4	56.1	3	99	65.1	101.2	40.9	4	126	15.6	134.5		23	592.8	265.7	490.3	290.9	456.1
				前干后水中浅湿3	1	26	9.5	10.7	8.1	4	66.9	23	38.3	44.6	1	39	33.2	41.4	7.5	12	211.5	105.8	140.8	133.7	6	132	29.5	90.9	56.1	6	165	65.1	155.6	40.9	5	156.6	15.6	138.7		35	797	281.7	616.4	290.9	478.6

附表 24(4)　作物灌溉制度试验成果表（水稻）

省区	站名	年份	作物品种(早、晚)	处理号	返青期 8月5日~8月10日					分蘖前期 8月11日~8月25日					分蘖后期 8月26日~9月4日					拔节孕穗期 9月5日~9月30日					抽穗开花期 10月1日~10月13日					乳熟期 10月14日~10月26日					黄熟期 10月27日~11月7日					全生育期 8月5日~11月7日					产量水平(kg/亩)
					灌水次数	灌水量(mm)	有效降雨(mm)	耗水量(mm)腾发	渗漏	灌水次数	灌水量(mm)	有效降雨(mm)	耗水量(mm)腾发	渗漏	灌水次数	灌水量(mm)	有效降雨(mm)	耗水量(mm)腾发	渗漏	灌水次数	灌水量(mm)	有效降雨(mm)	耗水量(mm)腾发	渗漏	灌水次数	灌水量(mm)	有效降雨(mm)	耗水量(mm)腾发	渗漏	灌水次数	灌水量(mm)	有效降雨(mm)	耗水量(mm)腾发	渗漏	灌水次数	灌水量(mm)	有效降雨(mm)	耗水量(mm)腾发	渗漏	灌水次数	灌水量(mm)	有效降雨(mm)	耗水量(mm)腾发	渗漏	
广西	玉林	1989	晚稻	浅湿晒晾1	3	68.5	1.1	20	23.5	2	78.7	27.3	49.9	48.3	3	70.3	16.1	35.1	34.3	8	205.6	45.1	88	128.6	6	74.2	1.7	49.3	45.6	4	89.1	0	68.5	18.6	1	33.4	14.3	28.9	15.8	27	619.8	105.6	339.7	314.7	425.3
				浅湿晒晾2	3	78	1.1	39.5	23.5	2	80	37.8	66.3	48.3	3	85.3	16.1	48.2	34.3	12	293	47.1	162.8	128.6	6	145	1.7	93.8	45.6	4	133	0	87.4	18.6	1	45.9	10.3	26.3	15.8	31	860.2	114.1	524.3	314.7	453.8
				浅湿晒晾3	3	80	1.1	41.5	23.5	2	85.9	33.8	65	48.3	3	108.6	20.1	61.9	34.3	12	340.4	51.1	207.2	128.6	6	175.5	1.7	131.6	45.6	4	156	0	89.4	18.6	1	57.4	20.3	36.1	15.8	31	1008.8	128.1	632.7	314.7	438.2
				水浦旱管1	1	32	1.1	18.8	14.3	3	27.2	46.8	28.5	25.6	4	29.4	32.1	13.7	14.1	4	162.6	31	37.8	97.6	1	50.8	1.7	26.8	16.3	1	73.1	0	26.5	18.6	1	23.6	19.3	25.3	15.8	11	398.7	132	177.4	202.3	465.1
				水浦旱管2	1	37.5	1.1	24.3	14.3	3	33.5	46.8	34	25.6	4	27.8	32.1	33.7	14.1	4	191.2	35	35.1	97.6	1	58.6	1.7	27.6	16.3	1	88.8	0	37.2	18.6	1	23.6	22.3	16.3	15.8	11	461	139	208.3	202.7	432.5
				水浦旱管3	1	40	1.1	26.8	14.3	3	34.9	46.8	33.7	25.6	4	24.4	32.1	17.5	14.1	4	164	26.6	47.3	97.6	1	65.2	1.7	32.1	16.3	1	84.9	0	29.8	18.6	1	22.3	19.3	14	15.8	11	435.7	127.6	201.2	202.3	442.7
				前干后水中浅湿1	1	36.6	1.1	14.2	23.5	3	62.7	46.8	52.5	48.3	3	52.5	16.1	34.3	34.3	11	190.9	46.1	81.3	128.6	1	70.8	1.7	46.9	45.6	1	102.9	0	71.3	18.6	1	53.3	7.3	25.4	15.8	29	569.7	119.1	312.4	314.7	402.6
				前干后水中浅湿2	1	34.4	1.1	4.5	23.5	3	86.8	46.8	58.1	48.3	4	89.7	17.1	52.5	34.3	11	306.1	47.1	160.4	128.6	7	102	1.7	74.1	45.6	1	132.2	0	86.6	18.6	1	57.6	21.3	45.2	15.8	36	938.8	135.1	481.4	314.7	431.7
				前干后水中浅湿3	1	49.8	1.1	17.4	23.5	3	107.4	46.8	67.6	48.3	4	111.1	18.1	65.9	34.3	12	380.1	50.1	240.9	128.6	5	190.5	1.7	133.6	45.6	1	170.8	0	105.7	18.6	1	65.7	21.3	46.9	15.8	37	1075.4	139.1	678	314.7	421.4

附表24(5) 作物灌溉制度试验成果表(水稻)

省区名	站名	年份	作物品种(早晚)	处理号	返青期 4月12日~4月18日 灌水次数	灌水量(mm)	有效降雨(mm)	耗水量(mm)腾发	渗漏	分蘖前期 4月19日~5月8日 灌水次数	灌水量(mm)	有效降雨(mm)	耗水量(mm)腾发	渗漏	分蘖后期 5月9日~5月16日 灌水次数	灌水量(mm)	有效降雨(mm)	耗水量(mm)腾发	渗漏	拔节孕穗期 5月17日~6月6日 灌水次数	灌水量(mm)	有效降雨(mm)	耗水量(mm)腾发	渗漏	抽穗开花期 6月7日~6月18日 灌水次数	灌水量(mm)	有效降雨(mm)	耗水量(mm)腾发	渗漏	乳熟期 6月19日~6月27日 灌水次数	灌水量(mm)	有效降雨(mm)	耗水量(mm)腾发	渗漏	黄熟期 6月28日~7月16日 灌水次数	灌水量(mm)	有效降雨(mm)	耗水量(mm)腾发	渗漏	全生育期 4月12日~7月16日 灌水次数	灌水量(mm)	有效降雨(mm)	耗水量(mm)腾发	渗漏	产量水平(kg/亩)
广西	玉林	1990	早稻	早管施肥1	2	50	7.7	14.2	19.8	1	20	12	43.2	42.3	1	62.9	51.2	17	10.6	3	48.6	17.9	75.8	20.7	2	150	35.2	72.3	36.5	1	60	19	65.2	18.3	2	70.2	34.4	35.6	0	12	461.7	177.4	323.3	148.2	389.5
				早管施肥2	2	70	7.7	12.3	19.8	3	60	12	48.3	42.3	1	52.3	61.2	19	10.6	3	53	20.9	82.1	20.7	2	155	48.2	79.2	36.5	1	52	18.2	60.1	18.3	2	45.3	59.3	35.6	0	14	487.6	227.5	336.6	148.2	378.4
				早管施肥3	2	60	7.7	14	19.8	3	50	12	42.6	42.3	1	55.6	58.2	19.8	10.6	3	50	16.9	92	20.7	3	160	38.2	81.9	36.5	1	45	16	60.4	18.3	2	48.6	59.3	35.6	0	15	469.2	208.3	346.3	148.2	382.4
				一般旱管1	3	50	7.7	18	19.8	2	40	12	45.2	42.3	1	51	68.2	20.3	10.6	1	40	25.9	92	20.7	2	120	40.2	86.3	36.5	1	25	26	70.2	18.3	2	42.1	54.8	30	0	12	368.1	234.8	362	148.2	365.1
				一般旱管2	3	45	7.7	13	19.8	2	40	12	43	42.3	1	45	65.2	18	10.6	1	38	35.9	87	20.7	2	130	48.2	79	36.5	1	35	30	63	18.3	2	48.4	60.8	30	0	12	381.4	259.8	333	148.2	334.1
				一般旱管3	3	60	7.7	15	19.8	2	45	12	42	42.3	1	40	63.2	21	10.6	1	50	30.9	83	20.7	2	140	45.2	86	36.5	1	32	26	72	18.3	2	49.6	59.8	30	0	12	416.6	244.8	349	148.2	326.7
				普灌1	2	70	7.7	25	19.8	3	50	12	50	42.3	1	60	75.2	32.3	10.6	6	82	36.9	112	20.7	4	190	48.2	92	36.5	4	56	30	82	18.3	2	71	39.9	67.9	0	22	579	249.9	461.2	148.2	351.6
				普灌2	2	65	7.7	26	19.8	3	50	12	36	42.3	1	80	73.2	41.2	10.6	7	79	43.9	108	20.7	4	185	52.2	101	36.5	4	52	26	76	18.3	2	58.3	50.9	73.8	0	23	569.3	265.9	462	148.2	321.6
				普灌3	2	58	7.7	18	19.8	3	55	12	42	42.3	1	65	68.2	36.2	10.6	7	90	38.9	101	20.7	4	172	56.2	106	36.5	4	42	28	89	18.3	2	51.3	58.3	76.8	0	23	533.3	269.3	469	148.2	318.9

附表 24(6)　作物灌溉制度试验成果表（水稻）

省区	站名	年份	作物品种(早晚)	处理号	返青期 8月1日~8月7日					分蘖前期 8月8日~8月21日					分蘖后期 8月22日~8月29日					拔节孕穗期 8月30日~9月26日					抽穗开花期 9月27日~10月8日					乳熟期 10月9日~10月22日					黄熟期 10月23日~11月2日					全生育期 8月1日~11月2日					产量水平(kg/亩)
					灌水次数	灌水量(mm)	有效降雨(mm)	腾发	渗漏	灌水次数	灌水量(mm)	有效降雨(mm)	腾发	渗漏	灌水次数	灌水量(mm)	有效降雨(mm)	腾发	渗漏	灌水次数	灌水量(mm)	有效降雨(mm)	腾发	渗漏	灌水次数	灌水量(mm)	有效降雨(mm)	腾发	渗漏	灌水次数	灌水量(mm)	有效降雨(mm)	腾发	渗漏	灌水次数	灌水量(mm)	有效降雨(mm)	腾发	渗漏	灌水次数	灌水量(mm)	有效降雨(mm)	腾发	渗漏	
广西	玉林	1990	晚稻	敏感水层1	2	45	5.6	13.9	20.3	3	130.1	3.3	54.2	36.2	1	57.1	6	25	15.6	9	311.4	51.8	307.9	25.3	3	117	16.8	94.2	45.6	3	110	0.5	85	10.2	1	20	4.2	24.2	0	22	790.6	88.2	604.4	153.2	412.3
				敏感水层2	2	43.6	5.6	19.5	20.3	3	159.3	3.3	64.4	36.2	1	71.8	6	40.4	15.6	10	327.6	36.8	312.1	25.3	3	140	16.8	87.7	45.6	3	143.4	0.5	92.7	10.2	1	28	4.2	32.2	0	23	913.7	73.2	649	153.2	432.5
				敏感水层3	2	46.4	5.6	24.3	20.3	3	149.6	3.3	58.7	36.2	1	72.3	6	35.1	15.6	13	337.9	56.8	338.8	25.3	5	154	16.8	103.7	45.6	5	133.5	0.5	85.2	10.2	1	29.6	4.2	33.8	0	28	923.3	93.2	679.6	153.2	406.7
				一般旱管1	2	42.6	5.6	14.5	20.3	3	135.2	3.3	44.3	36.2	1	59.7	6	34.8	15.6	5	262.2	31	167.4	25.3	3	124.5	16.8	40.6	45.6	3	131.1	0.5	73.4	10.2	0	0	4.2	26.3	0	17	755.3	67.4	401.3	153.2	407.1
				一般旱管2	2	46.6	5.6	19.5	20.3	3	141	3.3	49.1	36.2	1	74.4	6	39.2	15.6	5	293.8	31	143.5	25.3	3	153.7	16.8	40.4	45.6	4	109.1	0.5	76.4	10.2	0	0	4.2	24.1	0	18	818.6	67.4	392.2	153.2	389.7
				一般旱管3	2	41.1	5.6	19	20.3	3	158	3.3	59.1	36.2	1	79.5	6	36.9	15.6	5	290	31	175	25.3	3	159.1	16.8	52.2	45.6	3	156.9	0.5	83.2	10.2	0	0	4.2	32.6	0	17	884.6	67.4	458	153.2	392.3
				敏感湿润1	2	35.4	5.6	20.8	20.3	3	143	3.3	54.6	36.2	1	51.2	6	22	15.6	5	243.6	34.8	144.2	25.3	3	104.6	16.8	36.5	45.6	3	127.9	0.5	63.2	10.2	0	0	4.2	27.4	0	17	705.7	71.2	368.7	153.2	367.5
				敏感湿润2	2	42.8	5.6	16.7	20.3	3	162.6	3.3	60.7	36.2	1	73.5	6	36.9	15.6	5	311.7	31	172.8	25.3	3	114.9	16.8	32	45.6	3	157	0.5	83.7	10.2	0	0	4.2	42	0	17	862.5	67.4	444.8	153.2	392.1
				敏感湿润3	2	38.5	5.6	15.4	20.3	3	149.8	3.3	53.6	36.2	1	57.3	6	37.2	15.6	5	278.9	31	168.4	25.3	3	107	16.8	38.6	45.6	3	117.6	0.5	95.9	10.2	0	0	4.2	38.3	0	17	749.1	67.4	447.4	153.2	354.8

附表 24(7)　作物灌溉制度试验成果表(水稻)

省区名	站名	年份	作物品种(早、晚)	处理号	返青期 4月10日~4月16日 灌水次数	灌水量(mm)	有效降雨(mm)	耗水量(mm)腾发	渗漏	分蘖前期 4月17日~4月29日 灌水次数	灌水量(mm)	有效降雨(mm)	耗水量(mm)腾发	渗漏	分蘖后期 4月30日~5月8日 灌水次数	灌水量(mm)	有效降雨(mm)	耗水量(mm)腾发	渗漏	拔节孕穗期 5月9日~6月3日 灌水次数	灌水量(mm)	有效降雨(mm)	耗水量(mm)腾发	渗漏	抽穗开花期 6月4日~6月15日 灌水次数	灌水量(mm)	有效降雨(mm)	耗水量(mm)腾发	渗漏	乳熟期 6月16日~6月27日 灌水次数	灌水量(mm)	有效降雨(mm)	耗水量(mm)腾发	渗漏	黄熟期 6月28日~7月11日 灌水次数	灌水量(mm)	有效降雨(mm)	耗水量(mm)腾发	渗漏	全生育期 4月10日~7月11日 灌水次数	灌水量(mm)	有效降雨(mm)	耗水量(mm)腾发	渗漏	产量水平(kg/亩)
广西	玉林	1991	早稻	旱管施肥1	3	50	0	23.1	21.9	5	103.6	15.1	48.8	41.1	1	16.5	22.5	17	9.5	3	142.4	36.6	156.3	0	1	43.9	37.6	45.3	17.7	1	19	49.9	34.4	12.8	1	29.9	9.5	36.1	0	15	405.3	171.2	361	103	456.3
				旱管施肥2	3	48	0	23.1	21.9	5	99.2	15.1	43.6	41.1	1	16	28.5	19	9.5	3	169.2	22.6	134.7	0	1	39.6	39.6	42.8	17.7	1	23	51.9	37.8	12.8	1	39.3	11.5	36	0	15	434.3	169.2	337	103	430.1
				旱管施肥3	3	59	0	31.1	21.9	5	128.7	15.1	53.2	41.1	1	19.5	37.5	28	9.5	3	218.6	59.6	166.3	0	1	47.9	59.6	49.4	17.7	1	25.7	64.9	44.3	12.8	1	46.8	12.5	51.5	0	15	546.5	249.2	423.8	103	451.3
				一般旱管1	3	51	0	23.2	21.9	5	92.3	15.1	46.3	41.1	1	16	26.5	23	9.5	3	156.3	45.6	165.3	0	1	40	39.6	48.5	17.7	1	22	51.9	38.7	12.8	1	30	12.5	40.3	0	15	407.6	191.2	385.3	103	406.5
				一般旱管2	3	48	0	25.1	21.9	5	80.6	15.1	43.2	41.1	1	18	30.5	29	9.5	3	147.6	53.6	153.6	0	1	45	39.6	40.6	17.7	1	25	51.9	45.4	12.8	1	40	12.5	42.5	0	15	404.2	203.2	379.4	103	412.3
				一般旱管3	3	43	0	22.4	21.9	5	100.6	15.1	47.3	41.1	1	20	28.5	24	9.5	3	178.4	36.6	170.4	0	1	50	39.6	42.3	17.7	1	26	51.9	39.2	12.8	1	35	12.5	39.6	0	15	453	184.2	385.2	103	425.6
				普灌1	4	58.5	0	21.6	21.9	5	78.5	17.2	51.6	41.1	1	24	26.4	54	9.5	11	251.1	69.5	283.1	0	1	52.5	50.2	100	17.7	2	49.4	72.9	82.5	12.8	4	132.2	10.5	147.7	0	27	646.2	246.7	740.5	103	395.7
				普灌2	4	68.5	0	18.1	21.9	5	94.9	24.2	65.1	41.1	1	25	26.4	53	9.5	11	269.2	87.6	291.2	0	2	28.5	57.2	87	17.7	2	55.5	74.4	95.6	12.8	4	160.3	12.5	152.2	0	27	701.9	282.3	762.2	103	401.5
				普灌3	4	64	0	31.1	21.9	4	81	28.2	60.1	41.1	1	54	31.5	63	9.5	11	292.2	75	321.7	0	2	43	76.2	114.5	17.7	2	60	77.9	110.1	12.8	4	122.5	11.5	147.9	0	27	716.7	300.3	848.4	103	386.4

附表24(8)　作物灌溉制度试验成果表(水稻)

省区	站名	年份	作物品种(旱、晚)	处理号	返青期 8月1日~8月7日					分蘖前期 8月8日~8月21日					分蘖后期 8月22日~8月29日					拔节孕穗期 8月30日~9月26日					抽穗开花期 9月27日~10月8日					乳熟期 10月9日~10月22日					黄熟期 10月23日~11月2日					全生育期 8月1日~11月2日					产量水平(kg/亩)
					灌水次数	灌水量(mm)	有效降雨(mm)	耗水量腾发(mm)	渗漏	灌水次数	灌水量(mm)	有效降雨(mm)	耗水量腾发(mm)	渗漏	灌水次数	灌水量(mm)	有效降雨(mm)	耗水量腾发(mm)	渗漏	灌水次数	灌水量(mm)	有效降雨(mm)	耗水量腾发(mm)	渗漏	灌水次数	灌水量(mm)	有效降雨(mm)	耗水量腾发(mm)	渗漏	灌水次数	灌水量(mm)	有效降雨(mm)	耗水量腾发(mm)	渗漏	灌水次数	灌水量(mm)	有效降雨(mm)	耗水量腾发(mm)	渗漏	灌水次数	灌水量(mm)	有效降雨(mm)	耗水量腾发(mm)	渗漏	
广西	玉林	1991	晚稻	薄浅湿晒灌1	4	33	20.1	20.1		4	80.7	34.3	48.2		1	98.4	35.5	63		8	191	21.8	166.5	27.2	3	145.5	0	62.2	68.1	2	209.5	2.8	72.8	25	1	20.3	0	17.7		23	778.4	114.5	450.5	200.9	387.5
				薄浅湿晒灌2	4	37	20.1	19.1		4	84	34.3	54		1	75.8	35.5	66.2		8	197	21.8	186.7	27.2	3	153.9	0	64.9	68.1	2	194.9	2.8	77.9	25	2	44.6	0	42.6		23	787.2	114.5	511.4	200.9	346.9
				薄浅湿晒灌3	4	40	20.1	24.1		4	89.8	34.3	57.1		1	103.7	37.5	67.7		8	227	21.8	196.1	27.2	3	172.7	0	68	68.1	2	187.7	2.8	79.7	25	2	50	0	44.7		24	870.9	116.5	537.4	200.9	367.5
				一般旱管1	3	38	20.1	19.1		5	64.2	34.3	43.9		1	69.3	33.5	48.3		8	185.6	21.8	196.8	27.2	2	140.3	0	31.7	68.1	2	103	2.8	43.1	25	2	39	0	32.8		21	639.4	112.5	415.7	200.9	354.6
				一般旱管2	3	35	20.1	19.1		5	71.2	34.3	52.3		1	93.7	50.5	54.2		8	199.1	21.8	212.3	27.2	2	97.3	0	13.1	68.1	2	109.4	2.8	46	25	2	30	0	28		21	635.7	129.5	425	200.9	342.6
				一般旱管3	3	35	20.1	25.1		5	85.1	34.3	64.2		1	89.9	36.5	61.3		8	256.6	21.8	244.3	27.2	2	135.4	0	35.2	68.1	2	113.5	2.8	74.5	25	1	32.5	0	28.4		21	748	115.5	533	200.9	338.7
				普灌1	4	34	20.1	20.1		4	75	34.3	75.2		1	84.6	58.5	94.9		13	375.8	21.8	355.4	27.2	2	97	0	36.9	68.1	2	175	2.8	157.8	25	4	99.9	0	115.9		30	941.3	137.5	856.2	200.9	325.6
				普灌2	4	43.5	20.1	23.6		3	74	39.3	81.1		1	87.2	60.5	94.9		13	444.6	21.8	399.4	27.2	2	113.9	0	53.8	68.1	2	168	2.8	147.8	25	4	92	0	109.5		29	1023.2	144.5	910.1	200.9	309.4
				普灌3	4	40	20.1	22.1		3	100.5	39.3	100.3		1	118.6	69.5	114.4		13	540	21.8	459.5	27.2	2	188.9	0	112.4	68.1	2	294.3	2.8	197.8	25	4	126.2	0	112.8		29	1373.5	155.5	1117.3	200.9	335.4

附表 24(9)　作物灌溉制度试验成果表（水稻）

省区名	站名	年份	作物品种(早、晚)	处理号	返青期 4月13日~4月18日				分蘖前期 4月19日~4月30日				分蘖后期 5月1日~5月14日				拔节孕穗期 5月15日~6月10日				抽穗开花期 6月11日~6月21日				乳熟期 6月22日~6月30日				黄熟期 7月1日~7月14日				全生育期 4月13日~7月14日				产量水平(kg/亩)
					灌水次数	灌水量(mm)	有效降雨(mm)	耗水量(mm) 腾发/渗漏	灌水次数	灌水量(mm)	有效降雨(mm)	耗水量(mm) 腾发/渗漏	灌水次数	灌水量(mm)	有效降雨(mm)	耗水量(mm) 腾发/渗漏	灌水次数	灌水量(mm)	有效降雨(mm)	耗水量(mm) 腾发/渗漏	灌水次数	灌水量(mm)	有效降雨(mm)	耗水量(mm) 腾发/渗漏	灌水次数	灌水量(mm)	有效降雨(mm)	耗水量(mm) 腾发/渗漏	灌水次数	灌水量(mm)	有效降雨(mm)	耗水量(mm) 腾发/渗漏	灌水次数	灌水量(mm)	有效降雨(mm)	耗水量(mm) 腾发/渗漏	
广西	玉林	1992	早稻	苗灌 50 m³	1	20.6	25.8	12.1 / 9.8	1	14	0	17 / 35.6	0		43.9	42.1 / 10.3	2	25.6	82	126 / 12.3	1	20	53.1	68.1 / 30.6	2	32	41.6	55.3 / 15.1	0	0	63.8	63.8 / 0	7	112.2	310.2	384.4 / 113.7	356.7
				苗灌 50 m³	1	21.3	25.8	13.2 / 9.8	1	16	0	15 / 35.6	0		43.9	38.9 / 10.3	2	26.3	87	124 / 12.3	1	20	53.1	73.2 / 30.6	2	36	41.6	51.2 / 15.1	0	0	63.8	63.8 / 0	7	119.6	315.2	379.3 / 113.7	346.8
				苗灌 50 m³	1	18.5	25.8	12.6 / 9.8	1	15	0	17 / 35.6	0		43.9	46.2 / 10.3	2	28.7	90	116 / 12.3	1	20	53.1	71.5 / 30.6	2	35	41.6	48.7 / 15.1	0	0	63.8	63.8 / 0	7	117.2	318.2	375.8 / 113.7	321.7
				苗灌 100 m³	1	20.6	25.8	14 / 9.8	1	15	0	18 / 35.6	0		43.9	53.7 / 10.3	2	44.8	103	138 / 12.3	2	30	53.1	83.7 / 30.6	3	78	41.6	55.7 / 15.1	0	0	63.8	63.8 / 0	9	188.4	331.2	426.9 / 113.7	358.9
				苗灌 100 m³	1	20.9	25.8	14.3 / 9.8	1	16	0	18 / 35.6	0		43.9	50.5 / 10.3	2	41.1	111	139.2 / 12.3	2	35	53.1	84.7 / 30.6	3	79	43.6	58.7 / 15.1	0	0	63.8	63.8 / 0	9	190.7	341.2	428.9 / 113.7	342.7
				苗灌 100 m³	1	20.9	25.8	14.3 / 9.8	1	16	0	18 / 35.6	0		43.9	54.5 / 10.3	2	50.2	112	137.2 / 12.3	2	32	53.1	87.7 / 30.6	3	76	43.6	58.7 / 15.1	0	0	63.8	63.8 / 0	9	195.1	342.2	434.2 / 113.7	367.3
				苗灌 150 m³	1	15.8	25.8	11.2 / 9.8	1	9	0	12 / 35.6	0		43.9	65.4 / 10.3	4	70.6	90	158.3 / 12.3	3	52	53.1	103.2 / 30.6	3	80	43.6	62.3 / 15.1	0	0	63.8	63.8 / 0	12	239.5	330.2	485.3 / 113.7	342.6
				苗灌 150 m³	1	19.7	25.8	11.1 / 9.8	1	10	0	18 / 35.6	0		43.9	78.2 / 10.3	4	76.2	90	169.3 / 12.3	3	48	53.1	98.5 / 30.6	3	86	43.6	65.8 / 15.1	0	0	63.8	63.8 / 0	12	239.9	330.2	504.7 / 113.7	326.1
				苗灌 150 m³	1	20	25.8	10.4 / 9.8	1	14	0	18 / 35.6	0		43.9	69.5 / 10.3	4	68.3	107	153.2 / 12.3	3	49	53.1	101.4 / 30.6	3	81	43.6	57.2 / 15.1	0	0	63.8	63.8 / 0	12	232.3	337.2	473.5 / 113.7	333.2

附表24(10)　作物灌溉制度试验成果表（水稻）

省区名	站名	年份	作物品种(早、晚)	处理号	返青期 8月1日~8月6日					分蘖前期 8月7日~8月18日					分蘖后期 8月19日~8月28日					拔节孕穗期 8月29日~9月23日					抽穗开花期 9月24日~10月3日					乳熟期 10月4日~10月16日					黄熟期 10月17日~10月31日					全生育期 8月1日~10月31日					产量水平(kg/亩)
					灌水次数	灌水量(mm)	有效降雨(mm)	耗水量(mm)腾发	渗漏	灌水次数	灌水量(mm)	有效降雨(mm)	耗水量(mm)腾发	渗漏	灌水次数	灌水量(mm)	有效降雨(mm)	耗水量(mm)腾发	渗漏	灌水次数	灌水量(mm)	有效降雨(mm)	耗水量(mm)腾发	渗漏	灌水次数	灌水量(mm)	有效降雨(mm)	耗水量(mm)腾发	渗漏	灌水次数	灌水量(mm)	有效降雨(mm)	耗水量(mm)腾发	渗漏	灌水次数	灌水量(mm)	有效降雨(mm)	耗水量(mm)腾发	渗漏	灌水次数	灌水量(mm)	有效降雨(mm)	耗水量(mm)腾发	渗漏	
广西	玉林	1992	晚稻	亩灌50 m³	1	23	2.5	4.8	10.7		0	58.6	36.1	21.2		0	18	22.6	0	3	66	64.9	85.5	32.2	1	12.4	0	32.3	0	1	16.3	1.9	18.2	0	1	18.9	0	18.9	0	7	136.6	87.3	182.4	64.1	326.8
				亩灌50 m³	1	25	2.5	6	10.7		0	58.6	36.9	21.2		0	18	22.6	0	3	56	64.9	90.8	32.2	1	22.9	0	27.5	0	1	19	1.9	20.9	0	1	21.4	0	21.4	0	7	144.3	87.3	189.1	64.1	335.7
				亩灌50 m³	1	27	2.5	7.2	10.7		0	58.6	37.7	21.2		0	18	22.6	0	3	58	64.9	85.9	32.2	1	22.2	0	33.7	0	1	20.8	1.9	22.7	0	1	23	0	23	0	7	151	87.3	195.8	64.1	320.5
				亩灌100 m³	2	45	2.5	30.7	10.7	1	30	58.6	60.2	21.2		0	18	35.5	0	4	79	64.9	96.3	32.2	1	11	0	26.2	0		0	1.9	23.4	0		0	0	24	0	8	135	87.3	236.3	64.1	342.3
				亩灌100 m³	2	37	2.5	28.8	10.7	1	14	58.6	60.4	21.2		0	18	29.5	0	4	91	64.9	107.7	32.2	1	18	0	33.8	0		0	1.9	22.7	0		0	0	23.4	0	8	146	87.3	245.3	64.1	331.5
				亩灌100 m³	2	51	2.5	26.8	10.7		0	58.6	42.4	21.2		0	18	33.5	0	4	91	64.9	107.6	32.2	1	16	0	31.8	0		0	1.9	22.3	0		0	0	22.7	0	7	158	87.3	244.1	64.1	350.2
				亩灌150 m³	2	22	2.5	28.8	10.7	2	46	58.6	61.4	21.2	1	7	18	37.9	0	5	117	64.9	125.9	32.2	2	54	0	36.2	0	1	13.1	1.9	14.6	0		0	0	30.7	0	13	213.1	87.3	274.4	64.1	341.5
				亩灌150 m³	2	44	2.5	29.8	10.7	2	27	58.6	59.4	21.2	1	3.6	18	40.6	0	5	135.4	64.9	143.6	32.2	2	38.3	0	42.8	0	1	18.9	1.9	20.8	0		0	0	20	0	13	240.2	87.3	297.6	64.1	322.9
				亩灌150 m³	2	23	2.5	30.8	10.7	2	46	58.6	67.4	21.2	1	16.5	18	50.4	0	5	157.5	64.9	133.5	32.2	2	27.5	0	37.1	0	1	4.5	1.9	23.9	0		0	0	24.5	0	13	229	87.3	300.2	64.1	331.1

附表24(11) 作物灌溉制度试验成果表（水稻）

省区名	站名	年份	作物品种(早、晚)	处理号	返青期 4月9日~4月15日					分蘖前期 4月16日~4月26日					分蘖后期 4月27日~5月10日					拔节孕穗期 5月11日~6月20日					抽穗开花期 6月21日~6月30日					乳熟期 7月1日~7月12日					黄熟期 7月13日~7月26日					全生育期 4月9日~7月26日					产量水平(kg/亩)
					灌水次数	灌水量(mm)	有效降雨(mm)	耗水量腾发(mm)	渗漏	灌水次数	灌水量(mm)	有效降雨(mm)	耗水量腾发(mm)	渗漏	灌水次数	灌水量(mm)	有效降雨(mm)	耗水量腾发(mm)	渗漏	灌水次数	灌水量(mm)	有效降雨(mm)	耗水量腾发(mm)	渗漏	灌水次数	灌水量(mm)	有效降雨(mm)	耗水量腾发(mm)	渗漏	灌水次数	灌水量(mm)	有效降雨(mm)	耗水量腾发(mm)	渗漏	灌水次数	灌水量(mm)	有效降雨(mm)	耗水量腾发(mm)	渗漏	灌水次数	灌水量(mm)	有效降雨(mm)	耗水量腾发(mm)	渗漏	
广西	玉林	1993	早稻	薄浅湿晒1	1	26	12.8	14.9	6.7	1	18	24.9	18.5	12	0	0	31.3	45.9	3.7	1	15	171.1	186	15.3	1	10	12.2	42.5	0	1	15	52.1	49	9.3	0	0	23.6	65.6	0	5	84	328	422.4	47	353
				薄浅湿晒2	1	25	12.8	15.9	6.7	1	16	34.9	27.5	12	0	0	38.3	54.9	3.7	1	23	176.1	190.3	15.3	1	8	12.2	38.5	0	1	15	52.1	48	9.3	0	0	23.6	64.6	0	5	87	350	439.7	47	363.5
				薄浅湿晒3	1	27	12.8	17.9	6.7	1	18	35.9	29.5	12	0	0	28.3	47.9	3.7	1	26	174.1	179.3	15.3	1	9	13.2	40.5	0	1	11	52.1	44.1	9.3	0	0	23.6	59.5	0	5	91	340	418.7	47	351
				亩灌 50 m³	1	18	12.8	18.1	6.7	0	0	45.9	24.9	12	0	0	52.3	52.6	3.7	1	86.2	167.1	185.8	15.3	0	0	37.2	37.2	0	0	0	52.1	25.2	9.3	1	15.5	23.6	56.7	0	3	119.7	391	400.5	47	335.5
				亩灌 50 m³	1	27	12.8	14.1	6.7	0	0	36.9	29.9	12	0	0	81.3	52.6	3.7	1	83.5	169.1	183.1	15.3	0	0	36.2	36.2	0	0	0	52.1	25.2	9.3	1	17.5	23.6	58.7	0	3	128	412	399.8	47	348.7
				亩灌 50 m³	1	28	12.8	18.1	6.7	0	0	40.9	29.9	12	0	0	81.3	48.6	3.7	1	92.3	165.1	182.9	15.3	0	0	37.2	37.2	0	0	0	52.1	25.2	9.3	1	16.4	23.6	57.7	0	3	136.7	413	399.6	47	368
				亩灌 100 m³	1	24	12.8	15.1	6.7	1	19	35.9	28.9	12	0	0	32.3	48.6	3.7	1	74.5	166.1	178.8	15.3	0	0	40.2	40.2	0	1	25	52.1	49.8	9.3	1	17.9	23.6	59.5	0	5	160.4	363	420.9	47	369
				亩灌 100 m³	1	32	12.8	14.1	6.7	1	17	27.9	21.9	12	0	0	30.3	51.6	3.7	1	67.3	171.1	181.9	15.3	0	0	38.2	38.2	0	1	25	52.1	49.8	9.3	1	17.9	23.6	59.5	0	5	159.2	356	417	47	322.5
				亩灌 100 m³	1	26	12.8	15.1	6.7	1	16	29.9	24.9	12	0	0	27.3	48.6	3.7	1	91.7	169.1	194.8	15.3	0	0	36.2	36.2	0	1	22	52.1	46.5	9.3	1	17.2	23.6	59.1	0	5	172.9	351	425.2	47	334

附表 24(12)　作物灌溉制度试验成果表(水稻)

省区名	站名	年份	作物品种(早、晚)	处理号	返青期 4月28日~5月3日					分蘖前期 5月4日~5月17日					分蘖后期 5月18日~5月27日					拔节孕穗期 5月28日~6月20日					抽穗开花期 6月21日~6月30日					乳熟期 7月1日~7月13日					黄熟期 7月14日~7月27日					全生育期 4月28日~7月27日					产量水平(kg/亩)
					灌水次数	灌溉量(mm)	有效降雨(mm)	耗水量腾发(mm)	耗水量渗漏(mm)	灌水次数	灌溉量(mm)	有效降雨(mm)	耗水量腾发	渗漏	灌水次数	灌溉量	有效降雨(mm)	耗水量腾发	渗漏	灌水次数	灌水量(mm)	有效降雨(mm)	耗水量腾发	渗漏	灌水次数	灌水量(mm)	有效降雨(mm)	耗水量腾发	渗漏	灌水次数	灌水量(mm)	有效降雨(mm)	耗水量腾发	渗漏	灌水次数	灌水量(mm)	有效降雨(mm)	耗水量腾发	渗漏	灌水次数	灌水量(mm)	有效降雨(mm)	耗水量腾发	渗漏	
广西	玉林	1994	早稻	灌浆湿晒1	2	43	12.6	23.2	16.4	3	83	28.5	54.2	40.3	0		46.3	41.8	21.8	0		151.8	106.8	53.7	1	27	44.6	39.6	26	0		47.1	57.2	4.8	0		57.8	32.8	12.1	6	153	388.7	355.6	175.1	364.2
				灌浆湿晒2	2	46	12.6	14.2	16.4	2	42	28.5	49.9	40.3	0		46.3	29.4	21.8	0		158.8	107.5	53.7	1	11	45.6	33.6	26	0		41.1	50.8	4.8	0		58.8	31.2	12.1	5	99	391.7	316.6	175.1	375.9
				灌浆湿晒3	2	41	12.6	19.2	16.4	3	68	28.5	44.5	40.3	0		46.3	29.7	21.8	0		158.8	103	53.7	1	20	41.6	42.6	26	0		43.1	53.2	4.8	0		57.8	30.8	12.1	6	129	388.7	323	175.1	380.1
				水捅旱管1	2	47	12.6	23.2	16.4	2	65	28.5	63.8	40.3	0		50.7	28.9	21.8	0		143.1	97.5	53.7	1	25	44.6	33.6	26	0		41.1	50.2	4.8	0		54.8	28.8	12.1	5	137	375.4	326	175.1	357.6
				水捅旱管2	2	53	12.6	24.2	16.4	2	79	28.5	69.2	40.3	0		46.3	28.7	21.8	0		94.3	87	53.7	1	20	45.6	33.6	26	0		47.1	57.8	4.8	0		57.8	30.2	12.1	5	152	332.2	330.7	175.1	382.3
				水捅旱管3	2	28	12.6	11.6	16.4	3	57	28.5	65.5	40.3	0		46.3	29.8	21.8	0		101.3	92.4	53.7	1	14	45.6	31.6	26	0		42.1	51.2	4.8	0		53.8	27.8	12.1	6	99	330.2	309.9	175.1	345.7
				苗灌 50 m³	1	28	12.6	21.2	16.4	1	14.4	28.5	16.5	40.3	0		46.3	18.9	21.8	0		161.1	98.8	53.7	1	22	41.6	40.6	26	0		34.1	46.8	4.8	0		61.8	34.2	12.1	3	64.4	386	277	175.1	336.4
				苗灌 50 m³	1	28	12.6	21.2	16.4	1	14.4	28.5	16.7	40.3	1	20	46.3	19.7	21.8	0		124.3	95.8	53.7	1	24	41.6	41.6	26	0		35.1	48.8	4.8	0		64.8	33.2	12.1	4	86.4	353.2	277	175.1	345.8
				苗灌 50 m³	1	28	12.6	23.2	16.4	1	14.4	28.5	14.8	40.3	1	14	46.3	19.2	21.8	0		132.3	103.2	53.7	1	22	39.6	42.6	26	0		32.1	47.8	4.8	0		64.8	33.2	12.1	4	78.4	356.2	284	175.1	350.4

附表24(13)　作物灌溉制度试验成果表（水稻）

省区名	站名	年份	作物品种（早/晚）	处理号	返青期 8月14日~8月19日				分蘖前期 8月20日~9月4日				分蘖后期 9月5日~9月13日				拔节孕穗期 9月14日~10月9日				抽穗开花期 10月10日~10月18日				乳熟期 10月19日~10月31日				黄熟期 11月1日~11月15日				全生育期 8月14日~11月15日				产量水平 (kg/亩)
					灌水次数	灌水量(mm)	有效降雨(mm)	耗水量(mm) 腾发/渗漏	灌水次数	灌水量(mm)	有效降雨(mm)	耗水量(mm) 腾发/渗漏	灌水次数	灌水量(mm)	有效降雨(mm)	耗水量(mm) 腾发/渗漏	灌水次数	灌水量(mm)	有效降雨(mm)	耗水量(mm) 腾发/渗漏	灌水次数	灌水量(mm)	有效降雨(mm)	耗水量(mm) 腾发/渗漏	灌水次数	灌水量(mm)	有效降雨(mm)	耗水量(mm) 腾发/渗漏	灌水次数	灌水量(mm)	有效降雨(mm)	耗水量(mm) 腾发/渗漏	灌水次数	灌水量(mm)	有效降雨(mm)	耗水量(mm) 腾发/渗漏	
广西	玉林	1994	晚稻	薄发湿晒1	1	21	24.1	12.1	2	18	48.7	60.5 / 31.4	0	0	26.2	30.7 / 11.6	3	153	29.4	116.3 / 62.4	3	79	15.3	34.6 / 33.7	3	56	0	47.3 / 17.1	1	30	0	20.7 / 9.3	13	357	143.7	322.2 / 178.5	390.5
				薄发湿晒2	1	24	25.1	7.1	0	0	48.7	49.9 / 31.4	0	0	25.2	33.1 / 11.6	5	155	29.4	109.4 / 62.4	3	69	15.3	33.7 / 33.7	3	50	0	39.3 / 17.1	1	29	0	19.7 / 9.3	13	327	143.7	292.2 / 178.5	387
				薄发湿晒3	1	21	29.1	10.1	1	8	48.7	60.7 / 31.4	0	0	26.2	30 / 11.6	5	150	29.4	103.1 / 62.4	3	58	15.3	26.1 / 33.7	3	52	0	38.5 / 17.1	1	26	0	16.7 / 9.3	14	315	148.7	285.8 / 178.5	412.3
				水稻旱管1	1	21	24.1	12.1	3	56	48.7	84.7 / 31.4	0	0	25.2	38.9 / 11.6	5	102	29.4	80.7 / 62.4	2	64	15.3	23.4 / 33.7	4	84	0	60.7 / 17.1	1	37	0	27.7 / 9.3	16	364	142.7	328.9 / 178.5	421.3
				水稻旱管2	1	19	29.1	11.1	2	37	48.7	77.8 / 31.4	0	0	26.2	33.1 / 11.6	5	120	29.4	64 / 62.4	2	55	15.3	34.9 / 33.7	4	88	0	77.6 / 17.1	1	27	0	17.7 / 9.3	15	346	148.7	316.2 / 178.5	402.6
				水稻旱管3	1	20	29.1	11.1	2	36	48.7	77.8 / 31.4	0	0	26.2	31.1 / 11.6	6	105	29.4	80.2 / 62.4	2	50	15.3	16.8 / 33.7	4	88	0	61.5 / 17.1	1	29	0	19.7 / 9.3	15	328	148.7	238.2 / 178.5	395.7
				普灌1	1	21	27.1	10.1	2	49	48.7	82.2 / 31.4	0	0	25.2	50.4 / 11.6	6	216	29.4	145.3 / 62.4	3	67	15.3	36.6 / 33.7	5	112	0	96.9 / 17.1	1	29	0	39.7 / 9.3	18	494	145.7	461.2 / 178.5	356.8
				普灌2	1	22	27.1	8.1	2	29	48.7	66.8 / 31.4	0	0	25.2	47.6 / 11.6	6	216	29.4	153.5 / 62.4	3	74	15.3	38.6 / 33.7	5	115	0	97.9 / 17.1	1	27	0	37.7 / 9.3	18	483	145.7	450.2 / 178.5	374.2
				普灌3	1	20	28.1	9.1	2	41	48.7	76.2 / 31.4	0	0	25.2	51.1 / 11.6	6	229	29.4	164.6 / 62.4	3	79	15.3	42.6 / 33.7	5	118	0	102.9 / 17.1	1	23	0	31.7 / 9.3	18	510	146.7	478.2 / 178.5	381.5

附表 24(14)　作物灌溉制度试验成果表（水稻）

省区名	站名	年份	作物品种(早晚)	处理号	返青期 4月22日~4月28日					分蘖前期 4月29日~5月11日				分蘖后期 5月12日~5月20日					拔节孕穗期 5月21日~6月18日					抽穗开花期 6月19日~6月29日				乳熟期 6月30日~7月10日				黄熟期 7月11日~7月18日				全生育期 4月22日~7月18日					产量水平(kg/亩)
					灌水次数	灌水量(mm)	有效降雨(mm)	耗水量(mm)腾发	渗漏	灌水量(mm)	有效降雨(mm)	耗水量(mm)腾发	渗漏	灌水次数	灌水量(mm)	有效降雨(mm)	耗水量(mm)腾发	渗漏	灌水次数	灌水量(mm)	有效降雨(mm)	耗水量(mm)腾发	渗漏	灌水量(mm)	有效降雨(mm)	耗水量(mm)腾发	渗漏	灌水次数	有效降雨(mm)	耗水量(mm)腾发	渗漏	灌水量(mm)	有效降雨(mm)	耗水量(mm)腾发	渗漏	灌水量(mm)	灌水次数	有效降雨(mm)	耗水量(mm)腾发	渗漏	
广西	玉林	1995	早稻	薄发湿晒1	2	42	14.7	31.1	7.6	0	78.6	75.5	9.2	1	25	4.3	37.1	4.1	3	83	128.9	182.5	17.4	52	31.6	72.4	13.4	0	48.7	52.1	2.7	0	21.6	22.5	2.8	202	8	328.4	473.2	57.2	421.6
				薄发湿晒2	2	40	14.7	29.1	7.6	0	78.6	62	9.2	1	9	4.3	36.2	4.1	3	46	139.9	157.5	17.4	41	29.6	56	13.4	0	50.7	52.5	2.7	0	22.6	23.5	2.8	136	8	340.4	416.8	57.2	413.5
				薄发湿晒3	2	36.3	14.7	23.9	7.6	0	78.6	48.7	9.2	0	0	4.3	32.5	4.1	3	41	138.9	148.5	17.4	34	52.6	55.4	13.4	0	47.7	49.1	2.7	0	22.6	23.5	2.8	111.3	7	359.4	381.6	57.2	400.8
				水稻旱管1	2	28	14.7	21.1	7.6	0	78.6	58.4	9.2	1	16	4.3	31.2	4.1	0	0	124.9	100.6	17.4	23	22.6	29.9	13.4	0	48.7	47.5	2.7	0	22.6	23.5	2.8	67	5	316.4	312.2	57.2	425.6
				水稻旱管2	2	37	14.7	29.1	7.6	0	78.6	67.9	9.2	1	26	4.3	42.7	4.1	0	0	128.9	104.4	17.4	30	20.6	34.5	13.4	0	48.7	48.1	2.7	0	22.6	23.5	2.8	93	4	318.4	350.2	57.2	416.8
				水稻旱管3	2	37	14.7	29.1	7.6	0	78.6	67.7	9.2	2	23	4.3	39.9	4.1	3	80	134.9	109	17.4	15	22.6	24.4	13.4	0	50.7	48.6	2.7	0	22.6	23.5	2.8	75	4	328.4	342.2	57.2	401.3
				普灌1	2	42	14.7	33.1	7.6	0	78.6	73.4	9.2	2	37	4.3	49.2	4.1	3	83	130.9	172.5	17.4	66	25.6	80.2	13.4	0	48.7	57.3	2.7	0	20.6	17.8	2.8	225	9	323.4	483.5	57.2	412.3
				普灌2	2	31	14.7	24.1	7.6	0	78.6	62.7	9.2	1	19	4.3	39.9	4.1	3	81	129.9	175.5	17.4	71	28.6	87	13.4	0	49.7	58.5	2.7	0	22.6	23.5	2.8	204	8	328.4	471.2	57.2	401.5
				普灌3	2	40	14.7	30.1	7.6	0	78.6	75.3	9.2	2	36	4.3	47.3	4.1	3	81	142.9	184.5	17.4	65	25.6	85.2	13.4	0	51.7	55.3	2.7	0	22.6	23.5	2.8	222	9	340.4	501.2	57.2	395.6

附表 24(15)　作物灌溉制度试验成果表（水稻）

省区名	站名	年份	作物品种(早、晚)	处理号	返青期 8月15日~8月21日 灌水次数	灌水量(mm)	有效降雨(mm)	耗水量(mm)腾发	渗漏	分蘖前期 8月22日~9月10日 灌水次数	灌水量(mm)	有效降雨(mm)	耗水量(mm)腾发	渗漏	分蘖后期 9月11日~9月24日 灌水次数	灌水量(mm)	有效降雨(mm)	耗水量(mm)腾发	渗漏	拔节孕穗期 9月25日~10月15日 灌水次数	灌水量(mm)	有效降雨(mm)	耗水量(mm)腾发	渗漏	抽穗开花期 10月16日~10月25日 灌水次数	灌水量(mm)	有效降雨(mm)	耗水量(mm)腾发	渗漏	乳熟期 10月26日~11月5日 灌水次数	灌水量(mm)	有效降雨(mm)	耗水量(mm)腾发	渗漏	黄熟期 11月6日~11月19日 灌水次数	灌水量(mm)	有效降雨(mm)	耗水量(mm)腾发	渗漏	全生育期 8月15日~11月19日 灌水次数	灌水量(mm)	有效降雨(mm)	耗水量(mm)腾发	渗漏	产量水平(kg/亩)
广西	玉林	1995	晚稻	渐浇湿晒1	1	38	13.8	17.7	9.1	2	60	64.9	60.6	49.1	3	65	9.9	67.7	10.3	3	53	103.3	95	30.2	1	43	12.8	54.7	1.8	1	23	0	3.7	31.7	0		42.2	35.3	1.8	11	282	246.9	334.7	134.2	435.6
				渐浇湿晒2	1	33	13.8	22.7	9.1	2	50	64.9	54.1	49.1	3	76	9.9	70.2	10.3	3	94	82.4	117	30.2	1	30.3	12.8	37.3	1.8	1	19	0	17.7	31.7	0		53.2	39.3	1.8	11	302.3	237	388.3	134.2	425.1
				渐浇湿晒3	1	36	13.8	25.7	9.1	1	48	40.7	43.6	49.1	3	94	9.9	80.8	10.3	2	83	71.8	98.3	30.2	1	38	12.8	41.9	1.8	1	26	0	21.9	31.7	0		44.2	38	1.8	9	325	193.2	350.2	134.2	419.7
				水桶旱管1	1	38	13.8	24.7	9.1	2	60	64.9	62.6	49.1	2	29	9.9	41.1	10.3	1	0	134.6	46.2	30.2	1	12	12.8	40.3	1.8	1	16	0	12.9	31.7	0		56.2	54.4	1.8	8	155	292.2	282.2	134.2	425.7
				水桶旱管2	1	23	13.8	21.4	9.1	2	43	64.9	40.9	49.1	2	28	9.9	40.5	10.3	1	0	139.6	31.8	30.2	1	20	12.8	48.6	1.8	1	21	0	23.5	31.7	0		48.2	46.4	1.8	8	135	289.2	253.1	134.2	435.1
				水桶旱管3	1	34	13.8	28.7	9.1	2	66	64.9	61.1	49.1	2	34	9.9	41	10.3	1	0	126.6	39.1	30.2	1	12	12.8	39.8	1.8	1	22	0	18.5	31.7	0		53.2	51.4	1.8	8	168	281.2	279.7	134.2	412.9
				普灌1	1	31	13.8	26.7	9.1	2	50	54.9	68.6	49.1	4	87	9.9	71.6	10.3	3	58	112.8	133	30.2	3	98	12.8	65.3	1.8	1	37	0	50.2	31.7	0		48.2	46.4	1.8	14	361	252.4	461.8	134.2	387.5
				普灌2	1	25	13.8	23.7	9.1	2	61	57.7	65.3	49.1	4	92	9.9	63.6	10.3	3	112	122.7	157.2	30.2	3	89	12.8	79.7	1.8	1	36	0	45.1	31.7	0		49.2	47.4	1.8	15	415	266.1	482	134.2	401.2
				普灌3	1	27	13.8	16.7	9.1	2	39	61.7	53.6	49.1	4	87	9.9	56.6	10.3	3	59.1	125.6	171.8	30.2	3	64	12.8	70.3	1.8	1	34	0	15.7	31.7	0		45.2	43.4	1.8	14	310.1	269	428.1	134.2	399.6

附表 24(16)　作物灌溉制度试验成果表（水稻）

省区名	站名	年份	作物品种(早、晚)	处理号	返青期 4月26日~5月1日					分蘖前期 5月2日~5月10日					分蘖后期 5月11日~5月23日					拔节孕穗期 5月24日~6月20日					抽穗开花期 6月21日~6月30日					乳熟期 7月1日~7月11日					黄熟期 7月12日~7月20日					全生育期 4月26日~7月20日					产量水平(kg/亩)
					灌水次数	灌水量(mm)	有效降雨(mm)	耗水量腾发	耗水量渗漏	灌水次数	灌水量(mm)	有效降雨(mm)	耗水量腾发	耗水量渗漏	灌水次数	灌水量(mm)	有效降雨(mm)	耗水量腾发	耗水量渗漏	灌水次数	灌水量(mm)	有效降雨(mm)	耗水量腾发	耗水量渗漏	灌水次数	灌水量(mm)	有效降雨(mm)	耗水量腾发	耗水量渗漏	灌水次数	灌水量(mm)	有效降雨(mm)	耗水量腾发	耗水量渗漏	灌水次数	灌水量(mm)	有效降雨(mm)	耗水量腾发	耗水量渗漏	灌水次数	灌水量(mm)	有效降雨(mm)	耗水量腾发	耗水量渗漏	
广西	玉林	1996	早稻	渐发湿晒1	2	32	2.3	4.1	8.2	1	20	25.9	34.7	10.2	1	44	4.8	55.3	47.9	3	123	136.8	189.1	6.7	0		53.8	46	25.8	0		31.4	46.4		0		39.5	31.6	7.9	7	219	294.5	407.2	106.7	389.1
				渐发湿晒2	2	30	2.3	6	8.2	1	25	25.9	33.8	10.2	1	46	4.8	43.8	47.9	3	95	153.8	166.2	6.7	0		30.8	38	25.8	0		38.4	45.9		0		39.5	39.1	7.9	7	196	295.5	372.8	106.7	378.6
				渐发湿晒3	2	37	2.3	13.8	8.2	1	24	25.9	31	10.2	1	50	4.8	53.8	47.9	3	72	121.8	131.2	6.7	0		31.8	28	25.8	0		23.4	35		0		39.5	25	7.9	7	183	249.5	317.8	106.7	381.2
				水捕旱管1	2	30	2.3	7.1	8.2	1	20	25.9	33.7	10.2	1	29	4.8	50.2	47.9	3	155	128.8	178.1	6.7	0		34.8	18	25.8	0		33.4	43.4		0		39.5	31.6	7.9	7	234	269.5	362.1	106.7	401.3
				水捕旱管2	2	29	2.3	11.1	8.2	1	20	25.9	21.7	10.2	1	24	4.8	31.9	47.9	3	49	163.8	149.1	6.7	0		31.8	38	25.8	0		31.4	31.4		0		39.5	31.6	7.9	7	122	289.5	314.8	106.7	385.6
				水捕旱管3	2	26	2.3	5.1	8.2	1	20	25.9	30.7	10.2	1	27	4.8	24.8	47.9	3	56	99.8	111.2	6.7	0		36.8	20	25.8	0		31.4	31.4		0		39.5	20.6	7.9	7	129	240.5	243.8	106.7	392.1
				普灌1	2	31	2.3	7	8.2	1	15	25.9	31.3	10.2	2	93	4.8	22.4	47.9	3	149	155.8	296.1	6.7	0		98.8	43.7	25.8	0		33.4	62.7		0		39.5	31.6	7.9	8	288	360.5	494.8	106.7	356.8
				普灌2	2	42	2.3	3.1	8.2	1	21	25.9	34.7	10.2	2	84	4.8	50.9	47.9	3	133	167.8	232.1	6.7	0		41.8	35	25.8	0		31.4	74.4		0		39.5	31.6	7.9	8	280	313.5	461.8	106.7	387.5
				普灌3	2	27	2.3	3.1	8.2	1	55	25.9	42.7	10.2	2	96	4.8	60.2	47.9	3	34	138.8	222.5	6.7	0		55.8	34	25.8	0		31.4	39.4		0		39.5	20.6	7.9	8	212	298.5	422.5	106.7	362.4

附表 24(17)　作物灌溉制度试验成果表（水稻）

省区名	站名	年份	作物品种(早,晚)	处理号	返青期 8月14日~8月18日					分蘖前期 8月19日~8月26日					分蘖后期 8月27日~9月6日					拔节孕穗期 9月7日~9月30日				抽穗开花期 10月1日~10月15日					乳熟期 10月16日~10月31日					黄熟期 11月1日~11月13日				全生育期 8月14日~11月13日					产量水平(kg/亩)
					灌水次数	灌水量(mm)	有效降雨(mm)	耗水量(mm)腾发	渗漏	灌水次数	灌水量(mm)	有效降雨(mm)	耗水量(mm)腾发	渗漏	灌水次数	灌水量(mm)	有效降雨(mm)	耗水量(mm)腾发	渗漏	灌水次数	灌水量(mm)	有效降雨(mm)	耗水量(mm)腾发	灌水次数	灌水量(mm)	有效降雨(mm)	耗水量(mm)腾发	渗漏	灌水次数	灌水量(mm)	有效降雨(mm)	耗水量(mm)腾发	渗漏	灌水次数	灌水量(mm)	有效降雨(mm)	耗水量(mm)腾发	灌水次数	灌水量(mm)	有效降雨(mm)	耗水量(mm)腾发	渗漏	
广西	玉林	1996	晚稻	薄浅湿晒1	1	23	24	18.9	11.1	1	40	15.6	33.5	23.1	1	52	0.2	61.1	12.8	3	81	51.8	121.2	3	134	33.1	71.2	42.8	3	113	0	101.4	0.4	0	0	0	30.2	12	443	124.7	437.5	90.2	403.6
				薄浅湿晒2	1	36	17	11.9	11.1	1	30	15.6	35.5	23.1	1	43	8.2	45.1	12.8	2	59	46.8	100.1	3	78	33.1	79.3	42.8	3	99	0	94	0.4	0	0	0	29.6	11	345	120.7	395.5	90.2	395.7
				薄浅湿晒3	1	25	62	35.9	11.1	1	23	15.6	43.5	23.1	1	49	11.2	55.1	12.8	3	91	51.8	142.1	3	111	33.1	79.3	42.8	3	94	0	99.6	0.4	0	0	0	21	12	393	173.7	476.5	90.2	391.5
				水涸旱管1	1	32	11	12.9	11.1	1	39	15.6	39.5	23.1	1	35	1.2	40.8	12.8	2	72	47.8	112.4	2	47	33.1	26.7	42.8	2	55	0	52	0.4	0	0	0	20.2	2	280	108.7	304.5	90.2	402.6
				水涸旱管2	1	40	23	20.9	11.1	1	20	15.6	28.5	23.1	1	32	8.2	32.4	12.8	2	41	46.8	79.5	2	46	33.1	23.2	42.8	2	42	0	41.6	0.4	0	0	0	18.4	9	221	126.7	244.5	90.2	385.6
				水涸旱管3	1	25	78	45.9	11.1	1	24	15.6	40.5	23.1	1	35	14.2	49.2	12.8	2	56	51.8	97.8	2	53	33.1	34.5	42.8	2	39	0	36.2	0.4	0	0	0	18.4	9	232	126.7	322.5	90.2	391.2
				普灌1	1	38	23	17.9	11.1	1	38	15.6	31.5	23.1	1	35	9.2	46.4	12.8	3	128	45.8	156.8	3	134	33.1	107.3	42.8	3	129	0	129.6	0.4	0	0	0	33	12	406	126.7	522.5	90.2	385.1
				普灌2	1	42	19	25.9	11.1	1	42	15.6	34.5	23.1	1	49	5.2	58.7	12.8	3	182	45.8	149.5	3	188	13.1	116.7	42.8	3	151	0	130.8	0.4	0	0	0	45.8	12	654	98.7	561.9	90.2	371.2
				普灌3	1	26	67	22.7	11.1	1	44	15.6	40.5	23.1	1	56	35.2	94.3	12.8	3	149	45.8	186.9	3	193	33.1	127.8	42.8	3	152	0	138.1	0.4	0	0	0	27	12	620	196.7	637.3	90.2	369.7

附表 24(18) 作物灌溉制度试验成果表(水稻)

省区名	年份	作物品种(早/晚)	处理号	返青期 4月4日~4月10日					分蘖前期 4月11日~4月23日					分蘖后期 4月24日~5月3日					拔节孕穗期 5月4日~5月31日					抽穗开花期 6月1日~6月12日					乳熟期 6月13日~6月26日					黄熟期 6月27日~7月10日					全生育期 4月4日~7月10日					产量水平(kg/亩)
				灌水次数	灌水量(mm)	有效降雨(mm)	耗水量 腾发(mm)	渗漏	灌水次数	灌水量(mm)	有效降雨(mm)	耗水量 腾发(mm)	渗漏	灌水次数	灌水量(mm)	有效降雨(mm)	耗水量 腾发(mm)	渗漏	灌水次数	灌水量(mm)	有效降雨(mm)	耗水量 腾发(mm)	渗漏	灌水次数	灌水量(mm)	有效降雨(mm)	耗水量 腾发(mm)	渗漏	灌水次数	灌水量(mm)	有效降雨(mm)	耗水量 腾发(mm)	渗漏	灌水次数	灌水量(mm)	有效降雨(mm)	耗水量 腾发(mm)	渗漏	灌水次数	灌水量(mm)	有效降雨(mm)	耗水量 腾发(mm)	渗漏	
广西 玉林	1997	早稻	薄浅湿晒1	1	21.2	59.7	15.6	8.3	1	4.3	109.4	31.5	15.3	0		6.2	13.2	16.2	0		146.5	132.4	36.5	3	133.8	49.6	90.1	23.2	1	31.5	56.9	69.8	5.1	1	8.5	14.8	23.3	0	7	199.3	443.1	375.9	104.6	480
			薄浅湿晒2	1	24	59.7	19.4	8.3	0	0	128.4	31.4	15.3	0		9.2	19.3	16.2	0		141.5	127.8	36.5	3	119.6	49.6	63.9	23.2	1	53.1	54.9	49.6	5.1	1	8.5	14.8	23.3	0	6	205.2	458.1	334.7	104.6	465
			薄浅湿晒3	2	16	59.7	19.4	8.3	1	7.4	127.4	29	15.3	0		12.2	19.7	16.2	0		138.5	125.1	36.5	3	110	49.6	45	23.2	1	15.5	62.9	63.6	5.1	1	8.5	14.8	23.3	0	8	157.4	465.1	325.1	104.6	459
			水涝旱眷1	1	21.8	59.7	16.2	8.3	0	0	111.4	38.6	15.3	0		12.2	19.6	16.2	0		161.5	146.2	36.5	3	90	49.6	62.9	23.2	1	35	66.9	78.3	5.1	1	12.7	14.8	27.5	0	6	159.5	476.1	389.3	104.6	435
			水涝旱眷2	1	16	59.7	13.4	8.3	1	9.3	115.4	31.2	15.3	0		19.2	21.7	16.2	0		144.5	130.5	36.5	3	121.6	49.6	48.7	23.2	1	35.5	49.9	72.3	5.1	1	9.3	14.8	24.7	0	7	191.7	453.1	342.5	104.6	478
			水涝旱眷3	1	19.7	59.7	31.1	8.3	1	19	158.4	29.5	15.3	0		1.2	26.5	16.2	0		148.5	134.2	36.5	3	101.2	49.6	47.6	23.2	1	23.2	78.9	76.4	5.1	1	11.5	14.8	26.3	0	7	174.6	511.1	371.6	104.6	429
			普灌1	1	19.5	59.7	16.9	8.3	1	10.1	83.4	32.7	15.3	0		41.2	37.7	16.2	0		233.5	212	36.5	3	167	49.6	142.8	23.2	1	79.7	59.9	117	5.1	1	7.3	14.8	29.1	0	7	263.6	542.1	588.2	104.6	415
			普灌2	1	23	59.7	14.6	8.3	1	10	94.4	36.9	15.3	0		41.2	39.4	16.2	0		233.5	212	36.5	3	161.2	49.6	91.6	23.2	1	50.3	84.9	102.5	5.1	1	9.8	14.8	28.6	0	7	254.3	578.1	525.6	104.6	454
			普灌3	1	12	59.7	18.9	8.3	1	12.2	141.4	36.5	15.3	0		20.2	37.5	16.2	0		228.5	207.3	36.5	3	119	49.6	116.2	23.2	1	16	117.2	112.1	5.1	1	10.5	14.8	37.7	0	7	169.7	631.4	566.2	104.6	423

附表25(1) 作物灌溉制度试验成果表（水稻）

省区	站名	年份	作物品种(早、中、晚)	处理	重复	返青期 4月16日~4月24日				分蘖期 4月25日~5月20日				拔节期 5月21日~6月18日				抽穗期 6月19日~6月30日				灌浆期 7月1日~7月24日				全生育期 4月16日~7月24日					产量水平(kg/亩)
						灌水次数	灌水量(mm)	有效降雨(mm)	耗水量(mm)	灌水次数	灌水量(mm)	有效降雨(mm)	耗水量(mm)	灌水次数	灌水量(mm)	有效降雨(mm)	耗水量(mm)	灌水次数	灌水量(mm)	有效降雨(mm)	耗水量(mm)	灌水次数	灌水量(mm)	有效降雨(mm)	耗水量(mm)	灌水次数	灌水量(mm)	有效降雨(mm)	耗水量(mm)	灌溉定额(mm)	
广西	玉林	2004	早稻	薄浅湿晒1	1	4	70.0	20.6	72.6	4	89.5	151.2	164.9	3	124.0	120.8	188.8	1	67.5	26.6	104.6	1	40.0	319.0	162.7	13	391.0	638.2	693.6	55.4	345.0
				薄浅湿晒2	2	2	83.0	20.6	64.6	3	58.3	151.2	157.5	3	126.5	120.8	185.0	2	92.0	26.6	100.6	0	0.0	319.0	165.6	10	359.8	638.2	673.3	35.1	342.5
				薄浅湿晒3	3	5	119.0	20.6	73.7	4	87.0	151.2	158.2	2	91.3	120.8	184.4	3	110.0	26.6	100.6	0	0.0	319.0	156.8	14	407.3	638.2	673.7	35.5	347.5
				平均		3.7	90.7	20.6	70.3	3.7	78.3	151.2	160.2	2.7	113.9	120.8	186.1	2	89.8	26.6	101.9	0.3	13.3	319.0	161.7	12.4	386.0	638.2	680.2	42.0	345.0
				水插旱管1	1	3	73.0	20.6	61.6	3	65.0	151.2	155.5	2	90.7	120.8	170.5	3	157.0	26.6	110.1	0	0.0	319.0	155.1	11	385.7	638.2	652.5	14.3	331.0
				水插旱管2	2	2	62.0	20.6	50.6	4	62.5	151.2	150.0	2	109.3	120.8	171.3	2	45.0	26.6	99.6	1	33.0	319.0	140.7	11	311.8	638.2	612.0	0.0	375.0
				水插旱管3	3	5	97.0	20.6	68.6	4	81.5	151.2	171.8	2	105.9	120.8	163.7	1	43.0	26.6	97.1	1	42.0	319.0	134.7	14	369.4	638.2	635.9	0.0	352.5
				平均		3.3	77.3	20.6	60.3	3.7	69.7	151.2	159.6	2.3	102.0	120.8	168.5	2	81.7	26.6	102.3	0.7	25.0	319.0	143.5	12	355.6	638.2	633.5	4.8	352.8
				普灌1	1	5	108.0	20.6	75.6	3	81.0	151.2	160.6	4	149.7	120.8	203.3	2	71.0	26.6	106.1	2	69.0	258.0	202.0	16	478.7	577.2	747.6	170.4	357.5
				普灌2	2	2	75.0	20.6	62.6	4	78.0	151.2	162.1	3	103.3	120.8	206.1	4	122.0	26.6	118.6	2	57.0	258.0	176.1	15	435.3	577.2	725.5	148.3	357.5
				普灌3	3	2	79.0	20.6	63.6	4	101.0	151.2	194.6	5	169.5	120.8	218.7	1	69.0	26.6	125.1	2	84.0	258.0	194.0	15	502.5	577.2	796.0	218.8	345.0
				平均		3	87.3	20.6	67.3	3.7	86.7	151.2	172.4	4	140.8	120.8	209.4	2.7	87.3	26.6	116.6	2	70.0	258.0	190.7	15.4	472.1	577.2	756.4	179.2	353.3

附表 25（2） 作物灌溉制度试验成果表（水稻）

省区名	站名	年份	作物品种（早、中、晚）	处理号	重复	返青期 8月16日~8月23日				分蘖期 8月24日~9月12日				拔节期 9月13日~10月8日				抽穗期 10月9日~10月21日				灌浆期 10月22日~11月8日				全生育期 8月16日~11月8日					产量水平（kg/亩）
						灌水次数	灌水量(mm)	有效降雨(mm)	耗水量(mm)	灌水次数	灌水量(mm)	有效降雨(mm)	耗水量(mm)	灌水次数	灌水量(mm)	有效降雨(mm)	耗水量(mm)	灌水次数	灌水量(mm)	有效降雨(mm)	耗水量(mm)	灌水次数	灌水量(mm)	有效降雨(mm)	耗水量(mm)	灌水次数	灌水量(mm)	有效降雨(mm)	耗水量(mm)	灌溉定额(mm)	
广西	玉林	2004	晚稻	薄浅湿晒1	1	2	55.0	22.4	43.4	1	51.5	155.6	137.5	3	201.6	2.7	208.3	5	119.0	0	101.0	1	210.4	32.7	253.6	12	637.5	213.4	743.8	539.9	348.5
				薄浅湿晒2	2	2	53.0	22.4	47.4	1	53.5	155.6	126.5	4	241.4	2.7	226.0	4	69.0	0	108.0	0	176.5	32.7	225.2	11	593.4	213.4	733.1	519.8	341.0
				薄浅湿晒3	3	1	83.0	22.4	35.4	0	15.5	155.6	116.5	3	226.7	2.7	206.4	4	100.0	0.0	85.0	0	158.0	32.7	196.1	8	583.2	213.4	639.4	441.5	333.5
				平均		1.7	63.7	22.4	42.1	0.7	40.2	155.6	126.8	3.3	223.2	2.7	213.6	4.3	96.0	0.0	98.0	0.3	181.6	32.7	225.0	10.3	604.7	213.4	705.4	500.4	341.0
				水涌旱管1	1	2	46.0	22.4	38.4	1	59.6	155.6	124.1	4	196.7	2.7	204.4	5	103.0	0.0	98.0	7	213.4	32.7	244.6	19	618.7	213.4	709.5	496.1	342.5
				水涌旱管2	2	3	50.0	22.4	47.4	1	50.0	155.6	128.0	3	215.5	2.7	215.2	5	96.0	0.0	97.0	6	183.4	32.7	203.1	18	594.9	213.4	690.7	477.3	347.5
				水涌旱管3	3	4	56.0	22.4	48.4	1	48.4	155.6	146.4	4	189.1	2.7	206.8	5	100.0	0.0	89.0	6	159.4	32.7	205.1	20	552.9	213.4	695.7	482.3	331.0
				平均		3	50.7	22.4	44.7	1	52.7	155.6	132.8	3.7	200.4	2.7	208.8	5	99.7	0.0	94.7	6.3	185.4	32.7	217.6	19	588.9	213.4	698.6	485.2	340.3
				普灌1	1	3	65.0	22.4	42.4	1	51.4	146.6	144.1	4	217.7	2.7	203.4	6	109.0	0.0	114.0	6	204.4	32.7	226.9	20	647.5	204.4	730.8	526.4	346.0
				普灌2	2	3	59.0	22.4	46.4	1	49.5	153.3	142.0	4	209.2	2.7	184.4	3	83.0	0.0	102.0	3	113.1	32.7	173.8	14	513.8	211.8	648.6	437.5	351.0
				普灌3	3	4	75.0	22.4	59.4	1	54.0	145.3	172.5	4	223.5	2.7	190.7	5	109.0	0.0	129.5	5	171.8	32.7	206.4	19	633.3	203.1	758.5	555.4	336.0
				平均		3.3	66.3	22.4	49.4	1	51.6	148.4	152.9	4	216.8	2.7	192.8	4.7	100.3	0.0	115.2	4.7	163.1	32.7	202.4	17.7	598.1	206.2	712.6	506.4	344.3

附表25（3）　作物灌溉制度试验成果表（水稻）

省区	站名	年份	作物品种（早、中、晚）	处理	重复	返青期 4月20日~4月26日				分蘖期 4月27日~5月22日				拔节期 5月23日~6月15日				抽穗期 6月16日~6月25日				灌浆期 6月26日~7月18日				全生育期 4月20日~7月18日					产量水平(kg/亩)
						灌水次数	灌水量(mm)	有效降雨(mm)	耗水量(mm)	灌水次数	灌水量(mm)	有效降雨(mm)	耗水量(mm)	灌水次数	灌水量(mm)	有效降雨(mm)	耗水量(mm)	灌水次数	灌水量(mm)	有效降雨(mm)	耗水量(mm)	灌水次数	灌水量(mm)	有效降雨(mm)	耗水量(mm)	灌水次数	灌水量(mm)	有效降雨(mm)	耗水量(mm)	灌溉定额(mm)	
广西	玉林	2005	早稻	薄浅湿晒1	1	1	54.9	33.6	23.9	2	47.1	114.2	129.7	1	42.0	109.8	85.5	0	5.5	46.3	60.7	1	125.5	52.0	184.9	5	275.0	355.9	484.7	128.8	431.2
				薄浅湿晒2	2	2	51.6	33.6	24.6	1	32.6	106.2	110.4	0	32.0	108.8	84.2	2	7.6	43.4	77.9	0	142.4	52.0	167.3	5	266.2	344.0	464.4	120.4	443.7
				薄浅湿晒3	3	2	53.4	33.6	18.4	1	47.7	107.2	132.4	1	37.6	106.8	82.9	0	7.0	43.4	47.3	2	114.2	52.0	177.6	6	259.9	343.0	458.6	115.6	437.3
				平均		1.7	53.3	33.6	22.3	1.3	42.5	109.2	124.2	0.7	37.2	108.5	84.2	0.7	6.7	44.4	62.0	1	127.4	52.0	176.6	5.3	267.1	347.7	469.2	121.3	437.4
				水插旱管1	1	2	56.0	33.6	35.0	2	64.7	116.2	143.1	0	0.0	147.8	103.5	0	7.5	46.3	42.8	1	120.0	52.0	179.2	5	249.1	395.9	503.6	107.7	444.6
				水插旱管2	2	2	50.0	33.6	28.0	1	65.9	111.2	132.2	0	0.0	109.8	72.9	0	7.0	49.3	40.3	2	103.3	52.0	172.3	5	226.2	355.9	445.7	89.8	430.5
				水插旱管3	3	1	50.0	33.6	25.0	1	48.1	110.2	136.3	0	3.3	108.8	71.8	0	12.5	43.4	37.8	2	131.6	52.0	189.9	4	245.5	348.6	460.8	112.8	427.9
				平均		1.7	52.0	33.6	29.3	1.3	59.6	112.5	137.2	0	1.1	122.1	82.7	0	9.0	46.3	40.3	1.7	118.6	52.0	180.5	4.7	240.3	366.6	470.0	103.4	434.3
				普灌1	1	2	59.0	33.6	34.0	2	80.7	112.2	165.4	1	97.2	159.8	171.2	0	9.5	43.4	62.8	3	147.0	52.0	189.4	8	393.4	401.0	622.8	221.8	429.8
				普灌2	2	2	63.0	33.6	28.0	0	75.7	107.2	149.3	2	93.6	150.3	139.7	0	11.5	43.4	43.8	3	73.9	52.0	144.8	7	317.7	386.5	505.6	119.1	433.6
				普灌3	3	2	73.0	33.6	35.0	2	81.1	116.2	193.3	2	104.5	176.8	155.4	0	6.0	43.4	64.3	3	131.8	52.0	177.8	9	396.4	422.0	625.8	203.8	451.5
				平均		2	65.0	33.6	32.3	1.3	79.2	111.9	169.3	1.7	98.4	162.3	155.4	0	9.0	43.4	57.0	3	117.6	52.0	170.7	8	369.2	403.2	584.7	181.6	438.3

附表 25（4） 作物灌溉制度试验成果表（水稻）

省区名	站名	年份	作物品种（早、中、晚）	处理号 重复	处理	返青期 8月19日~8月28日 灌水次数	灌水量(mm)	有效降雨(mm)	耗水量(mm)	分蘖期 8月29日~9月20日 灌水次数	灌水量(mm)	有效降雨(mm)	耗水量(mm)	拔节期 9月21日~10月15日 灌水次数	灌水量(mm)	有效降雨(mm)	耗水量(mm)	抽穗期 10月16日~10月25日 灌水次数	灌水量(mm)	有效降雨(mm)	耗水量(mm)	灌浆期 10月26日~11月21日 灌水次数	灌水量(mm)	有效降雨(mm)	耗水量(mm)	全生育期 8月19日~11月21日 灌水次数	灌水量(mm)	有效降雨(mm)	耗水量(mm)	灌溉定额(mm)	产量水平(kg/亩)
广西	玉林	2005	晚稻	1	薄浅湿晒1	2	48.0	57.7	82.7	4	135.5	47.5	198.0	4	259.4	19.9	235.3	3	92.0	0.0	120.0	5	266.6	7.3	278.1	18	801.5	132.4	914.1	1789.7	425.0
				2	薄浅湿晒2	1	30.0	49.7	67.7	6	120.1	47.5	172.6	3	212.5	19.9	207.4	2	68.0	0.0	79.0	4	206.2	7.3	201.7	16	636.8	124.4	728.4	611.0	452.5
				3	薄浅湿晒3	1	32.0	45.7	62.2	5	115.3	47.5	168.8	3	212.4	19.9	210.3	3	103.0	0.0	85.0	3	162.2	7.3	192.7	15	624.9	120.4	719.0	608.1	445.0
					平均	1.3	36.7	51.0	70.9	5	123.6	47.5	179.8	3.3	228.1	19.9	217.7	2.7	87.7	0.0	94.7	4	211.7	7.3	224.2	16.3	687.2	125.7	787.2	669.6	440.8
				1	水插旱管1	2	52.0	50.7	84.7	4	98.9	47.5	164.4	5	206.6	19.9	216.5	4	127.0	0.0	127.0	6	223.1	15.5	248.6	21	707.6	133.6	841.2	707.6	445.0
				2	水插旱管2	2	26.0	48.7	59.7	4	111.7	47.5	174.2	2	204.0	19.9	214.9	3	84.0	0.0	80.0	5	187.2	7.3	184.7	16	612.9	123.4	713.5	590.1	442.5
				3	水插旱管3	1	17.0	66.7	78.7	5	125.2	47.5	159.7	3	208.9	19.9	218.8	4	126.0	0.0	103.0	2	181.5	7.3	209.0	15	658.6	141.4	769.2	645.8	412.5
					平均	1.7	31.7	55.4	74.4	4.3	111.9	47.5	166.1	3.3	206.5	19.9	216.7	3.7	112.3	0.0	103.3	4.3	197.3	10.0	214.1	17.3	659.7	132.8	774.6	647.8	433.3
				1	普灌1	3	38.0	52.7	78.7	5	143.4	47.5	202.9	4	257.1	19.9	254.2	5	120.0	0.0	138.0	6	285.0	7.3	285.5	23	843.7	127.4	959.3	831.9	425.0
				2	普灌2	1	34.0	49.7	55.7	2	68.1	47.5	143.6	3	227.1	19.9	189.0	1	29.0	0.0	61.0	4	165.0	7.3	178.5	11	523.2	124.4	627.8	511.3	437.5
				3	普灌3																											
					平均	1.3	36.0	51.2	67.2	3.5	105.8	47.5	173.3	3.5	242.2	19.9	221.6	3	74.5	0.0	99.5	5	225.0	7.3	232.0	17	683.5	125.9	793.6	671.6	431.3

附表 25（5） 作物灌溉制度试验成果表（水稻）

省区	站名	年份	作物品种（早、中、晚）	处理号 处理	重复	返青期 4月7日~4月16日 灌水次数	灌水量(mm)	有效降雨(mm)	耗水量(mm)	分蘖期 4月17日~5月13日 灌水次数	灌水量(mm)	有效降雨(mm)	耗水量(mm)	拔节期 5月14日~6月10日 灌水次数	灌水量(mm)	有效降雨(mm)	耗水量(mm)	抽穗期 6月11日~6月20日 灌水次数	灌水量(mm)	有效降雨(mm)	耗水量(mm)	灌浆期 6月21日~7月19日 灌水次数	灌水量(mm)	有效降雨(mm)	耗水量(mm)	全生育期 4月7日~7月19日 灌水次数	灌水量(mm)	有效降雨(mm)	耗水量(mm)	灌溉定额(mm)	产量水平(kg/亩)
广西	玉林	2006	早稻	薄浅湿晒1	1	1	35.0	43.4	63.4	5	111.5	78.1	206.6	2	42.0	207.4	169.3	1	35.0	15.2	84.2	1	48.0	152.0	222.0	10	271.5	496.1	745.5	249.4	395.0
				薄浅湿晒2	2	1	17.0	43.4	43.4	6	119.0	78.1	203.0	3	62.0	201.4	169.0	1	38.0	15.2	98.2	1	45.0	148.0	221.0	12	281.0	486.1	734.6	247.9	401.0
				薄浅湿晒3	3	1	25.0	43.4	61.4	6	163.0	82.0	246.2	2	84.0	205.4	197.1	2	91.0	15.2	111.7	1	25.0	161.0	224.5	12	388.0	507.0	840.9	333.5	371.5
				平均		1	25.7	43.4	56.1	5.7	131.2	79.4	218.6	2.3	62.7	204.7	178.5	1.3	54.7	15.2	98.0	1	39.3	153.7	222.5	11.3	313.6	496.4	773.7	276.9	389.2
				水淹旱管1	1	1	47.5	39.9	45.9	4	91.0	78.1	163.0	1	65.0	209.4	176.4	1	43.0	9.3	86.2	1	20.0	144.0	197.0	9	266.5	480.7	668.5	187.8	390.0
				水淹旱管2	2	1	21.0	43.4	40.4	5	91.0	78.1	167.0	2	37.0	206.4	150.4	1	28.0	9.3	73.2	1	35.0	148.0	207.0	9	212.0	485.2	638.0	152.8	373.5
				水淹旱管3	3	1	25.0	43.4	61.4	5	163.0	82.0	246.2	2	84.0	205.4	197.1	1	91.0	15.2	111.7	1	25.0	161.0	224.5	10	388.0	507.0	840.9	362.8	375.0
				平均		1	31.2	42.2	49.2	4.7	115.0	79.4	192.1	1.7	62.0	207.1	174.6	1	54.0	11.3	90.4	1	26.7	151.0	209.5	9.3	288.9	491.0	715.8	234.5	379.5
				普灌1	1	1	27.0	43.4	48.4	6	104.0	78.1	199.5	2	48.0	208.4	182.9	2	64.0	15.2	110.2	2	95.0	152.0	265.0	13	338.0	497.1	806.0	308.9	417.5
				普灌2	2	1	28.5	43.4	43.9	5	88.0	78.1	183.6	2	38.0	204.4	150.8	1	33.0	15.2	81.2	1	35.0	154.0	225.0	10	222.5	495.1	684.5	189.4	362.0
				普灌3	3	3	55.0	43.4	84.4	6	168.0	82.0	244.3	2	82.0	204.4	195.1	2	85.0	15.2	140.2	2	105.0	155.0	288.0	15	495.0	500.0	952.0	452.0	370.0
				平均		1.7	36.8	43.4	58.9	5.7	120.0	79.4	209.1	2	56.0	205.7	176.3	1.7	60.7	15.2	110.5	1.7	78.3	153.7	259.3	12.7	351.8	497.4	814.2	316.8	383.2

附表25（6）　作物灌溉制度试验成果表（水稻）

省区	站名	年份	作物品种(早、中、晚)	处理	重复	返青期(8月16日~8月21日) 灌水次数	返青期 有效降雨(mm)	返青期 灌水量(mm)	返青期 耗水量(mm)	分蘖期(8月22日~9月14日) 灌水次数	分蘖期 有效降雨(mm)	分蘖期 灌水量(mm)	分蘖期 耗水量(mm)	拔节期(9月15日~10月7日) 灌水次数	拔节期 有效降雨(mm)	拔节期 灌水量(mm)	拔节期 耗水量(mm)	抽穗期(10月8日~10月17日) 灌水次数	抽穗期 有效降雨(mm)	抽穗期 灌水量(mm)	抽穗期 耗水量(mm)	灌浆期(10月18日~11月11日) 灌水次数	灌浆期 有效降雨(mm)	灌浆期 灌水量(mm)	灌浆期 耗水量(mm)	全生育期(8月16日~11月11日) 灌水次数	全生育期 灌水量(mm)	全生育期 有效降雨(mm)	全生育期 耗水量(mm)	全生育期 灌溉定额(mm)	产量水平(kg/亩)
广西	玉林	2006	晚稻	薄浅湿晒1	1	1	58.7	24.0	45.7	2	82.0	78.0	195.8	5	0.0	245.7	246.9	5	4.0	170.0	135.0	2	16.3	92.1	147.4	15	609.8	161.0	770.8	609.8	463.0
				薄浅湿晒2	2	1	53.0	40.0	41.7	2	59.0	91.1	190.7	2	0.0	244.7	212.1	2	4.0	113.5	114.5	2	16.3	95.6	148.9	9	584.9	132.3	707.9	575.6	473.0
				薄浅湿晒3	3	1	53.0	40.0	35.7	2	63.0	73.8	175.7	3	0.0	225.7	204.8	3	4.0	90.0	98.0	3	16.3	136.3	170.6	12	565.8	136.3	684.8	548.5	508.0
				平均		1	54.9	34.7	41.0	2	68.0	81.0	187.4	3.3	0.0	238.7	221.3	3.3	4.0	124.5	115.8	2.3	16.3	108.0	155.6	12	586.9	143.2	721.2	578.0	481.3
				水涌旱管1	1	1	53.0	27.0	35.7	1	82.0	17.4	137.9	5	0.0	179.0	180.5	6	4.0	132.5	96.5	2	16.3	87.5	143.8	15	443.4	155.3	594.4	439.1	453.0
				水涌旱管2	2	1	53.0	37.0	34.7	0	82.0	15.9	140.5	5	0.0	196.9	185.3	3	4.0	78.5	81.5	2	16.3	110.7	141.0	11	439.0	155.3	583.0	439.0	439.0
				水涌旱管3	3	1	53.0	30.0	33.7	2	46.0	54.3	138.5	5	0.0	203.4	185.3	3	4.0	73.5	78.5	3	16.3	130.8	166.1	14	492.0	119.3	602.0	492.0	468.0
				平均		1	53.0	31.3	34.7	1	70.0	29.2	139.0	5	0.0	193.1	183.7	4	4.0	94.8	85.5	2.3	16.3	109.7	150.3	13.3	458.1	143.3	593.1	456.7	453.3
				普灌1	1	1	56.7	17.0	41.7	1	82.0	92.7	206.1	6	0.0	273.9	264.5	4	4.0	175.0	147.0	3	16.3	101.2	159.5	15	659.8	159.0	818.8	659.8	469.0
				普灌2	2	1	53.0	40.0	32.7	2	55.0	77.5	176.2	7	0.0	249.3	213.6	3	4.0	96.0	109.0	3	16.3	112.5	155.8	16	575.3	128.3	687.3	559.0	487.0
				普灌3	3	1	71.7	20.0	49.7	2	82.0	92.9	216.3	6	0.0	274.6	275.2	3	4.0	155.0	159.0	3	16.3	181.2	197.5	15	723.7	174.0	897.7	723.7	458.0
				平均		1	60.5	25.7	41.4	2	73.0	87.7	199.5	6.3	0.0	265.9	251.1	3.3	4.0	142.0	138.3	3.0	16.3	131.6	170.9	15.3	652.9	153.8	801.3	647.5	471.3

附表 25(7)　作物灌溉制度试验成果表(水稻)

省区	站名	年份	作物品种(早、中、晚)	处理号	重复	返青期 4月7日~4月16日				分蘖期 4月17日~5月13日				拔节期 5月14日~6月10日				抽穗期 6月11日~6月20日				灌浆期 6月21日~7月19日				全生育期 4月7日~7月19日					产量水平(kg/亩)
						灌水次数	灌水量(mm)	有效降雨(mm)	耗水量(mm)	灌水次数	灌水量(mm)	有效降雨(mm)	耗水量(mm)	灌水次数	灌水量(mm)	有效降雨(mm)	耗水量(mm)	灌水次数	灌水量(mm)	有效降雨(mm)	耗水量(mm)	灌水次数	灌水量(mm)	有效降雨(mm)	耗水量(mm)	灌水次数	灌水量(mm)	有效降雨(mm)	耗水量(mm)	灌溉定额(mm)	
广西	玉林	2007	早稻	薄浅湿晒1	1	2	64.0	7.2	51.2	3	97.0	137.2	203.0	2	84.2	106.7	146.9	0	12.0	51.1	66.1	1	94.9	105.6	178.5	8	352.1	407.8	645.7	288.1	362.5
				薄浅湿晒2	2	3	57.0	7.2	47.2	4	107.5	132.2	209.6	2	126.6	104.7	164.3	0	0.0	71.1	74.1	1	100.7	105.6	176.3	10	391.8	420.8	671.5	255.2	445.0
				薄浅湿晒3	3	2	60.0	7.2	42.2	3	66.2	99.2	176.8	2	141.5	104.7	172.2	0	17.5	71.1	59.6	1	116.7	105.6	183.3	8	401.9	387.8	634.1	305.3	422.5
				平均		2.3	60.3	7.2	46.9	3.3	90.2	122.9	196.5	2	117.4	105.4	161.1	0	9.8	64.4	66.6	1	104.1	105.6	179.4	8.7	381.8	405.6	650.5	282.9	410.0
				水插旱管1	1	2	59.0	7.2	43.2	2	89.0	137.2	215.1	1	139.6	104.7	186.3	0	0.0	50.1	68.1	1	101.7	105.6	183.3	6	389.3	404.8	696.0	275.1	435.0
				水插旱管2	2	2	74.0	7.2	66.2	2	101.7	125.2	201.3	2	133.6	105.7	174.3	0	0.0	56.1	65.1	1	111.0	105.6	176.6	7	420.3	399.8	683.5	279.2	420.0
				水插旱管3	3	1	71.0	7.2	50.2	2	96.6	97.2	212.2	2	158.6	110.7	203.3	0	5.5	52.1	75.6	1	124.7	105.6	191.3	6	456.4	372.8	732.6	300.8	422.5
				平均		1.7	68.0	7.2	53.2	2	95.8	119.9	209.5	1.7	143.9	107.0	188.0	0	1.8	52.8	69.6	1	112.5	105.6	183.7	6.3	422.0	392.5	704.0	285.0	425.8
				普灌1	1	2	62.0	7.2	57.2	4	122.7	144.2	219.8	1	111.4	104.7	171.1	0	0.0	71.1	98.1	1	109.3	105.6	187.9	8	405.4	432.8	734.1	301.3	437.5
				普灌2	2	1	57.0	7.2	42.2	3	83.1	118.2	195.7	2	158.5	105.7	188.2	0	0.0	71.1	132.1	1	140.1	105.6	200.7	7	438.7	407.8	758.9	351.1	440.0
				普灌3	3	2	74.0	7.2	70.2	5	159.8	101.2	260.4	2	140.9	106.7	181.6	0	0.0	71.1	78.1	1	96.9	105.6	191.5	10	471.9	391.8	781.8	390.0	437.5
				平均		1.7	64.3	7.2	56.5	4	121.9	121.2	225.3	1.7	136.9	105.7	180.3	0	0.0	71.1	102.8	1	115.4	105.6	193.3	8.3	438.6	410.8	758.3	347.5	438.3

附表25（8）　作物灌溉制度试验成果表（水稻）

省区名	站名	年份	作物品种（早、中、晚）	处理	重复	返青期（8月10日~8月16日）				分蘖期（8月17日~9月10日）				拔节期（9月11日~10月4日）				抽穗期（10月5日~10月14日）				灌浆期（10月15日~11月8日）				全生育期（8月10日~11月8日）					产量水平（kg/亩）
						灌水次数	灌水量(mm)	有效降雨(mm)	耗水量(mm)	灌水次数	灌水量(mm)	有效降雨(mm)	耗水量(mm)	灌水次数	灌水量(mm)	有效降雨(mm)	耗水量(mm)	灌水次数	灌水量(mm)	有效降雨(mm)	耗水量(mm)	灌水次数	灌水量(mm)	有效降雨(mm)	耗水量(mm)	灌水次数	灌水量(mm)	有效降雨(mm)	耗水量(mm)	灌溉定额(mm)	
广西	玉林	2007	晚稻	薄浅湿晒1	1	1	38.5	78.6	32.1	3	39.0	149.4	151.4	1	131.1	60.4	171.0	4	93.0	0.4	99.4	3	116.4	14.4	135.8	12	418.0	303.2	589.7	286.5	439.0
				薄浅湿晒2	2	1	24.0	83.6	36.6	2	77.0	149.4	195.4	1	62.0	79.4	74.6	4	116.0	0.4	138.5	3	126.1	14.4	140.4	11	405.1	327.2	585.5	293.5	462.5
				薄浅湿晒3	3	1	23.0	87.6	35.6	2	79.0	149.4	183.9	2	85.0	79.4	127.3	4	133.0	0.4	131.9	4	152.2	14.4	166.6	13	472.2	331.2	645.3	314.1	387.0
				平均		1	28.5	83.3	34.8	2.3	65.0	149.4	176.9	1.3	92.7	73.1	124.3	4	114.0	0.4	123.3	3.3	131.6	14.4	147.6	12	431.8	320.5	606.8	298.0	429.5
				水插旱管1	1	1	40.0	69.6	30.5	2	42.5	149.4	162.9	2	189.2	45.1	169.1	2	54.0	0.4	75.4	4	120.8	14.4	140.2	11	446.5	278.9	578.1	299.2	419.0
				水插旱管2	2	1	35.0	72.6	35.1	1	40.0	149.4	158.4	2	110.0	51.4	133.9	2	47.0	0.4	72.4	3	87.7	14.4	102.1	9	319.7	288.7	501.9	211.1	446.5
				水插旱管3	3	1	36.0	73.6	39.6	2	69.5	149.4	174.9	2	66.0	53.4	96.9	2	50.5	0.4	70.9	4	151.4	14.4	162.9	11	373.4	291.2	545.2	234.0	388.0
				平均		1	37.0	71.9	35.1	1.7	50.7	149.4	165.4	2	121.7	50.0	133.3	2	50.5	0.4	72.9	3.7	120.0	14.4	135.1	10.3	379.9	286.1	541.7	248.1	417.8
				普灌1	1	1	24.0	76.6	32.6	1	67.5	149.4	166.9	2	144.4	79.4	193.3	4	171.0	0.4	144.9	3	157.7	14.4	184.8	11	564.6	320.7	533.8	402.3	412.0
				普灌2	2	1	42.0	79.6	37.6	1	47.0	149.4	157.4	2	60.0	105.9	105.9	2	74.0	0.4	93.4	3	110.1	14.4	139.5	9	333.1	349.7	533.8	210.6	425.0
				普灌3	3	1	46.5	97.6	63.1	3	140.0	149.4	254.4	3	216.7	45.1	207.1	3	162.0	0.4	156.4	3	149.4	14.4	171.8	13	714.6	306.9	852.8	545.9	426.0
				平均		1	37.5	84.6	44.4	1.7	84.8	149.4	192.9	2.3	140.4	76.8	168.8	3	135.7	0.4	131.6	3	139.1	14.4	165.4	11	537.5	325.6	703.0	386.3	421.0

附表 25（9） 作物灌溉制度试验成果表（水稻）

省区	站名	年份	作物品种(早、中、晚)	处理	重复	返青期 4月7日~4月14日				分蘖期 4月15日~5月14日				拔节期 5月15日~6月15日				抽穗期 6月16日~6月27日				灌浆期 6月28日~7月23日				全生育期 4月7日~7月23日					产量水平(kg/亩)
						灌水次数	灌水量(mm)	有效降雨(mm)	耗水量(mm)	灌水次数	灌水量(mm)	有效降雨(mm)	耗水量(mm)	灌水次数	灌水量(mm)	有效降雨(mm)	耗水量(mm)	灌水次数	灌水量(mm)	有效降雨(mm)	耗水量(mm)	灌水次数	灌水量(mm)	有效降雨(mm)	耗水量(mm)	灌水次数	灌水量(mm)	有效降雨(mm)	耗水量(mm)	灌溉定额(mm)	
广西	玉林	2008	早稻	薄浅湿晒1	1	2	53.0	14.0	47.0	5	84.0	121.1	154.4	0	11.0	186.3	126.4	1	57.0	145.3	68.4	0	47.4	76.1	192.4	8	252.4	542.8	588.6	45.8	357.0
				薄浅湿晒2	2	2	74.0	2.0	46.5	5	105.0	121.1	174.9	0	0.0	193.3	131.4	1	40.5	145.3	58.9	0	55.8	75.1	198.2	8	275.3	536.8	609.9	73.1	352.5
				薄浅湿晒3	3	2	52.0	17.0	44.0	5	95.0	121.1	172.6	0	13.0	184.9	137.2	1	59.0	145.3	71.4	0	47.4	89.1	194.4	8	266.4	557.4	619.6	62.2	372.5
				平均		2	59.7	11.0	45.8	5	94.7	121.1	167.3	0	8.0	188.2	131.7	1	52.2	145.3	66.2	0	50.2	80.1	195.0	8	264.8	545.7	606.0	60.4	360.7
				水插旱管1	1	2	50.0	16.0	40.0	4	79.0	116.0	148.0	0	18.2	182.9	121.5	0	22.0	115.3	69.4	0	55.8	95.4	206.2	6	225.0	525.6	585.1	59.5	349.0
				水插旱管2	2	3	53.0	5.0	37.0	5	93.0	121.1	160.7	0	12.7	177.9	108.3	1	65.1	128.9	63.5	0	49.1	74.1	198.5	9	272.9	507.0	568.0	61.0	376.5
				水插旱管3	3	3	62.0	8.0	44.0	4	97.0	121.1	164.9	0	14.7	172.9	106.1	1	63.6	129.3	52.0	0	49.1	74.1	191.5	8	286.4	505.4	558.5	53.1	368.5
				平均		2.7	55.0	9.7	40.3	4.3	89.7	119.4	157.9	0	15.2	177.9	112.0	0.7	50.2	124.5	61.6	0	51.3	81.2	198.7	7.7	261.4	512.7	570.5	57.9	364.7
				普灌1	1	2	71.0	9.0	51.0	4	101.0	121.1	195.0	0	13.2	319.0	150.5	1	87.0	128.9	66.4	1	86.1	90.1	231.6	8	358.3	668.1	694.5	26.4	365.0
				普灌2	2	2	72.0	2.0	43.0	4	107.7	121.1	186.4	0	10.7	322.0	146.3	1	51.5	145.3	73.9	0	58.5	89.1	224.5	7	300.4	679.5	674.1	0.0	377.5
				普灌3	3	2	58.0	21.0	47.0	5	142.0	121.1	224.0	0	21.2	330.0	198.0	1	79.0	128.9	68.4	0	57.2	86.1	205.7	8	357.4	687.1	743.1	56.0	380.0
				平均		2	67.0	10.7	47.0	4.3	116.9	121.1	201.8	0	15.0	323.7	164.9	1	72.5	134.4	69.6	0.3	67.3	88.4	220.6	7.7	338.7	678.2	703.9	27.5	374.2

附表25（10） 作物灌溉制度试验成果表（水稻）

省区	站名	年份	作物品种(早、中、晚)	处理号		返青期 8月10日~8月18日				分蘖期 8月19日~9月13日				拔节期 9月14日~10月12日				抽穗期 10月13日~10月22日				灌浆期 10月23日~11月16日				全生育期 8月10日~11月16日					产量水平(kg/亩)
				处理	重复	灌水次数	灌水量(mm)	有效降雨(mm)	耗水量(mm)	灌水次数	灌水量(mm)	有效降雨(mm)	耗水量(mm)	灌水次数	灌水量(mm)	有效降雨(mm)	耗水量(mm)	灌水次数	灌水量(mm)	有效降雨(mm)	耗水量(mm)	灌水次数	灌水量(mm)	有效降雨(mm)	耗水量(mm)	灌水次数	灌水量(mm)	有效降雨(mm)	耗水量(mm)	灌溉定额(mm)	
广西	玉林	2008	晚稻	薄浅湿晒1	1	2	44.0	35.2	59.2	2	102.0	104.6	144.6	4	163.5	82.8	233.6	3	113.0	7.9	105.9	4	141.3	23.2	163.9	15	563.8	253.7	707.3	453.6	378.5
				薄浅湿晒2	2	1	56.0	35.2	66.2	2	104.5	103.6	152.1	4	171.0	72.8	233.1	3	108.0	7.9	81.9	4	159.6	22.2	185.7	14	599.1	241.7	719.1	477.4	386.5
				薄浅湿晒3	3	2	62.0	26.8	59.2	2	69.9	104.6	127.5	5	144.0	82.8	210.1	3	76.0	7.9	74.9	2	154.4	23.2	179.5	14	506.3	245.3	651.3	406.0	382.5
				平均		1.7	54.0	32.4	61.5	2	92.1	104.3	141.4	4.3	159.5	79.5	225.6	3	99.0	7.9	87.6	3.3	151.8	22.9	176.4	14.3	556.4	246.9	692.6	445.7	382.5
				水桶旱管1	1	2	45.0	35.2	55.2	2	90.5	102.7	131.0	4	149.0	55.8	204.0	3	93.0	7.9	76.9	4	119.1	24.2	150.2	15	496.6	225.8	617.4	391.6	362.0
				水桶旱管2	2	2	84.0	32.2	64.2	2	68.0	102.6	143.5	6	178.0	70.8	238.2	2	99.5	7.9	99.4	4	157.0	22.2	166.1	16	586.5	235.7	711.5	475.8	395.5
				水桶旱管3	3	2	63.0	26.8	53.2	2	76.0	107.6	136.6	5	172.7	57.8	229.8	3	72.0	7.9	49.4	4	145.7	23.2	154.8	16	529.4	223.3	623.9	400.6	397.5
				平均		2	64.0	31.4	57.5	2	78.2	104.3	137.1	5	166.6	61.5	224.0	2.7	88.2	7.9	75.3	4	140.6	23.2	157.1	15.7	537.6	228.3	651.0	422.7	385.0
				普灌1	1	2	71.4	29.2	71.6	2	119.5	102.6	174.1	4	153.0	82.8	227.1	3	119.0	7.9	118.4	4	116.0	22.2	125.1	15	578.9	244.7	716.4	471.7	409.0
				普灌2	2	2	76.9	26.8	55.1	1	71.0	105.6	131.6	4	148.0	82.8	204.1	2	63.0	7.9	66.9	4	153.5	23.2	151.1	13	512.4	246.3	608.9	362.6	380.0
				普灌3	3	2	77.4	26.8	69.6	2	123.0	107.6	173.6	6	177.0	82.8	239.1	3	134.0	7.9	125.9	4	150.6	23.2	154.7	17	662.0	248.3	763.0	514.7	385.5
				平均		2	75.2	27.6	65.4	1.7	104.5	105.3	159.8	4.7	159.3	82.8	223.5	2.7	105.3	7.9	103.8	4	140.0	22.9	143.7	15	584.3	246.5	696.2	449.7	391.5

附表25(11)　作物灌溉制度试验成果表（水稻）

省区	站名	年份	作物品种（早、中、晚）	处理	重复	返青期 4月11日~4月20日 灌水次数	灌水量(mm)	有效降雨(mm)	耗水量(mm)	分蘖期 4月21日~5月17日 灌水次数	灌水量(mm)	有效降雨(mm)	耗水量(mm)	拔节期 5月18日~6月18日 灌水次数	灌水量(mm)	有效降雨(mm)	耗水量(mm)	抽穗期 6月19日~6月28日 灌水次数	灌水量(mm)	有效降雨(mm)	耗水量(mm)	灌浆期 6月29日~7月22日 灌水次数	灌水量(mm)	有效降雨(mm)	耗水量(mm)	全生育期 4月11日~7月22日 灌水次数	灌水量(mm)	有效降雨(mm)	耗水量(mm)	灌溉定额(mm)	产量水平(kg/亩)
广西	玉林	2009	早稻	薄浅湿晒1	1	2	45.0	25.3	41.3	4	78.0	78.4	197.6	1	25.0	207.3	195.9	2	48.0	62.0	89.0	1	56.1	170.3	174.9	10	252.1	543.3	698.7	155.4	392.0
				薄浅湿晒2	2	2	46.0	25.3	47.3	4	109.0	78.4	217.5	1	28.0	201.3	199.0	1	42.0	61.0	78.0	1	80.7	170.3	208.4	9	305.7	536.3	750.2	214.0	423.0
				薄浅湿晒3	3	2	42.0	25.3	39.3	4	103.0	78.4	215.5	1	27.0	201.3	195.0	1	34.0	65.0	66.0	1	58.8	170.3	188.9	9	264.8	540.3	704.7	164.1	434.0
				平均		2	44.3	25.3	42.6	4	96.7	78.4	210.2	1	26.7	203.3	196.6	1.3	41.3	62.7	77.7	1	65.2	170.3	190.7	9.3	274.2	540.0	717.9	177.8	416.3
				水插旱管1	1	2	47.0	25.3	53.3	2	61.0	78.4	174.6	1	15.0	202.1	200.9	0	27.0	83.0	48.0	1	80.7	170.3	191.5	8	230.7	559.1	668.3	109.2	354.0
				水插旱管2	2	2	45.0	25.3	41.3	2	51.0	78.4	175.4	1	32.0	202.1	195.1	1	27.0	55.8	67.0	1	97.5	170.3	199.3	7	252.5	531.9	678.1	146.2	422.0
				水插旱管3	3	2	37.0	25.3	37.3	2	51.0	78.4	166.7	1	21.0	197.3	196.8	1	32.0	61.8	53.0	1	51.5	185.4	202.3	7	192.5	548.5	656.2	107.9	412.5
				平均		2	43.0	25.3	44.0	2.7	54.3	78.4	172.2	1	22.7	200.5	197.6	0.7	28.7	66.9	56.0	0.7	76.6	175.3	197.7	7.3	225.3	546.4	667.5	121.1	396.2
				普灌1	1	2	52.0	25.3	48.3	4	116.0	78.4	231.0	1	52.0	201.3	191.5	1	57.0	70.0	133.0	1	70.5	170.3	235.3	9	347.5	545.3	839.1	293.8	402.5
				普灌2	2	2	48.0	25.3	35.3	4	108.0	78.4	233.7	1	42.0	202.3	198.8	1	37.0	96.0	92.0	0	15.0	170.3	206.8	8	250.0	572.3	766.6	194.3	431.5
				普灌3	3	2	60.0	25.3	50.3	4	126.0	78.4	245.5	1	28.0	205.3	216.0	2	93.0	61.8	114.0	1	108.0	171.4	270.8	10	415.0	542.2	896.6	354.4	455.0
				平均		2	53.3	25.3	44.6	4	116.7	78.4	236.7	1	40.7	203.0	202.1	1.3	62.3	75.9	113.0	0.7	64.5	170.7	237.6	9	337.5	553.3	834.1	280.8	429.7

附表 25(12)　作物灌溉制度试验成果表（水稻）

省区	站名	年份	作物品种(早、中、晚)	处理号	重复	返青期 8月11日~8月20日				分蘖期 8月21日~9月20日				拔节期 9月21日~10月4日				抽穗期 10月5日~10月14日				灌浆期 10月15日~11月9日				全生育期 8月11日~11月9日					产量水平(kg/亩)
						灌水次数	灌水量(mm)	有效降雨(mm)	耗水量(mm)	灌水次数	灌水量(mm)	有效降雨(mm)	耗水量(mm)	灌水次数	灌水量(mm)	有效降雨(mm)	耗水量(mm)	灌水次数	灌水量(mm)	有效降雨(mm)	耗水量(mm)	灌水次数	灌水量(mm)	有效降雨(mm)	耗水量(mm)	灌水次数	灌水量(mm)	有效降雨(mm)	耗水量(mm)	灌溉定额(mm)	
广西	玉林	2009	晚稻	薄浅湿晒1	1	2	40.0	36.8	53.8	3	157.4	26.6	207.0	3	212.6	41.5	199.1	1	95.5	11.8	125.3	1	108.5	9.2	154.7	10	614.0	125.9	739.9	614.0	540.0
				薄浅湿晒2	2	2	74.5	31.0	68.3	5	144.6	26.6	205.2	4	213.6	37.5	196.1	4	87.0	11.8	119.8	1	125.0	9.2	168.2	16	644.7	116.1	757.6	640.7	550.0
				薄浅湿晒3	3	2	51.0	32.8	46.8	4	118.2	26.6	181.8	4	198.2	36.5	189.7	4	129.0	11.8	119.3	1	124.1	9.2	172.3	15	620.5	116.9	709.9	612.3	537.5
				平均		2	55.2	33.5	56.3	4	140.1	26.6	198.0	3.7	208.1	38.5	195.0	3	103.8	11.8	121.5	1	119.2	9.2	165.1	13.7	626.4	119.6	735.8	622.3	542.5
				水插旱管1	1	2	90.5	35.8	61.3	4	184.2	26.6	275.8	3	215.8	40.5	211.3	2	85.0	11.8	136.8	1	157.2	9.2	171.4	12	732.7	123.9	856.6	732.7	547.5
				水插旱管2	2	2	64.0	40.8	69.8	4	206.9	26.6	268.5	5	174.2	51.5	218.7	3	138.0	11.8	132.8	1	156.5	9.2	185.7	15	739.6	139.9	875.5	736.4	526.0
				水插旱管3	3	2	77.5	31.0	54.3	3	136.6	26.6	209.2	4	195.4	47.5	188.9	3	86.0	11.8	101.8	1	144.9	9.2	204.1	14	640.4	126.1	758.3	612.9	500.0
				平均		2	77.3	35.9	61.8	3.7	175.9	26.6	251.2	4	195.1	46.5	206.3	3	103.0	11.8	123.8	1	152.9	9.2	187.1	13.7	704.2	130.0	830.1	694.0	524.5
				普灌1	1	2	118.0	31.0	81.8	4	183.8	26.6	268.4	3	200.8	45.5	196.3	2	91.0	11.8	129.8	1	148.4	9.2	180.6	12	742.0	124.1	856.9	732.8	535.0
				普灌2	2	2	96.0	38.8	81.8	3	151.7	26.6	231.3	3	173.8	41.5	205.3	3	148.0	11.8	138.8	1	130.9	9.2	171.1	12	700.4	127.0	828.3	700.4	532.0
				普灌3	3	2	74.0	57.8	76.8	4	192.2	26.6	273.8	5	264.9	51.5	273.4	3	117.0	11.8	134.8	1	142.8	9.2	189.0	15	790.9	156.9	947.8	790.9	525.0
				平均		2	96.0	42.5	80.1	3.7	175.9	26.6	257.8	3.7	213.2	46.2	225.0	2.7	118.7	11.8	134.5	1	140.7	9.2	180.2	13	744.5	136.3	877.7	741.4	530.7

附表 25（13）　作物灌溉制度试验成果表（水稻）

省区	站名	年份	作物品种(早、中、晚)	处理	重复	返青期 4月20日~4月27日				分蘖期 4月28日~5月22日				拔节期 5月23日~6月17日				抽穗期 6月18日~6月27日				灌浆期 6月28日~7月24日				全生育期 4月20日~7月24日					产量水平(kg/亩)
						灌水次数	灌水量(mm)	有效降雨(mm)	耗水量(mm)	灌水次数	灌水量(mm)	有效降雨(mm)	耗水量(mm)	灌水次数	灌水量(mm)	有效降雨(mm)	耗水量(mm)	灌水次数	灌水量(mm)	有效降雨(mm)	耗水量(mm)	灌水次数	灌水量(mm)	有效降雨(mm)	耗水量(mm)	灌水次数	灌水量(mm)	有效降雨(mm)	耗水量(mm)	灌溉定额(mm)	
广西	玉林	2010	早稻	薄浅湿晒1	1	1	40.0	34.5	54.5	2	34.0	104.4	144.4	0	52.6	78.4	145.0	0	5.3	146.4	104.7	3	121.0	54.5	222.5	6	252.9	418.2	671.1	252.9	436.2
				薄浅湿晒2	2	1	43.0	33.5	44.5	1	28.0	96.4	144.4	0	55.8	81.4	149.2	0	5.6	157.4	117.0	3	122.0	55.5	223.5	5	254.4	424.4	678.6	254.4	429.8
				薄浅湿晒3	3	1	41.0	25.5	40.5	1	16.0	101.4	135.4	0	65.9	76.4	145.1	0	0.0	155.4	111.6	3	132.0	57.5	238.5	5	254.9	416.2	671.1	254.9	421.2
				平均		1	41.3	31.2	46.5	1.3	26	100.7	141.4	0	58.1	78.7	146.4	0	3.6	153.1	111.1	3	125.3	55.8	228.2	5.3	254.0	419.5	673.6	254.1	429.1
				水捅旱管1	1	1	31.0	29.5	50.5	2	36.0	112.4	146.4	0	35.3	82.4	129.5	0	4.6	125.6	73.2	3	105.0	52.5	206.5	6	211.9	402.4	606.1	211.9	421.6
				水捅旱管2	2	1	42.0	26.5	44.5	2	34.0	99.4	141.4	0	45.4	79.4	135.9	0	0.0	130.6	81.3	3	100.0	56.5	196.5	6	221.4	392.4	599.6	221.4	432.5
				水捅旱管3	3	1	41.0	20.5	41.5	1	24.0	104.4	138.4	0	46.3	82.4	133.7	0	0.0	155.4	115.4	3	104.0	53.5	202.5	5	215.3	416.2	631.5	215.3	416.8
				平均		1	38.0	25.5	45.5	1.7	31.3	105.4	142.1	0	42.3	81.4	133.0	0	1.5	137.2	90.0	3	103.0	54.2	201.8	5.7	216.1	403.7	612.4	216.2	423.6
				普灌1	1	1	39.0	31.5	62.5	2	46.0	115.4	148.4	0	45.9	79.4	146.3	0	5.1	166.4	111.5	3	136.0	54.5	250.5	6	272.0	447.2	719.2	272.0	422.7
				普灌2	2	1	50.0	18.5	40.5	1	21.0	100.4	131.4	0	67.5	82.4	167.9	0	5.7	171.6	112.1	3	134.0	58.5	251.5	5	278.2	431.4	703.4	278.2	425.6
				普灌3	3	1	30.0	30.5	60.5	1	20.0	147.4	162.4	0	71.2	83.4	168.5	0	1.1	180.6	142.4	3	155.0	46.9	260.7	5	277.3	488.8	794.5	277.3	409.8
				平均		1	39.7	26.8	54.5	1.3	29.0	121.1	147.4	0	61.5	81.7	160.9	0	4.0	172.9	122.0	3	141.7	53.3	254.2	5.3	275.8	455.8	739.0	275.8	419.4

附表 25（14） 作物灌溉制度试验成果表（水稻）

省区	站名	年份	作物品种（早、中、晚）	处理号	重复	返青期（8月17日~8月23日）灌水次数	灌水量(mm)	有效降雨(mm)	耗水量(mm)	分蘖期（8月24日~9月17日）灌水次数	灌水量(mm)	有效降雨(mm)	耗水量(mm)	拔节期（9月18日~10月17日）灌水次数	灌水量(mm)	有效降雨(mm)	耗水量(mm)	抽穗期（10月18日~10月31日）灌水次数	灌水量(mm)	有效降雨(mm)	耗水量(mm)	灌浆期（11月1日~11月22日）灌水次数	灌水量(mm)	有效降雨(mm)	耗水量(mm)	全生育期（8月17日~11月22日）灌水次数	灌水量(mm)	有效降雨(mm)	耗水量(mm)	灌溉定额(mm)	产量水平(kg/亩)
广西	玉林	2010	晚稻	薄浅湿晒1	1	1	45.0	38.1	34.3	2	55.5	107.9	146.2	4	130.7	84.5	211.2	6	116.0	0.0	120.0	4	107.5	0	122.5	17	454.7	230.5	634.2	454.7	426.0
				薄浅湿晒2	2	1	45.0	38.1	36.3	3	83.6	107.9	161.2	3	131.5	84.5	207.3	4	114.0	0.0	117.0	3	117.0	0.0	117.0	14	491.1	230.5	638.8	476.1	421.5
				薄浅湿晒3	3	1	45.0	38.1	32.3	2	80.0	107.9	148.6	3	127.3	84.5	200.2	4	109.0	0.0	114.0	4	113.1	0.0	115.1	14	474.4	230.5	610.2	460.4	416.5
				平均		1	45.0	38.1	34.3	2.3	73.0	107.9	152.0	3.3	129.8	84.5	206.2	4.7	113.0	0.0	117.0	3.7	112.5	0	118.2	15	473.3	230.5	627.7	463.7	421.3
				水插旱管1	1	1	35.0	38.1	32.3	3	46.5	107.9	136.7	6	100.0	84.5	192.2	6	106.0	0.0	105.0	5	103.5	0	110.5	21	391.0	230.5	576.7	391.0	408.9
				水插旱管2	2	1	35.0	38.1	33.3	3	53.0	107.9	132.9	5	100.0	84.5	175.8	7	117.0	0.0	110.0	5	79.8	0.0	91.8	20	384.8	230.5	543.8	382.8	426.3
				水插旱管3	3	1	35.0	38.1	31.3	3	53.0	107.9	129.9	4	99.0	84.5	174.7	6	105.0	0.0	97.0	5	85.8	0.0	98.8	19	377.8	230.5	531.7	375.8	409.7
				平均		1	35.0	38.1	32.3	3	50.8	107.9	133.3	5	99.7	84.5	180.9	6.3	109.3	0	104.0	5	89.7	0.0	100.4	20	384.5	230.5	550.7	383.2	415.0
				普灌1	1	1	45.0	38.1	32.3	3	88.9	107.9	178.2	3	128.5	103.5	245.4	4	159.0	0.0	132.0	4	148.6	0.0	157.6	15	570.0	249.5	745.5	550.0	421.5
				普灌2	2	1	45.0	38.1	36.3	4	111.0	107.9	196.5	3	171.1	103.5	256.1	4	109.0	0.0	132.0	4	143.9	0.0	151.9	16	580.0	249.5	772.8	580.0	413.6
				普灌3	3	1	45.0	38.1	34.3	4	80.3	107.9	183.8	4	162.0	103.5	245.8	3	118.0	0.0	128.0	4	146.0	0.0	146.0	16	551.3	249.5	737.9	530.3	409.6
				平均		1	45.0	38.1	34.3	3.7	93.4	107.9	186.2	3.3	153.9	103.5	249.1	3.7	128.7	0.0	130.7	4	146.2	0.0	151.8	15.7	567.2	249.5	752.1	553.4	414.9